“十三五”国家重点出版物出版规划项目

持久性有机污染物
POPs研究系列专著

环境计算化学与毒理学

陈景文　王中钰　傅志强/著

科学出版社
北京

内 容 简 介

环境计算化学与毒理学是面向化学品风险预测与管理需求的新兴研究领域。本书介绍有害化学物质、化学品、化学污染物及环境暴露、危害与风险的基础概念，讨论学科的发展背景、内涵与外延，阐述分子模拟以及环境科学中定量构效关系（QSAR）的原理和方法；结合作者的研究工作，介绍基于分子模拟而预测有机物环境行为和代谢转化的方法案例、有机物环境行为与毒理效应参数的 QSAR 模型。

本书可供环境科学与工程专业以及从事化学品风险评价的研究生和科研工作者参考。

图书在版编目（CIP）数据

环境计算化学与毒理学/陈景文，王中钰，傅志强著. —北京：科学出版社，2018.9
（持久性有机污染物(POPs)研究系列专著）
“十三五”国家重点出版物出版规划项目 国家出版基金项目
ISBN 978-7-03-058893-7

Ⅰ. ①环… Ⅱ. ①陈… ②王… ③傅… Ⅲ. ①环境化学–计算–研究 ②毒理学–研究 Ⅳ. ①X13 ②R99

中国版本图书馆 CIP 数据核字（2018）第 217426 号

责任编辑：朱 丽 杨新政 / 责任校对：樊雅琼
责任印制：肖 兴 / 封面设计：黄华斌

科学出版社 出版
北京东黄城根北街 16 号
邮政编码: 100717
http://www.sciencep.com

北京通州皇家印刷厂 印刷

科学出版社发行 各地新华书店经销

*

2018 年 9 月第 一 版 开本：720×1000 1/16
2020 年 1 月第二次印刷 印张：18 1/4 插页 4
字数：350 000

定价：108.00 元

（如有印装质量问题，我社负责调换）

《持久性有机污染物（POPs）研究系列专著》丛书编委会

丛 书 序

持久性有机污染物（persistent organic pollutants，POPs）是指在环境中难降解（滞留时间长）、高脂溶性（水溶性很低），可以在食物链中累积放大，能够通过蒸发–冷凝、大气和水等的输送而影响到区域和全球环境的一类半挥发性且毒性极大的污染物。POPs所引起的污染问题是影响全球与人类健康的重大环境问题，其科学研究的难度与深度，以及污染的严重性、复杂性和长期性远远超过常规污染物。POPs的分析方法、环境行为、生态风险、毒理与健康效应、控制与削减技术的研究是最近20年来环境科学领域持续关注的一个最重要的热点问题。

近代工业污染催生了环境科学的发展。1962年，*Silent Spring* 的出版，引起学术界对滴滴涕（DDT）等造成的野生生物发育损伤的高度关注，POPs研究随之成为全球关注的热点领域。1996年，*Our Stolen Future* 的出版，再次引发国际学术界对POPs类环境内分泌干扰物的环境健康影响的关注，开启了环境保护研究的新历程。事实上，国际上环境保护经历了从常规大气污染物（如 SO_2、粉尘等）、水体常规污染物［如化学需氧量（COD）、生化需氧量（BOD）等］治理和重金属污染控制发展到痕量持久性有机污染物削减的循序渐进过程。针对全球范围内POPs污染日趋严重的现实，世界许多国家和国际环境保护组织启动了若干重大研究计划，涉及POPs的分析方法、生态毒理、健康危害、环境风险理论和先进控制技术。研究重点包括：①POPs污染源解析、长距离迁移传输机制及模型研究；②POPs的毒性机制及健康效应评价；③POPs的迁移、转化机理以及多介质复合污染机制研究；④POPs的污染削减技术以及高风险区域修复技术；⑤新型污染物的检测方法、环境行为及毒性机制研究。

20世纪国际上发生过一系列由于POPs污染而引发的环境灾难事件（如意大利Seveso化学污染事件、美国拉布卡纳尔镇污染事件、日本和中国台湾米糠油事件等），这些事件给我们敲响了POPs影响环境安全与健康的警钟。1999年，比利时鸡饲料二噁英类污染波及全球，造成14亿欧元的直接损失，导致该国政局不稳。

国际范围内针对POPs的研究，主要包括经典POPs（如二噁英、多氯联苯、含氯杀虫剂等）的分析方法、环境行为及风险评估等研究。如美国1991～2001年的二噁英类化合物风险再评估项目，欧盟、美国环境保护署（EPA）和日本环境厅先后启动了环境内分泌干扰物筛选计划。20世纪90年代提出的蒸馏理论和蚂蚱跳效应较好地解释了工业发达地区POPs通过水、土壤和大气之间的界面交换而长距离迁移到南北极等极地地区的现象，而之后提出的山区冷捕集效应则更加系统地解释了高山地区随着海拔的增加其环境介质中 POPs 浓度不断增加的迁移机理，从而为 POPs 的全球传输提供了重要的依据和科学支持。

2001 年 5 月，全球 100 多个国家和地区的政府组织共同签署了《关于持久性有机污染物的斯德哥尔摩公约》（简称《斯德哥尔摩公约》）。目前已有包括我国在内的 179 个国家和地区加入了该公约。从缔约方的数量上不仅能看出公约的国际影响力，也能看出世界各国对 POPs 污染问题的重视程度，同时也标志着在世界范围内对 POPs 污染控制的行动从被动应对到主动防御的转变。

进入 21 世纪之后，随着《斯德哥尔摩公约》进一步致力于关注和讨论其他同样具 POPs 性质和环境生物行为的有机污染物的管理和控制工作，除了经典 POPs，对于一些新型 POPs 的分析方法、环境行为及界面迁移、生物富集及放大，生态风险及环境健康也越来越成为环境科学研究的热点。这些新型 POPs 的共有特点包括：目前为正在大量生产使用的化合物、环境存量较高、生态风险和健康风险的数据积累尚不能满足风险管理等。其中两类典型的化合物是以多溴二苯醚为代表的溴系阻燃剂和以全氟辛基磺酸盐（PFOS）为代表的全氟化合物，对于它们的研究论文在过去 15 年呈现指数增长趋势。如有关 PFOS 的研究在 Web of Science 上搜索结果为从 2000 年的 8 篇增加到 2013 年的 323 篇。随着这些新增 POPs 的生产和使用逐步被禁止或限制使用，其替代品的风险评估、管理和控制也越来越受到环境科学研究的关注。而对于传统的生态风险标准的进一步扩展，使得大量的商业有机化学品的安全评估体系需要重新调整。如传统的以鱼类为生物指示物的研究认为污染物在生物体中的富集能力主要受控于化合物的脂–水分配，而最近的研究证明某些低正辛醇–水分配系数、高正辛醇–空气分配系数的污染物（如 HCHs）在一些食物链特别是在陆生生物链中也表现出很高的生物放大效应，这就向如何修订污染物的生态风险标准提出了新的挑战。

作为一个开放式的公约，任何一个缔约方都可以向公约秘书处提交意在将某一化合物纳入公约受控的草案。相应的是，2013 年 5 月在瑞士日内瓦举行的缔约方大会第六次会议之后，已在原先的包括二噁英等在内的 12 类经典 POPs 基础上，新增 13 种包括多溴二苯醚、全氟辛基磺酸盐等新型 POPs 成为公约受控名单。目前正在进行公约审查的候选物质包括短链氯化石蜡（SCCPs）、多氯萘（PCNs）、六氯丁二烯（HCBD）及五氯苯酚（PCP）等化合物，而这些新型有机污染物在我国均有一定规模的生产和使用。

中国作为经济快速增长的发展中国家，目前正面临比工业发达国家更加复杂的环境问题。在前两类污染物尚未完全得到有效控制的同时，POPs 污染控制已成为我国迫切需要解决的重大环境问题。作为化工产品大国，我国新型 POPs 所引起的环境污染和健康风险问题比其他国家更为严重，也可能存在国外不受关注但在我国环境介质中广泛存在的新型污染物。对于这部分化合物所开展的研究工作不但能够为相应的化学品管理提供科学依据，同时也可为我国履行《斯德哥尔摩公约》提供重要的数据支持。另外，随着经济快速发展所产生的污染所致健康问题在我国的集中显现，新型POPs污染的毒性与健康危害机制已成为近年来相关研究的热点问题。

随着2004年5月《斯德哥尔摩公约》正式生效，我国在国家层面上启动了对POPs污染源的研究，加强了POPs研究的监测能力建设，建立了几十个高水平专业实验室。科研机构、环境监测部门和卫生部门都先后开展了环境和食品中POPs的监测和控制措施研究。特别是最近几年，在新型POPs的分析方法学、环境行为、生态毒理与环境风险，以及新污染物发现等方面进行了卓有成效的研究，并获得了显著的研究成果。如在电子垃圾拆解地，积累了大量有关多溴二苯醚（PBDEs）、二噁英、溴代二噁英等POPs的环境转化、生物富集/放大、生态风险、人体赋存、母婴传递乃至人体健康影响等重要的数据，为相应的管理部门提供了重要的科学支撑。我国科学家开辟了发现新POPs的研究方向，并连续在环境中发现了系列新型有机污染物。这些新POPs的发现标志着我国POPs研究已由全面跟踪国外提出的目标物，向发现并主动引领新POPs研究方向发展。在机理研究方面，率先在珠穆朗玛峰、南极和北极地区“三极”建立了长期采样观测系统，开展了POPs长距离迁移机制的深入研究。通过大量实验数据证明了POPs的冷捕集效应，在新的源汇关系方面也有所发现，为优化POPs远距离迁移模型及认识POPs的环境归宿做出了贡献。在污染物控制方面，系统地摸清了二噁英类污染物的排放源，获得了我国二噁英类排放因子，相关成果被联合国环境规划署《全球二噁英类污染源识别与定量技术导则》引用，以六种语言形式全球发布，为全球范围内评估二噁英类污染来源提供了重要技术参数。以上有关POPs的相关研究是解决我国国家环境安全问题的重大需求、履行国际公约的重要基础和我国在国际贸易中取得有利地位的重要保证。

我国POPs研究凝聚了一代代科学家的努力。1982年，中国科学院生态环境研究中心发表了我国二噁英研究的第一篇中文论文。1995年，中国科学院武汉水生生物研究所建成了我国第一个装备高分辨色谱/质谱仪的标准二噁英分析实验室。进入21世纪，我国POPs研究得到快速发展。在能力建设方面，目前已经建成数十个符合国际标准的高水平二噁英实验室。中国科学院生态环境研究中心的二噁英实验室被联合国环境规划署命名为“Pilot Laboratory”。

2001年，我国环境内分泌干扰物研究的第一个“863”项目“环境内分泌干扰物的筛选与监控技术”正式立项启动。随后经过10年4期“863”项目的连续资助，形成了活体与离体筛选技术相结合，体外和体内测试结果相互印证的分析内分泌干扰物研究方法体系，建立了有中国特色的环境内分泌污染物的筛选与研究规范。

2003年，我国POPs领域第一个“973”项目“持久性有机污染物的环境安全、演变趋势与控制原理”启动实施。该项目集中了我国POPs领域研究的优势队伍，围绕POPs在多介质环境的界面过程动力学、复合生态毒理效应和焚烧等处理过程中POPs的形成与削减原理三个关键科学问题，从复杂介质中超痕量POPs的检测和表征方法学；我国典型区域POPs污染特征、演变历史及趋势；典型POPs的排放模式和运移规律；典型POPs的界面过程、多介质环境行为；POPs污染物的复合生态毒理效应；POPs的削减与控制原理以及POPs生态风险评价模式和预警方法体系七个方面开展了富有成效的研究。该项目以我国POPs污染的演变趋势为主，基本摸清了我国POPs特别是二噁英排放的行业分布与污染现状，为我国履行《斯德哥尔摩公约》做出了突出贡献。2009年，POPs项目得到延续资助，研究内容发展到以POPs的界面过程和毒性健康效应的微观机理为主要目标。2014年，项目再次得到延续，研究内容立足前沿，与时俱进，发展到了新型持久性有机污染物。这3期“973”项目的立项和圆满完成，大大推动了我国POPs研究为国家目标服务的能力，培养了大批优秀人才，提高了学科的凝聚力，扩大了我国POPs研究的国际影响力。

2008年开始的“十一五”国家科技支撑计划重点项目“持久性有机污染物控制与削减的关键技术与对策”，针对我国持久性有机物污染物控制关键技术的科学问题，以识别我国POPs环境污染现状的背景水平及制订优先控制POPs国家名录，我国人群POPs暴露水平及环境与健康效应评价技术，POPs污染控制新技术与新材料开发，焚烧、冶金、造纸过程二噁英类减排技术，POPs污染场地修复，废弃POPs的无害化处理，适合中国国情的POPs控制战略研究为主要内容，在废弃物焚烧和冶金过程烟气减排二噁英类、微生物或植物修复POPs污染场地、废弃POPs降解的科研与实践方面，立足自主创新和集成创新。项目从整体上提升了我国POPs控制的技术水平。

目前我国POPs研究在国际SCI收录期刊发表论文的数量、质量和引用率均进入国际第一方阵前列，部分工作在开辟新的研究方向、引领国际研究方面发挥了重要作用。2002年以来，我国POPs相关领域的研究多次获得国家自然科学奖励。2013年，中国科学院生态环境研究中心POPs研究团队荣获“中国科学院杰出科技成就奖”。

我国POPs研究开展了积极的全方位的国际合作，一批中青年科学家开始在国际学术界崭露头角。2009年8月，第29届国际二噁英大会首次在中国举行，来自世界上44个国家和地区的近1100名代表参加了大会。国际二噁英大会自1980年召开以来，至今已连续举办了38届，是国际上有关持久性有机污染物（POPs）研究领域影响最大的学术会议，会议所交流的论文反映了当时国际POPs相关领域的最新进展，也体现了国际社会在控制POPs方面的技术与政策走向。第29届国际二噁英大会在我国的成功召开，对提高我国持久性有机污染物研究水平、加速国际化进程、推进国际合作和培养优秀人才等方面起到了积极作用。近年来，我国科学家多次应邀在国际二噁英大会上作大会报告和大会总结报告，一些高水平研究工作产生了重要的学术影响。与此同时，我国科学家自己发起的 POPs 研究的国内外学术会议也产生了重要影响。2004 年开始的“International Symposium on Persistent Toxic Substances”系列国际会议至今已连续举行 14 届，近几届分别在美国、加拿大、中国香港、德国、日本等国家和地区召开，产生了重要学术影响。每年 5 月 17～18 日定期举行的“持久性有机污染物论坛”已经连续 12 届，在促进我国 POPs 领域学术交流、促进官产学研结合方面做出了重要贡献。

本丛书《持久性有机污染物（POPs）研究系列专著》的编撰，集聚了我国 POPs 研究优秀科学家群体的智慧，系统总结了 20 多年来我国 POPs 研究的历史进程，从理论到实践全面记载了我国 POPs 研究的发展足迹。根据研究方向的不同，本丛书将系统地对 POPs 的分析方法、演变趋势、转化规律、生物累积/放大、毒性效应、健康风险、控制技术以及典型区域 POPs 研究等工作加以总结和理论概括，可供广大科技人员、大专院校的研究生和环境管理人员学习参考，也期待它能在 POPs 环保宣教、科学普及、推动相关学科发展方面发挥积极作用。

我国的 POPs 研究方兴未艾，人才辈出，影响国际，自树其帜。然而，“行百里者半九十”，未来事业任重道远，对于科学问题的认识总是在研究的不断深入和不断学习中提高。学术的发展是永无止境的，人们对 POPs 造成的环境问题科学规律的认识也是不断发展和提高的。受作者学术和认知水平限制，本丛书可能存在不同形式的缺憾、疏漏甚至学术观点的偏颇，敬请读者批评指正。本丛书若能对读者了解并把握 POPs 研究的热点和前沿领域起到抛砖引玉作用，激发广大读者的研究兴趣，或讨论或争论其学术精髓，都是作者深感欣慰和至为期盼之处。

江桂斌

2017 年 1 月于北京

前　言

20 世纪 90 年代，我在南京大学攻读博士学位期间，很多同学在实验室用摇瓶法测定有机化学品的水溶解度、分配系数等物理化学参数值，那是费时且单调乏味的实验，更不用说化学品与试剂消耗所产生的污染。20 多年过去了，如今情形已大为不同。由于环境计算化学与毒理学的发展，化学品的许多物理化学、环境行为和毒理学效应等参数可以通过计算机来预测了，这不仅节省了大量的劳力与成本，也使环境化学这门促进绿色及可持续发展的学科自身更加绿色化。

感谢我的博士导师王连生教授！20 世纪 80 年代，王老师在国内率先开展有机污染物定量构效关系（QSAR）方面的研究，编著出版了研究生教材《有机污染化学》等著作。30 多年过去了，如今 QSAR 已成为许多经济合作与发展组织（OECD）国家用于化学品风险评价和监管的必要工具。美国在 2005 年成立了国家计算毒理学中心，QSAR 技术是其核心研究内容。欧盟于 2007 年实施的 REACH 法规也倡导 QSAR 的研究和应用。

感谢我的硕士导师郎佩珍教授！郎老师延请其他老师，专门给我们 4 位同学讲授“多元统计分析”，还安排我阅读了很多环境有机化学方面的基础英文文献，仅线性溶解能关系方面的文献，我逐字翻译的就有 30 多篇，为后来的研究工作奠定了基础，也提升了我的英文读写能力。

1991 年跟郎老师做本科毕业论文，内容是松花江水中硝基苯的光解实验。本科生开始做实验，磕磕绊绊的，取得可靠结果着实不易。1994 年到南京大学求学，我便考虑能否不做实验，通过建立 QSAR 模型来预测有机污染物的光解动力学参数。先尝试了多环芳烃，小有成功；后来又与荷兰国家公共卫生和环境研究所的 Peijnenburg 博士合作，他提供卤代芳烃直接光解量子产率的实验数据，我引入半经验量子化学计算，用于获取分子结构描述参数并构建模型，也取得了成功。工作后申请获批的国家自然科学基金青年科学基金项目“芳烃类有机污染物光解行为的定量结构-性质关系研究”，是这方面工作的继续。

针对有机物环境光降解模拟预测方面的研究，一直持续至今。随着工作的深入，我们发现该问题远非当初设想的那么简单。有机物环境光降解的机理非常复杂，受多种环境因素的复合影响，如今我们认识到，无论是有机物的环境行为还是其毒理效应，其模拟预测的科学基础都应该是对机理的正确认识。对化学物质毒理效应的预测，尤其需要深入揭示化学物质的毒性通路。故课题组也开展了外源物质酶促转化模拟预测、小分子与生物大分子相互作用模拟等方面的研究，以拓展在毒性效应方面的研究。这样一些相关结果汇集起来，便成了本书的主体内容。

感谢丛书主编江桂斌院士提供这个机会，让我们参与《持久性有机污染物（POPs）研究系列专著》丛书的编写！如果没有这个契机以及出版社的督促，不知本书会拖延至何时。书籍是人类进步的阶梯，通过书籍著作的编写，可以思考和梳理思路，形成系统化的理论和知识。然而，我深知这本书远没有达到这个目标。

环境计算化学与计算毒理学是新兴的学科方向，近年来发展迅速。环境计算化学与计算毒理学的学科外延，远比 QSAR 宽泛得多。如今直接通过分子模拟计算，也能实现化学物质的某些性质、行为和毒理参数的预测。我们课题组所做的工作，仅如大海中的几滴水珠，对学科内涵与外延的理解仍颇为有限。但是，鉴于我国在环境计算化学与计算毒理学方面的研究队伍小，相关基础薄弱，我们还是不揣冒昧，如履薄冰地写出本书，以期抛砖引玉。

感谢课题组一些在读及毕业的研究生！如果没有他（她）们，这本书，这块砖，无论如何也难以成型。南京理工大学杨先海博士参与撰写了 8.3 节。国家海洋环境监测中心王莹博士撰写的化学品生态风险评价部分、杜翠红撰写的关于化学品足迹的相关内容，惜为本书瘦身而最终未采用。参与相关资料搜集或初步撰写的还有：张书莹（第 1 章）、王雅（第 3、5 章）、马芳芳（第 3 章）、付自豪（第 3 章）、于棋（第 3 章）、徐童（第 4、6 章）、唐伟豪（第 4 章）、张勇虔（第 4、6 章）、赵文星（第 5 章）、罗翔（第 6 章）、周成智（第 6 章）、罗天烈（第 8 章）、姚烘烨（第 8 章）。解怀君、马芳芳、崔飞飞、罗天烈、肖子君、夏德铭、丁蕊和王佳钰校读了书稿。

课题组多年的研究工作，得到了国家自然科学基金、科技部“973”计划项目及“863”计划项目、霍英东高校青年教师基金、高等学校优秀青年教师教学和科研奖励基金等支持，在此表示感谢！科学出版社朱丽编辑为本书出版提供了诸多支持和指导，一并表示感谢！

2015 年，环境领域国际期刊 *ES&T* 主编 Sedlak 教授在该刊社评中指出，随着计算能力的提升、对大分子及溶剂效应模拟算法的进步，如今不再需要做繁杂的实验，通过计算机就可以准确预测化学品许多重要的热力学性质了……可以设想未来有一天，许多需要在实验室通过繁杂的实验来测定的物化性质、环境行为及毒性效应参数，都可以通过点击计算机鼠标来轻松获取。希望通过大家的共同努力，使这一天早日到来！

分子模拟和数据挖掘技术的发展、计算机计算能力的快速提升，为构建环境计算化学与毒理学的模型和方法提供了良好的条件。路漫漫其修远兮，我们需要学习和继承前人科学研究的求真务实与严谨钻研精神，不忘初心和使命，继续学习探索！

陈景文
2018 年 3 月 1 日

目　　录

丛书序
前言
第 1 章　有害化学物质的环境风险 …… 1
1.1　有害化学物质、化学品与化学污染物 …… 1
1.1.1　有害化学物质 …… 1
1.1.2　化学品与环境污染物 …… 2
1.2　化学品的环境暴露、危害性与风险性 …… 4
1.2.1　化学品的环境暴露 …… 4
1.2.2　化学品的环境危害性 …… 5
1.2.3　化学品的环境风险 …… 7
参考文献 …… 10
第 2 章　环境计算化学与预测毒理学概述 …… 12
2.1　环境计算化学 …… 12
2.1.1　化学污染物的源解析 …… 13
2.1.2　环境系统与环境过程 …… 17
2.1.3　化学物质环境行为参数的获取方法 …… 20
2.1.4　化学物质毒性机制与效应 …… 22
2.2　计算（预测）毒理学 …… 22
2.2.1　计算毒理学与化学品风险评价 …… 22
2.2.2　环境化学物质的暴露模拟 …… 25
2.2.3　环境化学物质与毒理学关键事件 …… 29
2.2.4　计算毒理学模型参数的快速预测 …… 33
2.2.5　计算生态毒理学 …… 34
参考文献 …… 35
第 3 章　分子模拟基础 …… 40
3.1　量子化学方法 …… 41
3.1.1　基本原理 …… 41

3.1.2 理论方法 ……42
3.1.3 计算软件 ……48
3.2 分子力学方法 ……49
3.2.1 分子内键连关系的经典力学描述 ……49
3.2.2 非键关系的经典力学描述 ……51
3.2.3 分子力场与分子力学 ……54
3.2.4 统计热力学和系综 ……58
3.2.5 分子动力学模拟 ……60
3.2.6 蒙特卡罗模拟 ……62
3.2.7 基于分子力场的模拟软件 ……63
3.3 耦合量子力学/分子力学（QM/MM）方法 ……64
3.3.1 QM/MM 概念及发展 ……64
3.3.2 QM/MM 理论方法 ……65
3.3.3 QM/MM 方法结合的优化和模拟技术 ……70
3.3.4 QM/MM 的应用 ……71
参考文献 ……75
第 4 章 定量构效关系（QSAR）理论与方法 ……81
4.1 QSAR 的基本原理 ……81
4.1.1 线性自由能关系 ……81
4.1.2 QSAR 的广义表达 ……84
4.1.3 QSAR 与 OECD 导则 ……88
4.2 QSAR 模型的构建方法 ……88
4.2.1 数据集的获取及拆分 ……88
4.2.2 分子结构描述符与拟预测变量关系的揭示 ……91
4.3 QSAR 模型的验证、表征与登记 ……93
4.3.1 模型验证与应用域 ……93
4.3.2 QSAR 的登记 ……98
4.4 QSAR 工具包、数据库与软件平台 ……98
4.4.1 美国 EPA 开发的 EPI Suite 软件 ……98
4.4.2 OECD 开发的 QSAR 工具包 ……99
4.4.3 预测毒理学软件平台（CPTP） ……100
4.5 QSAR 面临的挑战与展望 ……100

参考文献 ········ 102
第 5 章 化学品的环境吸附分配行为及其模拟预测 ········ 106
5.1 典型环境吸附分配行为参数的预测 ········ 107
5.1.1 正辛醇/空气分配系数（K_{OA}）的模拟预测 ········ 107
5.1.2 （过冷）液体蒸气压（P_L）的 QSAR 预测模型 ········ 114
5.1.3 生物富集因子（BCF）的 QSAR 预测模型 ········ 116
5.1.4 土壤/沉积物吸附系数（K_{OC}）的 QSAR 预测模型 ········ 118
5.2 纳米材料对有机物吸附的计算模拟 ········ 119
5.2.1 碳纳米管对有机物的吸附模拟预测 ········ 120
5.2.2 石墨烯对有机物的吸附模拟预测 ········ 123
5.2.3 C_{60}对天然有机物的吸附模拟预测 ········ 126
参考文献 ········ 131
第 6 章 污染物环境转化行为的模拟预测 ········ 135
6.1 水中污染物光降解动力学和途径的模拟预测 ········ 135
6.1.1 水中污染物直接光解动力学参数的 QSAR 预测模型 ········ 136
6.1.2 水中溶解性物质对污染物光解影响的预测与验证 ········ 141
6.1.3 水中污染物羟基自由基氧化降解动力学参数的 QSAR 模型 ········ 149
6.1.4 采用量子化学计算揭示有机污染物的光降解机制 ········ 151
6.1.5 环境水体中污染物光降解动力学的预测模型 ········ 155
6.2 污染物水解途径和动力学的模拟预测 ········ 161
6.2.1 污染物水解原理及影响因素 ········ 161
6.2.2 污染物水解途径及动力学模拟 ········ 162
6.3 污染物气相自由基反应途径与动力学的模拟预测 ········ 166
6.3.1 ·OH 引发有机污染物的大气转化机制和动力学 ········ 166
6.3.2 大气中挥发性有机污染物·OH 氧化降解动力学参数的 QSAR 模型 ········ 169
6.3.3 大气中挥发性有机污染物臭氧氧化降解动力学参数的 QSAR 预测模型 ········ 172
6.3.4 ·Cl 引发有机污染物的大气转化机制和动力学 ········ 173
6.4 有机污染物生物降解性的模拟预测 ········ 175
6.4.1 生物降解性概述 ········ 175
6.4.2 污染物生物降解性测试方法 ········ 176

6.4.3 污染物生物降解性预测方法 ……178
参考文献……180
第 7 章 外源化学品的生物酶代谢转化及模拟预测……188
7.1 引言……188
7.2 细胞色素 P450 酶代谢典型外源化学品的计算模拟……189
7.2.1 P450 酶简介及其代谢反应……189
7.2.2 P450 酶催化循环与几种常见反应……191
7.2.3 多溴二苯醚（PBDEs）的 P450 酶代谢转化模拟……200
7.2.4 全氟辛基磺酸（PFOS）前体的 P450 酶代谢转化模拟……205
7.2.5 P450 酶活性中心催化卤代烷烃、烯烃类物质的模拟……206
7.3 其他生物酶系代谢转化污染物的计算模拟……208
7.3.1 谷胱甘肽硫转移酶……208
7.3.2 磺基转移酶……212
参考文献……215
第 8 章 化学品的毒性通路及毒理效应的模拟预测……219
8.1 有机污染物水生毒性的模拟预测……219
8.1.1 水生毒性试验、作用模式及影响因素……219
8.1.2 水生生物急性毒性的 QSAR 模型……222
8.2 有机污染物的光致毒性效应与模拟预测……225
8.2.1 有机污染物的光致毒性效应机制……226
8.2.2 有机污染物的光致毒性试验方法……229
8.2.3 有机污染物光致毒性的模拟预测……234
8.3 环境内分泌干扰效应的毒性通路与模拟预测……237
8.3.1 有机污染物的内分泌干扰效应……238
8.3.2 环境内分泌干扰效应的分子模拟步骤……242
8.3.3 甲状腺素干扰效应的计算模拟……244
8.3.4 雌激素干扰效应的模拟预测……250
参考文献……257
附录 缩略语（英汉对照）……267
索引……271
彩色图表

第 1 章　有害化学物质的环境风险

本章导读

- 介绍有害化学物质、化学品、化学污染物的相关概念。
- 概述化学品的环境暴露、危害性、风险性以及相关的管理需求。

化学品一方面为人类生活带来巨大的福祉，另一方面也会导致环境与健康方面的风险。根据热力学第二定律，化学品释放到环境中，是覆水难收的过程。如何判断化学品对环境是友好还是有害？首先，需要认识有害化学物质、化学品与化学污染物的相关概念。

1.1　有害化学物质、化学品与化学污染物

1.1.1　有害化学物质

环境化学是一门主要研究有害化学物质（hazardous chemical substance）在环境介质中的来源、赋存、性质、行为、效应及其污染控制技术原理和方法的学科。随着量子论、相对论和量子场论的发展，物理学界对物质本身的定义变得模糊。一些常见的物理性污染，如光污染和辐射污染，也可以纳入广义的物质范畴。在环境化学领域，物质一般指经典物理学中具有（静）质量，占据空间一定体积的客观实体。这些客观实体包括原子以及任何由原子构成的实物。

为了便于化学品的管理，欧盟《化学品的注册、评估、授权和限制》（Registration，Evaluation，Authorization and Restriction of Chemicals，REACH）法规将“物质”定义为：天然生成或经制造过程获得的化学元素及其化合物。“化学物质”则指具有固定化学组成和固有特性的物质（McNaught et al.，1997），包括自然存在的和人工生成的物质。自然存在的化学物质随着自然过程而生成并存在于地球环境，包括无生命材料、生物残体及其形成的化石燃料以及生物合成的物质等。人工生成的化学物质则是出于特定目的而被生产/合成（包括不可避免的副产物）的物质（van Leeuwen et al，2007），例如全氟烷烃、有机氯农药和人为修饰的结构复杂的药物分子等。

化学物质（chemical substance）可以改变无机环境的组成、结构和功能。例如，进入大气平流层的氟氯烷烃能导致臭氧层中的臭氧加速消耗，温室气体能够引发全球气候变化。这些变化对于人类以及生态系统中特定物种的生存和发展可能是有害的。另一方面，化学物质也可以直接对生物体的健康产生危害。例如，双酚 A 能够扰乱人体内分泌系统，游离的银离子对微生物具有毒害效应。总之，化学物质通过改变无机环境或直接作用于生物体而产生有害效应时，即为有害化学物质。"有害效应"总是针对特定的主体，发生于特定的环境情景，是一个相对的概念。化学品的危害性可以分为环境危害（对于地球生态系统的组成、结构、功能有害）、健康（人体健康、生态健康）危害以及物理危害三个方面。在环境化学领域，有害性的界定一般以保护人类以及生态系统中绝大多数物种的利益为出发点，即关注化学品的环境危害和健康危害。

1.1.2 化学品与环境污染物

化学品（chemicals）一词随工业经济及社会发展而出现，泛指化学试剂、化学工业原料和产品等人类有意生产的化学物质，有时与"化学物质"混淆或并用。由于管理目的和范畴的差异，各国和有关国际组织的化学品管理相关政策和法规中对化学品的定义也有所区别。联合国环境规划署（United Nations Environment Programme，UNEP）《关于化学品国际贸易资料交流的伦敦准则》中将化学品定义为"一种化学物质，无论是物质本身、混合物或是配制物的一部分，是制造的或是从自然界取来的，还包括作为工业化学品和农药使用的物质"。在由 UNEP 和联合国粮食及农业组织（Food and Agriculture Organization of the United Nations，FAO）联合制定的《关于在国际贸易中对某些危险化学品和农药采用事先知情同意程序的鹿特丹公约》中，化学品指"一种物质，无论是该物质本身还是其混合物或制剂的一部分，无论是人工制造的还是取自自然的，但不包括任何生物体，它由以下类别组成：农药（包括极具危害性的农药制剂）和工业用化学品"。一些国内学者则认为，化学品是"经过人工技术的提纯、化学反应及混合过程生产出的、具有工业和商品特征的化学物质"（刘建国，2015）。

总之，化学品在概念上是化学物质的子集。自然和人类活动过程中无意产生和释放的大部分物质或副产物属于化学物质，而不属于化学品。然而，在生产具有工业和商品特征的化学物质时，无意产生和释放的化学物质（如二氧化硫、氮氧化物、二噁英及多环芳烃等）带来的风险同样值得关注。为了研究这些化学物质，科学家或化学品供应商需要合成相应的标准品，逐渐地，一些热点环境化学物质却成了非传统意义上的、供科学研究的商品。这些物质通常也是化学品风险评价的关注点，本书后文所提及化学品概念，一般也涵盖此类物质。

有害化学物质进入到自然环境中的过程，既属于地球物质循环的一部分，也是污染环境的过程。环境污染，既包括物理性污染，也包括化学性污染及生物性污染。其中，部分物理性污染、生物性污染以及所有的化学性污染均需要特定的有害物质为媒介。此时，相关的有害物质即为环境污染物。一种物质是否为污染物，取决于该物质本身的性质和所处的位置（环境）。欧盟污染物排放与转移登记（European Pollutant Release and Transfer Register，E-PRTR）制度将污染物定义为“进入环境后，由于自身具有的特性，可能对环境或人体健康产生危害的一种或一类物质”（EU，2006b）。例如艾氏剂、氯丹等有机氯农药，从功用上，这些化学品能够预防、消灭或控制害虫，而当其进入环境后，则成为持久性有机污染物。

环境污染物也存在天然来源和人为来源。天然来源包括地震、火山喷发、森林火灾等自然过程。这些自然过程均可能导致有害化学物质的生成，并将有害化学物质，如多环芳烃（polycyclic aromatic hydrocarbons，PAHs）、卤代芳烃、二噁英类化合物（polychlorinated dibenzo-*p*-dioxins/dibenzofurans，PCDD/Fs）等释放到环境中。人为来源主要指人类活动直接或间接地将有害化学物质排放到环境中。首先，人类活动（采矿、焚烧、工业生产）为一些天然存在的有害化学物质增加了新的、大规模的产生和释放途径。例如 PAHs 可在煤等化石燃料和生物质燃料的不完全燃烧过程中产生；PCDD/Fs 可以在垃圾及废弃物不充分燃烧时产生；另外，还有一些物质是工业生产的副产物等。其次，有些在地表、地壳中已经存在的物质，由于人类活动而改变了其存在形态和空间位置，从而造成对环境的污染，典型的例子是汞及有机汞类污染物。总地来看，环境污染物的主要来源在于人类活动。

无论是具有产品或商品属性的化学品，抑或是化学污染物，其分子在环境介质中的弥散（dispersion）是自发的、熵增的过程。根据热力学第二定律，回收（再利用）这些化学污染物质是非自发的、熵减的过程，必须额外输入能量，而能源的生产和使用还会造成环境污染（图 1-1）。例如，利用高压反渗透膜装置，克服水中污染物的渗透压，从而获得纯净的水和浓缩的污染物，这一过程需要能量的输入，而膜组件的生产和应用也会对环境产生不利的影响。环境工程为了处理化学污染物而投放的药剂，其回收再利用也面临着同样的问题。例如，通过投加高价铁絮凝或氧化污染物时，产生的含铁污泥或许会成为令人头疼的二次污染物，而一些药剂（如氧化污染物的臭氧、消毒剂 Cl_2、CO_2 捕捉剂乙醇胺）的泄漏，其本身也是环境污染的过程。尽管末端处理的工艺总体向着绿色化学的方向发展，但是，为了社会能够实现可持续发展，必须跳出“先污染后治理”的思路，构建风险防范式的化学品管理、生产体系。

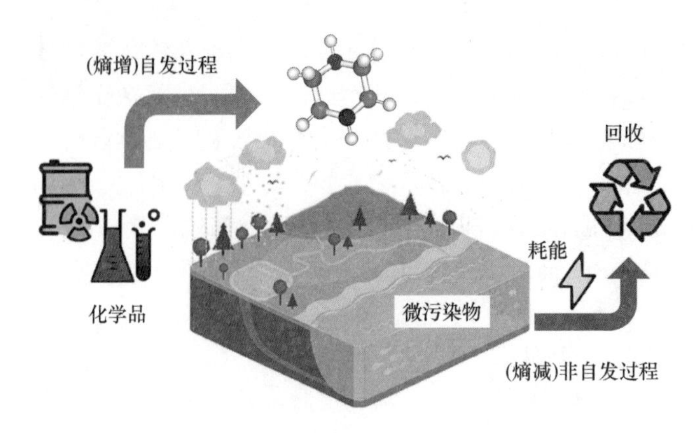

图 1-1 先污染后治理是不可持续的环境保护模式

1.2 化学品的环境暴露、危害性与风险性

1.2.1 化学品的环境暴露

环境暴露是化学品产生有害效应的前提条件。在谈环境暴露的概念时，总要针对特定受体（环境介质或有机体等）。暴露指受体外部界面与化学、物理或生物因素的接触，涉及界面、强度、持续时间、透过界面的途径、速度及透过量、吸收量等方面。根据化学品位于受体的体外或体内，可进一步将暴露分为外暴露（external exposure）和内暴露（internal exposure）。外暴露量可定义为某物质与受体接触的浓度。以人类为例，此处受体可具体理解为进食时的胃肠道上皮、呼吸时的肺部上皮以及皮肤接触时的表皮。内暴露量可定义为某种物质被吸收的量，或透过受体表层进入系统循环的量（EPA，1992）。

暴露途径描述化学品从环境介质中进入生物受体的过程。暴露途径的具体形式取决于物种的生理特点。例如，人体可通过摄取含化学品的水和食物，吸入含化学品的空气或灰尘，皮肤沾染等途径暴露于化学品中。细菌的暴露途径则表现为胞吞作用或跨膜运输。暴露途径还随发育阶段不同而存在差异，如哺乳动物胚胎期主要通过胎盘暴露，婴儿时期的暴露则主要通过母乳传递。

近年来，暴露相关的研究领域发展迅速，逐渐形成暴露科学（Exposure Science）。2012 年，美国国家科学研究委员会发布的《21 世纪暴露科学：愿景与策略》的报告将暴露科学定义为“对定量和定性信息的收集与分析，用于了解受体（比如人或生态系统）与物理、化学或生物应激物（stressor）之间接触的本质”。暴露科学的任务是，探索并描述对人群和生态系统具有急性与长期影响的暴露事件，着重研究受体通过不同途径暴露于外在污染物的总量（如空气、水、食物中污染物的浓度）以及与人体接触的途径（呼吸、摄食以及皮肤接触），评价受体可能受到的影响。暴露科学为环境科学及毒理学研究提供了暴露的关键信息及对暴露的测量工具，或直接量化和表征与有害化学物质接触的条件，成为环境科学与毒理学之间的桥梁。暴露科学的发展，有助于预防和减缓有害暴露、开展风险分析，最终实现保护人体健康的目的（National Research Council，NRC，2012）。在暴露科学的基础上，借鉴基因组学的研究思路和统计方法，“暴露组学”的概念被提出。

暴露组学（Exposome）囊括了一个人从胚胎到生命终结期间的全部暴露事件，并考虑社会、文化和心理因素。暴露组学研究贯穿人的一生，探究混合暴露影响，强调环境因素的作用（Wild，2012）。确定不同阶段的特征暴露组，并充分利用生物基因学技术，研究不同特征暴露组下基因的易感性和多态性，将暴露科学和环境基因组学结合起来，建立起“污染过程—人体暴露—基因表达—人体响应”研究路线。暴露组学研究的关键在于寻找准确测量暴露及暴露影响的方法。

1.2.2　化学品的环境危害性

危害性指化学品或混合物在特定的暴露条件下，对人体或环境造成有害效应的内在潜质。据联合国推荐的《全球化学品统一分类和标签制度》（Globally Harmonized System of Classification and Labeling of Chemicals，GHS），化学品的危害可分为为物理危害、健康危害和环境危害三大类型（UN，2015）。

GHS 中将化学品的物理危害分为：爆炸性、可燃性、氧化性、压缩气体、自反应性、自燃性、自加热性、遇水释放可燃气体、有机过氧化物和金属腐蚀性。对于化学品的物理危害，国际上已在其定义、测试方法与分类标准上达成高度共识。相比之下，人类对化学品的环境及健康危害性认识尚处在发展阶段。GHS 中定义的健康和环境危害包括：急性毒性、皮肤腐蚀/刺激性、严重刺激和伤害眼睛、呼吸或皮肤敏感性、生殖细胞突变性、致癌性、生殖毒性、吸入危害、水生环境危害性和臭氧层危害性。目前人类对于化学品的健康与环境危害认识还很有限，随着科学技术的进步，GHS 中化学品的健康与环境危害性分类将不断完善。

化学品具有的危害性可在其生产、使用、运输及存储等过程中导致不同性质、对象、程度和范围的危害性问题。欧盟 REACH 法规中将有毒有害化学品列为高关注物质（substance of very high concern，SVHC），包括具有致癌性（carcinogenic）、诱变性（mutagenic）以及生殖毒性（toxic for reproduction）的 CMR 物质；具有环境持久性（persistent）、生物蓄积性（bioaccumulative）和毒性（toxic）的 PBT 物质；高持久性和高生物蓄积性（very persistent and very bioaccumulative，vPvB）物质以及其他对人体和环境产生不可逆影响的物质（如内分泌干扰物等）。

CMR 物质具有的致癌性能使正常细胞发生恶性转变，并发展成为癌细胞。其具有的诱变性则能够引起生物体内遗传物质 DNA 的改变，进而导致遗传特性发生变化。同时，CMR 物质具有的生殖毒性能够损害雌性和雄性生殖系统，影响排卵、生精及生殖细胞分化等过程，同时也能够损害胚胎细胞发育，引起生化功能和结构的变化，影响繁殖能力，甚至累及后代。

PBT 物质（如硫丹杀虫剂、阻燃剂十溴二苯醚等）在食物网的生物蓄积特性和毒性方面具有环境持续性，并且这种蓄积毒性很难逆转，通过停止释放并不能实现减小化学品浓度这一目的。慢性暴露于这些物质中会对生态系统和人体健康构成特定风险。

vPvB 物质由于具有持久稳固和生物蓄积的特征，在环境和食物网内容易发生蓄积，并且可能在人体和环境中经过长期作用达到不可预知的水平。同时，相较于不具有持久性和生物蓄积性的化学品，具备这些特性的化学品在经过较长时间和较大范围的蓄积后更可能引发毒性效应，这使得 vPvB 物质成为特别关注的一类化学品。

根据世界卫生组织（World Health Organization，WHO）的定义，内分泌干扰物（endocrine disrupting chemicals，EDCs）是指“能改变机体内分泌功能，并对生物体、后代或种群产生不良影响的外源性物质或混合物”，而潜在内分泌干扰物是指“可能对生物体、后代或种群内分泌系统产生干扰效应的外源性物质或混合物”（International Programme on Chemical Safety，IPCS，2002）。绝大多数 EDCs 和潜在的 EDCs 都是人工合成的，农药、金属、食品添加剂或食品污染物、个人护理品等化学品中，均发现了这类物质的存在。EDCs 可能会改变男性和女性的生殖功能，增加乳腺癌的发病率，导致儿童异常发育以及神经发育延迟，导致免疫系统功能的改变等。EDCs 的人体暴露途径主要有饮食摄入、呼吸和皮肤接触。同时，EDCs 还可通过胎盘和母乳进行母婴传递。孕妇和儿童是最易受感染人群，EDCs 暴露造成的影响可能随着时间的推移愈发明显。EDCs 还可能增加非传染性疾病的患病率。

持久性有机污染物（persistent organic pollutants，POPs）指具有 PBT 特性、长距离迁移性的有机污染物。长距离迁移性指能够经过长距离迁移，到达偏远的地区，如极地或高山等寒冷地区。比 POPs 概念范围更广的概念是持久性有毒物质（persistent toxic substance，PTS），即在环境中能够长期存在且被生物蓄积的有毒物质。PTS 包括《关于持久性有机污染物的斯德哥尔摩公约》中列出的 POPs［例如，多环芳烃（PAHs）、多溴二苯醚（polybrominated diphenyl ethers，PBDEs）］、氯化石蜡等有机 PTS 以及有机汞化合物、有机锡化合物等金属有机化合物。

除有机污染物外，重金属（如汞、镉、铅等）及其化合物以及一些非金属化合物（如氰化物、砷化物等）也是具有潜在危害的重要污染物。重金属造成的危害性体现在其能够富集于生物体内，并转化为毒性更强的有机重金属化合物。而氰化物这类非金属化合物本身有剧毒，可通过皮肤吸收、伤口侵入、呼吸道吸入、误食等途径进入生物体，导致中枢神经系统瘫痪，呼吸酶及血液中血红蛋白中毒，引起呼吸困难，进而导致机体因缺氧而窒息死亡。

1.2.3　化学品的环境风险

风险指某一特定暴露下，化学品或混合物对人或环境产生不利影响的概率（van Leeuwen et al，2007）。风险包括对人体和生态环境的影响，与危害和暴露相关。一种有害物质如果没有发生暴露，则该物质并不能给人体和生态环境带来风险。评价风险的方法即为风险评价，对化学品进行风险评价有助于化学品管理，通过风险评价可得知应当用何种管理方法将风险控制在容许范围之内。

化学品风险评价可分为人体健康风险评价和生态风险评价。人体健康风险评价指对人类通过呼吸空气和饮食，长期积累一些化学物质而导致的对人体健康不良影响的轻重程度和发生概率大小的评价（胡建英等，2010）。化学品的生态风险评价伴随健康风险评价而发展。化学品的生态风险评价，即确定某种化学品从生产、运输、使用直至最终进入环境的整个过程中，对生态系统造成危害的可能性和严重性，主要评价化学品正常排放和暴露引起的环境污染对生态系统的危害。

生态风险评价过程主要内容包括：暴露评价、效应评价和风险表征。暴露评价：一般通过两种途径进行污染物的环境暴露评价，一是通过分析进入环境的有害物质迁移转化过程以及在不同环境介质中的分布和归趋，分析受体的暴露途径、暴露方式和暴露量，或通过污染物的使用量来预测环境暴露浓度；另外一种是采用野外现场采样，实验室仪器分析获取的污染物实际监测浓度。

暴露科学致力于描述对人群和生态系统急性或慢性暴露事件的时间和空间维度的特征。此外，由于人类疾病无法单纯从全基因组关联性研究（genome-wide association study，GWAS）得到解释，“暴露组”作为基因组的补充而被提出（Wild，2005）。暴露组充分考虑到人一生暴露的经历，既包括外部源，如污染、辐射和膳食；又包括内部源，如炎症、感染和微生物。面对复杂的暴露源，如何表征个人的暴露组？Lioy 和 Rappaport（2011）总结了两套方法：第一，“自底向上（bottom-up）”的方法，聚焦于各类外部暴露（空气、水、膳食、辐射、生活方式等）来定量污染物水平，最终将所有类型的污染汇总到一起，来评价个体的暴露组。然而，自底向上的方法要求对各种外部环境介质内种类众多的、已知和未知的污染物做出评价，同时也可能遗漏掉重要的内源暴露。第二，“自顶向下（top-down）”的方法，采用非定向的组学分析方法，测量生物样品中的暴露标志，以评价个体暴露组。只需一次血样分析就能了解到来自外部源和内部源的暴露物质，同时也便于比较健康人群与患病人群的暴露组差异。借助组学分析，可以方便地识别特定的暴露物质，并针对特定生物标志发展高通量的筛选程序，确定外部暴露与内部暴露的来源。总之，自顶向下的方法更适合追查引发人类疾病的未知因素，而自底向上的方法则基于对外部暴露源更全面的分析，便于发展出干涉或阻断特定外部暴露的风险削减策略。

效应评价，更准确地说是剂量-效应关系评价，是指某一物质的剂量或暴露水平和效应的发生及严重程度之间关系的估算。数据主要来源于毒理学研究以及定量构效关系（quantitative structure-activity relationship，QSAR）模型的预测。对于大部分物质而言，从实验室推导出来的无可观测效应浓度/水平（no-observed- effect concentration/level，NOEC/NOEL），将转化为用于评估生态风险的预测无效应浓度（predicted no-effect concentration，PNEC），用于效应评价。

风险表征（risk characterization）是根据物质实际或预期的暴露可能对环境造成的不利影响的发生和严重程度的估算，是暴露评价和效应评价的综合。

决策者可在风险评价结果基础上，结合相关法规条例、标准、规范文件，选取有效的控制技术，分析消减风险的费用和效益，确定可接受风险的程度和可接受的损害水平，分析相关政策及综合考虑社会经济和政治等各方面因素，决定适当的管理措施并付诸实施，以降低或消除化学品的环境风险，保障人体及生态系统健康，这个过程称为风险管理。

化学品的管理源于化学品带来的人体及生态健康问题。化学品管理指人类社会为保障人类生命、财产、健康、环境的安全，合理开发、利用和处置化学品，妥善控制化学品的危害性及其产品生命周期过程的风险，实现对化学品符合可持续发展原则的开发和利用（刘建国，2015）。起初，化学品危害的对象主要为从事化学品生产、加工或运输的职业人员，化学品管理表现为职业安全管理。随着化学品使用量增加和使用范围的扩大，其造成的公共健康危害逐渐为人们所知，化学品管理扩大到公共健康领域。20 世纪 70 年代以来，化学品引发的一系列环境问题进一步促进了人类对化学品危害性的认识，环境保护领域也开始重视化学品的管理问题。

发达国家率先认识到化学品给环境带来的危害，在工业化学品多氯联苯（polychlorinated biphenyls，PCBs）引发的“米糠油事件”这一重大公害后，日本于 1973 年颁布了《化学物质控制法》。该法反映了公众对 PBT 物质，例如 PCBs 类物质的关注。该法根据化学品的危害性制定了相应管理措施，根据化学品的持久性、生物蓄积性和对人体的长期毒性，来决定其（在日本的）生产、进口及使用。随后，加拿大、挪威、美国等发达国家相继颁布化学品管理相关法规。

美国于 1976 年颁布了《有毒物质控制法》（Toxic Substances Control Act，TSCA），建立了一系列应对已有化学品风险的方法和对新化学品投放市场前进行评价的系统审查过程原则，旨在防止新的危害人体和环境的化学品的生产和使用，在现有化学品生命周期的各个环节上保护人体和生态的健康。2016 年 6 月，美国总统正式签署《弗兰克・劳滕伯格面向 21 世纪的化学品安全法案》（Frank R. Lautenberg Chemical Safety for the 21st Century Act），对有 40 多年历史的 TSCA 进行了修订，旨在从严管理美国商用化学品，提升化学品信息的公众透明度，并在数据不足以进行风险评价时要求企业增补测试，最后根据风险评价结果相应地采用标签、通报、限制、禁止等方式管控化学品风险。

加拿大颁布的《加拿大环境保护法》（Canadian Environmental Protection Act，CEPA-1999）对于化学品管理提出了"优先顺序设立规定"，即对于已引入加拿大的约 23 000 种现有商业物质须及时系统地确定评价和管理优先顺序，对于准备进口或生产的新物质，企业或个人必须向政府通报，以便评价物质对环境和人类健康的可能影响，且必须提供法规要求的某些信息。

欧盟于 2001 年 2 月出台了《欧盟未来化学品政策战略白皮书》，规定了欧盟化学品政策必须考虑当代人及未来几代人，确保为人类健康和环境提供高水平保护，同时确保欧盟内部市场有效运作及化学品工业的竞争力。在白皮书中，欧盟委员会提出了化学品管理新策略，即 REACH 法规。REACH 法规建立在确保人类健康和环境健康的基础上，致力于填补现有化学品危害性和风险方面信息的空白，通过单一的法规，运用一致的方法控制风险。REACH 法规规定，对于每天生产或进口量大于 1 t 的物质，制造商和进口商需向欧盟化学品管理机构申报，并由主管机构和成员国进行特定的风险评价审查。对于高关注化学物质，采取限制或禁止性风险管理措施，在特别许可后方可生产、进口和使用。

在化学品贸易全球化的驱动下，化学品的环境污染不仅仅局限于某个国家或区域，而是呈现出全球化的特征，这使化学品环境问题也成为国际社会关注的焦点，化学品的管理也逐渐呈现全球统一化特征。由 UNEP 主持拟定的国际化学品管理战略方针（Strategic Approach to International Chemicals Management，SAICM）于 2006 年 2 月在阿联酋首都迪拜召开的第一届国际化学品大会上通过。SAICM 以具有时限性的全球化学品管理战略为目标（UNEP，2006），期望"到 2020 年，通过透明和科学的风险评价与风险管理程序，考虑预先防范措施原则以及向发展中国家提供技术和资金等能力支援，实现化学品生产、使用以及危险废物符合可持续发展原则的良好管理，以最大限度地减少化学品对人体健康和环境的不利影响"（WSSD，2002）。

相比于发达国家，包括我国在内的发展中国家对于化学品的管理水平较低（UNEP，2013）。由于我国化工产业总体上技术水平落后、产业结构不合理、环境污染控制水平和风险控制能力低，进一步加剧了化学品污染造成的环境问题，给人体和生态健康带来更大的风险。我国于 1987 年发布了国家化学品管理首部专项法规《化学危险品安全管理条例》，该法规管理的化学品局限于易燃、易爆和具有急性毒性的少数危险化学品，尚未涉及化学品的环境管理。国家环境保护总局于 2003 年颁布的《新化学物质环境管理办法》则是我国建立的新化学品申报登记制度这一基础性的化学品环境管理制度。2009 年，环境保护部对该办法进行修订。随着我国对化学品环境和健康风险认识的提高，化学品管理相关的政策、法规、行政管理体系等都在不断发展，正朝着实现化学品管理可持续发展的目标迈进。

参考文献

白志鹏, 陈莉, 韩斌. 2015. 暴露组学的概念与应用. 环境与健康杂志, 32(1): 1-9.

胡建英, 安伟, 曹红斌, 董建敏. 2010. 化学物质的风险评价. 北京: 科学出版社.

刘建国. 2008. 化学品环境管理. 北京: 中国环境科学出版社.

刘建国. 2015. 中国化学品管理: 现状与评估. 北京: 北京大学出版社.

EPA. 1992. Guidelines for Exposure Assessment. Risk Assessment Forum U.S. Environmental Protection Agency, Washington, DC. https://www.epa.gov/sites/production/files/2014-11/documents/guidelines_exp_assessment.pdf. [2018-3-31].

EPA. 2003. Framework for cumulative risk assessment. EPA /630/P-02/001F, Risk Assessment Forum U.S. Environmental Protection Agency, Washington, DC. https://www.epa.gov/sites/production/files/2014-11/documents/frmwrk_cum_risk_assmnt.pdf. [2018-3-31].

EU. 2006a. Regulation (EC) No. 166/2006 of the European Parliament and of the Council of 18 January 2006, concerning the establishment of a European Pollutant Release and Transfer Register and amending Council Directives 91/689/EEC and 96/61/E (the ‘E-PRTR Regulation’). Official Journal of the EU: EU, Brussels. http://eur-lex.europa.eu/legal-content/EN/TXT/?uri=CELEX:02006R0166-20090807%20%20. [2018-3-31].

EU. 2006b. Regulation (EC) No.1907/2006 of the European Parliament and of the Council of 18 December 2006, concerning the Registration, Evaluation, Authorization, and Restriction of Chemicals (REACH). Official Journal of the EU: EU, Brussels. https://eur-lex.europa.eu/legal-content/EN/TXT/?uri=CELEX%3A02006R1907-20140410. [2018-3-31].

IPCS. 2002. Global Assessment of the State-of-the-science of Endocrine Disruptors. Geneva, International Programme on Chemical Safety, World Health Organization and United Nations Environment Programme.

Lioy P J, Rappaport S M. 2011. Exposure science and the exposome: An opportunity for coherence in the environmental health sciences. Environmental Health Perspectives, 119(11): A466-A467.

McNaught A D, Wilkinson A. 1997. Compendium of Chemical Terminology. 2nd ed. International Union of Pure and Applied Chemistry. Oxford: Blackwell Scientific Publications.

NRC. 2012. Exposure Science in the 21st Century: A Vision And A Strategy. National Research Council,

Washington, DC Available: http://www.nap.edu/catalog.php?record_id=13507[2013-2-15].
UN. 2015. Globally Harmonized System of Classification and Labelling of Chemicals (GHS). United Nations: New York, Geneva.
UNEP, WHO. 2012. State of the science of endocrine disrupting chemicals. United Nations Environment Programme, World Health Organization: Geneva.
UNEP. 2006. Strategic approach to international chemicals management. United Nations Environment Programme: Geneva.
UNEP. 2013. Global chemicals outlook: Towards sound management of chemicals. United Nations Environment Programme: Nairobi.
van Leeuwen C J, Vermeire T G. 2007. 化学品风险评估. 原著第 2 版.《化学品风险评估》翻译组译. 北京: 化学工业出版社.
Wild C P. 2005. Complementing the genome with an "exposome: from": The outstanding challenge of environmental exposure measurement in molecular epidemiology. Cancer Epidemiology Biomarkers & Prevention, 14(8): 1847-1850.
Wild C P. 2012. The exposome: From concept to utility. International Journal of Epidemiology, 41: 24-32.
WSSD. 2002. Plan of Implementation of the World Summit on Sustainable Development, Johannesburg. http://www.un.org/esa/sustdev/documents/WSSD_POI_PD/English/WSSD_PlanImpl. Pdf. 2018-3-31.

第2章　环境计算化学与预测毒理学概述

本章导读

- 介绍环境计算化学及预测毒理学的学科发展背景。
- 介绍传统毒性测试的方法及其局限性。
- 重点介绍现代毒理测试及化学品风险评价与预测的思路。

如何理解、评价并最终削减化学污染物对地球生态环境造成的不利影响？从化学品管理的需求来看，首先需要认识和评价化学物质污染的现状，解析污染物的来源；其次，需要评价和预测化学物质对人体与生态健康的影响；最后，发展对环境与生态友好的产品，预防、控制和修复化学物质的污染。但仅基于实验测试手段，难以满足上述需求。因为地球生态环境系统是一个涉及多介质/界面、时空连续的整体，而目前实验测试的操作规模和观测的广度、深度和精度都十分有限。另外，当前的实验技术仍难以快速测定任意化学物质的特性，难以揭示污染物转化的微观机制，难以对种类繁多且不断增加的化学品进行风险预测与管理。于是，我们寄希望于计算模拟方法，期待它在环境质量评价与预测、污染物源解析、化学品生态风险预测与管理等方面发挥作用。

2.1　环境计算化学

Tratnyek 等（2017）提出了计算环境化学科学（*In Silico* Environmental Chemical Science）的概念，着重介绍了环境化学领域中重要环境行为参数的预测方法。如果计算环境化学的内容侧重于化学污染物环境行为参数的预测，则称之为环境计算化学似乎更确切。广义地看，凡是环境化学研究中涉及的计算模拟研究，或都可归于环境计算化学。可以认为环境计算化学是环境化学与大数据分析、化学信息学（化学计量学）、计算化学（包括量子化学、分子力学）等学科的交叉学科。环境计算化学采用计算模拟的方法，揭示和表征化学污染物的形成机制、源解析、多介质迁移转化归趋（环境分布）、毒性效应及生态与健康风险等。

作为环境化学的分支学科，环境计算化学继承了环境化学中计算模拟方面积累的知识。例如，化学物质物理化学性质、环境行为和毒理学效应的定量构效关系（QSAR）模型，基于多元统计分析的化学污染物源解析技术以及模拟化学物质环境迁移、转化、分布、归趋的多介质环境模型等。在环境化学的大学科背景下，这些内容原本相对独立，各自对应着环境化学理论或实践的需要。但在环境计算化学的框架下，将这些与计算模拟相关的知识和方法进行整合，应该有助于学科发展的深度融合与创新，有助于提升环境化学在解决实际问题方面的目标导向性。

揭示和表征化学污染物的形成机制，是环境计算化学的重要研究内容。例如，Xu 等（2010）、Yu 等（2011）和 Zhang 等（2010c）采用小曲率隧道效应校正后的正则变分过渡态理论方法，通过密度泛函理论（density functional theory，DFT）计算，揭示了市政垃圾焚烧炉内均相燃烧（600～1200 K）过程中二噁英等化学污染物的形成机制。由污染物的前体物质（precursor）之间相互反应，或污染物与环境因子（如大气中·OH 自由基）反应而形成污染物的过程，也可以视为前体化学物质的环境转化过程。根据第 1 章中给出的化学污染物质的相关概念，这些环境转化过程构成了联系反应物（前体物质）与产物（环境污染物）的网络。从该视角来看，污染物的形成也是一种特殊的环境化学过程，术业有专攻，本章对此方面不再赘述。本节首先简介化学污染物的源解析技术，然后介绍环境系统及环境过程的概念，最后介绍环境行为参数和毒性机制与效应的模拟计算。

2.1.1 化学污染物的源解析

环境污染物的来源解析（source apportionment）是污染控制的基础。源解析是研究污染源对周围环境污染的影响和作用的一系列方法。源解析方法主要分为两大类：受体模型和扩散模型（Li et al.，2003）。早期主要使用的是扩散模型，扩散模型是一种预测式模型，它是通过输入各个污染源的排放数据和相关气象信息，来预测某一时间某一地点的污染情况。然而，随着环境质量要求的提高，管理部门对于更多的污染物的源解析提出了要求，扩散模型在很多方面已不能令人满意。例如，对空气中某些粒径的可吸入颗粒物、吸附有毒物质的颗粒和在引起能见度降低及天气状况改变中起到特殊作用的某些颗粒物的源解析，对于沉积物、水体等介质中有机污染物的源解析等（Gordon，1988）。

由于扩散模型上述的局限性，受体模型得到了较快的发展。受体模型是通过对采样点的环境样品（受体）的化学和数学分析，确定各污染源贡献率。受体模型的最终目的是识别对受体有贡献的污染源，并且定量计算各污染源的分担率。受体模型与扩散模型不同，它是一种诊断式的模型而不是预测式的，它解释的是过去而不是将来。受体模型的成功应用，很大程度上要依靠对污染物的大量采集和准确分析。狭义的源解析只包括使用受体模型进行的源解析，包括定性和定量两类方法。

源解析的定性方法，即定性地确定主要污染源，但不能定量地给出各污染源的贡献率。主要有比值法、轮廓图法、特征化合物法等。比值法在多环芳烃（PAHs）的源解析中已有较多的应用。由于各种污染源生成污染物的机理和具体条件的不同，从而生成的污染物的组成和相对含量会有不同程度的差别，以此为依据来定性地确定各个污染源，即为比值法。轮廓图法就是比较环境样品和特征污染源中污染物的轮廓图来识别某种污染物的来源。轮廓图法具有直观明了的优点，但需要预先知道特征污染源的轮廓图。当各污染源的轮廓图区分不明显，或者难以获得时，识别主要污染源就比较困难。特征化合物法是根据污染源排放物中含有某种特征化合物来确定污染物来源的一种方法。如惹烯（retene）主要来自木材的燃烧，如果检测的 PAHs 成分中含有较多的惹烯，则可认为 PAHs 主要来自木材的燃烧。由于各种定量方法的出现和不断完善，定性方法只是作为一种辅助手段，一般不单独使用。

污染物源解析的定量方法主要分为两类：化学质量平衡（chemical mass balance，CMB）模型和多元统计分析类方法。CMB 模型是一种在源解析中广泛应用并且发展较为成熟的模型，该模型的理论依据是质量守恒定律。CMB 模型的基本原理是：各个污染源排放的各种污染物的指纹谱是有一定差别的，可以通过监测受体中的各种物质的含量（组成）来确定各污染源的贡献率（Gordon，1988）。CMB 模型假设存在对受体中的污染物有贡献的若干污染源 j，并且：①各污染源所排放的污染物的组成有明显的差别；②各污染源所排放的污染物的组成相对稳定；③各污染源所排放的物质之间没有相互作用，在传输过程中的变化可以被忽略。即在采样点受体中的污染物浓度就是各个主要污染源污染物浓度的线性加和，从而有式（2-1）：

$$C_i = \sum_j m_j x_{ij} + \alpha_i \tag{2-1}$$

式中，C_i 表示 i 污染物在受体中的浓度，m_j 代表第 j 污染源对污染物的贡献率，x_{ij} 为第 j 污染源中 i 污染物的浓度，α_i 为不确定性误差。使用式（2-1），要预先知道源的指纹谱 x_{ij}，即在某一地区各主要污染源排放的各种污染物的相对组成，这些指纹谱一般通过长期的采样分析进行搜集。通常所监测的污染物的个数比假设的主要污染源的个数多，通过求解式（2-1）可以得到式中未知污染源的贡献率 m_j。CMB 模型应用于化学污染物的源解析还存在很多问题，比如：缺少各种污染源较完整的指纹谱图；某些污染物在环境介质中易降解不稳定，如果直接应用其数据会给源解析带来较大的误差，使得 CMB 模型在用于污染物的源解析时受到一定限制。

随着采样和监测技术的提高，多元统计分析类源解析方法得到了快速发展。由于该类方法不需要预先知道各个污染源的指纹谱图，应用比较简便，尤其适用于难以得到污染源指纹谱的源解析问题，通过该方法还可以反推出污染源的指纹谱。其中，因子分析/多元线性回归（factor analysis/multiple linear regression，FA/MLR）是使用较为普遍的一种多元统计分析类源解析方法。因子分析是一种多元统计的数学方法，用其可以解析数据集合，压缩数据维数，分析多个变量之间的关系，对大量的观测数据，可使用较少的代表性因子来说明众多变量的主要信息。

与其他模型比较，FA/MLR 方法的优点是：使用简单；不需要研究地区优先源的监测数据；对污染物成分谱缺乏的污染源仍可以进行解析；可广泛使用统计软件对数据进行处理。其不足是：当一个或多个源示踪物不是来自于同种类型的污染源时，它的应用就受到限制；需要受体样品数较多，一般超过 50 个；实际使用中，多元分析技术只能识别 5～8 个污染源（Harrison et al.，1996；Morandi et al.，1987）；模型得出的因子载荷和因子得分常常出现负值，这与实际情况不符，会影响对污染源的解析。

由于 FA/MLR 模型存在的上述不足，经改进出现了基于因子分析的其他模型，绝对主成分得分（absolute principal component scores）/多元线性回归分析（APCS/MLR）就是其中的一种。在普通的因子分析中，由于因子得分矩阵是得分系数矩阵和标准化后的原始数据矩阵的乘积，而标准化一般是通过平均浓度来计算的，因而得出的因子得分并不代表真实的因子得分。要得到真实的因子得分就要计算出“绝对零值因子得分”。绝对零值因子得分是通过引入一个新的样品，该样品中所有的化合物的浓度设为“0”，然后再作标准化和因子分析，最后得出相应的绝对零值因子得分，因子得分和绝对零值因子得分的差值即为真实因子得分，再通过多元线性回归的方法得到每个因子的贡献率，该方法即为 APCS/MLR（Kavouras et al.，2001）。

基于因子分析的模型也得到发展，非负约束因子分析（factor analysis with non-negative constraints，FA-NNC）就是其中的一种。普通的因子分析中，因子载荷和因子得分常常会出现负值，而且由于因子载荷通常使用方差最大正交旋转法，得到的各个因子互相正交。但在实际情况中，各个污染源之间不可能是完全正交的，污染源中各个污染物对成分谱的贡献也不可能出现负值。而 FA-NNC 限制所得到的因子载荷和因子得分为正数，并且由于使用非负约束的因子旋转方法，各个因子之间不再是完全正交的，所以使 FA-NNC 得到的结果更加符合实际情况，更易于解释。FA-NNC 的基本方程为

$$\boldsymbol{D} = \boldsymbol{C} \cdot \boldsymbol{R} \qquad (2\text{-}2)$$
$$\boldsymbol{D}_{mr} = \boldsymbol{C}_{mn} \cdot \boldsymbol{R}_{nr}$$

式中，$\boldsymbol{D}$ 是标准化后的数据矩阵；$\boldsymbol{C}$ 是因子载荷矩阵，代表源的指纹谱；$\boldsymbol{R}$ 是因子得分矩阵，代表源的贡献值。m、n 和 r 分别代表污染物、源和样品的个数。

应用 FA-NNC（Imamoglu et al.，2002；Ogura et al.，2005；Ozeki et al.，1995），经过非负约束的矩阵迭代运算可将 $\boldsymbol{D}$ 分解为因子载荷矩阵 $\boldsymbol{C}$ 和因子得分矩阵 $\boldsymbol{R}$，矩阵 $\boldsymbol{C}$ 的列向量代表源的组成，矩阵 $\boldsymbol{R}$ 的列向量代表各个来源的贡献值，非负约束的矩阵迭代运算终止的判定条件为矩阵 $\boldsymbol{C}$ 中负数的平方和小于某个很小的值 α（例如 $\alpha = 0.0001$）。以多氯联苯（PCBs，美国商品名为 Aroclor）的源解析为例，将 Frame 等（1996）报道的四个 Aroclor 产品组成主要污染源输入到蒙特卡罗（Monte Carlo）模型中，得到了由 26 个 PCBs 和 40 个样品组成的人工模拟数据矩阵。从图 2-1 可以看出，由 FA-NNC 得到的结果和原始输入的 PCBs 的源数据（指纹谱）有很好的可比性（田福林等，2009）。

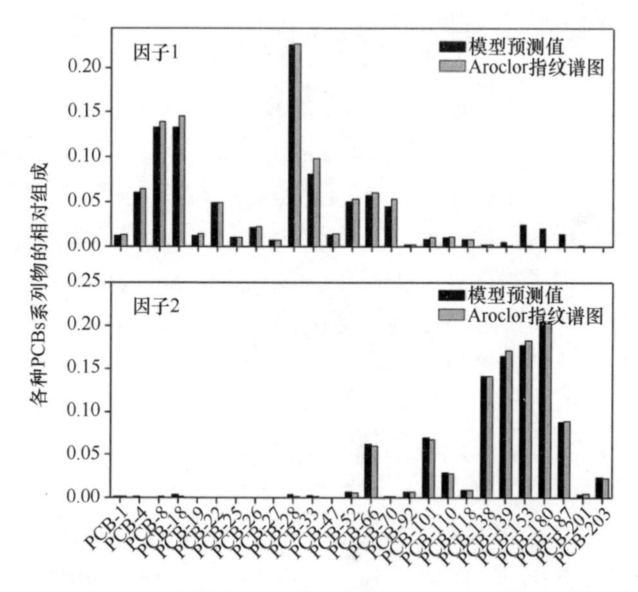

图 2-1 FA-NNC 得到的两个主要因子载荷与 Aroclor 指纹谱图的比较

另一种定量源解析模型是正定矩阵因子分解（positive matrix factorization，PMF）模型。PMF 模型最早由 Paatero 等提出（Paatero，1997；Paatero and Tapper，1994），它也是一种基于因子分析的方法。PMF 具有不需要测量源指纹谱、分解矩阵中元素非负、可以利用数据标准偏差来进行优化等优点。PMF 与 FA-NNC 方法获得的污染源指纹谱基本是一致的（刘春慧等，2009）。近年来，我国大气雾霾治理的国家重大需求，使得源解析技术受到了广泛的应用和关注，感兴趣的读者可以参考相关的综述文献（Zhang et al.，2017；高健等，2016）。

2.1.2 环境系统与环境过程

20 世纪 90 年代，瑞士环境科学家 Schwarzenbach 和加拿大环境科学家 Mackay 分别撰写了《环境有机化学》（*Environmental Organic Chemistry*）和《环境多介质模型：逸度方法》（*Environmental Multimedia Model：Fugacity Approach*）。这两部著作基于物理化学原理、质量守恒定律，对化学物质的环境过程做出了定量描述。这些环境化学过程的数字化、模型化，为化学物质环境行为的定量模拟预测奠定了基础。

地球环境系统由环境介质（environmental media）或环境相（environmental phases）构成。为定量地描述环境系统，首先要界定其尺度和范围。例如，是针对整个欧洲，还是一个池塘？其次，要将环境系统划分为相互之间可进行物质交换的环境区间（environmental compartment），如大气、水、沉积物、土壤、生物相等，并确定各区间的容量或体积（如池塘中水的体积）。对于大气、河流等流体，还需用流量表征其流动性。当然，环境介质可以被划分得更精细。例如，大气可进一步划分为干洁空气和气溶胶类物质；土壤则可以细分为土壤固体、孔隙溶液和孔隙空气。然而，更精细的介质划分意味着更复杂的环境模型以及更昂贵的模型运算成本。

“所有的模型都是错误的，但有些模型是有用的”。诚然，复杂的环境系统不可能被某一种简单的环境模型完美还原。但基于合理的假设，所构建的模型就可以成功捕捉到环境系统的特点，从而对其中化学物质的行为规律加以表征。

环境系统中的化学污染物质会受到物理、化学、生物过程的影响，本书统称为环境过程或环境行为。污染物质的各种环境过程相互交织，共同决定其在环境系统中的归趋，它们可以被分为两类：①不改变化学物质结构（即化学物质“身份”）的过程；②将化学物质转化为一种或多种具有不同环境行为和效应的产物的过程。第一类过程包括环境区间内发生的迁移和混合现象，以及不同环境相之间的传质过程。第二类过程会导致化合物结构的改变，包括水解、光化学和生物化学转化等化学反应。需要强调的是，在一个环境系统里，上述过程可能同时发生，不同的过程也可能对彼此产生强烈的影响。

如何定量描述环境系统和环境介质？在 Mackay 提出的环境多介质模型中，环境系统和环境介质是从真实环境空间中抽象出来的概念实体，或假想的环境系统，通常简化为包括大气、水、土壤、沉积物的四介质模型。而各个介质的空间尺度，即体积和流量，往往根据拟描述的区域来估算。随着地理信息系统（geographic information system，GIS）的成熟和普及，基于 GIS 构建高分辨率的环境系统/介质，不仅可以更精准地输出环境介质空间信息，更可以正确地表现介质之间的相对位置，甚至实时考虑气象因素。在考虑环境系统时，一般假定化学污染物占环境介质的主要构成物的比例极低，这样，化学物质的变化不会反过来改变环境介质本身的性质。

如何定量描述化学物质的环境过程？在 Schwarzenbach 和 Mackay 的早期工作中，环境过程都具象为经验公式。例如，对于具有体积为 V（m^3）的环境系统，根据化合物 i 的质量守恒定律，采用单箱模型，输入和输出系统的速率分别为 I_i 和 O_i（mol/s），化学物质的浓度（C_i，mol/m^3）随时间的变化可以表示为

$$\frac{dC_i}{dt}=\frac{1}{V}\left(I_i-O_i-\sum R_i+\sum P_i\right) \tag{2-3}$$

式中，$\sum R_i$ 和 $\sum P_i$ 分别代表环境系统内部的消耗化合物 i 和产生化合物 i 的速率（mol/s）。一般情况下，这类表达式中往往包括：①反映环境介质空间尺度和流动性的参数（体积、流量）；②化学物质的量（结合介质体积，即浓度）；③表征化学物质物理化学性质的参数以及化学物质在环境介质中受到特定环境因素影响的环境行为参数。

根据热力学第二定律，对于一个处于常温常压状态的环境系统，表征该系统的吉布斯（Gibbs）自由能总是趋向最低点。化学物质 i 在某相内自由能 G 对其物质的量 N_i（或浓度 N_i/V）的导数，被定义为化学势（chemical potential）：

$$\mu_i=\left(\frac{\partial G}{\partial N_i}\right)_{T,P,N_{j\neq i}} \tag{2-4}$$

在相平衡热力学中，一种溶质若在不同相中达到分配平衡，则各相中的化学势相等。将式（2-4）两边对 N 积分，可知化学势与物质的量呈对数关系（当环境相体积一定时，化学势与浓度也呈对数关系），但其绝对数值不可测量，不利于快速求解相平衡问题。1901 年，Lewis 引入逸度（fugacity，f）作为新的平衡标准。逸度的量纲与压力相同，与浓度呈线性关系，这既赋予其绝对含义（理想状态下，低浓度化学物质的气相分压为逸度 f），又有利于相平衡方程的求解。1979 年，Mackay 指出逸度本质上表征了化学物质逃离环境相的趋势，论述了采用逸度模型描述化学物质在环境系统中的各种环境过程的可行性。逸度本质上与化学物质的各种物理化学性质、环境行为参数紧密相关。进一步，Mackay 定义了逸度容量（fugacity capacity，Z）来描述单一环境相容纳某种化学物质的能力。f（Pa）与化学物质浓度（C，mol/m^3）之间的关系是

$$C = f{\cdot}Z \tag{2-5}$$

表 2-1 列出了化学物质在不同环境相中 Z 的表达式。通过逸度容量的组合，

就可以推导出传统的两相间分配系数，简化了相平衡方程的表达形式。

表 2-1　化学物质在不同环境相的逸度容量（*Z*）的定义

环境相	Z［mol /(m^3·Pa)］	符号的物理含义
空气	$Z_A = 1/RT$	R 为理想气体常数，$R = 8.314(\mathrm{Pa \cdot m^3})/(\mathrm{mol \cdot K})$；$T$ 为温度（K）
水	$Z_W = 1/H = c^S/p^S = Z_A/K_{AW}$	H 为亨利定律常数（Pa·m^3 / mol）；c^S 为液相溶解度（mol/m^3）；p^S 为蒸气压（Pa）；K_{AW} 为气/水分配系数
辛醇	$Z_O = Z_W K_{OW}$	K_{OW} 为正辛醇/水分配系数
类脂	$Z_L = Z_O$	
气溶胶	$Z_Q = K_{QA} Z_A$	K_{QA} 为气溶胶/空气分配系数
有机碳	$Z_{OC} = K_{OC} Z_W(\rho_{OC}/10^3)$	K_{OC} 为土壤/沉积物吸附系数（L/kg）；ρ_{OC} 为有机碳的密度（kg/m^3）
有机质	$Z_{OM} = K_{OM} Z_W(\rho_{OM}/10^3)$	K_{OM} 为有机质分配系数（L/kg）；ρ_{OM} 为有机质的密度（kg/m^3）
矿物质	$Z_{MM} = K_{MM} Z_W(\rho_{MM}/10^3)$	K_{MM} 为矿物质/水分配系数（L/kg）；ρ_{MM} 为矿物质的密度（kg/m^3）
固体吸附剂	$K_P \rho_S/H$	K_P 为分配系数（L/kg）；ρ_S 为固体吸附剂的密度（kg/L）
生物	$K_B \rho_B /H$	K_B 为生物富集因子（BCF）（L/kg）；ρ_B 为生物的密度（kg/L）
纯物质	$1/(p^S v)$	v 为溶质摩尔体积（m^3/mol）

由表 2-1 可见，表征化学污染物环境过程最关键的参数是其环境行为参数。这些环境行为参数既包括基础的物理化学性质（例如：蒸气压、水溶解度），也包括反映化学污染物在不同环境介质之间分配行为的参数（例如：正辛醇/水分配系数 K_{OW}、亨利定律常数 H、土壤/沉积物吸附系数 K_{OC}）。如果考虑化学物质在环境中的降解转化过程，则化学污染物与环境因素（光、水、活性氧、微生物）或化学物质之间的反应速率常数，也是表征其环境行为的关键参数。这些参数早期都是来自于实验室测定，化学物质的物理化学性质参数值可以查询权威的手册，很多文献也汇集了典型环境污染物的分配系数和反应速率常数值。在 Mackay 提出的多介质环境逸度模型的框架下，一个完整的化学品环境化学行为数据库对于环境建模工作的重要性不言而喻。典型的化学品风险评价软件工具，如美国环境保护署（EPA）的 EPI Suite 程序，都植根于颇具规模的化学品环境行为与毒理效应数据库。随着互联网的普及以及一些政府机构和非政府组织的积极推动，可以非常便利地获取化学品相关数据。

有了环境介质的属性参数、化学品的排放量、物理化学性质以及环境行为参数等方面的信息，就可以构建出模拟化学物质在环境介质中行为和归趋的多介质环境模型（multimedia environmental model）。根据所模拟的环境系统是否达到平衡状态，以及是否为稳态（即浓度不随时间变化），多介质环境模型可以进一步分为 I ～IV级模型。其中 I 级模型不考虑时间因素，研究封闭体系中的平衡状态。从II级模型开始，研究开放体系，即对于可流动的环境介质，化学物质可以随着介质流入环境系统，并且在完全混合假设下，以各相平衡时的浓度流出对应的介质。III级模型与II级模型的区别在于，化学物质在各相的逸度可以不同，即允许模拟非平衡状态的情形。IV级模型则考虑了化学物质在不同介质中随时间变化的情形，即能够处理非平衡、非稳态的环境系统。例如，Zhu 等（2015）发展了具有 50 km×50 km 分辨率的III级多介质归趋模型，采用 2007 年苯并[*a*]芘（BaP）的大气排放清单，预测 BaP 在全国的浓度分布，发现在华北平原、内蒙古中部及部分东北省份、西安、上海、江苏南部、四川盆地东部及贵州和广州的中部具有较高的 BaP 水平。

通过构建IV级多介质环境逸度模型，Ao 等（2009）模拟了 1952～2010 年间黄河下游流域六氯环己烷（hexachlorocyclohexane，HCH）的异构体（α-HCH、β-HCH、γ-HCH、δ-HCH）的归趋。所模拟的黄河下游流域，始于花园口，包括横贯河南、山东省的冲积平原，流域面积约为 2.26 万平方公里，约占黄河流域总面积的 3%。考虑了大气、水、土壤和沉积物四种主要的环境介质，以及农业投药量、空气/水相的平流、环境区间的交换、四个主要介质内部的降解。如图 2-2 所示，通过求解IV级逸度模型的常微分方程，得到不同环境介质内部的 HCH 浓度随时间变化的曲线（Ao et al.，2009）。

从图 2-2 可以看出，农业对 HCH 的使用模式，在 HCH 异构体浓度的时间变化中得到了快速反映。在 1952 年，HCH 投入使用之后，12 年里 HCH 的环境浓度达到了相对的稳态。在 1969 年，HCH 的使用量增加，因此，HCH 异构体对应的环境浓度也继续上升抵达新的平台期。而后 1984 年，随着 HCH 被禁用，其环境浓度迅速下降。根据模型的预测，在 2010 年各异构体的环境赋存浓度都不会超过其历史峰值的 0.1%。黄河下游 HCH 浓度的时间趋势模拟与部分年份的测定值吻合良好，通过模型参数的敏感性分析和蒙特卡罗模拟，还可以进行模型输入参数的灵敏度和预测值的不确定性分析（Ao et al.，2009）。

2.1.3 化学物质环境行为参数的获取方法

构建多介质环境模型，需要化学物质的物理化学性质和环境行为参数的数据。然而，在既有的数据库中，大量化学品的环境行为参数值是缺失的，因而获取这些缺失的参数值，成为环境计算化学研究的一个核心内容。

首先，最直观的方法是设计实验测定化学物质的环境行为参数，或者利用其他可以实验测定的物理化学性质，通过理论推导计算这些行为参数，可把这些过程统称为“湿实验”（wet experiments）。由于测试要购买（或者制备）目标化学物质，并借助各种仪器来预处理、分析样品，因此，听起来“可行”的实验测试，在实际操作时可能伴随着成本高、效率低、偏离真实环境条件等诸多问题。

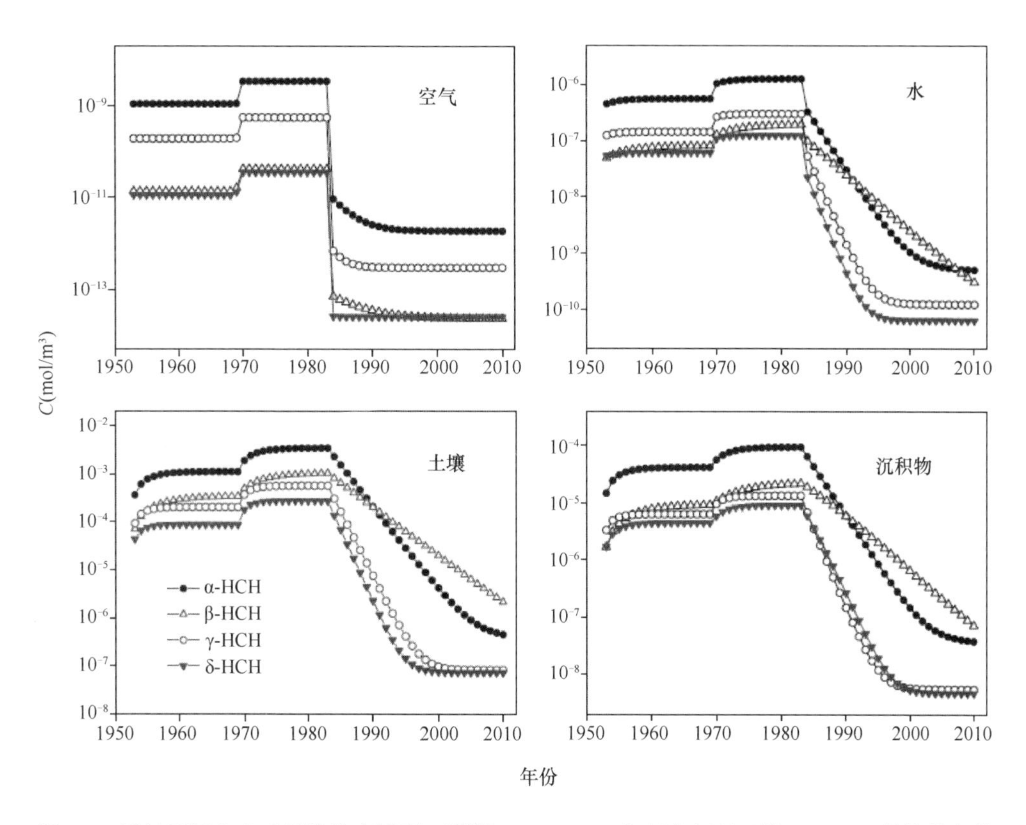

图 2-2 通过Ⅳ级多介质环境逸度模型，预测 1952～2010 年间六氯环己烷（HCH）异构体在黄河下游流域各环境介质中浓度的时间变化趋势

随着现代计算化学的发展，一些关键的环境行为参数可以通过计算模拟的方式预测。这种预测可以分为两类：第一类，借助量子化学、分子力学等，模拟化学分子的相互作用，并经过严格物理化学或统计力学推导出与宏观观测量有关的数据。目前，这种方法已经应用于小分子环境化学物质的气相、水相化学反应机制和动力学的预测，如羟基自由基引发的单乙醇胺（Xie et al.，2014）、多溴二苯醚（Zhou et al.，2011）及短链氯化石蜡（Li et al.，2014）大气化学转化行为及动力学，抗生素的水解途径及动力学（Zhang et al.，2015）等，这些预测值可为多介质环境模型提供基础数据。本书中将此类方法统称为分子模拟方法，将在第 3 章对其进行介绍。第二类，通过分析影响环境行为参数的因素，构建 QSAR 模型来预测有机物的物理化学性质和环境行为参数的值，将在第 4 章予以介绍。

有了计算模拟方法，任何化学物质都可以在虚拟环境世界被模拟出来，并且被自由地操纵。只需要一台（性能好到一定程度的）计算机，坐在电脑屏幕前，敲敲键盘或点几下鼠标就能得到有价值的科学发现，这是“湿实验”所望尘莫及的。由于不再依赖于实际的实验操作，对应于“湿实验”，有时也称纯粹的计算模拟为“干实验”（dry experiment）。

2.1.4 化学物质毒性机制与效应

环境化学的重要任务是，为化学物质的风险预测、管理提供基础数据和科学支持。其中，既包括化学污染物对人体健康造成的影响，也包括其生态毒理效应。化学物质的生物转运，生物富集、放大与积累以及生物转化等，都与化学物质的毒性机制和毒性效应有密切关系。近年来，面向化学品风险评价和预测的需求，逐渐形成了计算（预测）毒理学这门学科。

环境计算化学与计算毒理学的学科内涵有很大的交叉，环境计算化学更完整地体现学科属性，具有更大的外延；计算毒理学则更凸显化学品环境危害与风险高效模拟预测的现实需求特性。

2.2 计算（预测）毒理学

预测毒理学（Predictive Toxicology）是环境计算化学向人体健康或生态毒理学领域的延伸。美国国家毒理学计划（National Toxicology Program，NTP）主推计算毒理学（Computational Toxicology）的概念，而欧洲和经济合作与发展组织（Organization for Economic Co-operation and Development，OECD）则似乎更钟爱“*in silico* 毒理学”这个词。尽管，这三个概念常被混着使用，但是三者仍然有些许区别。预测毒理学强调预测的功能，该意义上，预测毒理学就涵盖了任何试图预测化学物质风险的研究，包括基于细胞的和生物大分子的体外（*in vitro*）测试，以及各种组学分析。计算毒理学则首次出现于美国国家科学研究委员会（National Research Council，NRC）的报告中，其目的是为了辅助化学品风险管理，内容包括环境多介质暴露模型、毒性数据的 QSAR 预测等方面。而 *in silico* 毒理学则鲜明地强调了毒理学研究的媒介——计算机（*in silico* 表示在硅片上，指代计算机），这一概念也与化学品风险评价的“非测试策略”（non-testing strategy）非常地吻合。

本书中介绍的内容，接近美国 NRC 倡议的计算毒理学框架，这样既可以衔接前面环境计算化学的内容，又能为纯粹的 *in silico* 方法铺垫背景。本节还结合近年来的计算生物学领域的成果，重新梳理了计算毒理学的逻辑框架，并尽力丰富了它的内涵。

2.2.1 计算毒理学与化学品风险评价

化学品是影响人体与生态健康最重要的风险源。为从源头上解决化学品污染问题，需要在化学品流入市场之前对其环境暴露、危害性与风险性进行评价，并对高风险化学品加以管控。这种风险防范理念催生了人类历史上最严格的化学品管理法规——REACH（Registration，Evaluation，Authorization and Restriction of Chemicals）法规（EU，2006），也推动着全球化学品管理的政策转向。

然而，化学品数目巨大，REACH 第一批注册化学品数目就有 14 万多种，而市场上流通的常用化学品有 3 万种以上，80%以上既有化学品的环境安全信息是缺失的（Judson et al.，2009）。传统毒性测试周期长、通量小，无望填补化学品风险评价的数据缺口。由于新化学品进入市场的速度（约 500～1000 种/年）远大于传统的化学品风险评价速度（2～3 年/种），仅仅依靠实验测试的手段无法满足需求。这会导致大量新化学品或既有化学品的替代品停留在研发阶段，无法进一步投入使用。在监管失位的情况下，部分化学品甚至可能未经充分风险评价而直接流入市场，为消费者健康或者生态健康埋下隐患。

进入 20 世纪之后，作为化学品风险评价的核心学科，毒理学发展滞缓，其方法与结论的科学性都面临着挑战。毒理学实验长期依赖活体（*in vivo*）动物测试，这与替代（replacement）动物实验、减少（reduction）实验动物数目、改进（refinement）动物实验方法的动物实验伦理“3R”原则相背离。舆论压力以及化学品监管者都在努力限制 *in vivo* 测试在化学品毒性测试及风险评价过程中的使用。除了伦理学问题之外，传统的 *in vivo* 测试几乎都是以哺乳动物为研究对象来替代人体研究，其结论对人类的适用性一直受到科学上的质疑。而为了在实验中观察到明显毒性效应，所施加的化学品剂量往往脱离化学品的真实环境水平，在风险分析时，高剂量下得到的毒性数据，外推至真实环境水平或人体暴露水平也存在相当的不确定性。毒理学传统测试方法的局限让其难以准确预测化学品对人体和生态健康的效应。

面对化学品风险评价的困局，科学界逐渐响起了变革毒性测试模式的呼声。2007 年，美国国家科学研究委员会发布题为《21 世纪毒性测试：愿景与策略》的报告（NRC，2007），提出围绕毒性通路概念开展毒性测试与预测工作，并倡导毒理学从以描述性为主的科学更多地向基于人体组织和细胞的、更具预测潜力的体外（*in vitro*）测试转变；倡导发展计算模型来表征化学品毒性通路，评价其暴露、危害与风险，以减少实验动物数目、时间和成本，并增进对化学物质毒性效应机制的认识（Krewski et al.，2010）。

毒性通路（toxicity pathway）泛指“被（异源或来自环境的）化学分子过度干扰后有潜力引发有害健康效应的细胞信号通路或生物化学通路”。与传统毒理学注重表观毒效现象不同，毒性通路拥有“还原论”式的理念，认为表观的现象源于微观和介观的事件。毒性通路是 *in vitro* 测试体系的主要科学依据。就在这份报告提出的前后几年间（2006～2008 年），美国联邦机构之间的合作项目 Tox21，融合荧光报告基因、微孔板测试及自动化机械操作等技术，成功实现了单次 *in vitro* 测试化学品数目超过 1500 种的规模，这也被称为针对化学品的“高通量”筛选（high-throughput screening，HTS）技术，使毒性数据的生成速度及重现性得到了显著提升（Inglese et al.，2006；Inglese et al.，2007；Xia et al.，2008）。基于 *in vitro* 测试的 HTS 可以直接采用来自不同供体的人源细胞作为受试靶标，比实验动物体更能代表人体对化学品的响应，同时可以开展遗传差异与毒效的关系研究。

除了从剂量-效应关系的角度考察化学品毒性之外，借助荧光标记及高分辨成像技术，受试细胞在不同浓度化学品作用下的形态学变化等表型现象也能够被精细地呈现出来（Zanella et al.，2010），成为描述细胞毒性效应的另一条思路。类似地，毒性测试技术所能提供的信息越来越丰富，例如荧光照片或组学测试数据，这些富含信息量的测试也被形象地称为“高内涵”（high-content）测试，而科学家则致力于从丰富的信息量中发掘出他们感兴趣的规律或特性，以辅助化学品的风险识别和预测。新的方法不断被应用到毒性测试领域，这场变革还将积极地持续下去。尽管毒性测试方法的创新推动了毒理学发展，但是以 *in vitro* 测试为核心的新方法的使用及验证都需要进一步规范，*in vitro* 测试对于化学品风险评价的意义仍然有待深入研究。一般而言，*in vitro* 测试终点并不能“一对一”地替代 *in vivo* 测试终点，两者之间存在较大的差别，在某项 *in vitro* 测试中呈现阳性的化学品，未必会引发 *in vivo* 水平的毒性效应，反之，在某项 *in vitro* 测试中呈现阴性的化学品，也未必保证了其不会引发 *in vivo* 水平的有害后果。

如何解释 *in vitro* 测试结果并应用于化学品风险评价领域，成为 *in vitro* 方法进入毒性测试领域之后遇到的新挑战。HTS 虽然比动物实验节约了资源，但仍然是昂贵的，并且依赖于专业的仪器设施。同时，HTS 在毒性测试效率上虽然大幅提升，例如 Tox21 项目在 2008～2013 年间测试了约 10 000 种化学品（Tice et al.，2013），但是，这还不及 2014 年美国化学文摘社网站（www.cas.org）上日均注册的化学品数目（＞15 000 种），显然化学品研发的速度更胜一筹。这也反映出，仅凭 HTS 等实验手段仍不能满足化学品风险评价的需求，不能满足毒理学科发展的需求。这些需求促进了一个新兴的研究领域，即计算毒理学的发展。

计算毒理学基于计算化学、化学/生物信息学和系统生物学原理，通过构建计算机模型，来实现化学品环境暴露、危害与风险的高效模拟预测（Kavlock and Dix，2010）。与 *in vivo* 和 *in vitro* 测试的概念相呼应，通过计算毒理学手段，用计算机或数学模型预测化学品毒性效应的过程，被称为 *in silico* 测试。进入 21 世纪以来，发达国家非常重视计算毒理学的研究。例如，美国 EPA 于 2005 年成立国家计算毒理学中心，以统筹计算毒理学研究工作。另外，其还于 2007 年启动了毒性预测

ToxCast 项目（Dix et al.，2007），借助计算毒理学方法探索 HTS 测试数据中分子/细胞水平的化学分子干扰与顶层毒性终点（apical endpoints）（生殖、发育以及长期毒性/癌症）之间的联系。与此同时，在 REACH 法规的要求下，欧盟联合研究中心以及 OECD 等国际性组织机构，也广泛开展计算毒理学研究以快速甄别化学品毒性，形成了一批计算毒理学方法的导则、开放网络工具平台和数据库。

借鉴环境化学、物理化学、生理学、计算化学、系统毒理学、大数据分析等方面的理论与工具，一套面向现代风险评价需求、模拟化学品从暴露到效应的连续性过程，从而将化学品的源释放量、环境介质浓度、靶点暴露剂量、效应阈值等关键数据衔接起来的计算毒理学模型体系显现出来（图 2-3）。然而，针对某一化学品的模型体系，必须经过调整才能适用于其他化学品，这意味着模型体系中一切化学品的物理化学性质、环境行为参数和毒理学效应参数均需随之调整。此外，在当前所掌握的毒性效应机制仍不足以实现“透明”模型构建的情况下，仍需借助“剂量-效应关系”实验以测定毒性效应阈值。在计算毒理学领域，主要由 QSAR 模型提供大量化学品的暴露和效应模拟所依赖的基础参数（图 2-3）。

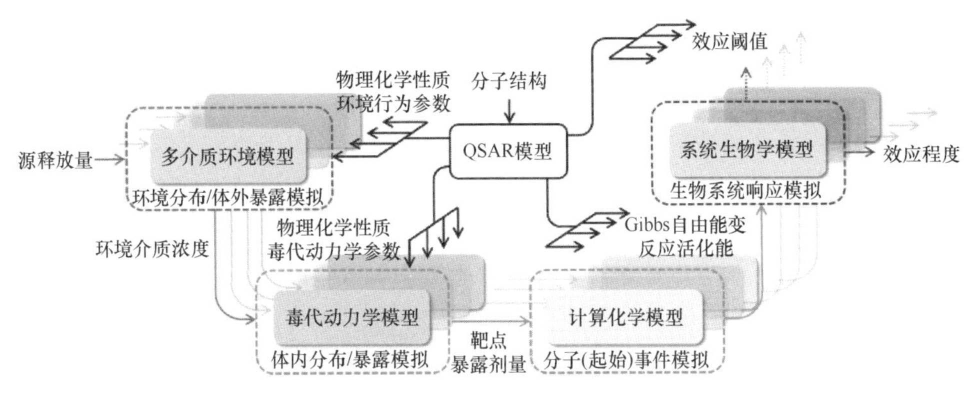

图 2-3　面向化学品风险预测与评价的计算毒理学模型格局（王中钰等，2016）

经典的化学品风险评价包括危害识别、暴露评价、效应评价（剂量-效应评价）、风险表征四个环节。最终风险表征时，化学品的“风险值”总是表现为其“暴露值”与“效应阈值”的某种函数形式。为此，计算毒理学的主要工作也围绕化学品“暴露”与“效应”而展开。

2.2.2　环境化学物质的暴露模拟

暴露科学研究的是化学品与生物系统的接触。当且仅当生物系统暴露于特定的化学品，且二者相互作用，才会产生毒理效应。风险评价重点关注其中的负面或有害效应。就生物体而言，毒性效应表现为生物系统局部/整体生理功能的失灵；

对于生态系统而言，毒性效应可泛指种群结构失调以及生态系统功能的丧失。

暴露研究源起于对职业病工作环境的考察。环境健康领域则相对注重生物体周围环境介质中污染物浓度的测量，以及对生物体内部暴露标志的检测。在流行病学领域，环境因素与人类疾病的关系一直是研究的热点。2005 年 Wild 提出暴露组（exposome）的概念，涵盖了生命个体从形成到死亡全过程所承受的一切物理（如电磁辐射）、化学（如环境化学品）及生物（如病原体）的暴露。暴露组是对基因组的补充，广义上，任何生命的一生都可归结为基因组与暴露组的相互作用（Wild，2012）。

2012 年，美国国家科学研究委员会发布了题为《21 世纪暴露科学：愿景与策略》的报告，全面阐述了暴露科学的概念及其研究范畴和潜在方法学（NRC，2012）。这份报告可以看作是该委员会 2007 年发布的《21 世纪毒性测试：愿景与策略》的姊妹篇，一方面标志着暴露科学研究得到了越来越多的关注，另一方面也实现了化学品风险评价的两大核心环节——暴露与毒性效应测试的合璧。2016 年，部分科学家再次撰文提出了“计算暴露科学”（Computational Exposure Science）的理念（Egeghy et al.，2016），将其作为与计算毒理学互补和并列的一门科学，二者共同支撑着 21 世纪的化学品风险评价。从发展趋势来看，暴露科学研究越来越独立于毒理学研究而自成一套完整的体系。

如何实现暴露的模拟计算？首先需要从该过程中抽象出数学模型。通常的思路是，从化学品进入环境的排放量出发，构建不同尺度的模型来估算化学品的环境浓度水平。此外，还要描述暴露场景，计算生物体摄入量，并推算分布于靶组织的剂量。读者会发现上述思路有着一种逐层递进的线性和单向性，但是实际上暴露过程是非线性的，十分复杂的过程。

人们总是会关心自己工作与生活的环境质量，因而掌握化学物质在环境介质中的浓度水平也是暴露研究的一项基础工作。对风险防范理念的推崇，以及相关化学品管理法规的硬性规定，都推动了化学品释放信息的规范化记录。例如，OECD 要求编纂化学品释放场景文档（emission scenario documents，ESDs，http://www.oecd.org/env/exposure/esd），描述化学品的来源、生产过程与使用模式。其目标是为了更好地确定化学品在水、空气、土壤等环境介质中的排放量。得益于 OECD 的巨大影响力，ESDs 被广泛地应用到国家与区域环境风险评价之中。例如，欧洲化学品管理局（ECHA）环境暴露评估相关指导文件就参考了现有 ESDs。此外，EPA 同样开发了很多通用场景，可作为风险评价中的默认排放场景，来评估潜在的化学品排放量。

在获得化学品的环境输入量之后，基于化学物质随流态环境介质的迁移及其在环境介质内的扩散与降解转化行为，基于物质完全混合假设、双膜理论、Fick

扩散定律、准一级反应动力学等科学假设，即可构建真实环境的简化数学模型来定量描述化学品在多介质环境中的分布。在众多的模型之中，Mackay（Arnot et al.，2006；Mackay，1979）发展的基于逸度的多介质环境模型，由于简单、灵活的特性，而得到广泛的应用。同时，在地理信息系统的支撑下，多介质环境模型的环境介质参数以及计算结果的空间分辨率和准确性以及可视化效果有巨大的提升潜力。

全球地理区域、国家、省市尺度的多介质环境模型为化学物质的环境浓度水平提供了粗略的评估，也被称为远场（far-field）模型。然而，在建筑结构或交通工具等局域（半）封闭环境内，近距离暴露源对周围环境浓度的贡献更显著。为了获得人体周围环境的化学品浓度水平，还需要构建比远场模型更具有针对性、更精准的近场（near-field）模型。远近场模型的物理原理是相似的，均可构建明确的数学表达式对化学物质的迁移转化行为加以定量描述。

暴露途径（exposure pathways）是对化学物质从环境介质进入生物体内部的具体描述。暴露途径具有物种特异性，例如对于哺乳动物，表现为经口食入、呼吸摄入、表皮接触吸收等；而对于细菌，则表现为胞吞作用或化学分子的跨膜输入。同时，暴露途径具有发育阶段特异性，例如哺乳动物胚胎期的暴露途径主要为胎盘输运，与之后的婴幼儿期截然不同。尽管如此，在微观上，暴露意味着化学分子与生物大分子发生接触，为二者进一步相互作用提供空间基础。而暴露途径则是对应微观“接触”的宏观表现。

观察和实验是了解暴露途径的重要手段，而化学物质暴露的各种途径的加权汇总，统称为暴露模式。暴露模式与生命活动密切关联，具有不同的生活环境（暴露场景）和生活方式的人群，其暴露模式亦截然不同。人类化学品暴露模式研究，经常以问卷调查的形式收集信息。例如可以按照职业进行分类研究，关于职业暴露研究，可以参考国际劳工组织的相关报告书。不仅限于人类，生态圈内任何一类物种，在其生命周期的任何一个阶段，处于任何一种暴露场景下，都对应有独特的暴露模式。其中又以人类的暴露模式最为复杂多样。美国 EPA 于 1989 年发布了《暴露因子手册》（*Exposure Factor Handbook*）（后于 1997 年和 2011 年对其做出更新和修订），以提供在暴露评价中使用到的参数和统计信息。2013 年，我国环境保护部出版了《中国人群暴露参数手册》，标志着我国环境管理开始重视整理人群暴露相关信息。暴露模式的研究需要不同物种不同生命阶段、不同生活方式的数据，其核心在于一套能够囊括暴露各方面信息的数据库系统。通过调用和操纵数据，可以模拟生物体对于周边环境化学物质的暴露模式，并估算进入生物体内的剂量。美国 EPA 开发的人类活动综合数据库（Consolidated Human Activity Database，CHAD，http://www.epa.gov/heasd/chad.html）就是记载人类生活方式与行为的典例，该数据库也是EPA展开系统性暴露评价的核心组件。

暴露可以根据化学物质在生物体外或体内而进一步区分为外暴露和内暴露；相应地，化学物质在体外的浓度称为外暴露浓度，在体内的浓度（剂量）则称为内暴露浓度（剂量）。内暴露是外暴露时间与空间上的自然延续。生物体内不同部位对同一种化学物质的暴露所产生的效应不同，例如，眼球在盐酸的刺激下会产生高度不适感，而胃部的内壁则能适应高浓度的盐酸；生物体内不同的部位也对化学品有迥异的处理方式，例如，哺乳动物的肝脏可以代谢外源物质，而脂肪组织则会存储疏水性有机物；因此研究化学物质在生物体内的分布对于了解毒性效应机制非常有意义。

通过采样分析或生物监测的手段可以直接获取生物体内化学品暴露浓度。例如，可以开展 *in vivo* 实验，摘取并预处理受试生物各组织器官，测定其中的目标化学品含量。*In vivo* 水平的测定比较准确、操控性强，获得的暴露数据比较全面，但同时也违背动物伦理。人群的体内暴露研究往往采用流行病学调查的形式，例如，美国的“全国健康和营养检查调查”能够统计受检尿样与血样中上百种化学品及部分代谢产物浓度。然而，环境化学品具有痕量特性，也缺乏分析化学标准品以及成熟的仪器分析方法。受限于实验技术、生物样本类型、数量与能鉴定的化学物质种类，不可能完全采用实验室测定或生物监测的手段获取上万种化学品的内暴露浓度。相对而言，毒代动力学模型仅需要目标化学品的物理化学性质、与生物体相互作用的一些参数，以及受试生物的生理学数据，就能够计算化学品在受试生物体内的暴露浓度，有效地克服实验测试手段的不足。

化学品经多种暴露途径进入生物体后，随着生物的体液分布于各器官、组织及细胞，并被生物酶代谢转化，凡是涉及生物体对化学品的吸收（absorption）、分布（distribution）、代谢（metabolism）、排泄（excretion）与毒性（toxicity）的过程（ADME/T），均属于化学物质的毒代动力学研究范畴。在药理学领域，ADME/T的研究已经非常成熟。药物分子受到机体代谢分布的研究称为药代动力学（pharmacokinetics），其与毒代动力学有诸多共同点，二者可以统称为生物动力学（biokinetics）。鉴于本书重点介绍的是环境化学品、环境化学品暴露和毒性所导致的风险及其模拟预测，本书中一律使用毒代动力学（toxicokinetics）这个词。毒代动力学模型已经被广泛用于模拟有机化学品在鱼体（Stadnicka et al.，2012）、啮齿动物及人类（Malmborg and Ploeger，2013）体内的代谢与分布。目前被广泛采用的是基于生理的毒代动力学（physiologically based toxico kinetics，PBTK）模型。

以哺乳动物为例，PBTK模型根据生理学构造划分成肺、肝、静脉、动脉等具有重要毒理学意义的“室”，根据“室”之间的联系列出质量/流量守恒微分方程组，继而求解各“室”的物质浓度。利用 PBTK 模型还可以从血液或尿液浓度反向求解摄入总量，把生物监测数据与暴露估计值合理关联在一起（Tan et al.，2007），在一定程度上验证毒代动力学模型的合理性。根据模拟需要，还可以进一步基于生物物理原理，模拟化学物质在特定器官中的分布，找到关键的靶器官，或模拟其在特定细胞中的分布，找到关键的靶细胞器或靶蛋白，并将宏观的浓度值换算为分布在一定体积微观空间内一定数量的化学分子——空间尺度的转换将为进一步探索毒性机制的分子机理提供依据。

不论基础数据的搜集与相关数据库系统的构筑，还是多尺度模型的搭建与验证，暴露模型研究注定充满挑战。不过，暴露模型的逻辑符合人类直觉，有助于剖析机理，暴露模拟实验也可以直接为化学品风险控制提供操作指导及定量依据。例如，美国 EPA 的“暴露预测（ExpoCast）”项目（Wambaugh et al.，2013）开发的模型体系，贯通了化学品从释放到进入人体的全过程，能够根据美国人日常生活习惯模拟上千种化学品的人体暴露剂量（Isaacs et al.，2014），并被用于揭示化学品风险排序（Wambaugh et al.，2014），实现对大量化学品多种暴露模式的快速、高效的模拟预测。

化学物质的暴露过程具有时间和空间上的连续性，用于模拟具体暴露场景下个体暴露的模型通常表现为确定形式的数学方程组，这赋予不同时空间暴露量之间可相互推导的特性。借助暴露模型的“逆推性”，可以在不同“断面”将化学品暴露与毒性效应信息加以比较，例如，可以利用毒代动力学模型从 *in vitro* 毒性测试数据逆向推导出人体摄入量的毒性效应阈值与实测的或模型估算的摄入量进行比较（Wetmore et al.，2012）。

传统的暴露体系秉承了“从污染源到靶点”的线性模型理念，然而，暴露与效应并不是相互独立的，而是相互渗透、相互影响的。例如，长期暴露于有害化学物质会导致生物体的生理参数发生改变，从而影响原始 PBTK 模型的效果。同时，在暴露于特定的化学物质时，生物体会做出应激反应，表现出趋利避害的本能。例如，人类在感觉到不明刺激性气味时会捂住口鼻，以减少暴露。特别地，人类群体更能改造自然环境，改变活动行为规律，从而深入影响暴露模型体系的各项参数。所以，真实的暴露具有非线性的特征。

2.2.3　环境化学物质与毒理学关键事件

2010 年，Ankley 等提出有害结局通路（adverse outcome pathways，AOPs）概念框架，并系统论述了毒性作用模式/机制（mode/mechanism of action，MoA/MeA）、毒性通路、生物学网络（biological network）的含义及其在 AOPs 框架中的定位。AOPs 框架呈现了对化学品毒性效应的多尺度图景（图 2-4），它假设化学物质的毒性源于外源化学分子与生物大分子的相互作用，即分子起始事件（molecular initiating events，MIEs），并触发后续的细胞信号转导等一系列关键事件，最终在宏观尺度表现出有害效应。每层空间尺度内发生的事件，都有各自的模拟方法和模型体系。

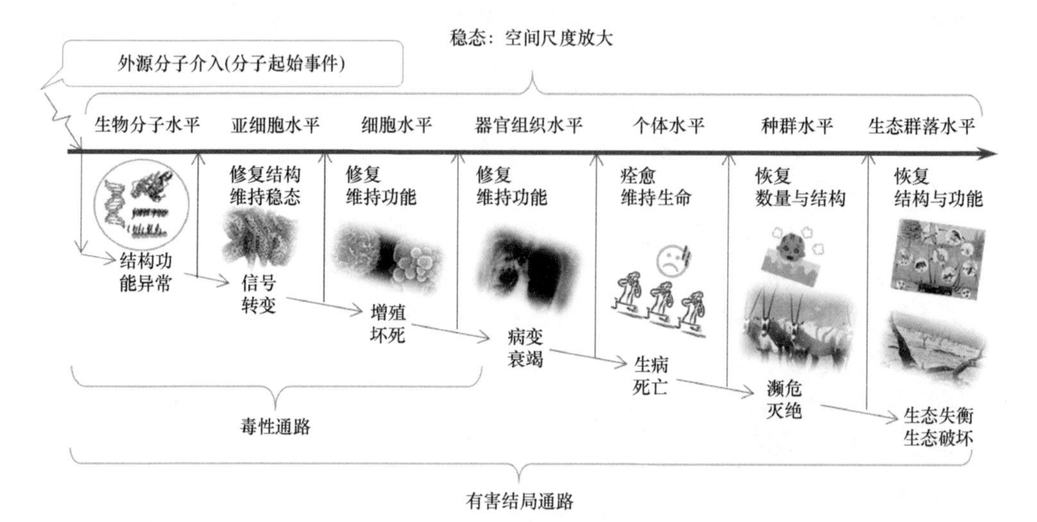

图 2-4　跨越多尺度的化学品（生态）毒性效应（王中钰等，2016）

化学品毒性效应始于 MIEs（Allen et al.，2014），目前的实验仪器尚不完全具备观测微观原子、分子运动的分辨率，而这些过程却是破解毒性效应之谜的关键线索。可用计算化学方法描述分子运动。相比实验，计算化学模型没有实验误差。但模型是对真实世界的抽象与简化，其准确度也会下降。关于分子模拟的相关内容将在第 3 章介绍。

模拟生物大分子体系时，一般都会借助基于分子力场的经验参数及方法。因此，化学模型与方法的筛选对于计算结果影响显著。而计算结果若能与实验数据匹配（例如，在数量级上有可比性或对于一系列物质有相同的趋势等），模型也就更具说服力。计算化学与分子模拟也存在局限性。量子力学可计算的原子数目和分子动力学可模拟的时间尺度仍然受到计算机性能的约束。此外，很多在毒理学效应中扮演重要角色的生物大分子并没有 3D 结构，构建不出分子模型。尽管如此，分子模拟仍然提供了化学物质与生物系统相互作用的微观视角，这正是化学物质毒性效应链的起点。

化学物质触发 MIEs 之后，激活受体蛋白调控的毒性通路，可进一步引起后续的氧化应激、热休克、DNA 损伤等效应。这些事件都在细胞中发生，受到细胞内部信号网络的精细调控。通过分析基因组学、转录组学、蛋白质组学、代谢组学等分子生物学技术产生的海量数据，细胞组分（如上游 DNA 序列、转录 RNA 与翻译蛋白质）之间的关系可以用静态的网络模型来表示。以毒理基因组学、转录组学、蛋白质组学、代谢组学为代表的组学技术，一方面可从深层机理上揭示遗传毒性、致癌性等有害效应的根源，另一方面能够表现出不同物种的差异以及不同生物个体之间的差异，这在毒理学研究领域是史无前例的。

分析外源化学品引起的组学数据差异，可将化学品与其引发的 DNA、RNA、蛋白质水平的变化关联到一起，并进一步指向 *in vivo* 毒性终点（包括疾病），这就是化学-生物信息学技术。它可以分析基因或功能 RNA 与人类疾病相关性的基因功能关系网络（Linghu et al.，2009），可预测现有药物预期靶点之外干扰位点的生物-分子网络（Keiser et al.，2009）。同时，该技术能够筛选出一系列 *in vitro* 终点中更有价值的测试组，从而令毒性测试体系事半功倍。“化学-生物网络”的组成与其动态响应机制属于系统生物学的研究范畴（Zhang et al.，2010a）。系统生物学家借鉴控制论的概念，抽象出负反馈、正反馈、前馈等通用性的网络组件（motifs），并进一步组合出超敏化、周期性振荡、细胞记忆等功能模块，借助数学和计算机模型模拟细胞信号通路网络的动态变化。这些模型也被称为计算系统生物学通路（computational systems biology pathway，CSBP）模型。

CSBP 模型假设网络中的分子浓度在细胞质或细胞核空间中完全均匀混合（well-mixed）并可以用连续变量表达。典型的 CSBP 模型包含一套常微分方程（ordinary differential equation，ODE），描述网络组分的浓度变化速率，并将已知的生物化学相互作用涵盖在方程式中。模型的数值参数以及初始条件通常根据文献和 *in vitro* 数据来设定，最终求解 ODEs 计算系统的时间序列特性。基于 ODEs 的方法，有助于理解细胞周期调控、信号转导等基础的细胞生物学过程。进一步，可以利用随机模拟算法添加随机波动性，以考虑基因表达过程的空间弥散性和噪声。对于发育相关基因的调控，通常有成功或失败两种结果，此时可以用 Boolean 网络模型描述。这种二元模型降低了对定量参数的依赖性，可以对毒性现象给出定性的结论。

CSBP 模型可以与 *in vitro* 测试结果相互印证。例如，前馈控制可以解释人体Ⅰ、Ⅱ相反应中外源物质代谢网络在低剂量化学暴露时的毒性兴奋效应（Zhang et al.，2009）。CSBP 也很好地解释了核转录因子 E2 相关因子 2（Nrf2）调控的抗氧化应激行为等重要细胞响应通路（Zhang et al.，2010b）。此外，Quignot 和 Bois（2013）基于 *in vitro* 实验数据开发的“性腺类固醇合成”通路模型能够模拟卵巢合成与分泌性激素的过程以及化学品干扰下内分泌功能的异常。

CSBP 模型基于细胞信号拓扑网络，忽略了细胞内的空间异质性。实际上，细胞核、细胞器与内质网将胞质隔离成不同区间，区间内的分子浓度各不相同，假设区间内部完全均匀混合，可考虑区间之间的分子扩散，分别为各区间构建 ODE 模型。然而，要真实还原细胞内拥挤的空间，还需要借助其他形式的模型，如基于主体的模型（agent-based model，ABM），也称基于个体的模型（individual-based model）。ABM 中的主体可以是一个细胞或其他的实体，这些实体构成了离散点阵形式的虚拟世界，每一个主体代表了一种独特的数据结构，类似于“面向对象”程序设计中“对象”的概念。主体可以进入到虚拟世界的物理空间中，根据预先定义的一套规则与邻近的主体互动，经过大量的迭代计算模拟，产生宏观的现象，可模拟系统的“涌现性特征”。ABM 中的主体作为离散的实体占据着物理空间，因此不再基于完全混合假设，然而 ABM 依赖于指导主体行为的规则。当主体为单个细胞时，ABM 可以在细胞、组织或器官尺度进行模拟。例如，CompuCell3D 程序（Swat et al.，2012）能够模拟细胞生长、分化，以及血管组织生成等行为。NetLogo（http://ccl.northwestern.edu/netlogo/）则整合了图形用户界面与命令行界面，可用于 ABM 建模。近年来 ABM 模型被用于模拟肿瘤形成、炎症、伤口愈合等病理生理学现象，在设定化学品剂量-效应的预定规则后，可进一步模拟化学品对血管发育等生理过程的干扰，即模拟化学品引发的毒性效应（Knudsen and Kleinstreuer，2011）。

如何模拟器官呢？器官由分化的细胞组织构成，根据器官内组织的空间分布，理论上可构建出虚拟器官。在各脏器中，肝脏负责外源化学物质代谢，是毒理学重要关注点。基于系统生物学方法，美国 Hamner 健康科学研究所主导了 DILI-sym^{TM} 模型（Howell et al.，2012）的开发，用于预测药物引起的肝损伤。EPA 也启动虚拟肝项目（http://www.epa.gov/ncct/virtual_liver/），结合 *in vitro* 肝组织实验，使用 ABM 模拟化学品在肝叶模型内部的质量传递及其对肝叶细胞分布的影响。系统生物学方法也可用于开发虚拟骨髓、肾脏等重要的毒性靶点（Hunter et al.，2008）。胚胎的模拟是另一项挑战。生殖发育毒理学一般以胚胎为研究对象。胚胎不断地发育，俨然是微缩的生命体。目前，人们已经建立了胚胎数据库与虚拟组织学胚胎，可以绘制胚胎的 3D 影像（Cleary et al.，2011）。此外，开发与胚胎毒性有关的 AOPs 框架，也具有较高的实用价值。

除了模拟不同尺度的事件，计算毒理学也为经典的剂量-效应关系、时间-效应关系这种毒理学现象提供了新的见解。传统化学品风险评价环节通过实验测定剂量-响应/效应关系曲线，依赖数学方法确定“阈值”（threshold）。这些过程都停留在表象上，尤其在外推低剂量阈值时，其可靠性遭受质疑（Zhang et al.，2014）。效应阈值可以理解为“生物系统暴露于应激源（stressor）后，维持稳态而不崩坏的最大应激源容量”（Piersma et al.，2011）。显然，阈值与生物系统的稳态有紧密的关联。CSBP 模型已能描述生物化学系统的回复力与适应性，它也可以为毒性效应的剂量-响应关系提供解释。事实上，积分反馈、前馈等网络组件能够产生“完美阈值”；正比例反馈或超敏性（Zhang et al.，2013）组件则产生类似阈值的响应；

而某些前馈控制则能产生毒性兴奋效应。CSBP 模型的出现颠覆了传统毒性测试的格局，为从机理上推导出细胞毒性阈值提供了思路，而细胞毒性阈值则可作为推断组织、器官、个体尺度毒性效应阈值的依据。

时间-效应关系的本质是生命系统暴露于外源化学品后，其各项性质的时间序列。使用基于明确机制的计算毒理学模型，一旦涉及时间变量，其模拟结果自然也具备时间序列的特性，即呈现出时间-效应关系。例如对于急性毒性效应，PBTK 模型可以快速给出中毒后的时间-分布水平、定位作用靶点，随后，ABM 模型可以模拟靶器官/组织毒性效应的强度，结合二者实现毒效动力学（toxicodynamics）模拟。此外，虚拟组织与虚拟器官有望实现对慢性毒性/低剂量长期暴露毒性的模拟和预测。

总之，由于剂量-效应与时间-效应关系本质上都是生命系统暴露于外源化学品后的表象，一旦模型抓住了生命系统与化学品相互作用的本质特点，这两类关系就自然蕴含在模拟数据之中。如何科学而精准地构建出抓住生命系统与化学品相互作用本质特点的机理模型，才是未来必须应对的最大挑战。

计算系统生物学还在不断地完善和发展中，但这并不妨碍其在化学品风险评价领域的运用，计算系统生物学模型能够模拟生物系统在化学品干扰下发生的异常，定量预测生物系统偏离稳态的程度。可以预见，随着对生物系统与毒性机制认识水平的提升，在未来将能采用完全虚拟的器官组织，乃至虚拟生物体作为化学品以及其他应激源的毒性测试受体——这可能是计算毒理学发展的终极状态。

2.2.4 计算毒理学模型参数的快速预测

机理透明或者运用了较为明确的科学原理的一类模型一般被称为“白箱”模型，例如，化学品在环境介质中的分布、转化，在生物体内的分布、代谢等的暴露过程，以及始于 MIEs 的多尺度毒性效应过程。由于不同空间尺度的物理学及数学表述形式不尽相同，机理模型的形式非常丰富。表 2-2 对计算毒理学领域的机理模型做了简要汇总。

在这些机理模型中，除却分子模型，其他模型的构建都依赖于大量的参数。而参数是否合适，可能直接决定了这些模型的质量和效果。其中不乏大量的与化学品有关的参数，如化学品的物理化学性质（如蒸气压、正辛醇/水分配系数）、环境行为（如生物降解速率常数、光降解速率常数）和毒理学效应（如脂肪组织/血浆分配系数、半数效应浓度 EC_{50}）参数。由于分子结构是决定有机化学品物理化学性质、环境行为和毒理学效应的内因，因此，依据分子结构信息就能够对化学品物理化学性质、环境行为和毒理学效应参数做出较为合理的预测，相关的模型可统称为 QSAR 模型，相关内容将在第 4 章介绍。

表 2-2 计算毒理学研究化学品行为跨越的空间尺度、适用模型、学科与方法

建模对象	尺度	模型	涉及的主要学科*	形式
（暴露）				
化学品环境介质浓度估计（远场）	宏观	环境多介质模型	物理化学、环境化学	常微分方程（ODE）、线性方程组
化学品局部环境暴露浓度估计（近场）	宏观	暴露场景模型	物理化学、暴露科学	ODE、线性方程组
环境介质中化学品的转化	微观	分子模型	环境化学、计算化学	数学物理方程、经验力场
生物体内化学品分布、代谢过程	宏观	生物动力学模型，基于生理的药代/毒代动力学模型	物理化学、生理学、毒理学、药理学	ODE
（毒性效应）				
化学品引发的器官、组织毒理效应	介观	基于主体的虚拟组织/器官模型（ABM） 概念模型	生物物理、毒理学、病理学、系统生物学 生物信息学	给定规则下的迭代模拟 映射关系网络拓扑
化学品对细胞信号通路的干扰	介观	细胞信号模型 信号元件/网络模型	细胞生物学、分子生物学、组学、系统生物学	ODE
化学品与生物大分子相互作用（反应）	微观	分子模型	生物化学、计算化学、统计力学	数学物理方程、经验力场

*数学与计算机科学对于建模都是必需的，此处不再重复。

2.2.5 计算生态毒理学

化学品污染也与气候变化、生物多样性锐减等一起威胁着地球生态系统的健康。生态毒理学的目标之一是研究化学品对生态系统中各营养级物种的毒性效应。面对栖居于生态系统中种类数量惊人的生命体，一个关键问题在于化学品毒性的跨物种外推。在此方面，计算毒理学诸多工具都非常有价值。例如，可以通过调整 PBTK 模型参数，预测不同发育阶段不同物种体内的化学品分布；可以构建同源模型（homology models）考察不同物种不同基因序列生物大分子的结构和功能差异；虚拟组织、器官、个体模型则能更逼真地模拟生物系统。关于化学品毒性跨物种外推，可以参考 2011 年 SETAC（Society of Environmental Toxicology and Chemistry）会议综述（Celander et al.，2011）。此外，任何物种的毒性研究都可以借鉴计算毒理学的方法学，而在 AOPs 框架中，个体生命的存活、发育、繁殖造成的变动与影响自然地延伸到种群、群落乃至整个生态系统（参见图 2-4），体现为流行病学层次的现象或生态毒性效应。

生态系统可以类比于稳态下的生命体。2003 年 van Straalen 指出：“生态毒理学正在转变为应激生态学（Stress Ecology）”，并给出基于应激源的生态位概念，而计算毒理学则为这个概念提供了定量的工具。将生物个体定义为主体，赋予其行为活动的规则，即可构建物种分布模型，使用空间环境数据推断物种的分布区

及其对栖息地的适应性，在此基础上确定物种生态位的时空间成分，从而直观地表征生命个体与环境之间关系（Kearney and Porter，2009）。针对生态系统服务的社会价值评估也为生态功能的定量化提供了思路和方法（Sherrouse et al.，2011）。可以想象，结合基于应激源的生态位概念、生态暴露评价模型、物种分布模型以及高时空分辨精度的地理信息系统，定量预测生态层次的有害结局将成为可能，进一步，为界定化学品污染的警戒线提供可靠依据。

参 考 文 献

高健, 李慧, 史国良, 丁爱军, 游志强, 张岳翀, 王涵, 柴发合, 王淑兰. 2016. 颗粒物动态源解析方法综述与应用展望. 科学通报, 61(27): 3002-3021.

刘春慧, 田福林, 陈景文, 李雪花, 乔显亮. 2009. 正定矩阵因子分解和非负约束因子分析用于大辽河沉积物中多环芳烃源解析的比较研究. 科学通报, 54: 3817-3822.

田福林, 陈景文, 敖江婷. 2009. 受体模型应用于典型持久性有毒物质的来源解析研究进展. 环境化学, 28(3): 319-327.

王中钰, 陈景文, 乔显亮, 李雪花, 谢宏彬, 蔡喜运. 2016. 面向化学品风险评价的计算(预测)毒理学. 中国科学: 化学, 46(2): 222-240.

Allen T E H, Goodman J M, Gutsell S, Russell P J. 2014. Defining molecular initiating events in the adverse outcome pathway framework for risk assessment. Chemical Research in Toxicology, 27(12): 2100-2112.

Ankley G T, Bennett R S, Erickson R J, Hoff D J, Hornung M W, Johnson R D, Mount D R, Nichols J W, Russom C L, Schmieder P K, Serrrano J A, Tietge J E, Villeneuve D L. 2010. Adverse outcome pathways: A conceptual framework to support ecotoxicology research and risk assessment. Environmental Toxicology and Chemistry, 29(3): 730-741.

Ao J, Chen J, Tian F, Cai X. 2009. Application of a level IV fugacity model to simulate the long-term fate of hexachlorocyclohexane isomers in the lower reach of Yellow River basin, China. Chemosphere, 74(3): 370-376.

Arnot J A, Mackay D, Webster E, Southwood J M. 2006. Screening level risk assessment model for chemical fate and effects in the environment. Environmental Science & Technology, 40(7): 2316-2323.

Celander M C, Goldstone J V, Denslow N D, Iguchi T, Kille P, Meyerhoff R D, Smith B A, Hutchinson T H, Wheeler J R. 2011. Species extrapolation for the 21st century. Environmental Toxicology and Chemistry, 30(1): 52-63.

Cleary J O, Modat M, Norris F C, Price A N, Jayakody S A, Martinez-Barbera J P, Greene N D E, Hawkes D J, Ordidge R J, Scambler P J, Ourselin S, Lythgoe M F. 2011. Magnetic resonance virtual histology for embryos: 3D atlases for automated high-throughput phenotyping. Neuroimage, 54(2): 769-778.

Dix D J, Houck K A, Martin M T, Richard A M, Setzer R W, Kavlock R J. 2007. The ToxCast program for prioritizing toxicity testing of environmental chemicals. Toxicological Sciences, 95(1): 5-12.

Egeghy P P, Sheldon L S, Isaacs K K, Ozkaynak H, Goldsmith M-R, Wambaugh J F, Judson R S,

Buckley T J. 2016. Computational exposure science: An emerging discipline to support 21st-century risk assessment. Environmental Health Perspectives, 124(6): 697-702.

EU. 2006. Regulation (EC) No. 1907/2006 of the European Parliament and of the Council of 18 December 2006, concerning the Registration, Evaluation, Authorization, and Restriction of Chemicals (REACH). Official Journal of the EU: EU, Brussels, 2006. https://eur-lex.europa.eu/legal-content/EN/TXT/?uri=CELEX%3A02006R1907-20140410. [2018-3-31].

Frame G M, Cochran J W, Bowadt S S. 1996. Complete PCB congener distributions for 17 aroclor mixtures determined by 3 HRGC systems optimized for comprehensive, quantitative, congener-specific analysis. Hrc-Journal of High Resolution Chromatography, 19(12): 657-668.

Gordon G E. 1988. Receptor models. Environmental Science & Technology, 22(10): 1132-1142.

Harrison R M, Smith D J T, Luhana L. 1996. Source apportionment of atmospheric polycyclic aromatic hydrocarbons collected from an urban location in Birmingham, UK. Environmental Science & Technology, 30(3): 825-832.

Howell B A, Yang Y, Kumar R, Woodhead J L, Harrill A H, Clewell H J, Andersen M E, Siler S Q, Watkins P B. 2012. *In vitro* to *in vivo* extrapolation and species response comparisons for drug-induced liver injury (DILI) using DILIsym^{TM}: A mechanistic, mathematical model of DILI. Journal of Pharmacokinetics and Pharmacodynamics, 39(5): 527-541.

Hunter P J, Crampin E J, Nielsen P M F. 2008. Bioinformatics, multiscale modeling and the IUPS physiome project. Briefings in Bioinformatics, 9(4): 333-343.

Imamoglu I, Li K, Christensen E R. 2002. PCB sources and degradation in sediments of Ashtabula River, Ohio, USA, determined from receptor models. Water Science and Technology, 46(3): 89-96.

Inglese J, Auld D S, Jadhav A, Johnson R L, Simeonov A, Yasgar A, Zheng W, Austin C P. 2006. Quantitative high-throughput screening: A titration-based approach that efficiently identifies biological activities in large chemical libraries. Proceedings of the National Academy of Sciences of the United States of America, 103(31): 11473-11478.

Inglese J, Johnson R L, Simeonov A, Xia M, Zheng W, Austin C P, Auld D S. 2007. High-throughput screening assays for the identification of chemical probes. Nature Chemical Biology, 3(8): 466-479.

Isaacs K K, Glen W G, Egeghy P, Goldsmith M-R, Smith L, Vallero D, Brooks R, Grulke C M, Oezkaynak H. 2014. SHEDS-HT: An integrated probabilistic exposure model for prioritizing exposures to chemicals with near-field and dietary sources. Environmental Science & Technology, 48(21): 12750-12759.

Judson R, Richard A, Dix D J, Houck K, Martin M, Kavlock R, Dellarco V, Henry T, Holderman T, Sayre P, Tan S, Carpenter T, Smith E. 2009. The toxicity data landscape for environmental chemicals. Environmental Health Perspectives, 117(5): 685-695.

Kavlock R, Dix D. 2010. Computational toxicology as implemented by the US EPA: Providing high throughput decision support tools for screening and assessment chemical exposure, hazard and risk. Journal of Toxicology and Environmental Health-Part B-Critical Reviews, 13(2-4): 197-217.

Kavouras I G, Koutrakis P, Tsapakis M, Lagoudaki E, Stephanou E G, Von Baer D, Oyola P. 2001. Source apportionment of urban particulate aliphatic and polynuclear aromatic hydrocarbons (PAHs) using multivariate methods. Environmental Science & Technology, 35(11): 2288-2294.

Kearney M, Porter W. 2009. Mechanistic niche modelling: Combining physiological and spatial data to predict species' ranges. Ecology Letters, 12(4): 334-350.

Keiser M J, Setola V, Irwin J J, Laggner C, Abbas A I, Hufeisen S J, Jensen N H, Kuijer M B, Matos R C, Tran T B, Whaley R, Glennon R A, Hert J, Thomas K L H, Edwards D D, Shoichet B K, Roth B L. 2009. Predicting new molecular targets for known drugs. Nature, 462(7270): 175-181.

Knudsen T B, Kleinstreuer N C. 2011. Disruption of embryonic vascular development in predictive toxicology. Birth Defects Research Part C-Embryo Today-Reviews, 93(4): 312-323.

Krewski D, Acosta D Jr., Andersen M, Anderson H, Bailar J C, III, Boekelheide K, Brent R, Charnley G, Cheung V G, Green S Jr., Kelsey K T, Kerkvliet N I, Li A A, McCray L, Meyer O, Patterson R D, Pennie W, Scala R A, Solomon G M, Stephens M, Yager J, Zeise L, Staff Comm Toxicity Testing A. 2010. Toxicity testing in the 21st century: A vision and a strategy. Journal of Toxicology and Environmental Health-Part B-Critical Reviews, 13(2-4): 51-138.

Li A, Jang J K, Scheff P A. 2003. Application of EPA CMB8.2 model for source apportionment of sediment PAHs in Lake Calumet, Chicago. Environmental Science & Technology, 37(13): 2958-2965.

Li C, Xie H B, Chen J W, Yang X H, Zhang Y F, Qiao X L. 2014. Predicting gaseous reaction rates of short chain chlorinated paraffins with •OH: Overcoming the difficulty in experimental determination. Environmental Science & Technology, 48(23): 13808-13816.

Linghu B, Snitkin E S, Hu Z, Xia Y, DeLisi C. 2009. Genome-wide prioritization of disease genes and identification of disease-disease associations from an integrated human functional linkage network. Genome Biology, 10(9): R91.

Mackay D. 1979. Finding fugacity feasible. Environmental Science & Technology, 13(10): 1218-1223.

Malmborg J, Ploeger B A. 2013. Predicting human exposure of active drug after oral prodrug administration, using a joined *in vitro*/*in silico-in vivo* extrapolation and physiologically-based pharmacokinetic modeling approach. Journal of Pharmacological and Toxicological Methods, 67(3): 203-213.

Morandi M T, Daisey J M, Lioy P J. 1987. Development of a modified factor analysis/ multiple regression models to apportion suspended particulate matte in a complex urban airshed. Atmospheric Environment, 21: 1821-1831.

NRC. 2007. Toxicity testing in the 21st century: A vision and a strategy. National Research Council: Washington, D.C. https://download.nap.edu/cart/download.cgi?record_id=11970.

NRC. 2012. Exposure science in the 21st century: A vision and a strategy. National Research Council: Washington, DC. https://download.nap.edu/cart/download.cgi?record_id=13507.

Ogura I, Gamo M, Masunaga S, Nakanishi J. 2005. Quantitative identification of sources of dioxin-like polychlorinated biphenyls in sediments by a factor analysis model and a chemical mass balance model combined with Monte Carlo techniques. Environmental Toxicology and Chemistry, 24(2): 277-285.

Ozeki T, Koide K, Kimoto T. 1995. Evaluation of sources of acidity in rainwater using a constrained oblique rotational factor-analysis. Environmental Science & Technology, 29(6): 1638-1645.

Paatero P. 1997. Least squares formulation of robust non-negative factor analysis. Chemometrics and Intelligent Laboratory Systems, 37(1): 23-35.

Paatero P, Tapper U. 1994. Positive matrix factorization: A non-negative factor model with optimal utilization of error estimates of data values. Environmetrics, 5: 111-126.

Piersma A H, Hernandez L G, van Benthem J, Muller J J A, van Leeuwen F X R, Vermeire T G, van Raaij M T M. 2011. Reproductive toxicants have a threshold of adversity. Critical Reviews in

Toxicology, 41(6): 545-554.

Quignot N, Bois F Y. 2013. A computational model to predict rat ovarian steroid secretion from *in vitro* experiments with endocrine disruptors. PLoS ONE, 8(1): e53891.

Sherrouse B C, Clement J M, Semmens D J. 2011. A GIS application for assessing, mapping, and quantifying the social values of ecosystem services. Applied Geography, 31(2): 748-760.

Stadnicka J, Schirmer K, Ashauer R. 2012. Predicting concentrations of organic chemicals in fish by using toxicokinetic models. Environmental Science & Technology, 46(6): 3273-3280.

Swat M H, Thomas G L, Belmonte J M, Shirinifard A, Hmeljak D, Glazier J A. 2012. Multi-scale modeling of tissues using CompuCell3D. *In*: Asthagiri A R, Arkin A P, eds. Computational Methods in Cell Biology. Vol. 110: 325-366.

Tan Y-M, Liao K H, Clewell H J. 2007. Reverse dosimetry: Interpreting trihalomethanes biomonitoring data using physiologically based pharmacokinetic modeling. Journal of Exposure Science and Environmental Epidemiology, 17(7): 591-603.

Tice R R, Austin C P, Kavlock R J, Bucher J R. 2013. Improving the human hazard characterization of chemicals: A Tox21 update. Environmental Health Perspectives, 121(7): 756-765.

Tratnyek P G, Bylaska E J, Weber E J. 2017. *In silico* environmental chemical science: properties and processes from statistical and computational modelling. Environmental Science-Processes & Impacts, 19(3): 188-202.

Van Straalen N. 2003. Ecotoxicology becomes stress ecology. Environmental Science & Technology, 37(17): 324A-330A.

Wambaugh J F, Setzer R W, Reif D M, Gangwal S, Mitchell-Blackwood J, Arnot J A, Joliet O, Frame A, Rabinowitz J, Knudsen T B, Judson R S, Egeghy P, Vallero D, Hubal E A C. 2013. High-throughput models for exposure-based chemical prioritization in the ExpoCast project. Environmental Science & Technology, 47(15): 8479-8488.

Wambaugh J F, Wang A, Dionisio K L, Frame A, Egeghy P, Judson R, Setzer R W. 2014. High throughput heuristics for prioritizing human exposure to environmental chemicals. Environmental Science & Technology, 48(21): 12760-12767.

Wetmore B A, Wambaugh J F, Ferguson S S, Sochaski M A, Rotroff D M, Freeman K, Clewell H J, III, Dix D J, Andersen M E, Houck K A, Allen B, Judson R S, Singh R, Kavlock R J, Richard A M, Thomas R S. 2012. Integration of dosimetry, exposure, and high-throughput screening data in chemical toxicity assessment. Toxicological Sciences, 125(1): 157-174.

Wild C P. 2005. Complementing the genome with an "exposome": The outstanding challenge of environmental exposure measurement in molecular epidemiology. Cancer Epidemiology Biomarkers & Prevention, 14(8): 1847-1850.

Wild C P. 2012. The exposome: From concept to utility. International Journal of Epidemiology, 41(1): 24-32.

Xia M, Huang R, Witt K L, Southall N, Fostel J, Cho M-H, Jadhav A, Smith C S, Inglese J, Portier C J, Tice R R, Austin C P. 2008. Compound cytotoxicity profiling using quantitative high-throughput screening. Environmental Health Perspectives, 116(3): 284-291.

Xie H B, Li C, He N, Wang C, Zhang S W, Chen J W. 2014. Atmospheric chemical reactions of monoethanolamine initiated by OH radical: Mechanistic and kinetic study. Environmental Science & Technology, 48(3): 1700-1706.

Xu F, Wang H, Zhang Q, Zhang R, Qu X, Wang W. 2010. Kinetic properties for the complete series reactions of chlorophenols with OH radicals-relevance for dioxin formation. Environmental

Science & Technology, 44(4): 1399-1404.

Yu W, Hu J, Xu F, Sun X, Gao R, Zhang Q, Wang W. 2011. Mechanism and direct kinetics study on the homogeneous gas-phase formation of PBDD/Fs from 2-BP, 2,4-DBP, and 2,4,6-TBP as precursors. Environmental Science & Technology, 45(5): 1917-1925.

Zanella F, Lorens J B, Link W. 2010. High content screening: Seeing is believing. Trends in Biotechnology, 28(5): 237-245.

Zhang H Q, Xie H B, Chen J W, Zhang S S. 2015. Prediction of hydrolysis pathways and kinetics for antibiotics under environmental pH conditions: A quantum chemical study on cephradine. Environmental Science & Technology, 49(3): 1552-1558.

Zhang Q, Bhattacharya S, Andersen M E, Conolly R B. 2010a. Computational systems biology and dose-response modeling in relation to new directions in toxicity testing. Journal of Toxicology and Environmental Health-Part B-Critical Reviews, 13(2-4): 253-276.

Zhang Q, Bhattacharya S, Andersen M E. 2013. Ultrasensitive response motifs: Basic amplifiers in molecular signalling networks. Open Biology, 3: 130031.

Zhang Q, Bhattacharya S, Conolly R B, Clewell H J, Kaminski N E, Andersen M E. 2014. Molecular signaling network motifs provide a mechanistic basis for cellular threshold responses. Environmental Health Perspectives, 122(12): 1261-1270.

Zhang Q, Pi J, Woods C G, Andersen M E. 2009. Phase I to II cross-induction of xenobiotic metabolizing enzymes: A feedforward control mechanism for potential hormetic responses. Toxicology and Applied Pharmacology, 237(3): 345-356.

Zhang Q, Pi J, Woods C G, Andersen M E. 2010b. A systems biology perspective on Nrf2-mediated antioxidant response. Toxicology and Applied Pharmacology, 244(1): 84-97.

Zhang Q, Yu W, Zhang R, Zhou Q, Gao R, Wang W. 2010c. Quantum chemical and kinetic study on dioxin formation from the 2,4,6-TCP and 2,4-DCP precursors. Environmental Science & Technology, 44(9): 3395-3403.

Zhang Y, Cai J, Wang S, He K, Zheng M. 2017. Review of receptor-based source apportionment research of fine particulate matter and its challenges in China. Science of the Total Environment, 586: 917-929.

Zhou J, Chen J W, Liang C-H, Xie Q, Wang Y-N, Zhang S Y, Qiao X L, Li X H. 2011. Quantum chemical investigation on the mechanism and kinetics of PBDE photooxidation by center dot OH: A case study for BDE-15. Environmental Science & Technology, 45(11): 4839-4845.

Zhu Y, Tao S, Price O R, Shen H, Jones K C, Sweetman A J. 2015. Environmental distributions of benzo[*a*]pyrene in China: Current and future emission reduction scenarios explored using a spatially explicit multimedia fate model. Environmental Science & Technology, 49(23): 13868-13877.

第 3 章　分子模拟基础

本章导读

- 介绍量子化学方法概念、基本理论以及应用软件。
- 介绍基于经典力学分子力场的分子动力学、蒙特卡罗模拟等理论方法以及应用软件。
- 简要介绍耦合量子力学/分子力学的理论方法和初步应用。

经过数十年的发展，计算和理论化学俨然成为化学界不可或缺的支柱。在 1998 年和 2013 年，计算和理论化学家 Walter Kohn 和 John A. Pople 以及 Martin Karplus、Michael Levitt 和 Arieh Warshel 分别因为“密度泛函理论”和“复杂化学体系的多尺度模拟”对化学研究的杰出贡献而荣获诺贝尔化学奖。

分子模拟一般是指基于计算机对分子的性质和反应进行模拟计算的技术。分子模拟的结果可以解释实验现象、揭示微观过程机理，也可以辅助实验设计、预测分子的性质。随着计算化学理论的逐步完善及高性能计算的快速发展，分子模拟在环境计算化学和预测毒理学领域将发挥越来越重要的作用。化学物质的模拟可以落在微观尺度、介观尺度和宏观尺度，分子模拟方法主要在微观尺度（图 3-1）。本章主要介绍

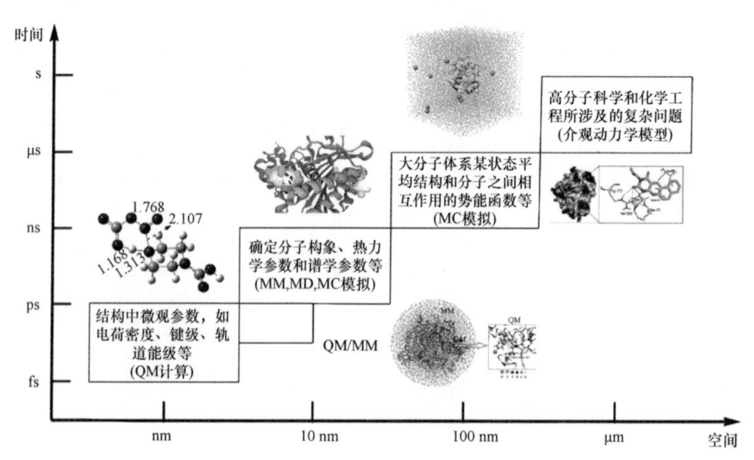

图 3-1　分子模拟方法与所对应的时间和空间尺度（QM：量子力学，MM：分子力学，MD：分子动力学，MC：蒙特卡罗）

三种分子模拟的方法：量子力学（quantum mechanics，QM）方法、分子力学（molecular mechanics，MM）方法以及二者的耦合（QM/MM）方法。

3.1　量子化学方法

量子力学体系的建立，开启了一扇理解微观世界的大门。量子化学是一门采用量子力学的基本原理，研究原子、分子等目标体系的电子结构、能量、分子间的相互作用、化学反应等理论的学科。量子化学计算的核心是求解薛定谔（Schrödinger）方程，从而获取体系的分子轨道能级、能量等信息。这些信息为判断分子间相互作用的活性位点、预测化学反应产物、设计新型药物和材料等，提供了可靠的理论依据，同时还可为实验研究指明可行性方向。近年来，量子化学计算在环境化学领域的应用，使人们对环境中有机污染物的迁移转化、归趋等有了更加深入的认识，推动了环境化学的发展。

3.1.1　基本原理

量子力学的一个基本方程（假设）是 Schrödinger 方程。它可用于描述微观粒子的运动状态随时间的变化情况。量子化学计算是围绕求解 Schrödinger 方程展开的。对于具有波粒二象性的微观粒子，通常可用状态波函数 Ψ 来描述其运动状态和在空间某位置出现的概率。Ψ 是微观粒子的坐标 $\boldsymbol{r}$ 以及时间 t 的函数。在非相对论近似下，根据二阶偏微分的 Schrödinger 方程，即可求解得到微观粒子的状态波函数 Ψ 和能量。与时间相关的 Schrödinger 方程（林梦海，2005）如下：

$$\mathrm{i}\hbar\frac{\partial\Psi(\boldsymbol{r},t)}{\partial t}=-\frac{\hbar^2}{2m}\frac{\partial^2\Psi(\boldsymbol{r},t)}{\partial\boldsymbol{r}^2}+V(\boldsymbol{r},t)\Psi(\boldsymbol{r},t)=\hat{H}\Psi(\boldsymbol{r},t) \tag{3-1}$$

式中，i 是虚数单位；$\hbar$ 是约化普朗克常数；m 是粒子的质量；$\Psi(\boldsymbol{r}, t)$是与坐标 $\boldsymbol{r}$、时间 t 有关的波函数；$V(\boldsymbol{r}, t)$是体系的势能函数；$\hat{H}$ 为体系的哈密顿（Hamilton）算符，描述体系的能量（动能和势能），包含体系中原子核的动能、电子的动能、核之间的排斥能、电子与核的吸引能及电子之间的排斥能。假定势能仅与坐标有关，那么，势能函数 $V(\boldsymbol{r}, t)$就可以简写为 $V(\boldsymbol{r})$。由此，可得到与时间无关的 Schrödinger 方程（即定态 Schrödinger 方程）：

$$-\frac{\hbar^2}{2m}\frac{\mathrm{d}^2\varphi(\boldsymbol{r})}{\mathrm{d}\boldsymbol{r}^2}+V(\boldsymbol{r})\varphi(\boldsymbol{r})=E\varphi(\boldsymbol{r}) \tag{3-2}$$

或简写为

$$\hat{H}\varphi(\boldsymbol{r})=E\varphi(\boldsymbol{r}) \tag{3-3}$$

式中，E 为体系的总能量；$\varphi(\boldsymbol{r})$是只与坐标有关的定态波函数。

定态 Schrödinger 方程可用于描述具有如下特征的粒子：①在某位置的概率密度 $\rho(r)=|\varphi(\boldsymbol{r})|^2$ 不随时间改变；②不含时间 t 的物理量的平均值亦不随时间变化。通过求解 Schrödinger 方程，就可以确定所研究的原子或分子体系在某状态下的电子结构（Leach，2001）。

3.1.2 理论方法

在 20 世纪 20 年代末量子化学诞生的初期，就存在价键理论和分子轨道两种理论。随着计算机在 40 年代的出现及其蓬勃发展，量子化学方法的计算能力也日趋提升。早期的量子化学理论方法已不能满足现代科技的需求，各种新的计算方法如雨后春笋不断涌现。

1. 价键（valence bond，VB）理论

20 世纪 20 年代，Heitler 和 London（1927）采用价键理论的方法，结合量子力学，成功处理了氢分子体系。该理论的核心思想是，分子中的电子两两配对形成定域化学键，每个分子体系可形成几种不同的价键结构，电子可以在其中产生共振。该理论方法与经典化学概念相符，被化学家们广泛接受，得到了迅速的发展。后来，由于计算大分子体系困难，而一度停滞不前，直到 20 世纪 60 年代末，才有了新的发展。基于价键理论的量子化学计算方法适用于处理包含化学键断裂或生成的体系。

Heitler 和 London 的工作为价键理论方法奠定了基础。他们采用两个单粒子算符和一个双粒子算符之和表示能量算符；采用空间函数 Ω 和自旋函数 Θ 的乘积来表示 H_2 的波函数，且要满足反对称性。

$$\varphi(x) = A\cdot\Omega\cdot\Theta \tag{3-4}$$

式中，A 为反对称算符。单重态波函数的空间函数为对称函数，自旋函数为反对称函数；三重态波函数的空间函数为反对称函数，自旋函数为对称函数。价键理论中，多电子的空间函数 Ω 一般表示为所有单粒子波函数的乘积。

1977 年，Bobrowicz 和 Goddard 提出了广义价键（GVB）理论方法。该方法能够很好地描述体系接近解离时的电子性质，应用广泛。另外一种价键理论方法是自旋耦合价键（SCVB）理论（Gerratt et al.，1997）。该方法将电子分为“核”电子和“活性”电子，总的波函数由处理“核”电子的自旋函数和处理“活性”电子的自旋函数两部分组成。该方法也将绝大部分的电子相关作用考虑了进来，其计算准确度可以和分子轨道理论中的全活性空间自洽场（CASSCF）方法相媲美。此外，还有一系列的现代价键理论方法，亦可称为价键自洽场（VBSCF）方法

（Leach，2001）。该类方法类似于分子轨道理论中的多组态自洽场（MCSCF）方法，计算得到的能量可与引入电子相关能后的 Hartree-Fock 方法得到的能量相比对。

2. 分子轨道（molecular orbital，MO）理论

分子轨道理论假设分子轨道由原子轨道线性组合而成，允许电子离域在整个分子中，而不是只在化学键上。这种离域轨道被电子对占据，从低能级到高能级逐次排列（如图 3-2，苯分子中电子的最高占据分子轨道和最低未占据分子轨道）。该理论主要由 Slater、Hund、Hückel、Mulliken 等建立，特别是 Hückel（1931）提出的 Hückel 分子轨道（Hückel molecular orbital，HMO）方法，主要用于处理共轭 π 体系，直到现在，仍能针对一些较大的原子团簇给予定性的预测。分子轨道理论方法易于程序化，自计算机出现以后，发展迅速，至 20 世纪 80 年代，已成为量子化学计算的主流。进入 21 世纪以来，程序化的分子轨道理论方法已成为量子化学计算的首选。

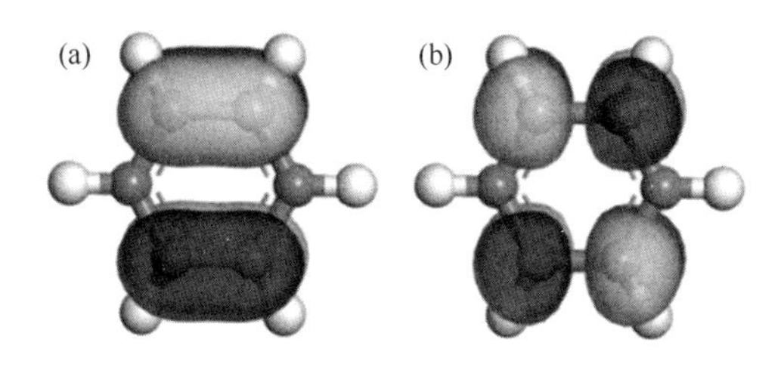

图 3-2　苯分子中（a）最高占据分子轨道和（b）最低未占据分子轨道
图中黄色和蓝色表示符号相反的波函数

1）半经验分子轨道理论

Hückel 采取了一些近似处理，用 HMO 法成功地处理了有机共轭分子，讨论了共轭分子的电子结构与稳定性，预测了烯烃的加成或环合的可能性，得到了令人满意的结果。此外，该方法对同类物的性质、分子的稳定性等的预测也具有较好的准确性。例如，Fowler（1993）等采用 HMO 法研究了富勒烯及相关团簇的几何结构、点群、电子结构以及振动和核磁共振光谱，获得了较理想的结果。

20 世纪 40 年代，计算机的出现促进了量子化学计算的发展。人们在 HMO 的基础上进行改进，提出了既可以处理共轭分子中的 π 电子，又可以处理骨架 σ 电子的扩展的 HMO（extended Hückel molecular orbital，EHMO）方法。此外，还有与 HMO 处于同一等级的半经验方法，它与 HMO 的不同之处是考虑了部分双电子积分（Pariser and Parr，1953a，b；Pople et al.，1965），根据其创始人 Pariser、Parr 和 Pople 姓氏首字母，该方法也被称为 PPP 方法。全略微分重叠（complete neglect of differential overlap，CNDO）法（Pople and Segal，1966）对 PPP 方法做出改进，增添了对价电子中 σ 电子的处理。间略微分重叠（intermediate neglect of differential overlap，INDO）

方法（Pople et al.，1967）引入了双电子排斥积分，在一定程度上弥补了 CNDO 在双电子积分上的不足。之后，又发展了忽略双原子微分重叠（neglect of diatomic differential overlap，NDDO）（Dewar and Thiel，1977b；Pople and Segal，1965）、改进的间略微分重叠（modified intermediate neglect of differential overlap，MINDO）（Bingham，et al.，1975a，b，c，d）、改进的忽略双原子微分重叠（modified neglect of diatomic differential overlap，MNDO）（Dewar and Thiel，1977a）、奥斯汀模型 1（Austin model 1，AM1）（Dewar，et al.，1985）、参数化模型（parameterized model，PM）3（Stewart，1989）、PM6、PM7 等半经验方法。这些半经验方法的特点是计算中使用的一些参数是由实验数据拟合得到。如 EHMO 中，单电子哈密顿数值来自于原子轨道电离势的实验值；MNDO 方法中的双电子积分参数，是由光谱数据拟合得到的。总体来说，半经验方法计算效率较高，可用于较大体系的计算模拟。

Daniel 等（2015）采用半经验方法 AM1、PM3、PM6 和 PM7，计算模拟了金属有机骨架（metal-organic framework，MOF）材料的 72 种不同的晶体结构，结果表明 PM6 和 PM7 能够准确地描述 MOF 材料的结构。Puzyn 等（2011）采用 PM6 的方法计算了金属离子的生成焓，发现其与金属氧化物纳米颗粒物的细胞毒性有明显的线性相关性（图 3-3）。

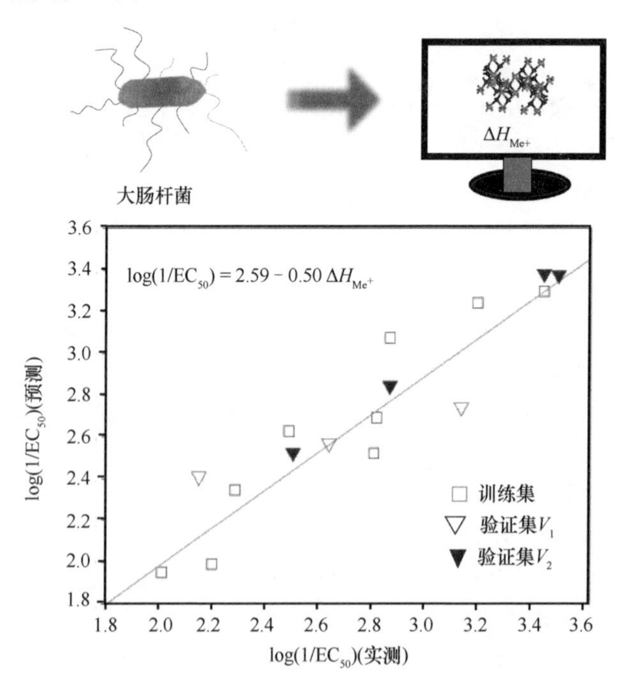

图 3-3 PM6 算法计算的金属离子生成焓（ΔH_{Me^+}）与 $\log(1/EC_{50})$呈线性相关（EC_{50}为大肠杆菌的半数效应浓度）［改编自文献（Puzyn et al.，2011）］

2）从头算方法

“从头算”由拉丁文 *ab initio* 得来。从头算方法指的是进行全电子体系的量子力学方程计算时，严格计算分子的全部积分，不借助任何经验或半经验的参数。该方法是在非相对论近似、玻恩-奥本海默（Born-Oppenheimer）近似和单电子近似的基础上求解 Schrödinger 方程。

Born-Oppenheimer 近似是指，由于组成分子体系的原子核的质量比电子大 10^3～10^5 倍，电子的运动比原子核快得多。因此，假设核的运动并不影响分子的电子状态，电子在每一刻的运动都相对于静止的原子核。原子核感受不到电子的具体位置，只能感受到电子的平均作用力。从而，可将核的运动和电子的运动分开处理。体系波函数采用单电子轨道近似，即体系总的波函数可表达为组成体系的所有单电子波函数的乘积，体系中的每个电子在核和其余电子组成的平均势场中运动。这样就将多电子体系 Schrödinger 方程简化为单电子 Schrödinger 方程，即哈特里-福克（Hartree-Fock，HF）自洽场法。单电子近似可以在很大程度上简化求解 Schrödinger 方程的问题（Lewars，2011）。

量子化学计算中，只有 H_2 具有薛定谔方程的精确解。一般分子要获得体系状态波函数和能量，均需要采取一些近似。HF 自洽场法是应用最广的一种近似方法。原子的 HF 方程可化为径向方程用数值方法求解。将分子轨道按照某个基组集合展开，用有限展开项，按一定的精确度逼近分子轨道，从而将分子轨道的变分转化为对展开系数的变分。分子的 HF 方程就从一组非线性积分-微分方程转化为一组数目有限的代数方程，只需迭代求解分子轨道组合系数。这就是哈特里-福克-罗特汉（Hartree-Fock-Roothaan）方程（Lewars，2011）：

$$\boldsymbol{FC} = \varepsilon \boldsymbol{SC} \tag{3-5}$$

式中，$\boldsymbol{S}$ 为轨道重叠矩阵，$\boldsymbol{C}$ 为轨道组合系数，ε 为能量本征值。对于闭壳层体系（分子中的所有电子自旋配对），可用单个斯莱特（Slater）行列式表示多电子波函数；开壳层体系（分子中含有未成对电子），可用一个或多个 Slater 行列式来表示体系的波函数，所对应的方程为非限制 HF 方程。

在分子轨道展开过程中，所使用的基组集合就是基函数，它决定了分子轨道展开的方式，对计算结果至关重要。现对常见的几种基函数进行简单的介绍。波函数通常表示为径向函数和角度函数两部分。早期的从头算使用类氢离子波函数为基函数，该方法能使波函数和原子轨道一一对应，较好地描述电子在空间的分布，但在计算径向部分的积分时收敛较慢，后来发展了斯莱特型轨道（Slater type orbital，STO）。根据一个原子轨道使用的 STO 的个数，可将 STO 分为三类，即单 ζ 基、双 ζ 基和扩展基。此外，也可用高斯型轨道（Gauss type orbital，GTO）拟合 Slater 函数，计算积分。其中一种常用的 Gauss 基组是 STO-NG 基组，它是用 N 个

GTO 基组拟合一个 STO。该基组不区分内层和价层轨道，都采用相同的 GTO 拟合。之后发展的分裂价基将内层和价层轨道分别展开，如分裂价基 3-21G，用 3 个 GTO 拟合 1 个 STO 内层轨道，价层分为内外轨道，用 2 个 GTO 拟合 1 个双 ζ 内轨，用 1 个 GTO 拟合 1 个双 ζ 外轨。在分裂价基的基础上加上了极化函数，即原子轨道包括内层、外层轨道以及角量子数更高的原子轨道，这类基组为扩展基（极化基）。如 3-21G*表示体系的非氢元素均加上极化函数，3-21G**表示包括氢元素在内的所有元素都加上极化函数。由于化学反应主要在价层电子间进行，内层电子的贡献相对于价层电子的较小，因此发展了赝势（pseudo-potential）价基（又称有效核电势，effective core potential，ECP）。对于赝势价基，有人提出“冻芯”（frozen core）方法，将原子轨道分为内层与价层两部分，先将两部分正交，然后冻结内层，计算价层轨道，这样，既可以节约计算工作量，又可以节约计算机容量。此外，也可以采用一个非定域的赝势算符，使价轨道波函数与内层电子无关，并在赝势中添加相对论校正（Leach，2001）。

Lee 等（2015）采用 HF 和杂化泛函 B3LYP 的方法，并对碘原子采取赝势基组，研究了离域分子轨道和局域分子轨道对溶液中有机化合物和臭氧（O_3）的反应，并发展了有机污染物与 O_3 反应的二级反应速率预测模型（图 3-4）。

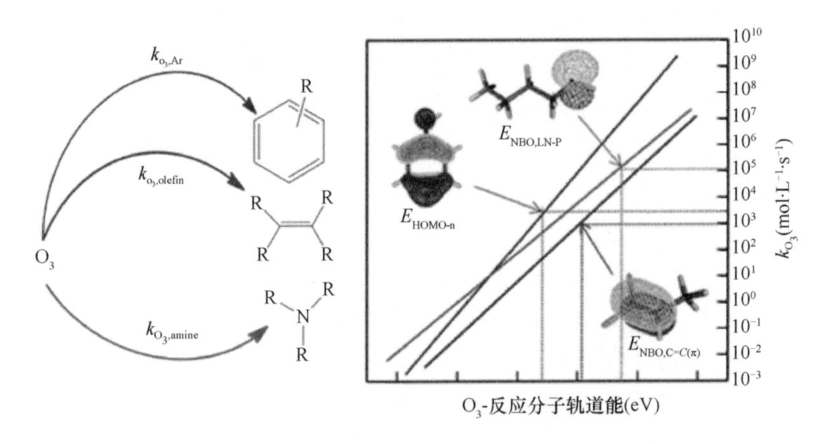

图 3-4 预测有机污染物与臭氧反应的二级反应速率常数（k_{O_3}）的量子化学模型

［改编自文献（Lee et al.，2015）］

在 HF 方法中，单电子近似模型仅考虑了电子之间时间平均的相互作用，并没有考虑电子间的瞬时相关。而事实上，电子之间是有一定的制约作用的。电子间的这种相互关系称为电子运动的瞬时相关性或动态相关效应，由此引起的即为电子相关能，也指 HF 极限值和非相对论近似薛定谔方程的精确解之差。多体微扰理论把相关能考虑了进来，可以得到较满意的结果。

多组态自洽场（multiconfigurational self-consistent field，MCSCF）方法将组态相互作用方法和 HF 方法结合起来求解，也考虑了电子相关能，在计算相关能方面优于 HF 法。Shukla 和 Leszczynski（2004）将 MCSCF 方法用于气相中 4-硫脲嘧啶的激发态特性的相关研究。

3）密度泛函理论

1927 年，Thomas 和 Fermi 意识到统计方法可以近似地描绘原子中的电荷分布。他们假设，各自在相同体积内以不同速率运动的电子可视为在六维相空间（由沿着空间轴的坐标和动量描述）中自由运动的电子气。它们的运动取决于核的电荷和这些电子分布的势场。从统计学的角度，含 N 个电子体系的能量可表达为

$$E(\rho)=T[\rho]+\int\rho(\boldsymbol{r})v(\boldsymbol{r})\mathrm{d}\boldsymbol{r}+V_{\mathrm{ee}}[\rho] \tag{3-6}$$

式中，$T[\rho]$为动能，$\int\rho(\boldsymbol{r})v(\boldsymbol{r})\mathrm{d}\boldsymbol{r}$ 为核与电子相互作用势，$V_{\mathrm{ee}}[\rho]$为电子间相互作用能，这里指库仑作用能 E_{H}：

$$E_{\mathrm{H}}=\frac{1}{2}\int\frac{\rho(\boldsymbol{r})\rho(\boldsymbol{r}')}{|\boldsymbol{r}-\boldsymbol{r}'|}\mathrm{d}\boldsymbol{r}\mathrm{d}\boldsymbol{r}' \tag{3-7}$$

式中，$\boldsymbol{r}$ 为原子坐标。1930 年，Dirac 在该模型的基础上，对 $V_{\mathrm{ee}}[\rho]$增加了电子相互交换能，提出了 Thomas-Fermi-Dirac 模型。基于 Thomas-Fermi-Dirac 模型，Kohn 和 Sham 提出了基态动能 $T[\rho]$的精确形式：

$$T=\sum_{i}^{N}n_i\left\langle\varphi_i\left|-\frac{1}{2}\nabla^2\right|\varphi_i\right\rangle \tag{3-8}$$

式中，φ_i 为自然自旋轨道；n_i 为轨道占据数，$0\leqslant n_i\leqslant 1$；$T$ 也是总电子密度ρ的函数。交换相关势 $v_{\mathrm{xc}}(\boldsymbol{r})$定义如下：

$$v_{\mathrm{xc}}(\boldsymbol{r})=\frac{\delta E_{\mathrm{xc}}[\rho]}{\delta\rho(\boldsymbol{r})} \tag{3-9}$$

体系的总能计算式如下：

$$E=\sum_{i}^{N}\varepsilon_i-\frac{1}{2}\int\frac{\rho(\boldsymbol{r})\rho(\boldsymbol{r}')}{|\boldsymbol{r}-\boldsymbol{r}'|}\mathrm{d}\boldsymbol{r}\mathrm{d}\boldsymbol{r}'+E_{\mathrm{xc}}[\rho]-\int v_{\mathrm{xc}}(\boldsymbol{r})\rho(\boldsymbol{r})\mathrm{d}\boldsymbol{r} \tag{3-10}$$

式中，$E_{\mathrm{xc}}[\rho]$为交换相关能。该方法即为 Kohn-Sham 方法（Lewars，2011）。Kohn-Sham 方法侧重考虑了电子的交换相关效应，只要成功地获得交换相关能，就可以得到准确的电子密度和能量。后来，他们于 1965 年提出了局域密度近似（local-density approximation，LDA），建立了交换相关能的计算方法。该方法适用于密度变化缓慢的体系（如固体），而对于密度变化较大的体系处理效果不太理想。

之后，为了修正 LDA 引入了电子密度梯度，发展了一系列广义梯度近似（generalized gradient approximation，GGA）泛函，如 PW86、PBE 等泛函。在 GGA

泛函的基础上引入了动能密度，发展了 meta-GGA，如 TPSS 泛函。Chen 等（2017）采用实验和密度泛函理论 GGA 结合的方法，研究了钠和银作为单原子活性中心竞争催化甲醛降解的机理（图 3-5）。

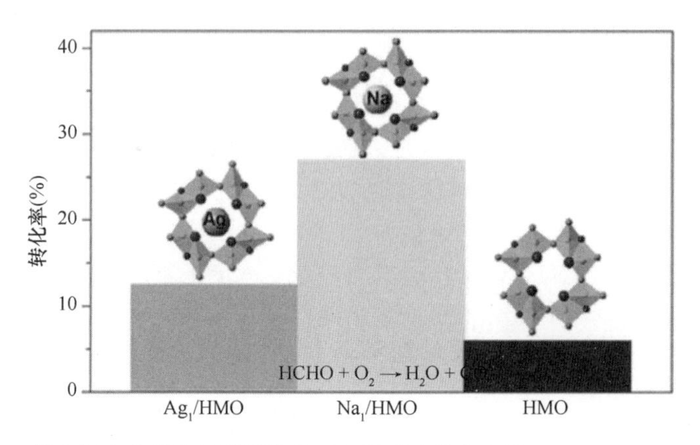

图 3-5　钠和银竞争催化甲醛消除的示意图［改编自文献（Chen et al.，2017）］

虽然 HF 理论能够在分子尺寸提供准确的交换能处理，但在描述化学键时仍有不足，且没有考虑电子相关能矫正。而局域密度近似的方法很容易得到相关能。Becke 等（Becke，1993；Stephens et al.，1994）提出将 HF 和局域密度近似结合起来，衍生出杂化泛函，如 B3LYP、M062X 等。杂化泛函的计算精度比 LDA、GGA 高，计算量也较为适中，目前在环境计算化学领域使用频率较高。例如，Choi 等（2015）采用了 B3LYP 和 M062X 的方法计算研究了富勒烯与水分子的相互作用，探讨了水中富勒烯团聚的机理（图 3-6）。

3.1.3　计算软件

常用的量子化学计算软件包括 Gaussian，HyperChem，TURBOMOLE，MOPAC，Molpro 等。其中，MOPAC（Molecular Orbital PACkage）是一款半经验分子轨道软件包（Stewart，1990）。它可用于优化分子结构、计算分子轨道、计算生成热、计算振动光谱等。对于原子数较多的大体系运行速率优势明显。而 Gaussian 量子化学计算软件包，不仅可用于半经验计算模拟，还可以进行从头算和杂化泛函计算，可进行分子结构的优化、原子电荷的计算、表面静电势的计算、基态与激发态能量的计算、过渡态结构的搜索、红外光谱和拉曼光谱的绘制等，也可以用于模拟溶剂化效应。近几年快速发展起来的量子化学程序 TURBOMOLE 则在运行效率方面较以往的量化计算软件有很大的提升，适用于大规模量子化学模拟计算，并且随着功能的增加，越来越支持大体系的并行计算。

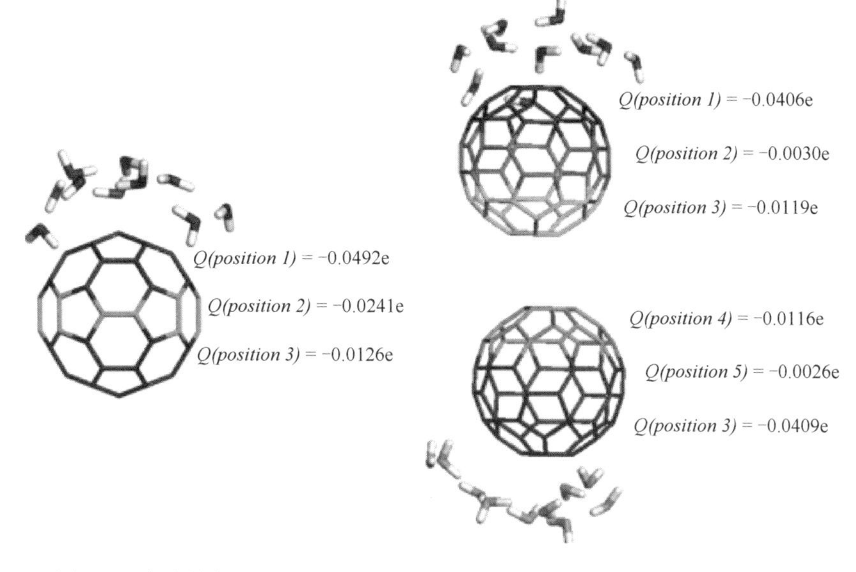

图 3-6　富勒烯与水分子复合体系（其中 Q 为电荷量）（Choi et al.，2015）

3.2　分子力学方法

环境化学和毒理学涉及的生物体系、界面体系，相比气相小分子而言更大、更复杂。用前面介绍的量子化学方法进行模拟需要的时间可能会太长。而借助经典力学来描述微观相互作用，提供了另一种模拟分子结构、能量和动态行为的思路，并逐渐形成了分子力学的方法体系。由于避免了求解薛定谔方程的自洽迭代，分子力学方法的计算量相比量子化学方法大幅降低。并且，使用合适的力场计算所得结果可与量子化学计算的结果相媲美。然而，由于无法处理电子结构，分子力学方法一般不能模拟涉及化学键生成或断裂的化学反应过程。它主要用于振动分析、能量计算、（基态）分子构象优化等任务。

3.2.1　分子内键连关系的经典力学描述

分子力学（molecular mechanics）的概念起源于 20 世纪 70 年代，其主要的目的是采用经典力学来确定分子的平衡结构。用弹簧来简化化学键的思路可以追溯到 1930 年 Andrews 的工作。考虑一个双原子分子，将其原子视为质量 m_1 和 m_2 的两个质点，而将化学键视为连接两个质点的弹簧，弹簧的简谐力常数为 k_{bond}，两个原子（质点）的间距为 R，且原子的平衡距离为 R_e。根据胡克（Hooke）定律，写出该“弹簧”的势能函数为

$$U_{\text{bond}} = \frac{1}{2}k_{\text{bond}}\left(R - R_{\text{e}}\right)^2 \tag{3-11}$$

这个简谐势是最简单、最经典的描述键长的势能函数。其中，键的力常数参数可以根据分子红外光谱的特征波数（cm^{-1}）、振动模式和弹簧两端质点的约化质量（reduced mass）来估算。一些化学家不满足于采用简单的简谐势来描述原子之间的化学键，而会采用一些非对称的、对实验数据拟合更好的势能函数，例如莫尔斯（Morse）势：

$$U_{\text{Morse}} = D_{\text{e}}\left\{1 - \exp\left[-\beta\left(R - R_{\text{e}}\right)\right]\right\}^2 \tag{3-12}$$

式中，D_{e} 为势阱深度，R 为原子间距，β 的表达式为

$$\beta = \sqrt{\left(\frac{\text{d}^2U_{\text{Morse}}}{\text{d}R^2}\right)\Big/2D_{\text{e}}} \tag{3-13}$$

三个相邻成键原子的键角 θ 的弯曲，通常也可以写成简谐势能的形式：

$$U_{\text{angle}} = \frac{1}{2}k_{\text{angle}}\left(\theta - \theta_{\text{e}}\right)^2 \tag{3-14}$$

式中，θ_{e} 是平衡时的键角；k_{angle} 是键角的力常数，可根据分子红外光谱振动模式和波数来估算。而对于四个相邻原子构成的二面角（dihedral）χ，一种常用的势能函数（U_{dihe}）表达式为

$$U_{\text{dihe}} = \frac{U_0}{2}\left\{1 - \cos\left[n\left(\chi - \chi_{\text{e}}\right)\right]\right\} \tag{3-15}$$

式中，χ_{e} 为平衡时的二面角；n 为二面角扭转的周期数，例如，对于乙烷分子的 H—C—C—H 键，n 为 3（每旋转 120°势能函数形状重合）。该参数也被称作（二面角）多重度，一般可取值 1、2、3、4 或 6。值得指出的是，U_{dihe} 表达式形同傅里叶（Fourier）级数。有时候，对特殊的二面角情形，可以采用多项具有不同周期性的 Fourier 级数项，对其扭转势能曲线做出拟合，此时，二面角多重度缺乏明晰的周期性含义，而仅仅是一个重要的拟合参数，且不宜迁移到其他二面角情形。

此外，对于氨气分子这种本身并非平面结构的分子，一些化学家认为需要引入一个平面外角的势能项进行描述，以允许 N—H_3 的取向跨越一定能垒而翻转。而对于 4 个共平面、形成刚性结构的原子［例如羰基、醛基的 R—(C=O)—R′结构］，有时需要引入一种新的简谐势能来维持这种刚性平面，这种势能被称为异常角（improper angle）势。一些力场为了更好地描述分子振动光谱或限制分子构象，在构成键角的 1-3 非键原子之间定义简谐势，也称尤里-布拉德利（Urey-Bradley）势。例如，在 CHARMM（Chemistry at HARvard Macromolecular Mechanics）（Brooks et al.，2009）力场中，就大量采用了 Urey-Bradley 项，而其配套的 TIP3P（Transferable Intermolecular Potential with 3 Points）水模型（Jorgensen et al.，1983）中，两个氢原子之间也定义了键，这个键是为了在模拟时限制氢原子的位置而有意添加的。Urey-Bradley 势也存在一些缺点，例如其参数化过程复杂而结果缺乏一致性，同时也不适合类推到其他键角的 1-3 非键原子情形，因此，在后期发布的 CHARMM 通用力场（CGenFF）中，开发者也尽量避免引入新的 Urey-Bradley 项（Vanommeslaeghe et al.，2012）。

有了描述键长、键角和二面角等的表达项，就可对分子键连的关系有较完整的定量描述。这些成键相关的势能项以往可以通过拟合（光）谱学实验数据得出。现在，这些参数一般可通过量子化学计算分子结构、分析振动频率或拟合扭转势能曲线得到。

3.2.2　非键关系的经典力学描述

1965 年，Snyder 和 Schachtschneider 指出，相邻的成键原子之间非键相互作用的贡献可以忽略。以正戊烷为例，对于键连的 C_1—C_2—C_3—C_4 四个原子而言，只需要考虑前述的键长、键角、二面角等项就足够了。然而，对于距离较远的分子内原子（如正戊烷的 C_1 和 C_5）以及分子间原子之间（如两个正戊烷分子之间的 C_1）的非键相互作用也对体系有重要影响。

19 世纪前叶，德国物理学家、数学家，热力学领域主要奠基人之一鲁道夫 • 克劳修斯（Rudolf J. E. Clausius）和爱尔兰化学家、物理学家托马斯 • 安德鲁斯（Thomas Andrews）的实验显示，（稀有气体）原子在距离较远时，会相互吸引，而在距离较近时，相互之间则会剧烈排斥（Hinchliffe，2008）。一些化学家也称这些非键相互作用为弱化学相互作用，因为它们对应的势能函数的势阱比成键的势阱浅很多，键强度在 0.4～4.0 kJ/mol。直到 20 世纪，量子力学理论逐渐成熟，科学家才得以一窥原子/分子间力的本质。但是，抛开高深的量子力学理论，仅从经典力学的角度出发，这些吸引力与排斥力（原子/分子间相互作用力）又该如何描述？普遍的观点认为，典型的非键相互作用主要包括静电作用和非静电作用两类。

经典力学借助点电荷（point charge）模型以及点电荷之间的电磁力来描述静电相互作用。例如，一个 Na^+带一个单位的正电荷，而一个 Cl^-则带一个单位的负电荷。这些电荷可以视作位于原子核中心的带电点，即点电荷。NaCl 的形成则部分取决于正、负点电荷之间的吸引。点电荷自身的尺寸相比于其间距而言，是可以忽略的。1785 年，法国物理学家查理-奥古斯丁 • 库仑（Charles-Augustin de Coulomb）首先给出了（静止状态下的）点电荷之间作用力的数学形式。库仑（Coulomb）定律描述了间距为 R_{AB}，带电量分别为 Q_A 和 Q_B 的点电荷的相互作用力：

$$\boldsymbol{F}_{\text{A on B}}=\frac{1}{4\pi\varepsilon_{\mathrm{r}}\varepsilon_0}\frac{Q_{\mathrm{A}}Q_{\mathrm{B}}}{R_{\mathrm{AB}}^3}\boldsymbol{R}_{\mathrm{AB}} \tag{3-16}$$

两个点电荷相互作用的静电势能 U_{es} 可以表示为

$$U_{\mathrm{es}}=\frac{1}{4\pi\varepsilon_{\mathrm{r}}\varepsilon_0}\frac{Q_{\mathrm{A}}Q_{\mathrm{B}}}{R_{\mathrm{AB}}} \tag{3-17}$$

其中，$\boldsymbol{R}_{AB}$ 和 R_{AB} 分别是点电荷 Q_A、Q_B 构成的空间矢量及其标量值（模）；ε_0 是真空介电常数（$8.854\times10^{-12}\ \mathrm{C^2\cdot N^{-1}\cdot m^{-2}}$）；$\varepsilon_r$ 是相对介电常数。这种相互作用力可以两两加和，从而推广到三个或更多点电荷的体系。

考虑一对相反的点电荷，$+Q$ 和$-Q$，二者的间距为 R。这样的一对电荷，构成了大小为 $Q\boldsymbol{R}$ 的电偶极（electric dipole）。电偶极也是矢量物理量，其严格的定义为

$$\boldsymbol{P}_{\mathrm{e}}=Q\boldsymbol{R} \tag{3-18}$$

而考虑任意一组（大小任意的）点电荷，可以定义

$$\boldsymbol{P}_{\mathrm{e}}=\sum_{i=1}^{n}Q_i\boldsymbol{R}_i \tag{3-19}$$

该定义推广两点电荷偶极的定义到任意数目的点电荷群体。基于此定义，可以根据分子或团簇中原子的部分原子电荷与各原子的坐标，来计算该分子的偶极矩（dipole moment）。偶极矩在一定程度上反映了一个分子的极性大小。

化学家认为，两个具有永久偶极的分子之间的相互作用可以通过偶极-偶极（dipole-dipole）相互作用来解释。其本质上可以看作是具有空间限制的四个点电荷的相互作用。一个考虑温度之后的、几何平均化的偶极-偶极相互作用势 $\langle U_{AB}\rangle_{\text{dip...dip}}$ 可以表达为

$$\langle U_{\mathrm{AB}}\rangle_{\text{dip...dip}}=-\frac{2p_{\mathrm{A}}^2p_{\mathrm{B}}^2}{3k_{\mathrm{B}}T\left(4\pi\varepsilon_0\right)^2}\frac{1}{R^6} \tag{3-20}$$

式中，p_A、p_B 分别是位置 A 与 B 的电偶极（的标量值）；k_B 是玻尔兹曼（Boltzmann）常数（$1.380\,648\,52\times10^{-23}$ J/K）；T 是温度（K）；R 是两偶极的间距，由此式可见偶极-偶极相互作用与 $1/R^6$ 成正比。

类似地，诱导偶极相互作用指的是一个永久偶极对可极化分子产生了诱导偶极（induced dipole），然后，在两个偶极之间发生类似偶极-偶极的相互作用，理论推导发现该项势能与 $1/R^6$ 成正比：

$$\langle U_{\mathrm{AB}}\rangle_{\mathrm{ind}}=-\frac{1}{\left(4\pi\varepsilon_0\right)^2}\frac{p_{\mathrm{A}}^2\alpha_{\mathrm{B}}}{R^6} \tag{3-21}$$

式中，α_B 是分子 B 受永久偶极 p_A 电场诱导而产生瞬时偶极的能力，即分子极化率（$C·m^2·V^{-1}$）。

对于惰性气体原子，本不存在永久偶极，其分子间的相互作用亦无法用上述两种相互作用来描述。这个困扰人们的第三类相互作用，首次由德国物理学家弗里茨·伦敦（Fritz W. London）于 1930 年发现，后来被称作色散（dispersion）相互作用。该相互作用须引入量子化学理论才能做出正确的定量描述。尽管如此，化学家仍然给出了色散相互作用的定性解释。化学家认为尽管一个球形对称体系的平均偶极为 0，但由于电子的不断运动，会产生瞬时偶极。这些瞬时偶极可以进一步诱导相邻原子或分子形成瞬时偶极，从而产生类似于诱导偶极效应的弱吸引力。色散效应势能可以表述为

$$\langle U \rangle_{\text{disp}} = -\left(\frac{D_6}{R^6} + \frac{D_8}{R^8} + \frac{D_{10}}{R^{10}} + \cdots\right) \tag{3-22}$$

式中，等式右边第一项表达了瞬时偶极-诱导偶极作用，而其他项则来自于瞬时的四极矩(quadruple moment，用矩阵表示的二阶电性质，表征电荷分布偏离球对称的程度)-诱导四极矩作用。总之，分子间的色散能表现出相互吸引的性质，同时也与 $1/R^6$ 成正比（忽略高阶项）。

另一方面，当两个原子或分子距离过近，带正电的原子核之间的排斥将主导分子间的相互作用，而原子核周围的电子很难屏蔽这种排斥，表现为两个距离紧密的原子/分子相互的剧烈排斥。排斥函数的具体形式仍未得到很好的理解，只知道这种排斥作用随着距离的增加会快速下降。例如，可以假定该排斥项与 $1/R^{12}$ 成正比（图 3-7 中上侧虚线），而根据前文描述的三种分子间吸引力与 $1/R^6$ 的关系（图 3-7 中下侧虚线），将这种排斥与吸引的关系整合到一个公式里，就得到伦纳德-琼斯（Lennard-Jones）相互作用势能（L-J 势）（图 3-7 中实线）：

$$U_{\text{L-J}} = 4\varepsilon\left(\left(\frac{\sigma}{R}\right)^{12} - \left(\frac{\sigma}{R}\right)^{6}\right) \tag{3-23}$$

式中，ε（J）和 σ（pm）两个参数分别表征了分子间势能的阱深，以及不发生排斥作用的最小距离。

L-J 势能在描述分子间相互作用上得到了广泛应用。过去，人们通过实验测定了大量的 L-J 参数，这些参数大部分都适用于一对全等原子（如 He-He）的体系。此后，人们提出若干种组合规则，将 A-A 体系和 B-B 体系的参数应用于 A-B 体系，拓展了 L-J 势的使用范围。

实际上，除了 L-J 势之外，还有其他的表示分子间（非静电）相互作用的函数形式。例如，玻恩-迈耶-哈金斯（Born-Mayer-Huggins，B-M-H）势：

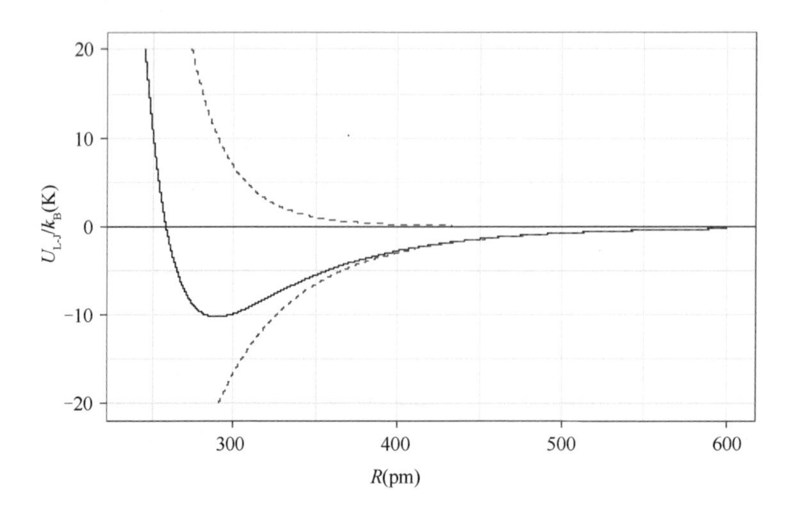

图 3-7 He-He 双原子间（非静电）相互作用的 Lennard-Jones 势曲线

$$U_{\text{B-M-H}}(R) = A\exp(-BR) - \frac{C}{R^6} - \frac{D}{R^8} \tag{3-24}$$

该势能函数中 A、B、C、D 均为拟合参数，注意它采用指数来表征原子之间的排斥效应，并增加了 $1/R^8$ 项来完善对分子间吸引作用的表达。有些势能表达式可能更加适用于某些特定的体系。总体而言，参数越多，对分子间相互作用的拟合效果往往越好，但构建模型的复杂度也越高，模拟计算的工作量也越大。

3.2.3 分子力场与分子力学

结合之前介绍的成键相互作用项，即表征化学分子键伸缩、弯曲振动以及扭转的势能项等，就给出了一个微观体系的所有实体原子之间相互作用的完整势能函数。回忆经典物理学的引力场的概念，可知势能对物体位移的导数，即为物体在场中受到的力。类似地，描述微观粒子间相互作用的势能函数，被称为分子力场（molecular force field），它和引力场的理念没有本质区别。

值得注意的是，传统的、基于部分原子电荷（partial atomic charge）的质点模型（或称经典全原子模型）依然面临挑战。首先，这些模型缺乏对孤对（lone pair）电子的良好表征（Harder et al.，2006）。以水分子为例，TIP3P 水模型中，部分电荷分布于水分子的两个氢（+0.417）、一个氧（–0.834）上。然而，水分子 sp^3 杂化氧原子上的孤对电子也对氢键、水团簇的微观取向有着影响。因此，后来开发的 TIP5P 水分子模型，显式地考虑了孤对电子的位置和效应，将部分电荷从氧原子上分离到无质量的、代表孤对电子的空间点上（TIP5P 模型中氢原子和孤对电子中心的部分电荷分别为+0.241 和–0.241），一定程度上改善了对水的模拟效果（Harrach and Drossel，2014）。类似地，将部分正电荷分离到偏离原子中心的无质量空间点，也能对 σ 空穴效应（如卤键）做出更合理的表征（Soteras Gutierrez et al.，2016），这些对芳香氯代、溴代、碘代化合物的修饰已经被应用到最新的 CHARMM36 力场中。

经典全原子模型的第二个挑战是电荷固定在原子中心，不能表现分子极化效应，这对于各向异性的体系（如膜蛋白体系）尤为明显。例如，经典全原子力场，有时需要将（整体不带电的）分子的部分原子电荷成倍放大（如 1.15 倍），以模拟凝聚态体系的极化效应，但这绝非上策。为解决这一问题，可极化（polarizable）力场逐渐发展起来。一种方案是，在经典全原子模型的基础上加以修饰，即采用可诱导的点偶极（Thole，1981），在原子中心设置一项可以在周围电场作用下发生位移的部分电荷（q_D），也称 Drude 粒子/振子，而代表原子核的部分电荷（q_N）则始终位于原子中心，这就是后来的 Drude 振子力场（Lopes et al.，2013）。此外，另一种 AMOEBA（Atomic Multipole Optimized Energetics for Biomolecular Applications）力场则在每个原子中心设置了永久的原子单极矩（原子电荷本身）、偶极矩和四极矩，显式地考虑极化效应，取得了不俗的模拟效果（Ponder et al.，2010；Shi et al.，2013）。可极化力场是采用经典力学做分子模拟的重要发展趋势，它的理论形式和参数化过程更为复杂。采用可极化力场做计算模拟也会消耗更多的计算资源和时间，有兴趣的读者可以自行阅读相关文献。

分子力场囊括了所有微观相互作用的势能函数，针对不同类型的势能项，它可以采用不同的形式。例如，对于化学键伸缩振动的势能，可以用简谐势或莫尔斯（Morse）势；分子间非静电相互作用可以用 L-J 势，也可以用 B-M-H 势。不同的势能函数形式适用于不同的体系，也具有不同的局限性。值得注意的是，计算模拟结果的可靠性、实用性，与具体函数形式及其参数的选用密切相关。

大量的力场参数都是通过拟合（光）谱学数据和晶体学结构数据获得的。化学家们希望将这些参数用于预测未知分子的结构等性质。特定的力场参数能否类比（迁移、推广）到其他分子上，很大程度上取决于一个原子所处的化学环境。一个原子的化学环境，常表现为分子力场参数集中的某种原子类型，主要在杂化形式、所连接的基团等方面加以区分。例如，一个 sp 杂化的碳原子与 sp^2 杂化的碳原子的参数就不宜相互类比。又如，同为 sp^3 杂化的氧原子，其在醚键和酚羟基这两类化学环境下也存在差异。而正丁烷中的甲基碳原子与丙烷中的甲基碳原子，均为 sp^3 杂化、连接三个氢原子和一个—CH_2—碎片，因而二者的参数宜相互类比使用。不同力场定义的原子类型数目和种类略有差别。一般而言，力场的原子类型越少，一种原子类型（需）适应的化学情形就越多，但未必能够准确地捕捉各类化学情形的特殊性，其模拟效果势必会下降。相反，力场中包含更精细的原子类型，对特殊化学环境的适应性就会更好。如果有足够的精力，以及高精度量子化学计算数据、（光）谱学实验数据，就可以为任意分子打造专门的力场参数。

分子力学最初被用于计算（小）分子的平衡结构。这是一个搜索分子能量极小点的过程，该过程也称为能量最小化/极小化（energy minimization）或几何优化（geometry optimization）。考虑一个原子数为 N 的分子，在三维空间中，该分子每个原子都有 3 个方向（如 x，y，z 轴向）的自由度。从整个分子角度看，（刚性）平移自由度有 3 个，（刚性）旋转自由度也有 3 个（对于线性分子有 2 个旋转自由度）。因此，N 个原子构成的分子具有的振动自由度（degree of freedom，dof）为 $\mathrm{dof} = 3N - 6$ 个（线性分子为 $3N - 5$ 个）。为了描述一个 N 原子小分子体系，就需要 dof 个自变量，习惯上用一个（坐标）矢量 $\boldsymbol{q}$ 表示，这些变量组成了分子的内坐标（internal coordinate）。

$$\boldsymbol{q} = \left(q_1, q_2, q_3, \cdots, q_{\mathrm{dof}}\right)^{\mathrm{T}} \tag{3-25}$$

一个分子的势能依赖于分子的内坐标，可以用符号 $U(\boldsymbol{q})$来表示分子势能。一个分子内若仅有两个自由度，$U(\boldsymbol{q})$［此时就是 $U(q_1，q_2)$］可以表现为三维空间中的势能曲面（图 3-8）。

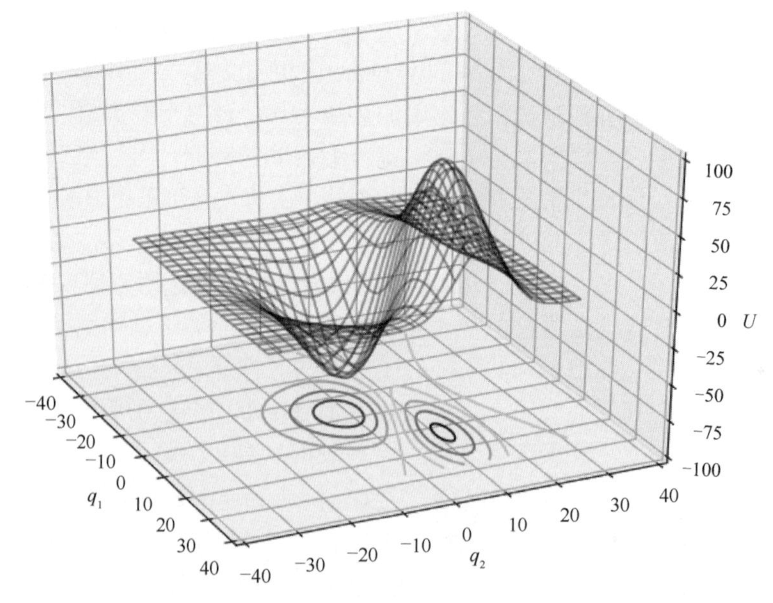

图 3-8　双自由度势能曲面 $U(q_1，q_2)$极小点和极大点示意图

势能对坐标的偏导数，即势能梯度（gradients，$\boldsymbol{g}$）为该自由度/内坐标方向所对应的受力：

$$\boldsymbol{g}=\left(\frac{\partial U}{\partial q_1},\frac{\partial U}{\partial q_2},\frac{\partial U}{\partial q_3},\cdots,\frac{\partial U}{\partial q_{\text{dof}}}\right)^{\mathrm{T}} \tag{3-26}$$

在势能面的极小点（minima）（图 3-8 中网格势能面低谷），各方向势能梯度（受力）为 0，且各方向的二阶导数均大于 0，这意味着分子结构稍微偏离该内坐标组合时，都会受到一个指向极小点的力，将其“推回”极小点。所以在极小点，分子处于（力）平衡状态。当分子的自由度超过 3 时，$U(\boldsymbol{q})$成为 dof 维空间的超曲面，极小点的概念也可以推广到该超曲面上。当遍历一个分子所有的内坐标组合时，或许能找到若干个极小点。每个极小点的内坐标 $\boldsymbol{q}$ 都对应一种分子平衡态，或能量稳态。其中，能量最低的 $\boldsymbol{q}$ 对应的极小点被称为全局极小点（global minima），而其他的则被称为局域极小点（local minima）。

找到极小点，是分子力学最重要的任务之一。它绝不是一项轻松的工作，许多数学家、科学家和工程师都致力于这项充满挑战的任务，并发展了各种算法，如最速下降（steepest descent）法、共轭梯度（conjugate gradients）法、牛顿-拉弗森（Newton-Raphson）法等。它甚至成为应用数学的一门子学科，称作优化理论（optimization theory）。这些内容超出了本书预设的范畴，有兴趣的读者可以自行查阅相关资料（Hinchliffe，2008）学习。

当拟模拟的分子或体系尺度极大时，例如在模拟蛋白质分子时，还需要人为引入一些简化处理，包括对分子模型本身的简化、对势能函数的简化以及对溶剂环境的简化等，其目的都是提升模拟速度，能够模拟更大的体系。

如果说显式考虑分子极化率和孤对电子是对分子模型的一种精细化，那么与之相反的操作就是对分子模型的粗略/粗粒化。其中一种思路是，忽略分子中的一些原子（如非极性的氢原子），将相互作用整合到与其成键的相邻重原子上，例如，将甲基（—CH_3）整体作为一个伪原子（—Met）。这种方法也称为联合原子（united atom）方法，对应的力场称作联合原子力场。一些商业化力场，如 AMBER（Assisted Model Building with Energy Refinement）（Salomon-Ferrer et al.，2013）早期都开发过联合原子版本的力场，随着计算能力的提升，这些力场如今已鲜被使用。目前最著名的联合原子力场，是瑞士联邦理工大学开发的 GROMOS 力场（Oostenbrink et al.，2004）。粗略化的思路还可被贯彻得更加极致——例如，在模拟二棕榈酰磷脂酰胆碱（dipalmitoylphosphatidylcholine，DPPC）分子时，将磷原子及其周围的氧原子都视为一个磷酸珠子（bead），而将胆碱氮原子及其周围的碳视为一个胆碱珠子，依此类推——这种方法也称作粗粒化（coarse-graining）方法，对应的力场被称为粗粒化力场，例如 Martini 力场（Marrink et al.，2007）就是常用的粗粒化力场之一。粗粒化极大地提升了动力学模拟的速度，允许模拟更大的尺度，例如纳米颗粒介导的细胞膜的机械破坏等过程（Zhang et al.，2017）。总之，粗略化程度越高，计算越快，能处理的体系也越大。利用不同抽象程度的力场来描述体系，对关键区域（如反应活性位点）使用量子力学，关键区域周围的区域使用经典分子力场，这样就可以处理非常大的体系，并对感兴趣的结构域保留一定的模拟精度。

除了对分子模型本身加以简化，也可以从势能函数的作用范围和形状等方面加以简化。例如，在两两相互作用势主导的分子模拟中，分子间相互作用随着间距 R 的增加而迅速下降。因此，当两个原子中心相距比较远的时候，就可以不考虑二者的L-J势，以节省计算消耗。这就是在模拟中需要引入配对清单（pair list），以记录间距落在一定范围内的原子对。在计算L-J势的时候，仅计算该清单内的原子对，并在优化固定步长数目之后，更新该配对清单。对应于配对清单的间距限定值，可以给L-J势能施加一个截断半径（cut-off）的阈值，此举实质上将L-J势转化为分段函数，因而改变了L-J势能曲线的形状。另一种更极致的势能简化思路是，直接将分子间相互作用设定为离散的有限方阱（finite square well）函数（Alder and Wainwright，1959），即两原子间距小于一定值时，势能函数取$+\infty$（等价于原子间距刚性壁垒）；两原子间距落在允许变动的范围内时，势能函数取一固定常数（如势阱值）；两原子间距大于一定值时，取一个能量较高的常数（如 0）。该分段函数还可以进一步增加运算的速度，适用于模拟更庞大的体系。

分子动力学模拟凝聚态环境时，可以显式地指定溶剂分子，如水分子、中和体系电荷的阴阳离子等。然而，这对于早期匮乏的计算能力而言，也是一种奢侈。彼时，为了模拟凝聚态环境，可以调节分子间静电相互作用势能项中相对介电常数 ε_r 的值，例如，一般采用 78.4 或 80 来表征水溶液环境的静电屏蔽效应。通过调节相对介电常数，模拟溶剂环境的模型，称为隐式溶剂模型（implicit solvent model）。具体而言，还可以调节溶剂可及表面积（solvent accessible surface area，SASA）、表面张力值、离子强度因子等参数来调节溶剂性质。随着计算能力的提升，隐式溶剂模型的使用频率也越来越少。然而，分子力学-泊松-玻恩表面（molecular mechanics-Poisson-Born surface area, MM-PBSA）模型，通过对显式溶剂模拟的动力学轨迹进行后处理，计算结合自由能，并将其分解成便于理解的自由能贡献项，作为一种分析方法仍然有一定价值（Genheden and Ryde，2015；Kollman et al.，2000）。

3.2.4 统计热力学和系综

用分子模拟研究真空条件下单独的分子或凝聚相的分子群体时，可以获得所研究系统中任意分子的构象、能量等微观信息。然而，人们熟知的气体和液体的宏观性质，例如温度、热容量、压强，都是来自于实验室测定。将微观的现象同宏观的物理化学性质联系到一起的科学称作统计热力学（statistical thermodynamics）。

统计热力学指出，宏观的物理化学性质并不取决于（组成系统的）单个分子的性质，而是取决于所有分子的统计学性质。显然，微观的分子力学体系，其分子的瞬时坐标和速度均会随着时间而演变。如何考虑微观分子的统计学性质呢？1902 年美国物理学家、化学家、数学家，统计（热）力学的奠基人吉布斯（J. W. Gibbs）将系综（ensemble）的概念引入到统计热力学当中。试想在一定的宏观条件（如恒温恒压）下，实验者反复地重复着实验，可能观测到一系列不同的结果。类似地，系综可以看作是从一个系统抽取的大量（甚至无穷多的）虚拟样本，每个样本都代表了一种真实系统可能的状态。换言之，一个统计学系综是系统状态的概率分布，它不必随着时间而发生演变。假设系统处于统计热力学平衡的条件，那么针对系综的统计学抽样（微观状态）的平均值就与系统宏观的物理化学性质直接相关。Gibbs 发现，不同的宏观限制会导致不同类型的系综，这些系综具有不同的统计学特点。一些重要的系综包括微正则系综、正则系综、等温等压系综、巨正则系综。

微正则系综（microcanonical ensemble）又称 NVE 系综。此系综中，系统的原子数 N、体积 V 和总能量 E 都保持不变。该系综适于描述完全隔绝的系统，与外界环境（可视作其他系综）既无法交换粒子（物质），也无法交换能量。微正则系综的特征函数是熵。

正则系综（canonical ensemble）又称 NVT 系综。在此系综中，系统的原子数 N、体积 V 和温度 T 都保持不变。正则系综适合描述热浴下的封闭体系，即与环境无法发生粒子（物质）交换，但是与其他具有相同温度的系综可以存在弱的热接触。正则系综的特征状态函数为亥姆霍兹（Helmholtz）自由能。

等温等压系综（isothermal-isobaric ensemble）又称 NpT 系综。系统的原子数 N、压力 p 和温度 T 都保持恒定。由于实验室条件下生物体系通常处于恒温恒压的状态，该系综是研究生物大分子凝聚相（如水溶剂环境的蛋白质分子）的最重要系综。等温等压系综的特征状态函数为吉布斯（Gibbs）自由能。

巨正则系综（grand canonical ensemble）又称 μVT 系综。该系综内的总能量和粒子数目都不是固定的。相反，温度 T、体积 V 和化学势 μ 都是确定的。巨正则系综适用于描述开放体系，与巨大的热库和粒子源接触，有能量交换，热平衡时，温度相等；有粒子交换，达到化学平衡时，化学势相等。巨正则系综的特征函数是马休（Massieu）函数。由于粒子数目不固定，因此，巨正则系综一般采用蒙特卡罗（Monte Carlo）模拟的手段（参见 3.2.6 节）。

3.2.5 分子动力学模拟

如果模拟分子的运动，而不仅仅是分子势能面上某局部极小点的（静态）构象，那么分子动力学（molecular dynamics，MD）模拟提供了一种解决方案。MD 模拟能直接给出系统中所有分子（瞬时）坐标、受力和速度的时间演变趋势（轨迹）。

考虑某分子力场的势能函数描述的体系中某个特殊的粒子 A，其与其他粒子的相互作用势能 U_A 对 A 的坐标 $\boldsymbol{q}_A$ 的导数，即为 A 受到的瞬时力 $\boldsymbol{F}_A$：

$$\boldsymbol{F}_A = -\frac{\partial U_A}{\partial \boldsymbol{q}_A} \tag{3-27}$$

根据牛顿第二定律：

$$\boldsymbol{F}_A = m_A \frac{d^2 \boldsymbol{q}_A}{dt^2} = m_A \frac{d\boldsymbol{v}_A}{dt} = m_A \boldsymbol{a}_A \tag{3-28}$$

可见，基于 t 时刻分子的位置和受力，可求出其瞬时加速度 $\boldsymbol{a}_A$。结合 t 时刻的位置和速度（$\boldsymbol{v}_A$），就能推导出其 $t + \Delta t$ 时刻的位置和速度（或动量）。这一过程也被称为动力学积分，拥有不同类型的算法，如跳蛙（leap-frog）算法和 Verlet 算法等。从系综的角度看，MD 本质上是一种遵循经典力学并沿着连续时间轴的、对系综、对原子坐标和动量定义的相空间（phase space）的采样策略。

对某一物理量（p）的时间演变做出充分的采样，得到 $t_1, t_2, \cdots, t_n$ 时刻的瞬时量 $p(t_1), p(t_2), \cdots, p(t_n)$，这些测量值的平均值会趋近于系综的平均值 $\langle p \rangle$：

$$\langle p \rangle = \frac{1}{n}\sum_{i=1}^{n} p(t_i) \tag{3-29}$$

当 n 趋近无穷的时候，即采样“充分”的时候，则可以认为，系综的平均等于动力学模拟观测的轨迹平均，这就是（时间平均的）遍历定理（ergodic theorem）。遍历定理的一个显然结论是，热力学平衡模拟的时间越长，得到的结果越有代表性。然而，受限于计算能力，以 2 fs 为积分步长（Δt），模拟几万原子的蛋白质体系，其时间尺度也往往不会突破 ms 级别。为了增强对系综的采样效果，有时会修饰势能函数，降低扭转势的能量势阱，在模拟时就能够得到更丰富的构象样本。这种算法被应用在加速分子动力学（accelerated MD，AMD）模拟技术（Hamelberg et al.，2004）中。也可将这种加速效果施加于感兴趣的分子（群），提升系统中某一部分的采样效率。此外，同时进行若干个副本的动力学模拟，并在适当条件下允许副本之间相互交换，也是一种提升采样效率的方法，它也被称作副本交换分子动力学（replica exchange MD，REMD）模拟（Sugita and Okamoto，

1999）。上述对系综采样的强化方法，均属于增强采样（enhanced sampling）方法。

经典的 MD 模拟在体系平衡之后，往往不会施加任何限制，而是依赖力场的势能函数进行无偏的（unbiased）动力学模拟。在研究一个体系时，人们往往关心一个物理过程初末状态的自由能变化，例如，一个污染物分子的水合自由能，或其在蛋白质口袋的结合自由能等。MD 模拟拥有若干种计算自由能的理论框架。例如，根据无偏动力学模拟的轨迹，采用 MM-PBSA 方法做“后处理”，即借助分子力场的势能、隐式溶剂模型和对溶剂可及表面的经验公式来计算体系能量的平均值作为自由能。该方法不需要知道结合过程的中间态，只需要知道结合的初末状态，适用于刚性较大的蛋白质口袋和一组结构相似的小分子的相对结合能的计算（Kollman et al.，2000）。

大部分的自由能变化值对应于一个物理过程，如小分子的水合自由能对应于一个分子从真空环境“浸没”到水溶剂环境中。通过动力学模拟建立起初末态之间的联系，就能绘制出一条关联两个终端状态的自由能曲线。一种思路是，直接将相关物理过程在模拟系统中表现出来。例如，创建一个水区间和真空相间隔的周期性体系，首先把一个小分子浸没在水溶剂盒子中，然后将其“拖曳”到真空环境。对感兴趣的分子施加外力，将其拉伸到特定的位置，这种方法称作拉伸分子动力学（steered MD，SMD）模拟（Sotomayor and Schulten，2007）。求解这个有控制的拉伸过程中小分子的平均力势能（potential of mean force，PMF）也就等价于得到了该过程的自由能变化曲线（Park and Schulten，2004）。这一动力学模拟过程一般不再是无偏的，因为短时间无偏模拟的系综采样几乎不可能覆盖预设的物理路线。此时，要对动力学采样施加限制条件，让采样沿着预设的物理路线展开。这属于有限制的或“有偏的”（biased）增强采样方法。进行有限制的增强采样，一般需要先定义一套集合变量（collective variable，CV）或反应坐标（ξ），然后，通过不同的方法来实现对特定范围的 CV 的采样，最后则需要结合特定的消除采样有偏干扰的手段，反向求解出无偏的自由能曲线。这些方法包括，伞状采样（umbrella sampling）（Kumar et al.，1992）、准动态（metadynamics）法（Grubmuller，1995；Laio and Parrinello，2002）、适应性偏置力（adapted biased force）法（Hénin et al.，2010；Lesage et al.，2017）等。目前增强采样已经成为动力学模拟计算特定物理过程 PMF 的常用手段。尽管这些方法都需要长时间的模拟以等待势能曲线的收敛，但是它们描绘了明确的物理场景，对于揭示微观过程机制非常有价值。且从原理上看，这些方法比 MM-PBSA 方法要可靠得多。

通过多次的 SMD 可以从相同的初始构象得到若干条轨迹。拉伸或拖曳小分子的过程，其实也是非平衡“做功”的过程。SMD 可以方便地记录所施加的力与所做的功，因此，每次 SMD 的模拟结果都会得到一条沿着 CV 的做功曲线。

热力学指出，A 和 B 状态之间的自由能差 ΔF，与对该体系做的功 W 之间存在一个不等式关系：

$$\Delta F \leqslant W \tag{3-30}$$

该式中的等号仅在准静态过程（quasi-static process），即做功过程无限缓慢时成立。1997 年，雅津斯基（C. Jarzynski）发现初末状态之间的非平衡做功 W 和初末态的自由能 ΔF 之间存在如下关系：

$$e^{-\Delta F/k_B T} = \lim_{n\to\infty}\frac{1}{n}\sum_{i=1}^{n} e^{-W/k_B T} \tag{3-31}$$

式中，k_B 为玻尔兹曼（Boltzmann）常数。Jarzynski 等式［式（3-31）］指出，当非平衡做功的次数 n 足够多的时候，可以根据 n 次做功值求解出该过程的自由能。Jarzynski 等式提供了基于 SMD 计算自由能的新思路，这种方法与经典的伞状采样类似，不过随着反应坐标偏离原点，其误差也越来越大（Park et al.，2003）。此外，非平衡做功的方法能够提供更为更丰富的终末状态的构象样本（Zhang et al.，2016）。

最后，计算机模拟和物理学思维的实验一样，能够实现对现实中不存在的物理过程的模拟。例如，可以借助耦合参数 λ 及软核势能（Beutler et al.，1994；Zacharias et al.，1994）等非常规的手段，将模型体系初始存在的溶质分子或片段逐渐从体系中“消隐”，或让一个本来不存在的分子或片段逐渐“出现”在某个系统中。这种宛如凭空造物的手段，也被冠以“炼金自由能模拟”（alchemy free energy simulation）之名（Chodera et al.，2011），它可以通过热力学积分或自由能微扰等手段来实现。不过，在模拟中，消隐的分子由于没有碰撞体积，而如同幽灵般在体系中游走，会影响对某一物理过程初末状态的正向和逆向模拟。因此，在进行炼金自由能模拟时，需要预先设置大量的几何结构限制条件，并补充若干解除各项限制的模拟，以考虑限制结构带来的自由能干扰。总体而言，该方法在准确程度上与有限制的增强采样计算某过程的 PMF 所得到的初末状态自由能变化值相当（Deng and Roux，2009）。

3.2.6 蒙特卡罗模拟

蒙特卡罗（Monte Carlo，MC）模拟是一种利用随机数采样的计算方法。第二次世界大战末期，为了研制原子弹，美国启动了“曼哈顿计划”（Manhattan Project），其中，MC 模拟主要用于研究核裂变材料的扩散。数学家冯·诺伊曼（John von Neumann）以摩纳哥赌城 Monte Carlo 来命名这种方法。1949 年，Metropolis 和 Ulam 提出将这种统计学的方法用于处理数学物理问题，具体研究自然科学中出现的积分、微分方程。他们还指出，涉及少量粒子的问题，一般采用经典力学，通过常微分方程系统来求解，而对于拥有大量粒子的体系，使用统计学的方法更为便利。1953 年 Metropolis 使用美国 Los Alamos 国家实验室的 MANIAC 计算机进行了第一个化学领域的 MC 模拟，研究相互作用的个体分子组成的体系的状态函数（Metropolis et al.，1953）。

简言之，MC 方法通过对体系各原子/分子的质心坐标、分子构型（例如，改变内坐标的扭转角项）进行随机扰动来产生大量微观态状态。在每次随机生成样本之后，会对新产生的状态进行检查。例如，新产生的系统能量是否过高，新产生的构象是否合理？如果新产生的状态不符合预设的“可接受标准”，那么，粒子就会“回归”到原始位置，几何构象也恢复到初始状态。这种技术也被称为重要性采样（importance sampling），它是现代 MC 模拟的关键特征。

MC 模拟应用在不同的系综中，设定的“可接受标准”也有所差异。例如，研究正则系综时，随机选择一个分子，计算此构型的能量 $U(\mathrm{o})$。给此分子一随机位移，新构型用 n 表示，其能量为 $U(\mathrm{n})$。接受此移动概率为 $P_{\mathrm{acc}}(\mathrm{o}\rightarrow\mathrm{n})$，如果拒绝接受，则维持旧构型。而研究等温等压系综时，可以随意移动一个粒子的坐标，或随意更改系统的体积，或两种操作都进行。产生新坐标后，计算系统焓的改变量 ΔH，若 $\Delta H\leqslant 0$，则接受此次移动。若 $\Delta H\geqslant 0$，则计算此粒子移动或者体积改变的概率，以决定是否接受此移动。重复上述步骤，并计算系统体积、焓的平均值，以检验其是否收敛。由体积、焓的统计涨落可计算一些与其相关的性质。

在研究吸附行为时，吸附质的量是该物质接触的粒子源的压力与温度的函数，这是个开放系统，宜采用巨正则系综。在模拟伊始，被吸附的气体和粒子源中的气体处于非平衡状态。达到平衡的条件是吸附剂内气体和吸附剂外气体的温度与化学势相等。利用粒子源的温度和化学势来计算吸附剂内的平衡组成，即巨正则系综模拟。巨正则系综下的蒙特卡罗模拟，首先要进行 n 次的 MC 循环，然后移动粒子，和粒子源交换粒子，进行样本统计平均。其中每次插入或者删除，都要重新计算系统能量，然后计算插入粒子的概率和删除粒子成功的概率，决定是否插入或者删除粒子。巨正则 MC 模拟已经被用于研究单壁碳纳米管（single-wall carbon nanotubes，SWCNTs）吸附 SO_2、H_2S，以及 SWCNTs 从二元混合物 H_2S-CH_4、H_2S-CO_2、SO_2-N_2、SO_2-CO_2 中选择性吸附 SO_2 和 H_2S 的过程（Wang et al.，2011）。

3.2.7　基于分子力场的模拟软件

工欲善其事，必先利其器。根据模拟的体系选定合适的软件非常重要。下面简单介绍几款分子力学计算软件，包括分子动力学软件包和蒙特卡罗模拟程序。

GROMACS（Groningen Machine for Chemical Simulations）可以用分子动力学、随机动力学或者路径积分方法模拟溶液，或对晶体中的任意分子进行分子能量的最小化、构象分析等。GROMACS 支持多种分子力场，包括自带的 GROMACS 力场、AMBER力场和OPLS（Optimized Potentials for Liquid Simulations）全原子力场等。GROMACS支持GPU加速，拥有极大的灵活性，是目前分子模拟领域速度最快、使用最广泛的动力学模拟程序包之一。

AMBER是一系列分子动力学模拟执行程序包的整合，主要用于蛋白质、核酸、糖等生物大分子的计算模拟。AMBER可以实现经典的分子动力学模拟、分子对接、耦合量子力学/分子力学（QM/MM）模拟；拥有可并行的代码，支持GPU加速等。AMBER支持增强采样技术，如伞形采样、局部增强采样技术等，且最先支持MM-PBSA自由能计算方法。此外，AMBER程序包含众多运行轨迹和结构的分析模块。

MMC（Metropolis Monte Carlo）程序最初是为了模拟无限稀释的溶液体系而打造的。模拟系统中的溶剂分子必须是刚性的且类型唯一，而所有其他分子的集合被程序认为是溶质。分子间相互作用参数，可以由程序的数据库或者人为输入来定义。MMC也为在巨正则系综下的MC模拟提供了密度、化学势、等温压缩率和膨胀系数；为在等温等压系综下的MC模拟提供了密度和热力学膨胀系数。

Towhee原名为MCCCS（Monte Carlo for Complex Chemical Systems），主要用于复杂化学体系的蒙特卡罗模拟。Towhee MC程序包最初设计目的是利用简单的原子力场，在等温等压系综下，预测液相平衡的性质。该程序后来被拓展到不同的系综，并可以在气相、固相（多孔相）施加更为复杂的力场来进行MC模拟。

3.3 耦合量子力学/分子力学（QM/MM）方法

基于电子结构的量子化学方法在描述化学反应时精度高，但计算量庞大，仅能用于约几百个原子的体系，在模拟复杂大体系（如体相材料、生物大分子等）方面力所不及。而基于经典力学的分子力学（MM）方法虽然适用于较大尺度体系的模拟，却存在无法描述化学反应等缺陷。因此，一种结合量子力学（QM）和分子力学（MM）的理论方法，即QM/MM方法应运而生。

3.3.1 QM/MM概念及发展

QM/MM 方法的主要思想是对模拟体系进行划分处理，将其中的化学活性部分或者研究者感兴趣的点（如酶反应中的底物或者辅酶因子）采用精确的QM方法计算，而将其周边区域（整个蛋白或溶液）采取运算效率高的MM方法描述，从而获得对大体系的快速有效描述。

QM/MM体系分为局部的量子力学（QM）区域和外部的分子力场（MM）区域，两者之间存在划分的边界。目前，大部分的QM/MM方法在计算过程中要求边界一旦划定则保持不变，也有少数方法允许模拟过程中边界发生“迁移”，如适应性分割（adaptive partitioning）法及“热点”（hot spot）方法。此类边界“迁移”方法适用于反应过程中活性区域变化的情况，比如材料内部缺陷扩张以及溶液中的离子。

QM/MM 的概念最早于 20 世纪 70 年代由美国科学家 Warshel 和 Levitt 提出，并首次用于研究溶菌酶的催化作用机理（Warshel and Levitt，1976）。但该方法直到 90 年代才被广泛接受，来自哈佛大学的 Karplus 教授首次成功将半经验的量子化学方法与 CHARMM 分子力场耦合起来，对比 *ab initio* 计算和实验的数据，并细致评估了这种方法的准确性（Lyne and Karplus，1997）。在之后的几十年间，该方法不断发展成熟，目前已被广泛应用于材料和酶反应等研究领域（Senn and Thiel，2007）。2013 年，Warshel、Levitt 及 Karplus 三位科学家由于在发展复杂化学体系多尺度模拟的 QM/MM 方法方面的贡献被授予诺贝尔化学奖。

3.3.2　QM/MM 理论方法

由于 QM、MM 区域间存在强相互作用，体系总能量不能简单表示为两个区域的能量加和，而需要考虑边界处的相互作用，特别是当有共价键穿过 QM/MM 边界时。QM/MM 的两种主要能量表达方案是扣减方案（subtractive scheme）与加和方案（additive scheme）。扣减方案的总体能量表达式为

$$E_{\text{total}} = E_{\text{QM(QM)}} + E_{\text{MM(total)}} - E_{\text{MM(QM)}} \tag{3-32}$$

式中，$E_{\text{QM(QM)}}$指对 QM 区域采用 QM 方法计算所得的能量，$E_{\text{MM(total)}}$是对整个体系采用 MM 方法计算所得的能量，$E_{\text{MM(QM)}}$指对 QM 区域采取 MM 方法计算所得的能量。若体系边界划分时包含边界原子 L，则 L 包含在 QM 区域中，QM 区域变为 QM+L。

概念上，扣减 QM/MM 方案可以视作一种 MM 方法，在对整个系统采取 MM 水平计算的基础上，而划出一部分（QM+L）采用 QM 计算。这种方法的优点是处理简单：省去了 QM-MM 耦合项；标准的 QM、MM 方法可以无须修改直接使用。只要 MM 力场函数（包含连接原子 L）能够合理地描述 QM 势能，该方法就可避免连接原子引入造成的人为误差。

扣减方案的缺点是对反应中心区域分子（QM+L）需要有一套完整的 MM 参数，而这在客观上难以有效获取。此外，该方案将 QM-MM 耦合项在 MM 水平下处理，使得 QM-MM 的静电相互作用通过两个区域固定点电荷势能来描述，无法反映真实体系的情况。主要表现在两个方面，一是 QM 区域的原子在反映过程中电荷会不可避免地发生变化，无法通过固定的 MM 点电荷来描述；二是 QM 区域的计算没有包含 MM 原子点电荷的影响，即 QM 区域电荷未被极化。因此，

对于反应中内部电荷受到外部静电相互作用较强的体系来说，扣减的能量计算方案显得不太合适。

扣减 QM/MM 方案的典型例子是 Chung 等（2015）提出的集成分子轨道/分子力场方法（integrated molecular orbital/molecular mechanics，IMOMM），该方法可以整合 QM、MM 或者任意两种 QM 方法。后来，IMOMM 被拓展成集成 *N* 种分子轨道/分子力场的分层“洋葱”（our own *N*-layered integrated molecular orbital and molecular mechanics，ONIOM）方法。ONIOM 方法已被广泛应用于化学、生物和材料相关大体系的研究，包括有机化学反应机制、无机化学反应和均相催化、非均相催化、纳米材料、激发态、溶液化学和生物大分子。例如，Xu 等（2005）基于 ONIOM 方法考察了水分子团簇在石墨纳米材料（总体系化学式为 $C_{216}H_{36}$）表面的吸附，发现当最内层为 $C_{24}H_{12}$（高精度 QM 水平计算）、次外层为 $C_{96}H_{24}$ 时（图 3-9），ONIOM 计算得到的相互作用能可以合理地模拟石墨烯材料的延长共轭 π 体系对水-石墨烯相互作用。结果表明，水分子团簇与石墨烯表面仅存在较弱的相互作用，侧面证实了水是良好的石墨烯润滑剂。从吸附构型看，虽然不同数目的水分子间可能存在氢键作用，但水分子均以其氢原子与石墨烯原子发生弱相互作用（Xu et al.，2005）。

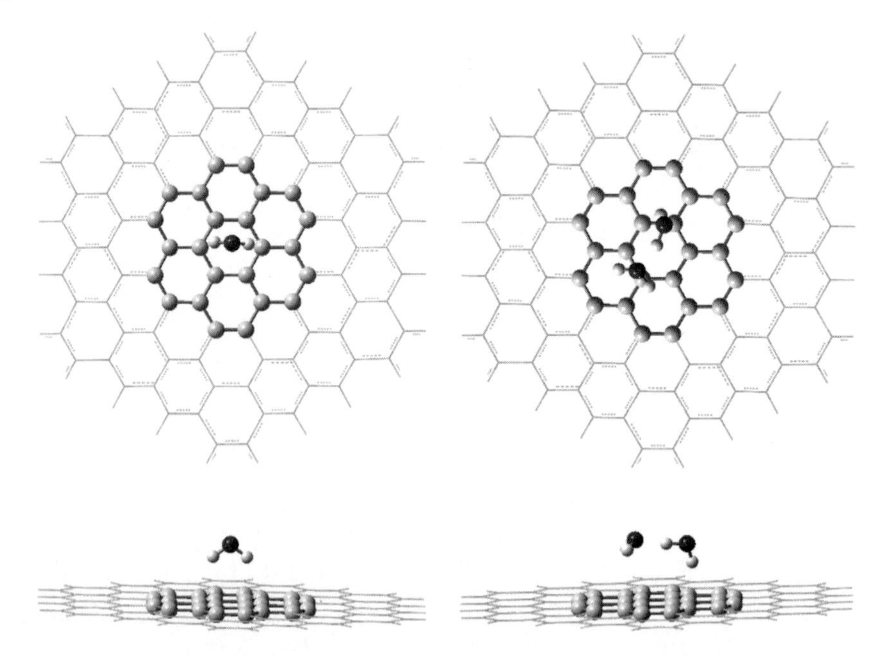

图 3-9 水分子团簇在石墨烯表面的吸附 ONIOM 计算模拟构型（Xu et al.，2005）

加和方案的总体能量基本表达式为

$$E_{\text{total}} = E_{\text{QM(QM)}} + E_{\text{MM(MM)}} + E_{\text{QM-MM}} \tag{3-33}$$

式中，$E_{\text{MM(MM)}}$指对 MM 区域采用 MM 方法计算所得的能量，$E_{\text{QM-MM}}$则指 QM、MM 区域的相互作用能。可见，加和方案仅对 MM 区域采用分子力场方法进行计算，且对 QM、MM 区域间的相互作用采用单独的耦合项来计算。加和方案是目前普遍采用 QM/MM 能量衡量方案，除了选取合适的 QM 方法、MM 力场之外，还需要对耦合项 $E_{\text{QM-MM}}$ 进行准确处理和计算。与分子力学处理能量的方式一致，$E_{\text{QM-MM}}$ 包含 QM 和 MM 原子间静电相互作用、长程静电作用、成键能及非键范德瓦耳斯相互作用等。其中，静电项的影响最大，需要更多的技巧来处理。

QM-MM 耦合静电相互作用按照处理方式的复杂性和相互极化的程度可以划分为机械嵌入（mechanical embedding）、静电场嵌入（electrostatic embedding）和极化嵌入（polarized embedding）三种方案。

机械嵌入方案是在 MM 水平上对 QM-MM 区域的静电相互作用进行衡量，即两者的相互作用的计算方式是静电分子力学的点电荷的相互作用。MM 方法采用的点电荷模型（通常是严格的原子点电荷或者键偶极矩）同样适用于 QM 区域的原子。这种算法概念直观，计算经济。但也存在下列问题：①外部区域的点电荷不与 QM 部分的电荷密度相作用，因此不影响其静电环境，导致 QM 电子密度不受极化，与真实情况不符；②反应过程中 QM 区域的电荷分布不断变化，意味着电荷模型需要不断更新，这样就导致了势能面的不连续；③QM 区域的 MM 点电荷设置偏离实际情况，目前分子力场的产生方法主要针对的是相应力场的目标化合物，对于处理 QM 区域原子可能不适用；④MM 电荷模型是与其他的力场参数相关联的，力场中拟合原子电荷是为了描述分子平衡的构象和结构，而不是为了得到精确的电荷分布。因此对 QM 区域使用与外部力场参数不一致的电荷是不准确的。

机械嵌入方案的上述缺点可以采用将 MM 电荷模型加入 QM 计算中的方式来弥补。例如，将 MM 点电荷的影响作为单电子积分形式整合进入 QM 部分的哈密顿函数，即在原函数基础上增加一项：

$$H_{\text{QM-MM}}^{\text{el}} = -\sum_{i}^{\text{electrons}} \sum_{M \in \text{MM}} \frac{q_M}{|r_i - R_M|} + \sum_{\alpha \in \text{QM}+L} \sum_{M \in \text{MM}} \frac{q_M Z_\alpha}{|R_\alpha - R_M|} \tag{3-34}$$

式中，q_M 指 MM 区域的点电荷，Z_α 代表 QM 区域原子的核电荷数；i、M、α 分别指电子个数、点电荷数和 QM 区域原子核数。该方案中 QM 区域的电子结构可以随外部 MM 电荷分布而变化，并可被其极化。对 QM 区域无须设置电荷模型。QM-MM 静电相互作用是在 QM 计算水平下进行衡量的，这比机械嵌入方案更加准确。当然，静电场嵌入会相应增加计算负担，特别是对 QM 区域与 MM 点电荷的静电相互作用力。也需要注意对 QM-MM 边界的处理（特别是边界穿过共价键时），以防 MM 电荷过度靠近 QM 区域，导致过极化。静电场嵌入是目前 QM/MM 耦合静电相互作用计算的常见用法，特别是在针对生物化学体系的研究中取得了合理的结果。例如，Thellamurege 和 Hirao（2014）考察了静电场嵌入对 P450cam（一种以樟脑为特征底物的亚型）的蛋白质环境对活性中心的非键相互作用，发现这种方法能够很好地描述 QM、MM 子系统间的作用能。

静电场嵌入虽然考虑了极化的 QM 哈密顿量与刚性的 MM 电荷的相互作用，但在实际体系中，MM 电荷反过来会受到 QM 区域电荷的极化作用，这就需要引入极化嵌入方案。所谓极化嵌入，即在 MM 区域采用可极化的电荷模型，该模型受 QM 区域电势场极化，但本身不作用于 QM 的哈密顿量；或者在 QM 哈密顿中加入偶极矩的自洽方程，考虑 QM、MM 两部分间的相互极化作用。目前可极化嵌入的方法主要有三种：极化点偶极矩（polarized point dipole，PPD）方法、Drude 谐振子（Drude oscillators）法以及浮动电荷（fluctuating charges）法。PPD 方法首先在原子或者质心位置指定极化率，该极化率与周围的点电荷或者 QM 电子产生的电场相互作用，就产生了点偶极。点偶极之间会发生相互作用，最终采用一个统一的迭代方法使得整个 MM 体系达到极化的自洽。Drude 谐振子法的原理是采用谐振弹簧的方法在 MM 点电荷的位置连接一个符号相反的电荷，以此产生偶极。浮动电荷法基于电负性守恒的原理，根据总静电相互作用能来不断优化原子的部分电荷。其中 Drude 谐振子法和浮动电荷法的优点在于可以在不额外引入其他静电作用的情况下描述 MM 原子的极化。

理论上，可极化嵌入是处理 QM-MM 相互作用的最佳方案，但是该方法目前主要集中于对溶液体系的研究，尚缺少可用于生物分子的极化 MM 力场。另外，可极化嵌入方案需要兼顾 QM 电子密度和 MM 极化电荷模型的自洽循环，这在客观上增加了计算量，产生不易收敛等问题，并为 QM/MM 边界的处理增加复杂性。

采用 QM/MM 方法研究化学/生物结构和功能需要准确描述周围环境对 QM 区域的静电作用力。在模拟中明确地考虑所有可能的静电相互作用计算量大，不易实现。一般 QM/MM 方法计算静电相互作用的截断半径无法考虑长程的库仑相互作用。因此，近年来，一些可有效地处理长距离静电相互作用的 QM/MM 方法相继涌现，例如埃瓦尔德（Ewald）法、电荷缩放（charge scaling）法、变分静电投影（variational electrostatic projection，VEP）法以及广义的溶剂边界势（generalized solvent boundary potential，GSBP）法等。以下简要介绍 Ewald 法和电荷缩放法。

在模拟中考虑周期性边界条件（periodic boundary condition，PBC）的情况下，周期性边界条件/埃瓦尔德法（PBC/Ewald 法）可以对长程静电相互作用给出准确描述。Giese 等(2015)首次提出线性标度的粒子网格埃瓦尔德(particle-mesh Ewald，PME）模型用于 QM/MM 计算。虽然这种方法计算准确，但是计算中需要考虑大量的显式溶剂分子，计算量庞大。通常研究生物体系需要将目标生物大分子浸入到一个显性的溶剂盒子中，这个盒子需要足够大，以便降低周期性边界的影响，而更大的盒子又需要更长的时间平衡，所以又进一步增大了计算量。

电荷缩放法由 Dinner 等（2003）首次提出并用于 QM/MM 自由能的计算，方法只需要考虑一部分显性溶剂分子，并将溶剂分子的 MM 电荷进行缩放以考虑溶剂的屏蔽效应。所得的能量可进一步采用连续介质的静电相互作用计算来校正。

除了上述讨论的静电相互作用外，QM-MM 耦合项还包含范德瓦耳斯和其他的成键贡献。这两类贡献一般在 MM 水平下处理。其中范德瓦耳斯作用一般使用伦纳德-琼斯（Lennard-Jones）势来描述，采用 Lennard-Jones 势处理范德瓦耳斯相互作用与机械嵌入面临类似的问题，即 QM 原子的 MM 参数是否存在并适合在 QM/MM 计算中使用。例如，在力场中没有定义某个 QM 原子的原子类型；或者随着反应的进行，QM 原子的性质会随之发生变化，原有的参数也将变得不再适用。实际情况下，由于范德瓦耳斯作用是短程作用，虽然计算时所有 QM 原子均参与和 MM 原子间的范德瓦耳斯相互作用，但只有靠近边界的 QM 原子才起到显著的作用。因此，尽量使 QM-MM 边界远离反应中心，以保证范德瓦耳斯作用计算结果的可靠性。

图 3-10 中标记了穿过共价键划分 QM-MM 边界的命名规则。其中 Q 指 QM 区域的原子，M 是 MM 区域的原子，两部分通过 Q^1 和 M^1 直接相连。与 Q 或者 M 原子直接相连的第一层 QM（MM）原子编号为 Q^2 或 M^2，以此类推。根据 QM/MM 方案的不同，边界可能引入新的连接原子（L）以饱和 QM 区域的化合价，或者放置特征边界原子以满足 QM 及 MM 两体系。

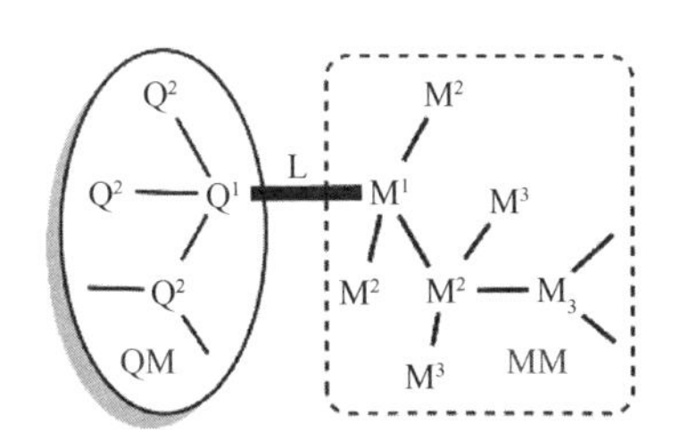

图 3-10 QM、MM 区域边界命名规则

理论上，QM-MM 区域在划分时应当尽可能不截断共价键，这样可以避免对 QM-MM 边界复杂的静电处理。这在溶液等均相体系中容易实现，而在生物化学等一些环境中往往不可避免要涉及共价键划分的问题。当 QM-MM 边界划分穿过

共价键时，需要对 QM 区域的共价键进行饱和处理；采用静电场或者极化嵌入时，应该避免截断处的 MM 电荷对 QM 区域的过极化效应；涉及 QM、MM 区域原子的 MM 能量项应该避免重复计算。

一般而言，划分 QM、MM 区域时也需要谨慎选择边界，以免引入人为误差。显然，在计算能力允许以及考虑 QM 体系大小的情况下，边界应当尽量远离化学反应的活性区域。此外，参与化学反应成断键的原子不应当划分到 QM 区域。由于 MM 能量中的二面角项至多可以延伸 2 个键的长度，因此这样的 MM 原子应当至少距离边界 3 个键以上。此外，被截断的键应该是非极性键，且不存在共轭效应。例如，相比于存在共轭、具有部分双键性质的酰胺键来说，非极性烷烃的 C—C 键是一个较为理想的截断选择。另外，截断应该避免产生净电荷。

如图 3-10 所示命名规则，进行 QM、MM 边界划分时，处理方案一般有三种：①引入连接原子 L（link atoms，一般为 H 原子），与 Q^1 共价相连，以满足 Q^1 的常规价态。②边界原子（boundary atoms）方案，将 M^1 换成特定的边界原子，使其参与 QM 和 MM 计算。在 QM 计算中，该边界原子模拟切断的共价键或与 Q^1 相连的 MM 部分的电子特征，在 MM 计算中，该原子以点电荷形式充当一个普通的 MM 原子。③冷冻局域轨道（frozen localized orbitals）方案，在边界处设置相应的杂化轨道，对其中一些轨道进行固定处理，以替代原来共价键的作用。连接原子方法是目前最常见的边界处理方式，其主要的优点是概念简单、处理容易。引入连接原子以后，QM 部分达到电子饱和，计算时 QM 体系包括 Q 原子和连接原子 L。而 Q^1—M^1 键则在 MM 水平上描述。

3.3.3 QM/MM 方法结合的优化和模拟技术

与 QM 优化的原理一样，QM/MM 方法是一个计算势能的方案，可以对给定坐标计算出相应的能量和力，因此原则上 QM/MM 可融合任何量子化学、分子动力学及蒙特卡罗方法。而且，一个单点能量与梯度计算，QM/MM 所需要的计算量与同水平的纯 QM 计算相近。QM/MM 方法通常应用于成千上万个原子的体系。对体系的势能面进行探索，需要能够处理自由度上万且高效的计算方法。客观上，处理坐标的算法的计算量随着体系自由度（N）的增加而增加，表示成 $\psi(N^2)$或 $\psi(N^3)$，因此在大体系中将不再可行。此外，由于大体系的可能构型空间很大，采用 QM/MM 优化找到的单一稳定点（反应物、过渡态和产物）之间的势能面往往不具有代表性意义。因此，Klähn 等（2005）指出，在 QM/MM 优化过程中应当进行构型采样，解析不同构型/构象下的代表型反应路径以反映真实环境的构型多样性对反应的影响。典型的做法是选取 MD 中不同的“快照”来作为 QM/MM 优化的初始结构。例如，Li 等（2016）基于氟乙酸盐脱卤酶的 QM/MM 计算认为，至少需要采样 20 个酶构象才能获得趋近于收敛的能量结果。

事实上，采用 QM/MM 方法从总的势能面上寻找最小能量路径的原理与 QM 体系一致。但是由于外部环境引入导致自由度增大，对反应路径的影响也不容忽视。因此，先优化寻找过渡态，再借助内禀反应坐标（intrinsic reaction coordinate，IRC）分析来获取反应路径的方法显得不太可行。已有的反应路径优化方法均是从反应物到产物沿着反应坐标取一组构型，对这些构型进行瞬时优化。

上述提及，QM/MM 势能函数原则上可以用于任何分子动力学和蒙特卡罗过程。大多数情况下，这类模拟的主要目的是对体系构象空间进行采样以计算统计热力学的总体平均值，例如体系的自由能变（反应自由能、活化自由能和溶剂化自由能等）。由于获取统计学平均所需的采样量巨大，这类模拟的计算量往往极大。因此，为了减少计算量，需要对此类计算进行近似处理，避免对有 QM 贡献部分的直接采样。

在 QM/MM 计算水平下，为了得到体系的自由能，常用的方法一般有两种：自由能微扰（free energy perturbation，FEP）和热力学积分（thermodynamic integration，TDI）。自由能微扰的基本思想是将 QM 原子固定，只对 MM 部分采样，这样就大大减少了完整的 QM/MM 所需的计算量，也称作 QM/MM FEP。这种方法相当于假设外部 MM 环境对反应路径和极化效应的影响可以忽略。QM/MM FEP 对 QM 原子采用静电势（electrostatic potential，ESP）拟合的原子电荷描述，与一些 QM/MM 优化方法类似，旨在避免 QM 水平下计算 QM-MM 静电相互作用所需的大计算量，而将 QM 部分连续的电子密度近似为点电荷模型，不受外部变化的 MM 环境影响。Kastner 等（2006）的研究表明这种近似处理可以在短时间内获得与完整热力学积分或伞形采样相近的准确度，对于研究生物酶等大分子体系具有较大的优势。

3.3.4 QM/MM 的应用

一般来说，QM/MM 计算需要考虑五个方面（Shaik et al.，2010），即 QM 方法的选取、MM 力场的选取（包括 QM 区域的 MM 参数）、体系的 QM/MM 区域划分（包括对边界共价键的处理）、模拟的类型（分子动力学模拟或势能剖面的计算，是否需要大量的构型采样）、对整个体系构建一个准确的分子模型。QM 方法的选取非常关键，原则上方法准确性提升的同时，计算量也会显著增大，因此在选择适合体系的 QM 方法前提下，应当兼顾准确性和计算经济性的需求。3.1 节叙述了不同精确度和适用性的 QM 方法，从半经验的 AM1、PM3 到密度泛函理论方法如 B3LYP，再到精确度高、计算量大的分子轨道从头算方法，如 MP2 和耦合簇方法（coupled cluster singles and doubles，CCSD）。近来，有学者发展了线性缩放的局部相关方法，如 LMP2（local second-order moller-plesset perturbation）、LCCSD（local coupled cluster singles and doubles），可适用于几十个原子的体系。此外，值得一提的是经验共价键（empirical valence bond，EVB）方法，它的主要原理是采用了结合电荷与环境相互作用的经验势能函数来描述非绝热体系间的相互作用能。EVB 方法在应用上取得了较大成功，比如，Warshel 和 Weiss（1980）用该方法准确地模拟了溶液及外部蛋白质环境对反应的影响。MM 方法较流行的是一系列的生物分子力场方法，包括 AMBER、CHARMM、GROMOS、OPLS-AA 等，适用的化学分子主要是蛋白质和核酸，也包括一些碳水化合物和脂质。还适用于一些小分子的广域多用途力场，比如 MM3、MM4、MMFF（Merck molecular force field）和 UFF（unified force field）等。

QM/MM 方法的应用离不开功能强大的软件支持。目前支持 QM/MM 计算的软件较多，主要分为量子化学 QM 软件、分子力学 MM 软件及两者耦合软件三类。MM 软件有 Amber、BOSS 和 CHARMM 等；QM 软件相对较多，如 ADF、GAMESS-UK、Gaussian、NWChem、QSite/Jaguar 等；耦合已有的 QM、MM 的软件包有 Chemshell、QMMM 和 Q-Chem/Tinker。上述软件中，比较成熟且应用较多的是 Gaussian 以及 Chemshell。

Gaussian 软件基于 ONIOM 方法执行 QM/MM 计算。第一代 ONIOM 也称 IMOMM 方法，是由 Murokuma 及其合作者发展起来的基于扣减法能量处理的 QM/MM 计算方法。IMOMM 方法最早被应用于研究简单的反应体系，比如环丙烷的平衡构型、烷基氯复合物的 S_N2 亲核取代反应、金属 Pt 复合物与 H_2 的氧化加成等。之后，IMOMM 历经多次发展，理论上已经可以结合不同层数（*N*-layer）和不同计算水平（*N*-level）的“洋葱”ONIOM 算法。目前，Gaussian 软件内部的 ONIOM 已经可以把体系分成 4 层以上，并对每层依内而外采用由高至低的计算方法处理。Gaussian 基于静电场嵌入的方法（ONIOM-EE）以计算 QM-MM 静电相互作用。ONIOM 通过显式溶剂（ONIOM-XS）和隐式溶剂模型（ONIOM-PCM）方法来模拟溶剂效应。目前，Gaussian 中的 ONIOM 方法也可以结合高精度的从头算 QM 方法，比如 CCSD（T）搭配大基组进行计算。近来，Tao 等（2010）开发了辅助 ONIOM 计算建模的 TAO 工具包（Toolkit to Assist ONIOM calculation）。Gaussian 程度的可视化软件 Gview 也提供相应的工具选项以设置 ONIOM 计算和相关结果分析。

Chemshell 是模块化接口实现 QM/MM 计算的典范（Metz et al.，2014），已经能整合包括 Gaussian 等常用 QM 商业软件及 CHARMM 等常用 MM 商用软件等多种程序，并能在其中起到处理 QM/MM 耦合，调动 QM、MM 程度功能和数据交换处理等功能。Chemshell 目前能够整合的 QM 软件有 GAMESS-UK、Gaussian 03、

Molpro、MNDO、ORCA 和 Turbomole，也可以为 CHARMM、GROMOS、GULP 等 MM 软件提供接口。

Chemshell 的核心程序能够提供以下功能：①QM/MM 耦合项的计算，包括采用机械嵌入和静电场嵌入的方法，固态嵌入的壳层模型，基于电荷转移的边界原子处理；②基于不同类型坐标的结构优化，比如笛卡儿坐标、内坐标以及杂化离域坐标；③常规的分子动力学驱动，比如刚体运动或者 SHAKE 限制条件下的 *NVE*、*NVT*、*NpT* 动力学模拟；④基于有限差分二阶导数计算振动频率；⑤可与多种通用力场（如 CHARMM，AMBER）相适用的力场工具（Force Field Engine）；⑥用于数据处理，坐标变换等的实用程序。其中，分子动力学和力场工具通过 DL_POLY 软件实现，该软件已集成于 Chemshell 中。Chemshell 的控制管理框架和用户界面采用 Tcl 语言编译，用户以 Tcl 脚本的形式进行输入。脚本内包含计算所用的基组、理论水平、力场等方法信息。

长期以来，酶化学反应是 QM/MM 应用的主要领域（van der Kamp and Mulholland，2013；Senn and Thiel，2009），旨在采用该方法来揭示酶催化反应机制等信息，为新药设计、代谢转化和生物催化剂设计提供依据。例如，Lonsdale 等（2016）基于 QM(B3LYP-D)/MM(CHARMM27)计算研究了细胞色素 P450 酶 CYP 1A2 催化伯胺类药物 *R*-美西律的反应机制。根据不同构象计算得到了两条主要反应路径（直接 N 氧化和 H 摘取/氧反弹，图 3-11）的能垒，发现直接 N 氧化是美西律的优势路径，反应在二重电子自旋态上进行。QM/MM 发现包括 Thr124 和 Phe226 在内的多个氨基酸残基对美西律与活性中心的结合起到促进作用。QM/MM 研究还能够有效重现和考量酶催化反应的区域选择性（regioselectivity），从而有望实现反应产物的从头算精准预测。例如，Lonsdale 等（2013）采用 QM(B3LYP-D)/MM(CHARMM27)研究了药物代谢的主要酶——CYP 2C9 对三种常见药物（*S*-布洛芬、双氯芬酸和 *S*-杀鼠灵）的可能氧化反应路径。模拟结果发现，考虑蛋白质环境后，所有三种药物的反应路径选择性的预测准确度显著提高，其中蛋白质环境中计算得到的活化能普遍高于气相环境。布洛芬和杀鼠灵的最小

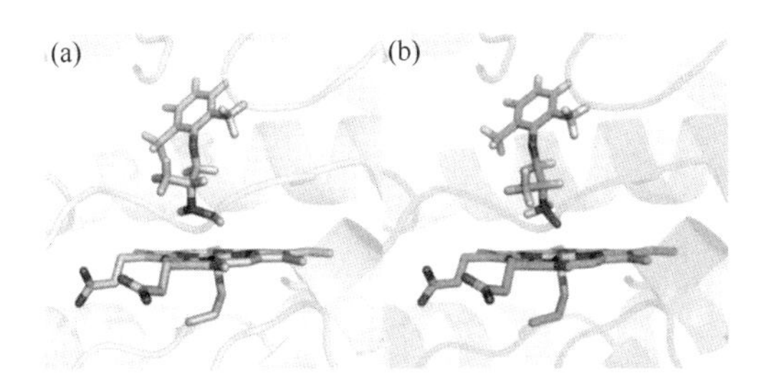

图 3-11　QM/MM 模拟 CYP 1A2 与 *R*-美西律的两条反应路径的产物构象

（a）代表 H 摘取和氧反弹；（b）代表直接 N 氧化

活化能反应通道产物与实验鉴定产物相符。而双氯酚酸的最优产物与实验结果存在偏差，究其原因，主要是最优反应路径的过渡态构型中，双氯芬酸的羧基与CYP 2C9的精氨酸Arg108残基形成了强相互作用，从而降低了过渡态的能量。

QM/MM还可以考察酶反应的对映体选择性（enantioselectivity）。例如，Li等（2011）采用QM/MM自由能计算研究了CYP 2A6和*S*-(–)-尼古丁（香烟的主要有害成分）的$C_{5'}$位置羟基化反应。从*S*-(–)-尼古丁与CYP 2A6的结合构象看，CYP 2A6活性中心Cpd I能够在顺式5′或者反式5′位置摘取氢原子，然后经过氧原子反弹形成相应的手性代谢产物（图3-12）。计算发现，反应最容易在顺式5′位置进行，生成顺式5′-HO-尼古丁产物。计算得到的对映体选择性约为97%，与实验观测到的结果（89%～94%）接近。

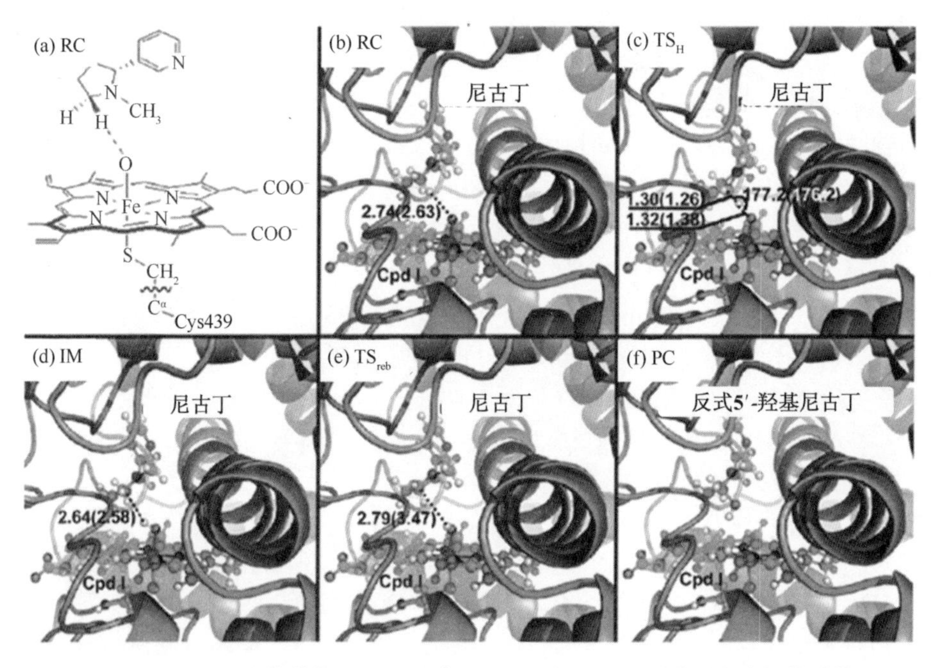

图3-12 QM/MM计算模拟CYP 2A6与*S*-(–)-尼古丁5′-羟基化反应中间物种构型

RC，TS_H，IM，TS_{reb}，PC分别表示反应物复合物，摘氢反应过渡态，反应中间体，反弹过渡态和产物复合物；键长单位为Å，键角单位为°，括号内外数值分别指反应二、四重自旋态数值

Quesne等（2016）总结了QM/MM方法在生物化学反应研究中应当注意的6大问题：①MM力场参数。QM/MM计算要求整个体系具备一套完整和准确的MM参数。而在生物体系中，往往缺乏底物以及辅酶等物质的力场参数。②结构验证。QM/MM研究的输入文件一般是实验晶体结构（如酶PDB结构），而在酶的活性中心附近的晶体结构往往是不可靠的，需要加以检查修正。③加氢。在QM/MM计

算中需要在X射线衍射（X-ray diffraction，XRD）晶体结构中添加氢原子。加氢过程需要注意对于其中的极性氢原子考虑其周围残基的相互作用以及电离情况。④模拟体系大小。除了选定QM区域之外，QM/MM计算中还需要考虑“电子活性部分”的大小，由于电子活性部分是参与QM/MM优化的，当这部分原子达到数千个时，可能产生收敛困难，甚至由于优化构型变化发生原子迁移而导致势能面断裂。因此需要指定一个截断半径来划定该活性区域的大小，理想的选择是QM部分之外10 Å的范围。⑤溶剂化。在MD以及QM/MM优化之前需要对体系进行溶剂化处理，一般有两种做法，一是将整个体系放置于周期性边界条件的水盒子之中，二是在体系周围放置一个水球，并采用球形边界势来放置游离水分子以及模拟边界。⑥经典动力学模拟。体系前处理完毕之后，需要进行动力学模拟，检验建模的准确性，并为后续的QM/MM计算获取初始构型。

然而并不是只有涉及化学成断键的过程才可以采用QM/MM方法研究。其他一些大体系中涉及电子结构重排的过程，也可以采用QM/MM方法研究，比如体系的垂直电子激发能（紫外-可见吸收/发射光谱、荧光光谱）、核磁共振光谱性质[光敏感蛋白质的化学位移、含铁卟啉的血红素电子自旋共振（electron spin resonance，EPR）吸收光谱]、穆斯堡尔（Mössbauer）谱及激发态反应性等。经过近几十年的发展，QM/MM方法在有机体系（包括优化有机分子结构和相关的物理化学性质、有机反应）和无机体系、纳米材料、激发态体系、溶液化学、生物大分子等领域均取得了广泛的应用，也取得了与实验研究较为一致的模拟结果，为研究复杂大体系提供了一种便捷有效的方案（Lin and Truhlar，2006）。在未来，随着计算能力的提升，理论的完善和算法的不断优化创新，QM/MM方法将在化学、生物、材料等学科的理论研究中扮演越来越重要的角色。

参考文献

林梦海. 2005. 量子化学简明教程. 北京: 化学工业出版社.

Alder B J, Wainwright T E. 1959. Studies in molecular dynamics. 1. General method. Journal of Chemical Physics, 31(2): 459-466.

Andrews D H. 1930. The relation between the Raman spectra and the structure of organic molecules. Physical Review, 36(3): 544-554.

Becke A D. 1993. Density-functional thermochemistry. 3. The role of exact exchange. Journal of Chemical Physics, 98(7): 5648-5652.

Beutler T C, Mark A E, Vanschaik R C, Gerber P R, Vangunsteren W F. 1994. Avoiding singularities and numerical instabilities in free-energy calculations based on molecular simulations. Chemical Physics Letters, 222(6): 529-539.

Bingham R C, Dewar M J S, Lo D H. 1975a. Ground-states of molecules. 25. MINDO-3 - improved version of MINDO semiempirical SCF-MO method. Journal of the American Chemical Society,

97(6): 1285-1293.

Bingham R C, Dewar M J S, Lo D H. 1975b. Ground-states of molecules. 26. MINDO-3 calculations for hydrocarbons. Journal of the American Chemical Society, 97(6): 1294-1301.

Bingham R C, Dewar M J S, Lo D H. 1975c. Ground-states of molecules. 27. MINDO-3 calculations for carbon, hydrogen, oxygen, and nitrogen species. Journal of the American Chemical Society, 97(6): 1302-1306.

Bingham R C, Dewar M J S, Lo D H. 1975d. Ground-states of molecules. 28. Mindo-3 calculations for compounds containing carbon, hydrogen, fluorine, and chlorine. Journal of the American Chemical Society, 97(6): 1307-1311.

Bobrowicz F W, Goddard III W A. 1977. The Self-Consistent Field Equations for Generalized Valence Bond and Open-Shell Hartree-Fock Wave Functions. New York: Plenum.

Brooks B R, Brooks C L 3rd, Mackerell A D Jr., Nilsson L, Petrella R J, Roux B, Won Y, Archontis G, Bartels C, Boresch S, Caflisch A, Caves L, Cui Q, Dinner A R, Feig M, Fischer S, Gao J, Hodoscek M, Im W, Kuczera K, Lazaridis T, Ma J, Ovchinnikov V, Paci E, Pastor R W, Post C B, Pu J Z, Schaefer M, Tidor B, Venable R M, Woodcock H L, Wu X, Yang W, York D M, Karplus M. 2009. CHARMM: The biomolecular simulation program. Journal of Computational Chemistry, 30(10): 1545-1614.

Chen Y, Gao J, Huang Z, Zhou M, Chen J, Li C, Ma Z, Chen J, Tang X. 2017. Sodium rivals silver as single-atom active centers for catalyzing abatement of formaldehyde. Environmental Science & Technology, 51(12): 7084-7090.

Chodera J D, Mobley D L, Shirts M R, Dixon R W, Branson K, Pande V S. 2011. Alchemical free energy methods for drug discovery: Progress and challenges. Current Opinion in Structural Biology, 21(2): 150-160.

Choi J I, Snow S D, Kim J-H, Jang S S. 2015. Interaction of C_{60} with water: First-principles modeling and environmental implications. Environmental Science & Technology, 49(3): 1529-1536.

Chung L W, Sameera W M C, Ramozzi R, Page A J, Hatanaka M, Petrova G P, Harris T V, Li X, Ke Z, Liu F, Li H-B, Ding L, Morokuma K. 2015. The ONIOM method and its applications. Chemical Reviews, 115(12): 5678-5796.

Daniel C R A, Rodrigues N M, da Costa N B Jr., Freire R O. 2015. Are quantum chemistry semiempirical methods effective to predict solid state structure and adsorption in metal organic frameworks? Journal of Physical Chemistry C, 119(41): 23398-23406.

Deng Y, Roux B. 2009. Computations of standard binding free energies with molecular dynamics simulations. Journal of Physical Chemistry B, 113(8): 2234-2246.

Dewar M J S, Thiel W. 1977a. Ground-states of molecules. 38. MNDO method—Approximations and parameters. Journal of the American Chemical Society, 99(15): 4899-4907.

Dewar M J S, Thiel W. 1977b. Semiempirical model for 2-center repulsion integrals in NDDO approximation. Theoretica Chimica Acta, 46(2): 89-104.

Dewar M J S, Zoebisch E G, Healy E F, Stewart J J P. 1985. The development and use of quantum-mechanical molecular-models. 76. AM1—A new general-purpose quantum-mechanical molecular-model. Journal of the American Chemical Society, 107(13): 3902-3909.

Dinner A R, Lopez X, Karplus M. 2003. A charge-scaling method to treat solvent in QM/MM simulations. Theoretical Chemistry Accounts, 109(3): 118-124.

Fowler P W. 1993. Systematics of fullerenes and related clusters. Philosophical Transactions of the Royal Society of London Series A—Mathematical Physical and Engineering Sciences,

343(1667): 39-52.
Genheden S, Ryde U. 2015. The MM/PBSA and MM/GBSA methods to estimate ligand-binding affinities. Expert Opinion on Drug Discovery, 10(5): 449-461.
Gerratt J, Cooper D L, Karadakov P B, Raimondi M. 1997. Modern valence bond theory. Chemical Society Reviews, 26(2): 87-100.
Giese T J, Panteva M T, Chen H, York D M. 2015. Multipolar Ewald methods, 1: Theory, accuracy, and performance. Journal of Chemical Theory and Computation, 11(2): 436-450.
Grubmuller H. 1995. Predicting slow structural transitions in macromolecular systems-conformational flooding. Physical Review E, 52(3): 2893-2906.
Hamelberg D, Mongan J, McCammon J A. 2004. Accelerated molecular dynamics: A promising and efficient simulation method for biomolecules. Journal of Chemical Physics, 120(24): 11919-11929.
Harder E, Anisimov V M, Vorobyov I V, Lopes P E M, Noskov S Y, MacKerell A D Jr., Roux B. 2006. Atomic level anisotropy in the electrostatic modeling of lone pairs for a polarizable force field based on the classical Drude oscillator. Journal of Chemical Theory and Computation, 2(6): 1587-1597.
Harrach M F, Drossel B. 2014. Structure and dynamics of TIP3P, TIP4P, and TIP5P water near smooth and atomistic walls of different hydroaffinity. Journal of Chemical Physics, 140(17): 174501.
Heitler W, London F. 1927. Wechselwirkung neutraler atome und Homöopolare bindung nach der quantenmechanik. Zeitschrift für Physik, 44: 455-472.
Hénin J, Fiorin G, Chipot C, Klein M L. 2010. Exploring multidimensional free energy landscapes using time-dependent biases on collective variables. Journal of Chemical Theory and Computation, 6(1): 35-47.
Hinchliffe A. 2008. Molecular Modelling for Beginners. 2 ed. London: John Wiley & Sons Ltd.
Hückel Z. 1931. Quanten theoretische Beiträge zum Benzolproblem. I. Die Electron enkonfiguration des Benzols. Zeitschrift für Physik, 70: 203-286.
Jorgensen W L, Chandrasekhar J, Madura J D, Impey R W, Klein M L. 1983. Comparison of simple potential functions for simulating liquid water. Journal of Chemical Physics, 79(2): 926-935.
Kastner J, Senn H M, Thiel S, Otte N, Thiel W. 2006. QM/MM free-energy perturbation compared to thermodynamic integration and umbrella sampling: Application to an enzymatic reaction. Journal of Chemical Theory and Computation, 2(2): 452-461.
Kollman P A, Massova I, Reyes C, Kuhn B, Huo S H, Chong L, Lee M, Lee T, Duan Y, Wang W, Donini O, Cieplak P, Srinivasan J, Case D A, Cheatham T E. 2000. Calculating structures and free energies of complex molecules: Combining molecular mechanics and continuum models. Accounts of Chemical Research, 33(12): 889-897.
Klähn M, Braun-Sand S, Rosta E, Warshel A. 2005. On possible pitfalls in *ab initio* quantum mechanics/molecular mechanics minimization approaches for studies of enzymatic reactions. Journal of Physical Chemistry B, 109(32): 15645-15650.
Kumar S, Bouzida D, Swendsen R H, Kollman P A, Rosenberg J M. 1992. The weighted histogram analysis method for free-energy calculations on biomolecules.1. The method. Journal of Computational Chemistry, 13(8): 1011-1021.
Laio A, Parrinello M. 2002. Escaping free-energy minima. Proceedings of the National Academy of Sciences of the United States of America, 99(20): 12562-12566.

Leach A R. 2001. Molecular Modelling: Principles and Applications. 2nd Edition. New Jersey, United States: Prince Hall.

Lee M, Zimmermann-Steffens S G, Arey J S, Fenner K, von Gunten U. 2015. Development of prediction models for the reactivity of organic compounds with ozone in aqueous solution by quantum chemical calculations: The role of delocalized and localized molecular orbitals. Environmental Science & Technology, 49(16): 9925-9935.

Lesage A, Lelievre T, Stoltz G, Henin J. 2017. Smoothed biasing forces yield unbiased free energies with the extended-system adaptive biasing force method. Journal of Physical Chemistry B, 121(15): 3676-3685.

Lewars E G. 2011. Computational Chemistry: Introduction to the Theory and Applications of Molecular and Quantum Mechanics. Netherlands: Springer.

Li D, Huang X, Han K, Zhan C-G. 2011. Catalytic mechanism of cytochrome P450 for 5′-hydroxylation of nicotine: Fundamental reaction pathways and stereoselectivity. Journal of the American Chemical Society, 133(19): 7416-7427.

Li Y, Zhang R, Du L, Zhang Q, Wang W. 2016. How many conformations of enzymes should be sampled for DFT/MM Calculations? A case study of fluoroacetate dehalogenase. International Journal of Molecular Sciences, 17(8): 1372.

Lin H, Truhlar D G. 2006. QM/MM: What have we learned, where are we, and where do we go from here? Theoretical Chemistry Accounts, 117(2): 185-199.

Lonsdale R, Fort R M, Rydberg P, Harvey J N, Mulholland A J. 2016. Quantum mechanics/molecular mechanics modeling of drug metabolism: Mexiletine *N*-hydroxylation by cytochrome P450 1A2. Chemical Research in Toxicology, 29(6): 963-971.

Lonsdale R, Houghton K T, Żurek J, Bathelt C M, Foloppe N, de Groot M J, Harvey J N, Mulholland A J. 2013. Quantum mechanics/molecular mechanics modeling of regioselectivity of drug metabolism in cytochrome P450 2C9. Journal of the American Chemical Society, 135(21): 8001-8015.

Lopes P E M, Huang J, Shim J, Luo Y, Li H, Roux B, MacKerell A D Jr. 2013. Polarizable force field for peptides and proteins based on the classical Drude oscillator. Journal of Chemical Theory and Computation, 9(12): 5430-5449.

Lyne P D, Karplus M. 1997. Simulation of condensed phases with a DF/MM method in CHARMM. Abstracts of Papers of the American Chemical Society, 214: 95.

Marrink S J, Risselada H J, Yefimov S, Tieleman D P, de Vries A H. 2007. The MARTINI force field: Coarse grained model for biomolecular simulations. Journal of Physical Chemistry B, 111(27): 7812-7824.

Metropolis N, Rosenbluth A W, Rosenbluth M N, Teller A H, Teller E. 1953. Equation of state calculations by fast computing machines. Journal of Chemical Physics, 21(6): 1087-1092.

Metz S, Kästner J, Sokol A A, Keal T W, Sherwood P. 2014. ChemShell—A modular software package for QM/MM simulations. Wiley Interdisciplinary Reviews: Computational Molecular Science, 4(2): 101-110.

Oostenbrink C, Villa A, Mark A E, van Gunsteren W F. 2004. A biomolecular force field based on the free enthalpy of hydration and solvation: The GROMOS force-field parameter sets 53A5 and 53A6. Journal of Computational Chemistry, 25(13): 1656-1676.

Pariser R, Parr R G. 1953a. A semi-empirical theory of the electronic spectra and electronic structure of complex unsaturated molecules.1. Journal of Chemical Physics, 21(3): 466-471.

Pariser R, Parr R G. 1953b. A semi-empirical theory of the electronic spectra and electronic structure of complex unsaturated molecules.2. Journal of Chemical Physics, 21(5): 767-776.

Park S, Khalili-Araghi F, Tajkhorshid E, Schulten K. 2003. Free energy calculation from steered molecular dynamics simulations using Jarzynski's equality. Journal of Chemical Physics, 119(6): 3559-3566.

Park S, Schulten K. 2004. Calculating potentials of mean force from steered molecular dynamics simulations. Journal of Chemical Physics, 120(120): 5946-5961.

Ponder J W, Wu C, Ren P, Pande V S, Chodera J D, Schnieders M J, Haque I, Mobley D L, Lambrecht D S, DiStasio R A Jr., Head-Gordon M, Clark G N I, Johnson M E, Head-Gordon T. 2010. Current status of the AMOEBA polarizable force field. Journal of Physical Chemistry B, 114(8): 2549-2564.

Pople J A, Beveridge D L, Dobosh P A. 1967. Approximate self-consistent molecular-orbital theory.5. Intermediate neglect of differential overlap. Journal of Chemical Physics, 47(6): 2026-2033.

Pople J A, Santry D P, Segal G A. 1965. Approximate self-consistent molecular orbital theory.I. Invariant procedures. Journal of Chemical Physics, 43(10): S129-S135.

Pople J A, Segal G A. 1965. Approximate self-consistent molecular orbital theory.2. Calculations with complete neglect of differential overlap. Journal of Chemical Physics, 43(10): S136-S151.

Pople J A, Segal G A. 1966. Approximate self-consistent molecular orbital theory.3. CNDO results for AB_2 and AB_3 systems. Journal of Chemical Physics, 44(9): 3289-3296.

Puzyn T, Rasulev B, Gajewicz A, Hu X, Dasari T P, Michalkova A, Hwang H-M, Toropov A, Leszczynska D, Leszczynski J. 2011. Using nano-QSAR to predict the cytotoxicity of metal oxide nanoparticles. Nature Nanotechnology, 6(3): 175-178.

Quesne M G, Borowski T, de Visser S P. 2016. Quantum Mechanics/molecular mechanics modeling of enzymatic processes: Caveats and breakthroughs. Chemistry — A European Journal, 22(8): 2562-2581.

Salomon-Ferrer R, Case D A, Walker R C. 2013. An overview of the AMBER biomolecular simulation package. Wiley Interdisciplinary Reviews-Computational Molecular Science, 3(2): 198-210.

Senn H M, Thiel W. 2007. QM/MM studies of enzymes. Current Opinion in Chemical Biology, 11(2): 182-187.

Senn H M, Thiel W. 2009. QM/MM methods for biomolecular systems. Angewandte Chemie International Edition, 48(7): 1198-1229.

Shaik S, Cohen S, Wang Y, Chen H, Kumar D, Thiel W. 2010. P450 enzymes: Their structure, reactivity, and selectivity-modeled by QM/MM calculations. Chemical Reviews, 110(2): 949-1017.

Shi Y, Xia Z, Zhang J, Best R, Wu C, Ponder J W, Ren P. 2013. Polarizable atomic multipole-based AMOEBA force field for proteins. Journal of Chemical Theory and Computation, 9(9): 4046-4063.

Shukla M K, Leszczynski J. 2004. Multiconfigurational self-consistent field study of the excited state properties of 4-thiouracil in the gas phase. Journal of Physical Chemistry A, 108(35): 7241-7246.

Snyder R G, Schachtschneider J H. 1965. A valence force field for saturated hydrocarbons. Spectrochimica Acta, 21(1): 169.

Soteras Gutierrez I, Lin F-Y, Vanommeslaeghe K, Lemkul J A, Armacost K A, Brooks III C L, MacKerell A D Jr. 2016. Parametrization of halogen bonds in the CHARMM general force field:

Improved treatment of ligand-protein interactions. Bioorganic & Medicinal Chemistry, 24(20): 4812-4825.

Sotomayor M, Schulten K. 2007. Single-molecule experiments *in vitro* and *in silico*. Science, 316(5828): 1144-1148.

Stephens P J, Devlin F J, Chabalowski C F, Frisch M J. 1994. *Ab-initio* calculation of vibrational absorption and circular-dichroism spectra using density-functional force-fields. Journal of Physical Chemistry, 98(45): 11623-11627.

Stewart J J P. 1989. Optimization of parameters for semiempirical methods. 2. Applications. Journal of Computational Chemistry, 10(2): 221-264.

Stewart J J P. 1990. MOPAC—A semiempirical molecular-orbital program. Journal of Computer-Aided Molecular Design, 4(1): 1-45.

Sugita Y, Okamoto Y. 1999. Replica-exchange molecular dynamics method for protein folding. Chemical Physics Letters, 314(1-2): 141-151.

Thellamurege N M, Hirao H. 2014. Effect of protein environment within Cytochrome P450cam evaluated using a polarizable-embedding QM/MM method. Journal of Physical Chemistry B, 118(8): 2084-2092.

Thole B T. 1981. Molecular polarizabilities calculated with a modified dipole interaction. Chemical Physics, 59(3): 341-350.

van der Kamp M W, Mulholland A J. 2013. Combined quantum mechanics/molecular mechanics (QM/MM) methods in computational enzymology. Biochemistry, 52(16): 2708-2728.

Vanommeslaeghe K, Raman E P, MacKerell A D Jr. 2012. Automation of the CHARMM General Force Field (CGenFF) II: Assignment of bonded parameters and partial atomic charges. Journal of Chemical Information and Modeling, 52(12): 3155-3168.

Wang W, Peng X, Cao D. 2011. Capture of trace sulfur gases from binary mixtures by single-walled carbon nanotube arrays: A molecular simulation study. Environmental Science & Technology, 45(11): 4832-4838.

Warshel A, Levitt M. 1976. theoretical studies of enzymic reactions — Dielectric, electrostatic and steric stabilization of carbonium ion in reaction of lysozyme. Journal of Molecular Biology, 103(2): 227-249.

Warshel A, Weiss R M. 1980. An empirical valence bond approach for comparing reactions in solutions and in enzymes. Journal of the American Chemical Society, 102(20): 6218-6226.

Xu S, Irle S, Musaev D G, Lin M C. 2005. Water clusters on graphite: Methodology for quantum chemical a priori prediction of reaction rate constants. The Journal of Physical Chemistry A, 109(42): 9563-9572.

Zacharias M, Straatsma T P, McCammon J A. 1994. Separation-shifted scaling, a new scaling method for Lennard-Jones interactions in thermodynamic integration. Journal of Chemical Physics, 100(12): 9025-9031.

Zhang L, Zhao Y, Wang X. 2017. Nanoparticle-mediated mechanical destruction of cell membranes: A coarse-grained molecular dynamics study. Acs Applied Materials & Interfaces, 9(32): 26665-26673.

Zhang Z, Santos A P, Zhou Q, Liang L, Wang Q, Wu T, Franzen S. 2016. Steered molecular dynamics study of inhibitor binding in the internal binding site in dehaloperoxidase-hemoglobin. Biophysical Chemistry, 211: 28-38.

第 4 章　定量构效关系（QSAR）理论与方法

本章导读

- 化学品的理化性质、在环境中迁移转化行为和生态毒理学效应，本质上取决于化合物的分子结构以及它们之间存在的内在联系。这种内在联系以模型的形式表现出来，就是定量构效关系（QSAR）。
- 介绍 QSAR 的基本原理、模型构建方法以及模型验证、表征与登记。
- 介绍一些常用的 QSAR 工具包、数据库与软件平台。
- 介绍 QSAR 面临的挑战与展望。

“结构决定性质”“相似相溶”等经验规律对于化学工作者早已耳熟能详。化学品的物理化学性质本质上取决于化学分子的结构。而化学品的环境行为、毒理学特性，则与化学品的性质紧密相关。这种化学直觉指出了一条思路：通过化学分子的结构，来定量地预测化学物质的性质，进而预测其环境行为与毒性效应。这一思路属于定量构效关系（QSAR）研究。

数十年来，人类已经积累了一些经实验测定的化学物质的物理化学性质、环境行为参数和毒性数据。互联网的发展，让获取并使用这些数据变得更加便捷。人工智能和机器学习技术的发展，以及计算机性能的飞跃，又进一步丰富了人类研究化学物质结构特征与其性质/行为/效应之间关系的手段。这些都为 QSAR 的发展提供了良好的机遇。

4.1　QSAR 的基本原理

4.1.1　线性自由能关系

20 世纪 30 年代，Hammett（1936）发现苯衍生物侧链的对位、间位取代基对其侧链反应速率常数的影响具有一定的规律性，并提出了 Hammett 方程[式(4-1)]来定量描述该规律：

$$\log(k/k_0)=\rho\cdot\sigma \tag{4-1}$$

式中，k 和 k_0 分别是取代和未取代苯衍生物的反应速率常数；σ 表征的是间位或对位取代基电子效应，本书中亦称为分子结构参数或者分子结构描述符（molecular structural descriptor）；ρ 则与反应本身有关，反映了一个特定反应对取代基电子效应的灵敏度。

考虑一个热力学过程，其反应平衡常数 $K^{\ominus}$与反应自由能变化之间的关系为

$$\log K^{\ominus} = -\Delta G_1^{\ominus}/(2.303RT) \tag{4-2}$$

式中，$\Delta G_1^{\ominus}$是反应的标准吉布斯自由能变化；R 是理想气体常数；T 是温度。类似的，对于动力学过程，反应速率常数 k 可以表示为

$$\log k = \log [RT/(N_A h)] - \Delta G_2^{\ominus}/(2.303RT) \tag{4-3}$$

式中，N_A 是阿伏伽德罗常数；h 是普朗克常数；$\Delta G_2^{\ominus}$是反应的标准活化自由能变化。由此可知，在给定温度下，$\log k$ 和 $\log K^{\ominus}$与所研究物理化学过程自由能之间具有线性关系。从而可以推导出自由能与参量 σ 之间存在着简单的线性关系，这就是经典的线性自由能关系（linear free energy relationship，LFER）。

尽管 Hammett 发现了 $\log k$ 或 $\log K^{\ominus}$与分子结构参数之间的客观关系，但是经典的热力学理论却不能推导出这种关系。因此，LFER 也被称为超热力学（extrathermodynamics）关系。经典的 LFER 采用一个分子结构参数建立与化合物活性（$\log k$ 或 $\log K^{\ominus}$）的关系，称为单参数 LFER。单参数 LFER 对实验数据的预测效果有限，对取代基效应的描述也较为单一。

20 世纪 50 年代，在 Hammett 方程的基础上，Taft（1952）进一步拓展对取代基效应的定量描述形式，形成了 Taft 方程［式（4-4）］：

$$\log(k/k_0)= \rho\sigma + \delta E_s \tag{4-4}$$

式中，k 为实验测定的反应速率常数，等式左边为相关的自由能；等式右边除了 Hammett 电子效应参量 σ 及其灵敏度系数 ρ 之外，还引入了描述取代基立体效应的 E_s 以及反映对取代基立体效应灵敏度的 δ。自由能可以表达为 σ 和 E_s 的简单线性组合。Taft 方程从形式上可称为多元（多参数）LFER（polyparameter LFER，pp-LFER）。

pp-LFER 开创了一种形式，即某个物理化学过程的自由能（对应于化学品某种平衡常数或者速率常数，简称为性质或者活性）可以通过与该过程相关的、针对化学分子的定量描述（即分子结构描述符）的线性组合来表示。

pp-LFER 的一个重要应用是预测与化学物质溶解过程有关的平衡常数或自由能项，此时 pp-LFER 即为线性溶解能关系（linear solvation energy relationship，LSER）模型。1983 年，Kamlet 等提出溶解包括三个与自由能有关的过程：①在溶剂中形成一个可以容纳溶质分子的空穴；②溶质分子互相分离并进入空穴；③溶质与溶剂间产生吸引力。据此，提出如下模型：

$$SP = SP_0+空穴项+偶极项+氢键项 \tag{4-5}$$

式中，SP 代表溶解度或与溶解、分配有关的性质（例如，水溶解度、有机溶剂/水分配系数、非反应性毒性等），根据 LFER 理论，SP 常以某一测得值的对数表示；SP_0代表模型中的常数项；空穴项描述在溶剂分子中形成空穴时的吸收能量效应；偶极项表示溶质分子与溶剂分子间的偶极-偶极和偶极-诱导偶极相互作用；氢键项表示溶质分子与溶剂分子间的氢键作用。

Kamlet 等（1983）将 3 个能量项用 4 个溶剂化变色参数（solvatochromic parameter）来表示：表达化合物空穴作用的分子体积参数（V_i）、表达偶极/极化作用的极性参数（π^*）、表达氢键作用的酸碱性参数（α_m和β_m）。具体的 LSER 公式如下：

$$SP = SP_0 + mV_i/100 + s\pi^* + a\alpha_m + b\beta_m \tag{4-6}$$

式中，m、s、a 和 b 分别是对应的灵敏度系数。

2004 年，Abraham 等进一步发展了 LSER 理论，提出了两套六参数的 LSER（也称 pp-LFER）模型来表征凝聚相-凝聚相分配行为和气相-凝聚相分配行为。描述溶质在凝聚相之间分配的模型为

$$SP = SP_0 + eE + sS + aA + bB + vV \tag{4-7}$$

表征物质在气相和凝聚相之间分配系数的 LSER 模型是

$$SP = SP_0 + eE + sS + aA + bB + lL \tag{4-8}$$

式中，e、s、a、b、v 为系数；E 是过量分子摩尔折射率；S 是表示分子偶极/极化性的参数；A 和 B 分别是表征分子氢键质子给体能力、氢键质子受体能力的参数；V 是 McGowan 分子体积；L 是正十六烷-空气分配系数的对数值。LSER/pp-LFER 模型具有直观的物理意义，应用于表征有机污染物的水溶解度（S_W）、正辛醇/水分配系数（K_{OW}）、高效液相色谱保留因子等与溶解、吸附、分配相关的行为参数，且在这些方面都取得了很大的成功。

在前述 LSER 模型里，除分子体积参数可以根据程序计算得到，其他分子结构参数则需采用溶剂化变色比较法（solvatochromic comparison method）、色谱方法等实验手段得到。这也反映出早期 QSAR 的一大特点，即描述符的获取方法多是来自于实验测定。

实验测定的描述符，限制了模型的推广应用。有鉴于此，Wilson 和 Famini（1991）提出了理论线性溶解能关系（theoretical linear solvation energy relationship，TLSER）模型。TLSER 使用 MOPAC 软件中的 MNDO 半经验量化计算得到的分子结构参数替代 LSER 模型中的溶剂化变色参数：

$$SP = SP_0 + aV_{mc} + b\pi_1 + c\varepsilon_b + dq^- + e\varepsilon_a + fq_H^+ \tag{4-9}$$

式中，V_{mc}为分子的本征体积；π_1表征分子的偶极性/极化性；ε_b、ε_a与溶质和溶剂

的前线分子轨道能（即 E_{HOMO}、E_{LUMO}）有关；q_H^+为分子中氢原子的最正部分原子电荷（partial atomic charge）；q^-为分子中原子的最负部分原子电荷；$\varepsilon_b + q^-$表征分子提供质子或接受电子对的能力；$\varepsilon_a+q_H^+$表征分子接受质子或提供电子对的能力；a～f 为上述参数的拟合系数。

通过理论计算得到分子描述符，提升了对实验参数未知的化学品的预测能力。它允许在完全脱离实验测定的条件下，预测所感兴趣的化学物质的性质，实现了所谓的虚拟预测或计算机（*in silico*）预测技术。

形如 pp-LFER 的模型也被应用到毒理学领域。1962 年，在研究取代基对化合物生物活性（1/*C*）的影响时，Hansch 基于 Taft 方程，进一步引入了表征疏水效应的正辛醇/水分配系数的对数项 $\log K_{OW}$，具体形式如下：

$$\log(1/C) = a \log K_{OW} + \rho \cdot \sigma + \delta \cdot E_s + d \tag{4-10}$$

式中，a 反映出生物活性对于疏水项的灵敏度；d 则是常数项。

由于许多化合物的生物活性和 $\log K_{OW}$ 之间不服从线性关系，Hansch 和 Fujita 等（Fujita et al.，1964；Hansch and Fujita，1964）进一步改进了 Hansch 方程，将其拟合成抛物线等非线性 Hansch 模型，以提升预测效果，即

$$\log(1/C) = a\log K_{OW} - b(\log K_{OW})^2 + c\sigma + dE_s + e \tag{4-11}$$

式中，a、b、c、d、e 均表示拟合系数。

4.1.2 QSAR 的广义表达

非线性 Hansch 方程得以应用，意味着传统 LFER 的线性形式被打破。为获得更好的预测效果，描述符数学形式不必拘泥于线性。这也暗合 QSAR 的本质及其发展的趋势，即不必严格明确模型背后的理论形式，而强调模型对实验值的预测效果和实用价值。至此，可以用一个函数来概括 QSAR 的通式：

$$\text{拟预测变量} = f(\text{分子描述符}) \tag{4-12}$$

这个通式也涵盖了 QSAR 模型的 3 大要素。其中，第一要素为拟预测变量，也常被表述为预测终点（endpoint）、*Y* 值、因变量、响应变量、活性等，直接反映出 QSAR 模型被用于描述或预测的具体物理化学、环境化学、生物学、毒理学等过程。在环境计算化学及预测毒理学领域，拟预测变量主要有三类：①有机物的物理化学性质，如水溶解度（S_W）、正辛醇/水分配系数（K_{OW}）、亨利定律常数（K_H）、土壤/沉积物吸附系数（K_{OC}）、蒸气压（p）、熔点（m_p）、沸点（b_p）等；②表征有机物在环境中迁移转化行为的参数，如生物降解速率常数（k_B）、水解速率常数（k_H）、光降解速率常数（k_P）以及不同环境相之间的分配系数等；③有机物对不同物种、不同生理生化指标的毒性参数，如急性毒性、亚急性毒性、酶抑制毒性、生殖和遗传毒性、免疫毒性、发育毒性、神经毒性等。

从统计学上看，拟预测变量可以区分为类别（category）变量和数值连续变量，对应的统计学方法分别称为分类（classification）和回归（regression）分析。在 QSAR 研究中，用于训练模型的拟预测变量会被预先贴上类型标签，或者依据实验数据给出确定值。在机器学习领域，这些方法也属于有监督的学习（supervised learning）。

QSAR 的第二要素即分子结构描述符，也常被表述为 X 值、自变量、特征（feature）等，被用来描述与拟预测变量相关的物理化学或毒理学过程。例如，在 Abraham 的 LSER 模型中，各个分子描述符对化学物质的溶解过程做出逐项描述。分子描述符可以直接利用实验测定的化学品性质，如表征分子疏水性的 $\log K_{OW}$ 值、特定条件下的色谱保留时间等。不过，对于缺乏实验数据的化合物分子，还需要补充实验，以获取对应的描述符。因此，直接采用计算来获取分子结构描述符的值非常重要，也是 QSAR 发展的必然趋势。

如果假定不同的化合物分子中的相同取代基、基团或分子碎片对于所模拟的化合物活性有确定的贡献值，则化合物的活性可以表达为这些基团贡献的加和。遵循这一思路，Hansch 和 Leo（Hansch et al.，1991；Hansch and Leo，1979）、Ghose 等（Ghose et al.，1989；Viswanadhan et al.，1989）以及 Free-Wilson 模型都提出了各自的分子碎片、基团或取代基的数据库及相应的预测分配系数、生物活性数据的模型系统，这些方法可统称为基团贡献法或分子碎片法。分子碎片既可以人为识别，也可以通过计算机自动化程序提取，得到了较好的应用。例如，美国环境保护署（EPA）开发的 EPI Suite 程序（USEPA，2017）就大量采用了分子碎片形式描述符的 QSAR 模型。此外，通过揭示对某种危害特性起到突出贡献的分子结构信息，即发展结构预警（structural alert）方法，也便于快速筛查和管理潜在的危害物质。

除了分子碎片，还可以依据分子拓扑结构、原子毗邻矩阵等信息，计算得到花样繁多的拓扑参数分子结构描述符。目前商业化的分子描述符计算软件（如 Dragon），可以针对一个有机分子产生超过 5000 项的分子结构描述符。其中绝大部分分子结构描述符不依赖确切的 3D 结构，而仅需要一条分子线性输入系统（simplified molecular input line entry system，SMILES）编码。然而，这些来自于分子拓扑学参数的形式抽象、繁杂，大多缺乏明确的物理化学含义，为后期模型的机理阐释造成了一定的困扰。

量子化学计算得到的部分原子电荷、分子轨道能、极化率、偶极矩或其他参量，也可以作为分子结构描述符。量子化学参数完全独立于实验，且具有明确的物理化学含义。在早期的 TLSER 中，量子化学描述符就被用于替代 LSER 模型中的实验参量。早期量子化学描述符通常采用半经验量子化学方法计算。随着计算能力的提升以及量子化学软件的普及，从头算方法也被广泛采用。值得注意的是，量子化学描述符以及从分子的3D坐标提取出来的空间描述符（即3D 分子描述符），依赖于特定的构象。对于一些柔性较大的分子，基于完全展开的构象与缩成一团的构象计算得到的溶剂可及表面积、偶极矩等参数会存在较显著的差异。

在预测生物受体蛋白介导的特异性活性时，蛋白质环境对有机物分子的效应有重要的贡献。与典型的凝聚态溶剂环境不同，蛋白质结合口袋的氨基酸侧链与小分子的范德瓦耳斯（van der Waals）、静电和疏水相互作用具有显著的各向异性（anisotropy）。因此，在预测小分子与特定蛋白质结构的结合能时，需要更好地考虑立体(steric)效应和静电（electrostatic）效应。从分子形状的角度思考，首先将结构类似的一系列化合物（congeneric compounds）参照其共享结构对齐，然后借鉴分子力学计算方法，采用探针在模板配体分子周围的3D格栅上分别计算立体效应（范德瓦耳斯相互作用，一般采用Lennard-Jones势，参见本书第3章）和静电相互作用的能量值，利用偏最小二乘回归（partial least square regression，PLSR）构建格栅数据与生物活性之间的关系，这就是比较分子场分析（comparative molecular field analysis，CoMFA）方法（Cramer et al，1988）。CoMFA这种基于3D分子结构的预测方法，也称为3D-QSAR（注意不要和3D描述符的概念混淆）。

QSAR 模型的第三个要素是分子描述符与拟预测变量之间的函数形式，或映射关系（f）。早期的QSAR模型，如Hammett方程或LSER模型中，这种映射关系是线性的。而且，早期的映射关系多来自于对实验现象和化学直觉的总结。直到分子碎片、拓扑参数类型描述符大量涌现，人们才开始借助统计工具来辅助筛选描述符，分析映射关系。事实上，早期最常用的方法是多元线性回归（MLR）、偏最小二乘（partial least square，PLS）等方法。这些方法给出的函数关系本身也是线性的。线性模型的好处在于，所列出对拟预测变量有贡献的描述符及其贡献大小对于人类而言是简单易懂的，有利于建模后期的机理解释。因此，线性模型也被认为具有较好的机理透明性，是“灰箱”模型。

随着机器学习理论和方法的发展，人工神经网络（artificial neural network，ANN）、支持向量机（support vector machine，SVM）、随机森林（random forest，RF）等各种算法被用于探索分子结构描述符与拟预测变量之间的关系。这些算法产生的模型拥有远比线性组合复杂得多的形式，被称为“黑箱”模型。黑箱模型被认为机理透明性差、不便于理解。但是考虑到自然系统从本质上就具有非线性的特征，相比于线性模型，黑箱模型有可能摸索到接近于自然系统非线性本质的映射关系，从而具有拔群的预测效果。

近年来，Fourches 等（2010）提出定量纳米结构活性关系（quantitative

nanostructure-activity relationship，QNAR），应用经典机器学习方法建立了化学描述符和三类 51 种不同人造纳米颗粒物(nanoparticles，NPs)活性之间的联系。QNAR 模型使用了实验描述符：尺寸、两种弛豫效能、ζ 势能。建立的模型外部预测准确度达 73%。最近，同一团队成功对在 6 种不同的体外实验得到的 84 种修饰的碳纳米管进行建模。具有预测能力的 QNAR 模型可以准确地预测这些碳纳米管蛋白质结合信息和毒理学性质（Mu et al.，2014）。QNAR 模型又被运用于筛选 2000 种可能与碳纳米管结合的配合基，指导设计出一种新的有较低蛋白质结合能力和低急性毒性的纳米管。

随着纳米材料在许多领域的应用激增，QNAR 模型有望对识别有预期性质的安全纳米颗粒的实验研究提供重要支持。然而，值得强调的是，这些模型需要大量可靠且一致的实验数据，其中 NPs 可以被一系列物理化学性质描述，并且这些性质可以在定义明确的实验中测量。以往 QSAR 研究，忽略了高分子材料、纳米材料和生物大分子材料。而 QNAR 是对 QSAR 模型适用范围的积极探索。

距离 1937 年 Hammett 发现取代基电子效应对苯衍生物反应的定量构效关系，已经过去 80 年。从朴素的线性超热力学关系（LFER），发展到广泛采纳成百上千种描述符的“黑箱”模型，QSAR 似乎离正统的物理化学原理越来越远，而与统计学和机器学习算法越来越密切。但是，计算化学理论方法的进展与人工智能的急速发展，又带来新的惊喜。再次审视第 3 章中列出的定态薛定谔（Schrödinger）方程，可以发现，应用量子化学计算软件，通常只需要给出一个分子的结构坐标（x，y，z），指定计算的关键词，就可计算得到拟预测的分子性质，当然这些分子性质也可以作为分子结构描述符来使用。从这个角度出发，可以写出如下的公式：

$$\text{拟预测变量 或 分子描述符} = \psi(\text{分子结构}) \tag{4-13}$$

这里 ψ 泛指量子化学方法。再结合 QSAR 的通式（4-12），得到

$$\text{拟预测变量} = f(\psi(\text{分子坐标})) = Q(\text{分子结构}) \tag{4-14}$$

对比式（4-13）和式（4-14），可以直观地看出，不论量子化学或 QSAR，都可表达为对分子结构的函数形式。因此，广义上看，量子化学也是一种 QSAR。总体上，量子化学基于薛定谔方程等数理方程的推导（透明或“白箱”模型），而 QSAR 则来自统计学方法或机器学习（“灰箱”或“黑箱”模型）。2017 年，基于深度学习技术的 AlphaGoZero，摒弃任何棋谱，“自学成才”，以 100∶0 的战绩完胜击败人类世界围棋冠军的 AlphaGo，再次引起全球瞩目。在人工智能时代，机器学习技术或许能不依赖于任何既有的理论推导，而独立地从海量化学性质数据中摸索出量子化学的真理。

4.1.3　QSAR 与 OECD 导则

对于化学品经济需求量巨大的国家、地区或国际组织，例如经济发展与合作组织（OECD），化学品风险评价与管理的需求非常强烈。而 QSAR 则适用于快速预测或填补化学品的环境危害性数据。尤其在实验测试、毒性实验的代价过高时，QSAR 常作为重要的非测试策略（non-test strategy）。

所预测数据的质量取决于 QSAR 模型的质量。为了规范 QSAR 的使用，避免产生无效预测或“垃圾”数据，OECD 于 2007 年发布了《关于 QSAR 模型构建和验证的导则》。该导则规定，用于化学品风险评价与管理的 QSAR 模型应该满足以下 5 个要求：①有明确的终点；②使用透明清晰的算法；③需要定义模型的应用域（application domain）；④建立的模型应该具备良好的拟合度、稳健性和预测能力；⑤易于进行机理解释。定义模型的应用域是为了避免 QSAR 模型的滥用。拟合度、稳健性和预测能力则表征着模型的效果。易于机理解释，则表达出了便于 QSAR 模型使用者理解和交流的意愿。发展 QSAR 模型的流程（k_{OH} 为拟预测变量为例）如图 4-1 所示。

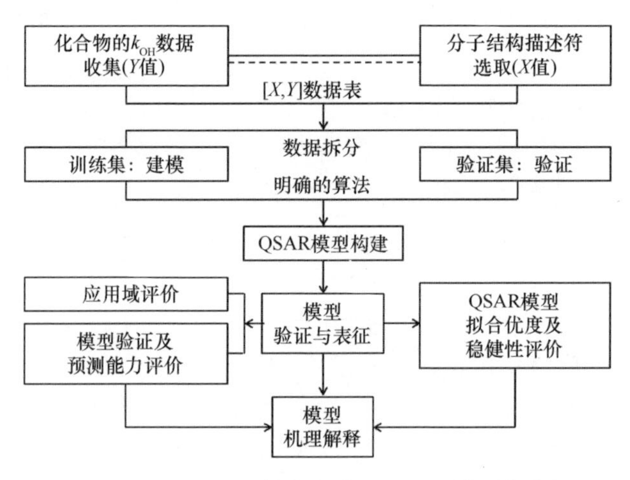

图 4-1　OECD 导则推荐的发展 QSAR 模型的流程

4.2　QSAR 模型的构建方法

4.2.1　数据集的获取及拆分

QSAR 模型的构建须基于现存的化学品理化性质、环境行为参数或生态毒理学效应的终点数据（Y 值）。终点数据的获得主要有四个来源：①相关文献资料；

②相关数据库（开源的或需要购买的）；③实验室测试结果；④高理论水平的量子化学计算数据。

从文献中，既能获得最新的实验结果，也能找到历史悠久的实验数据。文献中描述的实验方法和条件都是值得关注的，这些方面的差异可能会造成数据之间缺乏可比性。可以说，QSAR 研究的主要工作量集中在对数据的搜集和整理上。

人工提取文献数据是繁重而乏味的工作，一些大型数据库的建立，为获取数据提供了极大的便利。常用数据库包括：美国化学信息系统（CIS）、剑桥结构数据库（CSD）、欧洲的环境化学的数据和信息网（ECDIN）、美国的化合物基本性质数据库（CS ChemFinder）、美国国家标准与技术研究院（NIST）开发的 Chemistry WebBook 物性数据库以及美国国立卫生研究院（NIH）维护的 PubChem 数据库等。相比之下，我国在这些基础数据库建设方面很滞后。大型的基础数据库是国家科技的重要基础设施，我国在此方面亟待加强。

如果在文献或数据库中都找不到某类物质的数据，则可以考虑按照 OECD 或 EPA 的技术导则开展相关实验室测试。尽管实验室测试有着较高的可控性、规范性，但是仍然会受到实验人操作水平、实验室条件、质量控制等方面的干扰。

近年来，随着计算理论和方法的改进，量子化学计算的精度和准确性有显著提升。尤其对于一些实验难以测定的小分子的物理化学性质，完全可以通过高理论水平的量子化学计算得到。甚至，在不特别精准的理论水平计算得到的数据，也被用于补充 QSAR 学习的终点数据。这种以“算”养“算”的现象，是前所未有的。一方面，它暗示了机器从零开始“学习”量子化学规律的可能性；另一方面，它也必须遵循一定的限制，不宜滥用。

QSAR 建模需要大量的分子结构描述符。分子结构描述符除了可以使用实验测定值之外，更多可从软件计算得到。表 4-1 总结了一些可以用于分子结构描述符计算的软件。

这些软件所能计算的描述符类型互有重叠，其中 Dragon（7 版）是计算（非量子化学）分子描述符种类最多的商业程序。基于 2D 或 3D 分子结构可以计算种类繁多的描述符（如 WHIM，GETAWAY，RDF，GRIND，BCUT 描述符等），其中一些描述符表现为特定元素或分子碎片的计数（如组成类描述符），另一些描述符则借助图论和数学变换得到（拓扑描述符、2D/3D 自相关描述符），详细说明可以参考 Todeschini 和 Consonni（2009）所著的《化学信息学分子描述符》。

表 4-1 可用于计算分子结构描述符的部分软件

软件	分子结构描述符		发布者
	数目	类型*	
ADAPT	＞260	拓扑、几何、电子、物理化学性质 .	Jurs Research Group
ADMET predictor	297	组成、官能团计数、拓扑、E 状态、Moriguchi 描述符、Meylan 标识（flags）、分子轮廓、电子性质、3D 描述符、氢键、酸碱电离、量子化学描述符的经验估算	Simulations Plus
ADRIANA.Code	1244	全局物理化学，原子性质加权 2D、3D 自相关和 RDF，表面性质加权的自相关描述符	Molecular Networks
ALMOND	—	GRIND	Molecular Discovery
CODESSA	～1500	组成、拓扑、几何、电荷相关、半经验、热动力学	Codessa Pro
DRAGON	5270	组成、拓扑、2D 自相关、几何、WHIM、GETAWAY、RDF、官能团、2D 二元和 2D 频数指纹等	Kode srl
GRID	—	分子相互作用场	Molecular Discovery
ISIDA FRAGMENTOR	—	子结构碎片、性质标签碎片	Laboratoire d'Infochimie，Institut de Chimie，Université de Strasbourg，France
JOELib	＞40	计数、拓扑、几何等	University of Tübingen
MARVIN Beans	＞499	物理化学、拓扑、几何、指纹等	ChemAxon
MOE	＞300	拓扑、物理性质、结构键等	Chemical Computing Group
MOLCONN-Z	＞40	拓扑	eduSoft
Mold^2	779	组成、计数、2D 自相关、拓扑、物理化学性质等	National Center for Toxicological Research，US FDA
MOLGEN-QSPR	707	组成、拓扑、几何等	University of Bayreuth
MOPAC	—	半经验量子化学相关	Stewart Computational Chemistry
OpenBabel	—	电荷、分子指纹等（也作为其他软件的基础库）	O'Boyle et al.，2011 GNU General Public License version 2.0
PaDEL-Descriptor	863	组成、WHIM、拓扑、指纹	National University of Singapore
PowerMV	＞1000	组成、原子对、指纹、BCUT 等	National Institute of Statistical Sciences
PreADMET	955	组成、拓扑、几何、物理化学性质等	PreADMET
Sarchitect	1084	组成、2D 和 3D 描述符	Strand Life Sciences

*WHIM：weighted holistic invariant molecular（descriptors），加权的整体不变量分子（描述符）；GETAWAY：geometric topological and atomic weighted assembly，几何拓扑原子加权集合；RDF：radial distribution function，径向分布函数；GRIND：grid independent（descriptors），格栅非依赖（描述符）；BCUT：burden - CAS - University of Texas Eigenvalues，burden - CAS - 得克萨斯大学本征值。

另一类计算描述符的软件是量子化学软件。其中 MOPAC（Stewart，1990）是一个基于 NDDO 近似（Dewar and Thiel，1977）的半经验量子化学软件。支持半经验的 MNDO、AM1、PM3、PM6、MNDO-*d* 和 PM7 等方法，可以快速计算分子的量子化学参数，包括原子电荷、轨道能、偶极矩、极化率和分子 3D 尺度等。半经验量子化学软件计算速度快，可产生大量的分子描述符。随着计算性能的提升，GAUSSIAN（Frisch et al.，2009）、Spartan（http://www.wavefun.com/products/spartan.html）等支持从头算量子化学的软件也被用于计算特定体系的描述符。

终点数据（***Y***）与描述符数据（***X***）综合到一起，形成完整的 QSAR 数据集（[***Y***, ***X***]）。通常，数据集被拆分为训练集（training set）和验证集（testing set）两部分。训练集用于建立模型，因此训练集化合物结构应具有多样性，并涵盖所有验证集化合物的结构特性，使模型具有更强的泛化能力。验证集用于测试模型的稳健性和预测效果。常见的划分训练集与验证集的方法包括：

（1）随机划分（random sampling），即在样本点中以一定比例（如 4∶1）随机选取训练集和验证集。这种方法不能保证训练集化合物具有代表性。

（2）响应值排序（*Y*-ranking）法。该方法首先将预测变量（*Y* 值）由高到低排序，之后每隔 *n* 个化合物（*n* 代表训练集和验证集的化合物比例）选取一个进入验证集。这种方法只考虑化合物活性，没有考虑到化合物的结构特征。

（3）DUPLEX 方法。该方法步骤如下：首先计算全部化合物中任意两个化合物的描述符向量的欧几里得距离，将距离最大的两个化合物选入训练集；在剩下的化合物中，距离最大的两个化合物选入验证集；剩余的化合物中，与已经选入训练集化合物的距离最大的选入训练集；剩余的化合物中，与已经选入验证集化合物的距离最大的选入验证集；重复以上两步，直到达到指定的验证集化合物数量。该方法只考虑化合物之间的距离，没有考虑化合物活性。

（4）主成分分析（principal component analysis，PCA）法。该方法首先提取原始自变量的主成分，通过观察各个化合物在主成分的三维空间分布情况，人为地选取训练集和验证集，使训练集和验证集在自变量空间能够均匀分布。该方法也没有考虑化合物活性。

除此之外，划分方法还包括 D 最优化实验设计（D-optimal experimental design）、自组织映射（self organization map，SOM）等。但无论是采用何种划分方法，对训练集的拟合能力或许有提高，但是对于验证集的预测能力未必有显著影响。

4.2.2　分子结构描述符与拟预测变量关系的揭示

在具备 *Y* 值和 *X* 值之后，通常需要借助统计学分析或机器学习算法来寻找二者之间的关系。一元线性回归假定所模拟的关系为一条直线。确定回归系数的常用方法是，使用最小二乘法把残差平方和降到最小。而非线性一元回归，例如指数回归则很少被使用。当采用大于 1 个的描述符进行建模时，多元线性回归

（multivariate linear regression，MLR）被认为是所有回归方法中最具透明度的算法。MLR 一般要求自变量之间不存在明显的自相关性。如果任意两个变量线性相关系数很高，就会产生多重共线性（multicollinearity）问题。多重共线性会引起最小二乘回归系数误差增加，对样本数据的微小变化非常敏感，对应自变量的统计学显著性降低。可以使用方差膨胀因子（variance inflation factor，VIF）诊断多重共线性。一般 VIF 大于 10（更严格的标准为 5），说明该自变量与其他变量存在严重的多重相关性。此外，MLR 模型还须警惕过拟合（overfitting）现象。即模型中的自变量数目足够多时，对训练集的拟合效果近乎完美，但是模型对外部验证集的预测能力却非常糟糕。通常情况下使用的自变量数目不宜超过样本数的 1/5。

主成分分析（PCA）是一种常用的数据降维方法。PCA 采用正交变换的手段，将大量（线性）相关的变量转化为少数线性无关的变量，即主成分（PC），同时尽可能地保留原始数据集的信息。用主成分进行回归分析的方法被称为主成分回归（principal component regression，PCR）。此外，偏最小二乘法（partial least square，PLS）是 MLR 和 PCR 的结合，PLS 方法适用于描述符之间存在多重共线性情形。

支持向量机（SVM）是一类可用于分类和回归的机器学习算法。SVM 致力于在多维空间中找到一个能将全部样本单元分成两类的最优平面。这一平面应使两类中距离最近的点间距尽可能大，在间距边界上的点称为支持向量。对于线性可分的数据情况，也就是类别可以通过一条线或者一个平面完全划分的数据，最优平面就是两个数据点外边界之间最短距离直线的垂直平分线。SVM 也可以通过核函数将非线性可分的数据映射到一个更高维的空间中，从而将非线性关系转化成可线性分割的关系。常用的核函数包括线性函数、多项式函数、径向基函数等。

以上模型中 Y 和 X 值的集合，均可视为（高维）几何空间中的点。同时，借助直线、平面和距离这些几何概念，就可以直观地对这些模型做出解释，因此，也有人将上述模型划分到几何模型这一大类之中。

逻辑回归（logistic regression）是因变量只有 0 和 1 两个取值的线性模型。在逻辑回归中，输入特征按照线性的比例进行缩放后，产生的结果作为输入传递给逻辑函数。这个函数对该输入进行非线性变换，使输出范围处于区间[0，1]内，大于 0.5 的结果被分类为 1，反之为 0。有意思的是，逻辑回归虽然称为“回归”，但是却是一个分类模型。

决策树（decision tree）的建立使用一种称为递归划分的探索法。这种方法也通常称为分而治之，因为它将数据分解成子集，然后反复分解成更小的子集，依次类推，直到算法决定数据内的子集足够均匀或者另一种停止准则已经满足时，该过程才停止，最终得到的叶节点即是学习划分的类。基于决策树，人们又发展了随机森林（RF）算法。RF 对数据集中的化合物和变量进行抽样，生成大量决策树。生成的所有决策树都对每一个化合物进行分类，最终预测结果由预测类别中的众数决定。RF 不容易过拟合，且可以计算变量的相对重要程度，具有筛选描述符的功能。

人工神经网络（ANN）是一种旨在模仿人脑功能的信息处理系统，它是一种既能解决回归又能解决分类问题的非线性方法。人工神经网络包括 3 层，输入层、输出层和位于它们之间的隐藏层，包含至少两个隐藏层的神经网络被称为深度神经网络。在神经网络中，每一层都将前一层的输出看作是本层的输入。每一层都对输入数据进行分层次的学习，从前一层的输出提取高维特征作为下一层的输入。对原始数据进行变换并产生新的特征也是深度神经网络与其他学习方法的区别。隐藏层中的节点称为神经元，每个神经元都包含一个激活函数和一个阈值，阈值是输入激活神经元所必需的最小值。激活函数的数量很多，几乎所有的非线性函数都可以充当激活函数，例如双曲正切函数、矫正线性函数等。

与传统的回归/分类方法相比，模糊聚类和回归（fuzzy clustering and regression）可以处理寻找属于确定类别的目标物的概率问题，而不是根据硬性限制（yes/no decisions）来分类（Friederichs et al.，1996）。此外，*k* 近邻算法（*k*-nearest neighbor，*k*NN）是一种根据特征空间（描述符空间）中最接近的样本进行分类的方法。具体来说，它使用训练集中 *k* 个近邻化合物来分类未知化合物。选定 *k* 之后，该算法需要已知类别的数据集作为训练集，然后，对于测试集中未知类别的化合物，*k*NN 确定训练集中与该化合物相似度最近的 *k* 个化合物，将测试集中未知类别的化合物分配到 *k* 个近邻化合物中占比最大的类中。

随着人工智能时代快速来临，将来或许还会有更稳健和高效的机器学习算法被开发出来。这些算法和技术也将进一步推动环境计算化学或计算毒理学的理论发展和实践应用。

4.3　QSAR 模型的验证、表征与登记

4.3.1　模型验证与应用域

模型的稳健性是与模型拟合不足或过度拟合问题紧密相连的。内部验证（internal validation）方法可用于评价模型的稳健性。交叉验证（cross validation）是一种常见的内部验证手段。其中，去多法（leave-many-out，LMO）将初始训练集中的 n 个数据点平均分成大小为 m（$m = n/G$）的 G 个子集。然后每次去除 m 个

数据点，采用剩下的 $n-m$ 个数据点作为训练集重新建模并验证由 m 个数据点构成的验证集。对于回归模型的验证，经 G 次计算，得到交叉验证系数 Q^2_{CV}，其被用来表征模型的稳健性和预测能力。Q^2_{CV} 的定义为

$$Q^2_{\text{CV}} = 1 - \frac{\sum_{i=1}^{n}(\hat{y}_i^{(n-m)} - y_i)^2}{\sum_{i=1}^{n}\left(y_i - \overline{y}^{(n-m,i)}\right)^2} \tag{4-15}$$

式中，$\hat{y}_i^{(n-m)}$ 表示 $n-m$ 个化合物所得到的模型对被剔除的第 i 个化合物活性的预测值；$\overline{y}^{(n-m,i)}$ 表示 $n-m$ 个化合物（i 包含于剔除的 m 个化合物中）活性实测值的平均值。如果 Q^2_{CV} 大于 0.5，模型比较稳健；如果 Q^2_{CV} 大于 0.9，则模型的稳健性非常好。

另外一种交叉验证是去一法（leave-one-out，LOO），其具体过程与去多法相似，区别仅在于 $m=1$。统计学理论证明，在变量选择方面，去多法比去一法好，主要是因为去一法以及 m 值较小的去多法比 m 值较大的去多法容易包含更多的（潜在）变量信息，导致模型过度拟合，对验证集的预测能力下降。

自举法（bootstrapping）首先从原始数据中随机选择 m 个数据点，建模并预测其他未被选择的化合物。重复 G 次，得到 Q^2_{CV} 的平均值，平均值较高，表明模型的稳健性较好。Y 的随机性（scrambling）检验也是一种广泛用于表征模型稳健性的统计方法。随机调整因变量 Y 形成新矩阵，然后采用原来的自变量矩阵建立模型，重复 50～100 次，得到基于随机数据模型的 R^2_{adj} 和交叉验证系数 Q^2_{CV} 值。如果这些值都比较低，则证明原模型的稳健性比较好，反之，表明模型的稳健性较差。此外，对数据集进行随机划分，训练集用于建模，验证集用于对模型进行外部验证（external validation），能够进一步检验模型的应用效果。

QSAR 模型的离群点是指落在回归线的置信区间外的数据点（化合物）。统计学上，离群点有多种定义方法。QSAR 模型中经过交叉验证的标准残差大于 3 倍标准偏差单位的化合物为离群点。

每一个 QSAR 模型需定义离群点，同时需要提供它们为何为离群点的理由。通常情况下，在 QSAR 研究中影响模型质量的离群点有三类。第一类离群点是在因变量 Y 轴，这些值脱离 y 值正常分布的区域，导致平方和产生大的误差。如果有一些离群点没有遮蔽效应，则可利用稳健回归方法（robust regression methods）来处理这类问题。第二类离群点是在预测值或自变量 X 轴。这类离群点远离样本

数据的整体分布。当 QSAR 数据受用于建立模型的杠杆点干扰时，一个微小的偏差就会导致该模型大的波动。第三类离群点，也称作模型的离群点，只能在建立回归模型之后发现。它呈现出 X 和 Y 之间不同的关系。模型离群点是广泛存在于 QSAR 数据集中一类特殊的离群点，归因于 QSAR 研究中不同的分子结构。一般情况下，模型中标准残差绝对值$|\delta|$大于 3 的化合物为离群点。δ 计算公式如下：

$$\delta = \frac{y_i - \hat{y}_i}{\sqrt{\sum_{i=1}^{n}\left(y_i - \hat{y}_i\right)^2 / (n-p-1)}} \tag{4-16}$$

式中，$\hat{y}_i$ 和 y_i 分别是第 i 个数据点的预测值和实验值；n 是数据集的个数；p 是自变量（描述符）的个数。

用于表征回归类 QSAR 模型的统计评价指标包括决定系数（R^2）和经自由度调整后的决定系数（R_{adj}^2）、均方根误差（RMSE）等。在判定一个线性回归模型的拟合优度时，R^2 是一个重要的判定指标，体现了回归模型所能解释的因变量变异的百分比。然而，如果引入多余的预测变量则会导致较低的自由度，虽然 R^2 较高，但是模型的预测能力较差。所以常采用经自由度调整后的决定系数（R_{adj}^2），其定义式如下：

$$R_{\text{adj}}^2 = 1 - \frac{\sum_{i=1}^{n}\left(y_i - \hat{y}_i\right)^2 / (n-p-1)}{\sum_{i=1}^{n}\left(y_i - \overline{y}\right)^2 / (n-1)} \tag{4-17}$$

式中，y_i 和 $\hat{y}_i$ 分别为第 i 个化合物活性的实测值和预测值；$\overline{y}$ 为化合物活性实测值的平均值；n 为训练集化合物的个数；p 为自变量（描述符）的个数。决定系数值越大，拟合优度越好。

均方根误差（RMSE）是衡量模型预测精度的常用参数，依赖于环境指标的数据范围和分布，并受离域点的影响，其定义为

$$\text{RMSE} = \sqrt{\frac{\sum_{i=1}^{n}\left(y_i - \hat{y}_i\right)^2}{n}} \tag{4-18}$$

式中，y_i 和 $\hat{y}_i$ 分别为第 i 个化合物活性的实测值和预测值；n 为训练集化合物的个数。

对于拟预测变量为类别变量的情形，则需要通过混淆矩阵（confusion matrix）等指标来判断其预测性能。混淆矩阵是一个二维表，该表的第一个维度表示预测类别，第二个维度表示真实类别，见图 4-2。

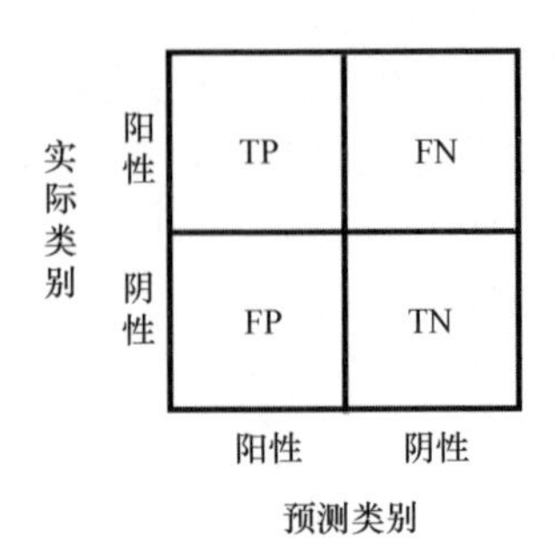

图 4-2　混淆矩阵（TP：真阳性，FN：假阴性，FP：假阳性，TN：真阴性）

正确的预测类别位于混淆矩阵的对角线上。反对角线上的元素表示错误的预测。模型性能评价方式主要考虑模型从所有分类中识别出某个分类的能力。对于二维混淆矩阵，若将分类定义为阳性和阴性，则存在：真阳性（true positive，TP），正确分类为阳性的类别；真阴性（true negative，TN），正确分类为阴性的类别；假阳性（false positive，FP），错误分类为阳性的类别；假阴性（false negative，FN），错误分类为阴性的类别。根据混淆矩阵，可以计算模型性能的常用评价指标有

$$\text{准确率} = (TP + TN)/(TP + TN + FP + FN) \tag{4-19}$$

$$\text{灵敏度} = TP/(TP + FN) \tag{4-20}$$

$$\text{特异性} = TN/(TN + FP) \tag{4-21}$$

$$\text{平衡准确率} = (\text{灵敏度} + \text{特异性})/2 \tag{4-22}$$

其中，准确率（accuracy）表示所有预测值中分类正确的比例；灵敏度（sensitivity）指阳性类别中被分类正确的比例；特异性（specificity）指阴性类别中被分类正确的比例；平衡准确率是灵敏度和特异性的平均值。许多机器学习模型会计算预测类别的概率，凭借概率区分预测结果的类别。例如，预测值的概率超过了某个阈值，就将其分类为阳性，反之为阴性。

受试者工作特征（receiver operating characteristic，ROC）曲线是另一个表征二元分类器效果的重要手段。ROC 曲线的纵轴表示真阳性的比例（灵敏度），横轴表示假阳性的比例（1–特异性）。它是一种利用不同阈值描述真阳性比例和假阳性比例变化的曲线，具体来说，对角线上的虚线代表没有预测价值的模型，对阳性和阴性类别没有区分能力；穿过了 100%真阳性和 0%假阳性构成的曲线代表完美模型，可以完美区分阳性和阴性类别；大部分实际模型的曲线位于没有预测价值模型和完美模型曲线之间，也就是图 4-3 中的实线代表的模型。模型曲线越接近完美模型曲线，表示该模型对阳性的预测能力越好。由于完美模型曲线下面积为 1，所以可以使用 ROC 曲线下面积（area under the ROC curve，AUC）比较不同模型的预测能力，也就是 AUC 越接近 1 的模型，阳性预测能力越强。

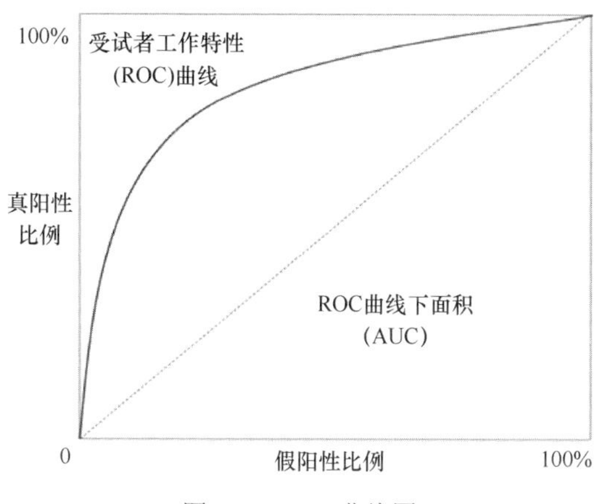

图 4-3　ROC 曲线图

定义 QSAR 模型的应用域是为了将模型应用到更适合该模型的化学物质上。应用域反映了预测模型的普遍化程度，应用域越小，模型可以预测的化合物越有限。直观的应用域可以采用基于范围的方法定义。例如，考虑用于建模的单个描述符的范围。该方法通过边界框定义应用域，边界框是在模型中每个描述符的最大值和最小值的基础上定义的高维空间超矩形。边界框不能定义数值空间的空区域，并且不能考虑描述符之间的相关性。基于距离的方法是通过计算训练集数据描述符空间中化合物到定义点的距离，来定义应用域。然后，再将定义点和数据集之间计算的距离与预先定义的阈值进行比较。然而，关于预先定义的阈值，没有严格的规则，取决于模型使用者是否选取合适的定义阈值。

对应用域的表征，可以从建立模型所使用描述符的角度来展开，即训练集化合物所覆盖的描述符空间的组合，也称之为描述符域。训练集的选择会直接影响模型描述符的空间范围。其次，考虑训练集和预测集化合物之间的结构相似性，得到结构域。结构域是基于分子相似性概念的，对于预测来讲，与训练集化合物分子相似性高的化合物会比相似性低的化合物得到更准确的预测结果。有些情况下，模型的结构相似性是基于经验知识或假定的作用模式的。所以，基于不同的定义结构相似性的方法，可能得到不同的结构域。

分子结构描述符包含在模型的描述符空间中，并且其结构与训练集化合物的结构相似，这两个条件是判断化合物是否处于模型应用域之中的必要条件。然而满足这两个条件并不能确保预测的可靠性和正确性，还需要引入机理域的概念，即测试集化合物的化学反应或毒性作用机理应该与训练集化合物相一致。机理域的定义通常需要描述分子的亚结构，并认为分子结构类似的物质具有类似的反应或毒性机理。机理域是保证模型预测准确度和精确度的最严格标准。

此外，如果在毒性作用过程中发生了新陈代谢，那么还应该从模拟代谢的角度定义代谢域。忽略代谢作用会给毒理作用指标的判断带来困难，这也是传统的QSAR模型中经常出现的问题。

综上，可从四方面来表征模型的应用域：①描述符变化范围；②结构相似性；③机理相似性；④新陈代谢。这四方面的交集，构成了QSAR模型最保守的应用域。在实际应用中，可根据QSAR模型实验数据的质量、所模拟的环境指标与实际应用目标，确定QSAR应用域的最佳表征方式。

4.3.2 QSAR的登记

为促进QSAR模型的发展和应用，应该建立登记制，规范管理现有模型。目前尚没有统一的登记格式，根据Cronin和Schultz（2003）的建议，QSAR的登记需要遵循以下几点原则：①列出用于建立QSAR模型的所有环境指标数据，促进建立透明的模型并降低模型滥用的危险，也利于进行其他研究；②列出QSAR模型中重要的物理化学描述符；③对化合物结构进行全部描述，列出IUPAC（International Union of Pure and Applied Chemistry）名、SMILES（simplified molecular-input line-entry system）号或CAS（Chemical Abstracts Service）号等相关信息。所登记的QSAR模型，必须要有相应的拟合检验、稳定性分析。同时根据管理决策的具体需求，制定模型不确定性的接受水平（考虑实验数据的变化），平衡模型预测准确度与应用域之间的关系。

4.4 QSAR工具包、数据库与软件平台

4.4.1 美国EPA开发的EPI Suite软件

EPI（Estimation Programs Interface）Suite™是基于Windows操作系统的物理化学性质和环境行为参数预测程序，由美国EPA和SRC（Syracuse Research Corp）开发建立。EPI Suite™具有众多的子模块（图4-4）。其中，KOWWIN™模块使用原子/碎片结构方法，可估算化合物的正辛醇/水分配系数的对数（$\log K_{OW}$）。AOPWIN™模块可估算气相中化学品与羟基自由基的反应速率常数、烯烃和炔烃的臭氧反应速率常数，另外还可判断硝酸根自由基反应的重要性，并使用估计的羟基自由基和臭氧平均浓度预测每一个化合物的大气半减期。HENRYWIN™模块使用基团贡献法和键贡献法，可计算亨利定律常数（空气/水分配常数）。MPBPVP™模块使用了一种综合的方法，可估算有机化学品的熔点、沸点和蒸气压。BIOWIN™模块使用了7种不同的模型，可估算有机化学品的需氧和厌氧微生物降解性。BioHCwin模块可用于估算仅含有碳氢原子化合物的生物降解半减期。KOCWIN™

模块可用于估算土壤和沉积物有机碳归一化吸附系数（K_{OC}）。WSKOW^{TM} 模块利用 KOWWIN^{TM} 模块估算的 $\log K_{OW}$，来估算化合物的水溶解度（S_W）。WATERNT^{TM} 模块直接使用碎片常数方法来估算化学品的 S_W，也能预测鱼体内表观代谢半减期，估算三个营养级物种的生物富集因子（bioconcentration factor，BCF）和生物积累因子（bioaccumulation factor，BAF）。HYDROWIN^{TM} 模块可估算酯类、氨基甲酸盐、环氧化合物、卤代甲烷、部分烷基卤化物和磷酸酯化合物的水解速率常数和半减期，以及酸催化和碱催化的水解速率常数。KOAWIN 模块可估算正辛醇/空气分配系数（K_{OA}）。AEROWIN^{TM} 模块可估算气相污染物吸附到空气颗粒物上的比例。WVOLWIN^{TM} 模块可估算一种化学品从河流和湖泊中挥发的速率，预测挥发半减期。STPWIN^{TM} 模块可预测一种化学品在特定的基于活性污泥的污水处理厂的去除率。LEV3EPI^{TM} 模块包含了一个III级多介质逸度模型，可预测默认环境稳态条件下化学品在空气、土壤、沉积物和水之间的分配。ECOSAR^{TM} 模块可估算工业化学品的水生毒性，包括对鱼、水生无脊椎生物和绿藻在内的水生生物的急性毒性和慢性毒性等。

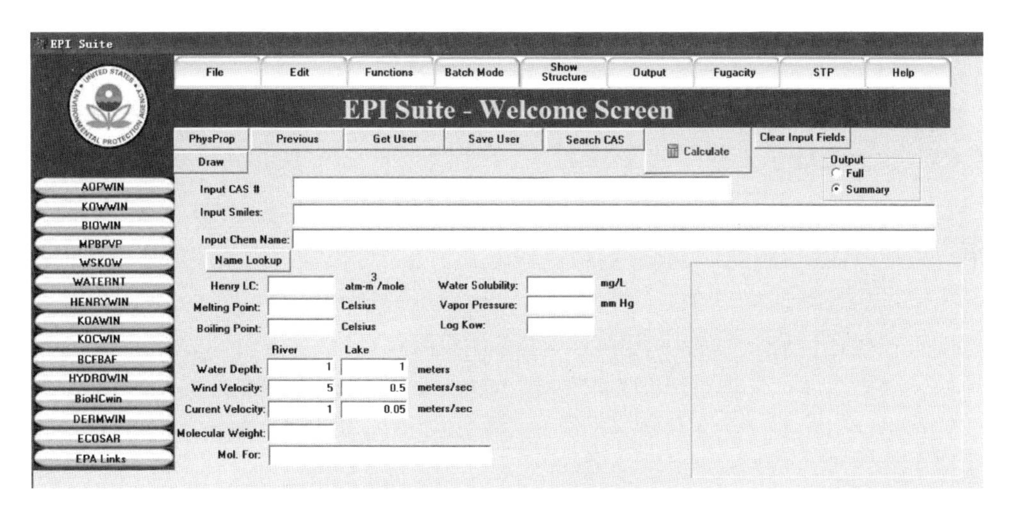

图 4-4　EPI Suite 界面截图

4.4.2　OECD 开发的 QSAR 工具包

OECD(Q)SAR 应用工具包第一版于 2008 年 3 月发布，获取网址为 www.oecd.org/env/existingchemicals/qsar。用户可以通过(Q)SAR 工具包对化学品分类，并通过交叉参照（read across）、趋势分析和/或外部的(Q)SAR 填补数据空缺。该工具包主要包括六个模块（图 4-5）：化合物输入（Input）模块，包括输入目标化合物的几种方式；概要分析（Profiling）模块，检索并统计目标化合物的相关信息；类别定义（Category Definition）模块，用户可通过几种方法把包括目标分子在内的化合物按照（生态）毒性进行分类；数据空缺填补（Data Gap Filling）模块，用户可对没有实验数据的化合物进行指定终点的预测；报告（Report）模块，提供给用户整个工具包的预测报告。

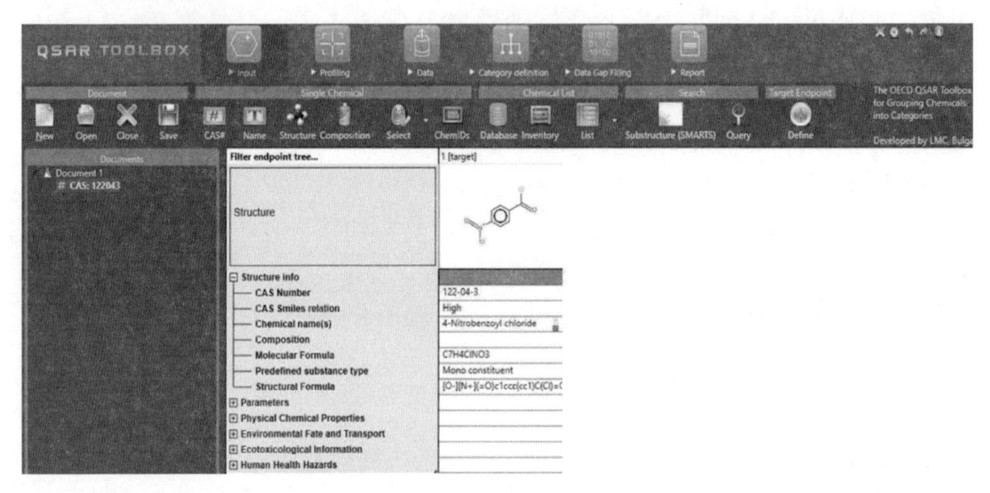

图 4-5　OECD QSAR 工具包界面截图

4.4.3　预测毒理学软件平台（CPTP）

该预测系统集成的 QSAR 模型是由大连理工大学预测毒理学研究团队构建，所有模型都依据 OECD 导则进行验证和表征。用户可以通过该系统高通量地预测有机化学品的物理化学性质、环境行为参数和毒理学参数。基于这些参数，用户可以有效地评价化学品的环境暴露、危害性和风险，快速筛选出具有高度关注特性如环境持久性、生物蓄积性和毒性的化学品。该平台可预测化学品的理化属性、迁移转化行为参数、毒性参数等，例如正辛醇/空气分配系数（$\log K_{OA}$）、过冷液体蒸气压（$\log P_L$）、生物富集因子（logBCF）、土壤/沉积物吸附系数（$\log K_{OC}$）、微生物降解性（BDG）、气相羟基自由基温度依附反应速率常数（$\log k_{OH}$_T）、气相羟基自由基反应速率常数（$\log k_{OH}$）、气相臭氧反应速率常数（$\log k_{O_3}$）、甲状腺素干扰效应（logRP）等。

4.5　QSAR 面临的挑战与展望

在欧盟推出 REACH 法规后，非测试策略因其简单快速的特性而成为企业最热衷的填充毒性数据的手段。然而，部分毒理学者，如 Reuschenbach 等（2008）

发现基于 QSAR 的水生生物毒性工具包 ECOSAR 的毒性预测效果仍不令人满意。QSAR 仍然有发展和改善的空间，下面分析一下 QSAR 面临的挑战和展望。

机理越透明，QSAR 预测的可靠性也就越好。例如预测化学品的物理化学性质时，QSAR 的预测准确性最好；对于麻醉毒性等机制不太复杂的急性毒性，或生物富集因子等与化学品物理化学性质有显著线性关系的参数时，QSAR 也具有较好的预测效果；然而，对遗传毒性、致癌性等机制复杂的慢性毒性效应，QSAR 的预测效果显著下降（Richard，2006）。究其原因，一方面，从化学品分子结构导出的分子描述符，无法全面体现化学物质与生物大分子的相互作用以及后续的复杂响应过程。另一方面，化学品导致的慢性毒性效应具有较长的时间跨度，其深层的机理不尽相同，可能并不具备机器学习理论假定存在的关联模式，因而用分子描述符强行映射 *in vivo* 毒性终点得到的结果也将是不可信赖并难以接受的。毒性通路（toxicity pathway）概念的提出，则有助于梳理出特定的毒性作用模式，从而根据相对透明的机理构建 QSAR 模型。在有害结局通路（adverse outcome pathways，AOPs）框架中，QSAR 被用于明确分子事件的定性筛选和定量预测，其机理透明性和预测效果都会有显著的提升（Patlewicz et al.，2014）。总之，在构建或使用 QSAR 模型之前对化学品聚类，针对作用模式明确的毒性终点建模，本质上都在降低化学空间与生物学空间复杂性，提升发现规律的机会。

QSAR 可以借鉴计算化学结果，筛选描述符来预测分子性质。例如，利用 QM/MM 方法模拟人体运甲状腺受体蛋白与含卤素有机物结合机制，据此可设定明确的描述符来预测化学品的内分泌干扰性（Yang et al.，2013）。同时，QSAR 可以将耗时的计算化学模型输出结果转化为规律性的经验，提升模型预测速度/通量和应用能力，例如，Rydberg 与 Olsen 等（Olsen et al.，2006；Rydberg，2012；Rydberg et al.，2010；Rydberg et al.，2008a，b）提炼了量子化学计算 P450 酶活性中心与多类配体反应的规律，开发出基于网络端的 SMARTCyp（http://www.farma.ku.dk/smartcyp/），其能够快速准确地预测代谢位点及氧化反应活化能。此外，通过适当简化分子力学方法也可以实现虚拟高通量筛选（virtual high throughput screening，v-HTS），如药物设计领域常用的打分函数（Wang et al.，2003）、比较分子力场方法（Cramer et al.，1988）与分子对接（Guedes et al.，2014），这都与 QSAR 尤其是 3D-QSAR（3Dimension-QSAR）（Dixon et al.，2006）的研究领域有所交叉。在计算化学视角下，QSAR 模型的机理透明性及预测能力都得到了显著提升。

覆盖化学-生物学空间的分子结构描述符体系有助于改善 QSAR 模型的预测性与机理性。现有的描述符种类冗杂，大部分描述符没有明确的物理意义，严重限制了 QSAR 模型对毒性机理的启示。Thomas 等（2012）指出，分子结构描述符生成软件仅适用于种类有限的有机化合物。然而，许多重金属（无机物）及其烷基化衍生物（有机金属化合物、配合物）都具有毒性，以有机金属化合物为例，此类化合物含有金属内核与若干有机分子碎片，会被描述符生成软件误解为混合物，从而不能为其产生描述符。另一方面，化学品往往与特定的溶剂形成混合体系，也可能吸附于环境、生物大分子表面或空腔内，真实环境条件下，“溶剂效应”会影响化学分子的性质。以可电离物质为例，其不同电离形态的生物化学活性、环境行为参数（Wei et al.，2013）都有差别，应该分别予以考虑。此外，纳米颗粒物的 QSAR 研究近年来日趋得到重视，但是描述和表征纳米颗粒物的结构仍是一个挑战（Puzyn et al.，2011）。综上，现有描述符体系所构建的 QSAR 模型不能覆盖管理者所关注的化学品空间，势必会限制 QSAR 模型的应用。因此，有必要开发新的描述符体系，合理地表征分子解离状态、无机化合物、有机金属化合物以及纳米尺度的颗粒物，同时还需兼顾便捷性和实用性。

另一方面，将描述符体系拓展至化学-生物学空间，就可能对特定毒性通路中的生物大分子做出描述，从而提升 QSAR 模型的预测效果。例如药物设计领域所发展的基于受体蛋白结构的打分函数与比较分子力场方法，被广泛用于定量评估化学分子与生物大分子的结合能力；又如 HTS 产生的 *in vitro* 数据本质上为化学-生物学的交互，因此也被用作追加描述符，与传统的化学描述符一同用于预测 *in vivo* 毒性，形成所谓“定量结构 *in vitro-in vivo* 关系”（quantitative structure *in vitro-in vivo* relationship，QSIIR）（Sedykh et al.，2011）。然而，Thomas 等（2012）采用多种统计分类方法，结合分子描述符与 ToxCast 数据库中上百种 *in vitro* 毒性数据，针对 60 种 *in vivo* 毒性数据所构建的 QSIIR 模型，其预测性与稳健性均不令人满意。因此 *in vitro* 数据或许并不适合直接作为表征生化信息的描述符。尽管如此，纳入 *in vitro* 测试数据仍然代表了一种将描述符空间从化学延伸到生物空间的原创性探索。

得益于多元统计理论的完善与机器学习技术的快速发展，相应的数值回归与分类方法非常丰富，在化学品环境行为与毒性“大数据”时代，消耗计算资源少、处理速度快、理论体系愈发成熟的 QSAR 技术，仍将长期在化学品风险评价领域发挥重要作用（Cherkasov et al.，2014；Zhu et al.，2014）。此外，研发“既有更优良的性能（如药效、阻燃性、黏合力等），又有更低的危害”的理想化学品（Voutchkova et al.，2010），也可以借助于 QSAR 技术，其本质都是揭示化学品结构与其性能间的关系。

参考文献

Abraham M H, Ibrahim A, Zissimos A M. 2004. Determination of sets of solute descriptors from chromatographic measurements. Journal of Chromatography A, 1037(1-2): 29-47.

Cherkasov A, Muratov E N, Fourches D, Varnek A, Baskin I I, Cronin M, Dearden J, Gramatica P,

Martin Y C, Todeschini R, Consonni V, Kuz'min V E, Cramer R, Benigni R, Yang C, Rathman J, Terfloth L, Gasteiger J, Richard A, Tropsha A. 2014. QSAR modeling: Where have you been? Where are you going to? Journal of Medicinal Chemistry, 57(12): 4977-5010.

Cramer R D, Patterson D E, Bunce J D. 1988. Comparative molecular-field analysis (CoMFA).1. Effect of shape on binding of steroids to carrier proteins. Journal of the American Chemical Society, 110(18): 5959-5967.

Cronin M T D, Schultz T W. 2003. Pitfalls in QSAR. Journal of Molecular Structure: Theochem, 622(1-2): 39-51.

Dewar M J S, Thiel W. 1977. Semiempirical model for 2-center repulsion integrals in NDDO approximation. Theoretica Chimica Acta, 46(2): 89-104.

Dixon S L, Smondyrev A M, Knoll E H, Rao S N, Shaw D E, Friesner R A. 2006. PHASE: A new engine for pharmacophore perception, 3D QSAR model development, and 3D database screening: 1. Methodology and preliminary results. Journal of Computer-Aided Molecular Design, 20(10-11): 647-671.

Fourches D, Pu D, Tassa C, Weissleder R, Shaw S Y, Mumper R J, Tropsha A. 2010. Quantitative nanostructure-activity relationship modeling. ACS Nano, 4(10): 5703-5712.

Friederichs M, Franzle O, Salski A. 1996. Fuzzy clustering of existing chemicals according to their ecotoxicological properties. Ecological Modelling, 85(1): 27-40.

Frisch M J, Trucks G W, Schlegel H B, Scuseria G E, Robb M A, Cheeseman J R, Scalmani G, Barone V, Mennucci B, Petersson G A, Nakatsuji H, Caricato M, Li X, Hratchian H P, Izmaylov A F, Bloino J, Zheng G, Sonnenberg J L, Hada M, Ehara M, Toyota K, Fukuda R, Hasegawa J, Ishida M, Nakajima T, Honda Y, Kitao O, Nakai H, Vreven T, Montgomery J A, Peralta J E J, Ogliaro F, Bearpark M, Heyd J J, Brothers E, Kudin K N, Staroverov V N, Kobayashi R, Normand J, Raghavachari K, Rendell A, Burant J C, Iyengar S S, Tomasi J, Cossi M, Rega N, Millam J M, Klene M, Knox J E, Cross J B, Bakken V, Adamo C, Jaramillo J, Gomperts R, Stratmann R E, Yazyev O, Austin A J, Cammi R, Pomelli C, Ochterski J W, Martin R L, Morokuma K, Zakrzewski V G, Voth G A, Salvador P, Dannenberg J J, Dapprich S, Daniels A D, Farkas O, Foresman J B, Ortiz J V, Cioslowski J, Fox D J. 2009. Gaussian 09, revision A. 02, Wallingford, CT: Gaussian Inc.

Fujita T, Hansch C, Iwasa J. 1964. A new substituent constant, π, derived from partition coefficients. Journal of the American Chemical Society, 86(23): 5175-5180.

Ghose A K, Crippen G M, Revankar G R, McKernan P A, Smee D F, Robins R K. 1989. Analysis of the *in vitro* antiviral activity of certain ribonucleosides against para-influenza virus using a novel computer-aided receptor modeling procedure. Journal of Medicinal Chemistry, 32(4): 746-756.

Guedes I A, Magalhaes C S, Dardenne L E. 2014. Receptor-ligand molecular docking. Biophysical Reviews, 6(1): 75-87.

Hammett L P. 1936. The effect of structure upon the reactions of organic compounds. Benzene derivatives. Journal of the American Chemical Society, 59(1): 96-103.

Hansch C, Fujita T. 1964. ρ-σ-π Analysis. A method for the correlation of biological activity and chemical structure. Journal of the American Chemical Society, 86(8): 1616-1626.

Hansch C, Leo A J. 1979. Substituent constants for correlation analysis in chemistry and biology. John Wiley & Sons Inc.

Hansch C, Leo A, Taft R W. 1991. A survey of hammett substituent constants and resonance and field parameters. Chemical Reviews, 91(2): 165-195.

Hansch C, Maloney P P, Fujita T. 1962. Correlation of biological activity of phenoxyacetic acids with hammett substituent constants and partition coefficients. Nature, 194(4824): 178-180.

Kamlet M J, Abboud J L M, Abraham M H, Taft R W. 1983. Linear solvation energy relationships. 23. A comprehensive collection of the solvatochromic parameters, π^*, α, and β, and some methods for simplifying the generalized solvatochromic equation. Journal of Organic Chemistry, 48(17): 2877-2887.

Mu Q, Jiang G, Chen L, Zhou H, Fourches D, Tropsha A, Yan B. 2014. Chemical basis of interactions between engineered nanoparticles and biological systems. Chemical Reviews, 114(15): 7740-7781.

OECD. 2007. Guidance document on the validation of (quantitative) structure activity relationships (Q)SAR models, Technical Report for OECD Environment, Health and Safety Publications Series on Testing and Assessment No. 69. Organization for Economic Co-operation and Development: Paris. https://www.oecd-ilibrary.org/environment/guidance-document-on-the-validation-of-quantitative-structure-activity-relationship-q-sar-models_9789264085442-en.

Olsen L, Rydberg P, Rod T H, Ryde U. 2006. Prediction of activation energies for hydrogen abstraction by cytochrome P450. Journal of Medicinal Chemistry, 49(22): 6489-6499.

Patlewicz G, Kuseva C, Kesoya A, Popova L, Zhechev T, Pavlov T, Roberts D W, Mekenyan O. 2014. Towards AOP application—Implementation of an integrated approach to testing and assessment (IATA) into a pipeline tool for skin sensitization. Regulatory Toxicology and Pharmacology, 69(3): 529-545.

Puzyn T, Rasulev B, Gajewicz A, Hu X, Dasari T P, Michalkova A, Hwang H-M, Toropov A, Leszczynska D, Leszczynski J. 2011. Using nano-QSAR to predict the cytotoxicity of metal oxide nanoparticles. Nature Nanotechnology, 6(3): 175-178.

Reuschenbach P, Silvani M, Dammann M, Warnecke D, Knacker T. 2008. ECOSAR model performance with a large test set of industrial chemicals. Chemosphere, 71(10): 1986-1995.

Richard A M. 2006. Future of toxicologys—Predictive toxicology: An expanded view of “chemical toxicity”. Chemical Research in Toxicology, 19(10): 1257-1262.

Rydberg P. 2012. Theoretical study of the cytochrome P450 mediated metabolism of phosphorodithioate pesticides. Journal of Chemical Theory and Computation, 8(8): 2706-2712.

Rydberg P, Gloriam D E, Zaretzki J, Breneman C, Olsen L. 2010. SMARTCyp: A 2D method for prediction of cytochrome P450-mediated drug metabolism. ACS Medicinal Chemistry Letters, 1(3): 96-100.

Rydberg P, Ryde U, Olsen L. 2008a. Prediction of activation energies for aromatic oxidation by cytochrome P450. Journal of Physical Chemistry A, 112(50): 13058-13065.

Rydberg P, Ryde U, Olsen L. 2008b. Sulfoxide, sulfur, and nitrogen oxidation and dealkylation by cytochrome P450. Journal of Chemical Theory and Computation, 4(8): 1369-1377.

Sedykh A, Zhu H, Tang H, Zhang L, Richard A, Rusyn I, Tropsha A. 2011. Use of *in vitro* HTS-derived concentration-response data as biological descriptors improves the accuracy of QSAR models of *in vivo* toxicity. Environmental Health Perspectives, 119(3): 364-370.

Stewart J J P. 1990. MOPAC—A semiempirical molecular-orbital program. Journal of Computer-Aided Molecular Design, 4(1): 1-45.

Taft R W. 1952. Polar and steric substituent constants for aliphatic and *o*-benzoate groups from rates of esterification and hydrolysis of esters. Journal of the American Chemical Society, 74(12): 3120-3128.

Thomas R S, Black M B, Li L, Healy E, Chu T-M, Bao W, Andersen M E, Wolfinger R D. 2012. A comprehensive statistical analysis of predicting *in vivo* hazard using high-throughput *in vitro* screening. Toxicological Sciences, 128(2): 398-417.

Todeschini R, Consonni V. 2009. Molecular Descriptors for Chemoinformatics. Mannhold R, Kubinyi H, Folkers G, eds. Weinheim, Germany: Wiley-VCH Verlag GmbH & Co. KgaA.

USEPA. 2017. Estimation Programs Interface Suite^{TM} for Microsoft Windows, 4.11. Washington, DC, USA. https://www.epa.gov/tsca-screening-tools/epi-suitetm-estimation-program-interface.

Viswanadhan V N, Ghose A K, Revankar G R, Robins R K. 1989. Atomic physicochemical parameters for 3 dimensional structure directed quantitative structure - activity relationships.4. Additional parameters for hydrophobic and dispersive interactions and their application for an automated superposition of certain naturally-occurring nucleoside antibiotics. Journal of Chemical Information and Computer Sciences, 29(3): 163-172.

Voutchkova A M, Osimitz T G, Anastas P T. 2010. Toward a comprehensive molecular design framework for reduced hazard. Chemical Reviews, 110(10): 5845-5882.

Wang R X, Lu Y P, Wang S M. 2003. Comparative evaluation of 11 scoring functions for molecular docking. Journal of Medicinal Chemistry, 46(12): 2287-2303.

Wei X X, Chen J W, Xie Q, Zhang S Y, Ge L K, Qiao X L. 2013. Distinct photolytic mechanisms and products for different dissociation species of ciprofloxacin. Environmental Science & Technology, 47(9): 4284-4290.

Wilson L Y, Famini G R. 1991. Using theoretical descriptors in quantitative structure-activity-relationships - some toxicological indexes. Journal of Medicinal Chemistry, 34(5): 1668-1674.

Yang X H, Xie H B, Chen J W, Li X H. 2013. Anionic phenolic compounds bind stronger with transthyretin than their neutral forms: Nonnegligible mechanisms in virtual screening of endocrine disrupting chemicals. Chemical Research in Toxicology, 26(9): 1340-1347.

Zhu H, Zhang J, Kim M T, Boison A, Sedykh A, Moran K. 2014. Big data in chemical toxicity research: The use of high-throughput screening assays to identify potential toxicants. Chemical Research in Toxicology, 27(10): 1643-1651.

第 5 章　化学品的环境吸附分配行为及其模拟预测

本章导读

- 首先简介化学品的环境吸附分配行为及相关参数，包括正辛醇/空气分配系数、（过冷）液体蒸气压、生物富集因子等。
- 重点介绍 QSAR 模型对几种典型环境行为参数的模拟预测。
- 重点介绍分子动力学模拟和量子化学计算在探究模拟预测碳纳米材料（C_{60}、单壁/多壁碳纳米管以及氧化石墨烯）吸附有机物方面的应用案例。

化学品在多介质环境相之间的吸附分配行为、机制和动力学是环境化学领域的重要研究方向，对全面了解和评价污染物的环境归趋和风险、研究污染物的降解去除技术具有重要意义。化学品进入环境后，会在环境相之间迁移，趋向相平衡状态。由于化学品本身的性质以及环境因素（如温度、浊度等）的差异，它们在不同介质中的停留潜力不同。多数有机化学品（尤其中性分子）通过吸附和分配两种方式与环境生物/非生物相发生作用。吸附一般指污染物附着于介质表面，使界面浓度升高的现象。分配主要指污染物溶解进入介质的分子网络中，在两相间趋向平衡的过程。直观上，化学品的吸附和分配行为难以区别，两者均对污染物在环境中的活性和归趋产生重要影响。

常见的表征化学品在环境介质中迁移分配行为的参数有正辛醇/空气分配系数（K_{OA}）、（过冷）液体蒸气压（P_L）、生物富集因子（bioconcentration factor，BCF）及土壤/沉积物有机碳吸附系数（K_{OC}）等。上述参数可描述化学品在环境相间（如空气-生物相、水-生物相等）分配能力的大小，可应用于化学品的环境持久性和生态毒性的预测评价。然而，化学品种类数目巨大，无法通过实验手段逐个测量其环境吸附分配行为参数的值。本质上，化学品吸附分配行为取决于化学品与介质分子间相互的作用。计算模拟基于化学物质的电子结构，分析揭示化学品与环境介质分子的相互作用，预测决定化学品吸附分配过程的自由能等性质，在客观上提供了一种快速准确预测化学品环境吸附、分配行为的方法。定量构效关系（QSAR）模型就是基于化学品的分子结构描述符来预测其环境行为参数的有效手段。近年来，量子化学等分子模拟理论方法迅速发展，使得基于分子电子结构计算体系能量、相互作用等成为可能。本章侧重介绍几种典型环境行为参数的模型预测方法，以及碳纳米材料对化学品吸附行为的计算模拟。

5.1　典型环境吸附分配行为参数的预测

5.1.1　正辛醇/空气分配系数（K_{OA}）的模拟预测

正辛醇/空气分配系数（K_{OA}）定义为：一定温度下，分配平衡时，有机化学品在辛醇相和空气相中浓度的比值（无量纲）。由于正辛醇是长链脂肪醇，具有类脂性，因此 K_{OA} 常用来描述污染物在空气相和环境有机相之间的分配行为，是评价化合物在环境中的长距离迁移能力和生物蓄积性的重要环境行为参数（Kelly et al.，2007）。化合物的 K_{OA} 值越大，越容易被分配于环境有机相中（包括土壤有机质、空气颗粒物的有机成分及动植物的表皮角质层等）。K_{OA} 具有较强的温度依附性：温度越低，K_{OA} 值越大。迄今具备 K_{OA} 实验测定值的有机化合物仅有约 400 种，加之 K_{OA} 值随温度变化较大，亟须发展快捷有效的 K_{OA} 预测方法，以满足化学品的筛选和风险评价的要求。

K_{OA} 的预测方法主要有三种：①分配系数法；②从头算溶剂化自由能（ΔG）法；③QSAR 模型。分配系数法根据分配系数间的关系式 $K_{OA} = K_{OW}/K_H$ 来计算 K_{OA} 值，其中 K_{OW} 为正辛醇/水分配系数，K_H 为亨利定律常数。该方法实际上是依据系数的定义式推导而得，美国 EPA 工具软件 EPI Suite™ 中的 KOAWIN™ 模块正是采用这种方法进行 K_{OA} 预测。然而，该方法的显著缺点是应用范围有限，仅适用于某一温度下同时具有 K_{OW} 和 K_H 实测值的化学品。

从头算溶剂化自由能（ΔG）法计算 K_{OA} 的基础是范托夫关系式（van't Hoff equation）：$\ln K_{OA} = -\Delta G/RT$。基于从头算（*ab initio*）的量子化学方法，计算分配过程的溶剂化自由能变 ΔG，从而获取化合物的 K_{OA}。理论上，ΔG 法方法适用于任意化合物，且可通过计算不同温度下的 ΔG 值来实现 K_{OA} 温度依附性预测。

ΔG 的从头算方法主要分两种：一是基于隐式（implicit）溶剂化模型，分别计算优化溶质分子在溶剂和气相中的结构，两种构型的自由能之差即为 ΔG；二是基于显式（explicit）溶剂分子，通过进行 QM/MM 自由能计算以获取 ΔG（Steinmann et al.，2016）。第二种方法结果相对精确，但是计算量大，且计算采样过程复杂，计算成本较高。而第一种方法是量子化学计算处理溶剂的一般方式，常见的溶剂化模型有 Cances 等（1997）发展的极化连续介质模型（polarized continuum model，PCM），Klamt（2011）发展的真实溶剂类导体屏蔽模型（conductor-like screening model for real solvents，COSMO-RS）以及 Marenich 等（2009a，b）发展的明尼苏达溶剂化模型 SMx 系列，如 SMD、SM8 和 SM8AD 模型。

整体上，隐式溶剂化模型计算将 ΔG 划分为三部分，见式（5-1）：

$$\Delta G = G_{\text{electrostatic}} + G_{\text{dispersion}} + G_{\text{cavity}} \tag{5-1}$$

式中，$G_{\text{electrostatic}}$ 为溶质-溶剂静电相互作用，指溶质电荷对溶剂产生极化，极化的溶剂反过来作用于溶质，影响其电荷分布的过程；$G_{\text{dispersion}}$ 是溶质-溶剂色散相互作用（范德瓦耳斯相互作用）；G_{cavity} 指溶质排开溶剂形成空穴所需能量。其中 $G_{\text{electrostatic}}$ 也称极性效应部分，而后两项则是溶剂化模型的非极性部分。溶剂化模型的缺点是无法描述溶剂与溶质分子间的强相互作用（如氢键），且在离子作为溶质时，溶剂化模型的计算精度显著低于中性分子充当溶质的情况。近年来，为了提高溶剂化模型的准确性，模型中的半经验参数和物理近似一直在改进（Marenich et al.，2013）。

基于化合物分子结构信息建立的 K_{OA} 与化合物分子结构参数间的 QSAR 模型，也是预测化合物 K_{OA} 的可行方法。在 QSAR 方法中，一类是多参数线性自由能关系（polyparameter linear free energy relationship，pp-LFER）模型；另一类是碎片常数法，也称基团贡献模型（group contribution model），其原理是将总自由能变表示成化合物分子各结构碎片自由能之和（Li et al.，2006）。化合物分子被分割为单个原子或多个成键原子的碎片，将这些碎片的能量贡献进行线性加和即可得到 K_{OA} 值。

原理上，LFER 模型是目前预测 K_{OA} 乃至其他环境分配行为参数最为准确的方法。采用 LFER 模型预测 K_{OA} 的主要限制在于缺少溶质（化学品）相关的 Abraham 描述符（E、S、A、B、V、L）。根据 Endo 和 Goss 等对 UFZ-LSER 数据库（http://www.ufz.de/index.php?en=31698）的统计，迄今拥有 E、S、A、B、L 描述符的化合物分别有 3423、3337、3093、2721、3334 条，涉及简单的有机化学品（如链状烷烃、氯代挥发性有机物、取代酚和取代苯胺类）以及环境污染物（如多环芳烃、多氯联苯、多氯代萘、六氯环己烷、三嗪类、除草剂、邻苯二甲酸酯、新型阻燃剂、有机硅化合物以及氟醇类）。其中仅有 1967 种物质具有以上所有五种描述符数据。上述 Abraham 描述符准确性受到了参数校准时所使用的分配系数实验数据的数目、多样性以及准确性影响。此外，由于缺少不同温度下实验数据的校准，LFER 模型对不同温度下分配系数的预测仍然存在缺陷。

关于 LFER 模型在环境化学领域中的应用，Endo 和 Goss（2014）认为该方法在以下几方面仍有待改进：①发展便捷有效的溶质 Abraham 描述符的校准实验方法，尤其是针对疏水性化合物（如多氯代二苯并二噁英/呋喃，多溴二苯醚等）的氢键参数 B；②改进现存的基于分子结构预测溶质描述符的方法；③通过预测新型化合物（长链氟化物及有机硅类物质等）的分配系数来验证现有系统参数（*e*、*s*、*a*、*b*、*v* 和 *l*）的准确性；④基于 LFER 模型对多种类型的大分子系统，如脂质、生物膜、蛋白质和碳水化合物等进行对比研究；⑤发展碳基吸附质，如黑炭和活性炭系统参数的方法；⑥系统探究可电离有机化学品的环境分配行为，探讨采用 LFER 模型预测这类物质分配行为的可行性。

QSAR 模型的构建依赖于实验数据，总体上对 K_{OA} 的预测准确度较高，是迄今能够应用于化学品风险管理数据获取的有效手段。此外，QSAR 模型具有明确的定义域，且能够考虑 K_{OA} 的温度依附性。与之相比，从头算溶剂化模型方法虽然准确度偏低，但具有完全不依赖实验数据的优点，只要计算处理得当，原则上可应用于任意化合物。以下主要介绍基于上述两种方法预测 K_{OA} 的案例。

1. 从头算溶剂化模型预测化学品的 K_{OA}

相比于 PCM 和 COSMO-RS 模型，SMx 系列模型明确定义了非极性部分的算法，因此总体计算精度更高。SMx 模型由 Truhlar 等发展，至今已有 12 种模型，被广泛嵌入多种商业化或开源软件包中，可结合半经验（AM1，PM3），Hartree-Fock（HF）乃至密度泛函理论（DFT）运算。表 5-1 列出了不同 SMx 模型和相关软件应用情况（截至 2013 年）。其中 SM8AD 模型（Marenich et al.，2009b）在前期模型基础上对静电相互作用部分采取了不对称去屏蔽算法，提高了模型准确性，并嵌入了 GAMESSPLUSS 软件中。下面以 SM8AD 模型为例阐述溶剂化模型方法预测 K_{OA} 的过程。

表 5-1　SMx 系列溶剂化模型及其软件应用情况

溶剂化模型名称	GAMESSPLUS	MNGSM	Jaguar	Spartan	Q-Chem	Gaussian	GAMESS
SM5.4（AM1，PM3）	—	—	—	E，aq	—	—	—
SM5.42（DFT/HF）	G	G	—	—	—	—	—
SM5.43（DFT/HF）	G	G	—	—	—	—	—
SM6（DFT/HF）	G，aq	G，aq	E，aq	—	—	—	—
SM8（DFT/HF）	G	G	E	G	G	—	—
SM8T（DFT/HF）	G，aq	G，aq	—	—	—	—	—
SM8AD（DFT/HF）	G	G	—	—	—	—	—
SMD（任意方法）	—	—	—	—	G	F	F
SM12（任意方法）	—	E	E	G	G	—	—

注：aq 代表当前方法在该软件中可用，但是仅能用于水溶液；E 表示当前方法可用，但是不能用于溶液中构型的优化；G 表示当前方法包含对限制/非限制波函数的解析梯度计算；F 表示当前方法包含对限制/非限制波函数的二阶解析梯度（频率）计算；—表示当前方法不可用。

为评价 SM8AD 模型对 K_{OA} 的预测准确性，首先统计已发表文献中有机化合物不同温度下的实测 K_{OA} 值，涉及温度范围为 263.15～323.15 K，$\log K_{OA}$ 范围为–0.95～13.18。数据涵盖多氯代萘（PCNs）、多氯联苯（PCBs）、多氯代二苯并二噁英/呋喃（PCDD/Fs）、多溴二苯醚及其羟基/甲氧基衍生物 (OH/CH_3O-)PBDEs、多环芳烃（PAHs）、有机氯农药（OPs）、氟化物、烷烃/烯烃、醇醚类、醛酮类、酸酯在内的多种有机化学物质（图 5-1）。实验测定方法主要有产生柱法、顶空气相色谱法、逸度测量法、固相微萃取以及气相色谱保留时间法等。

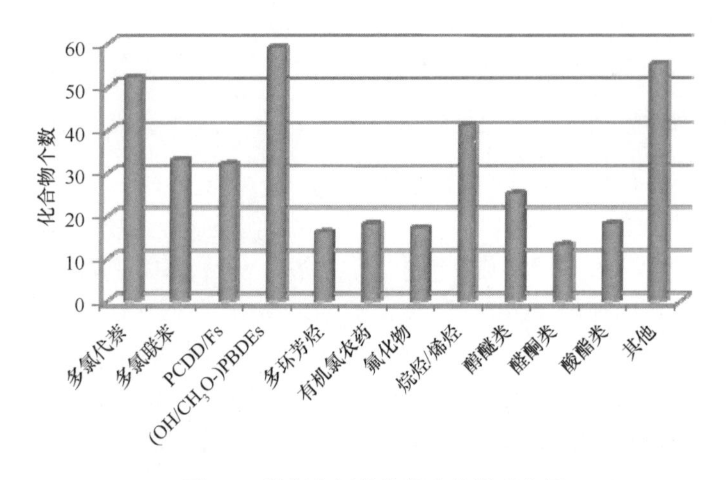

图 5-1 数据集涵盖的化合物类型分析

SMx 溶剂化模型将溶剂分子作为点电荷处理，Cramer 和 Truhlar（2008）针对 SMx 模型发展了一系列电荷模型（charge model，CM），如 CM2、CM3、CM4、CM4M 和 CM5。CM 在传统的 Mulliken 或者 Löwdin 原子电荷基础上进行校正，使基于原子电荷计算出的分子偶极矩与实验值或者高精度量子化学计算结果一致。在选取 SM8AD 模型计算时，需同时考虑电荷模型、泛函和基组的组合。有研究表明，采用 CM4，M062X/6-31+G**方法组合计算得到的 ΔG 值（单位：kcal/mol[①]，298 K）与实验值的偏差较小。ΔG 计算值可经 $\log K_{OA} = -\Delta G/2.303RT$ 换算成相应的 $\log K_{OA}$，并与实测值对比。基于上述算法考察了 SM8AD 模型对 $\log K_{OA}$ 的预测准确性（Fu et al.，2016），发现 SM8AD 模型总体低估了 373 种有机化合物的 K_{OA} 值（图 5-2），且随着 K_{OA} 值的增大（$\log K_{OA}>5$），预测偏差变大。高卤代的苯类化合物，如高氯代 PCBs、高溴代 PBDEs 及长链氟醇 10∶2 FTA 等的预测偏差较大。究其原因，可能由于 SM8AD 模型参数化的训练集中不包含上

① cal 为非法定单位，1 cal=4.184 J。

述化合物，导致 ΔG 计算结果出现偏差。在模型训练集中，一些化合物 $\log K_{OA}$ 实验数据与文献报道值不一致。因此，在优化 SMx 模型理论算法的同时，增加模型参数化训练集化合物的种类，并校准实验数据可能是未来溶剂化模型的改进方向。

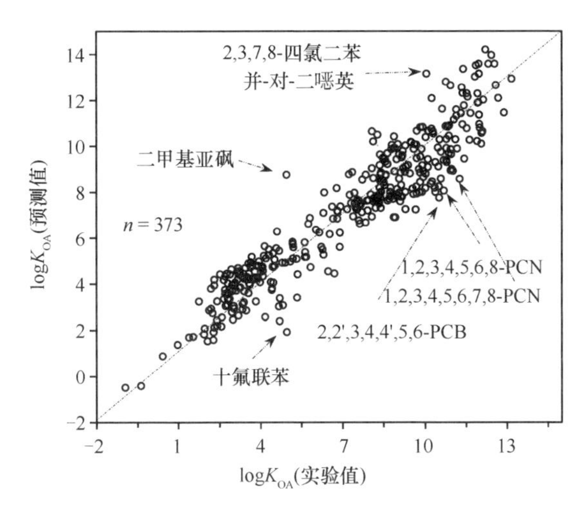

图 5-2　SM8AD 模型预测的 $\log K_{OA}$ 与实测值线性拟合

2. QSAR 模型预测化学品的 K_{OA}

将 379 种化合物不同温度下的 935 个 $\log K_{OA}$ 值按 3∶1 比例随机划分为训练集和验证集（Fu et al.，2016）。基于多元线性回归（MLR）算法筛选与训练集化合物 $\log K_{OA}$ 值相关性强的 Dragon 描述符，选取具有最大校正决定系数（R^2_{adj}）的 MLR 模型，其中每个描述符的方差膨胀因子（VIF）＜10，显著性水平 $p<0.001$。基于偏最小二乘（PLS）算法进一步去除 MLR 模型的多余变量。在 PLS 计算中，将温度（T）作为一个描述符加入，并对已筛选描述符加上温度校正形成可预测不同温度下 $\log K_{OA}$ 的 QSAR 模型［$\log K_{OA}(T)$］。在每步 PLS 计算时，去掉权重指数最小的描述符，得到具有最大 R^2_{adj} 值和最大 PLS 主成分能解释的因变量总方差比例 Q^2_{CUM}（表示模型稳健性的参数）的模型。

所构建的预测不同温度下有机物 K_{OA} 的 QSAR 模型含有 11 种描述符(表 5-2)，其中 *X0sol* 具有最大的偏最小二乘投影变量重要性（variable importance in the projection，VIP）权重值，是决定 K_{OA} 大小的主要因素。*X0sol* 指的是溶剂化连接性指数，表征溶剂化过程中的焓变及溶质-溶剂色散相互作用。可以推测决定化合物 K_{OA} 大小的主要因素是化合物溶于溶剂过程中的熵变和色散相互作用大小。

表 5-2　预测 $\log K_{OA}$ 的 QSAR 模型包含的描述符名称、含义及其偏最小二乘投影变量重要性（VIP）权重值

描述符名称	含义	VIP 值
X0sol	0 级溶剂化连接性指数（solvation connectivity index of order 0）	1.85
SpPos_D/Dt	2D 矩阵相关描述符（spectral positive sum from distance/detour matrix）	1.15
GATS1s	2D 自相关描述符（geary autocorrelation of lag 1 weighted by I-state）	1.08
P_VSA_LogP_3	范德瓦耳斯表面积相关描述符（P_VSA-like on LogP，bin 3）	1.03
RDF035v	范德瓦耳斯体积相关的径向分布函数（radial distribution function – 035/weighted by van der Waals volume）	1.01
Mor02p	极化率相关的基于电子衍射的 3D 分子结构 MoRSE 描述符（signal 02 / weighted by polarizability）	0.96
Mor13p	极化率相关的基于电子衍射的 3D 分子结构 MoRSE 描述符（signal 13 / weighted by polarizability）	0.82
E1s	原子电性拓扑态相关的 WHIM 分子描述符（WHIM index / weighted by atomic electrotopological states）	0.77
nHDon	氢键供体原子数相关的分子碎片常数[number of donor atoms for H-bonds（N and O）]	0.59
NaaaC	芳香碳原子个数[number of carbon atoms of type aaaC（—C(—)—）]	0.55
F05[Br-Br]	Br-Br 拓扑距离为 5 的频率（frequency of Br-Br at topological distance 5）	0.42

注：VIP 代表 PLS 回归中变量的重要性；“—”表示芳香键。

基于描述符距离法（ranges of descriptor spaces）、欧几里得距离法（Euclidean distances）、城市街区距离法（city-block distances）和概率密度分布法（probability density distribution）表征所建立的 $\log K_{OA}(T)$ 模型的应用域。模型的欧几里得距离、城市街区距离和概率密度分布方法表征的应用域结果如图 5-3 所示。

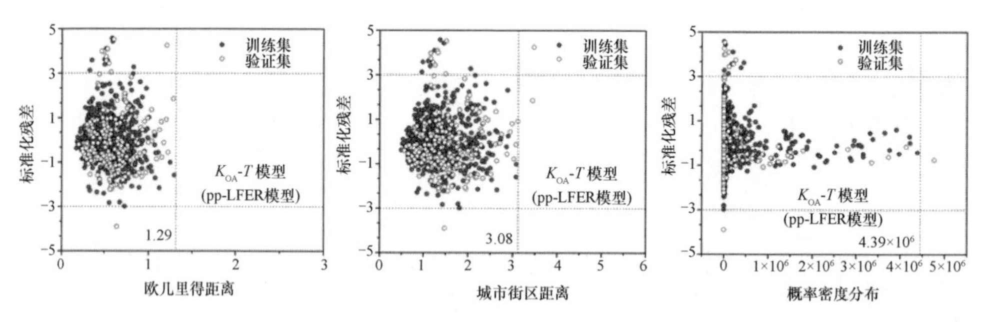

图 5-3　欧几里得距离、城市街区距离及概率密度分布方法定义的 $\log K_{OA}(T)$ 模型应用域散点图

若验证集化合物的相应指标超过其中某种方法限定的阈值，则该化合物视为在模型的应用域外。总体上，使用温度校正的 Dragon 描述符所建立的 QSAR 模型拟合度和稳健性良好，同时通过外部验证表征了模型的预测能力，可满足有机物不同温度下 K_{OA} 的预测需求。

3. pp-LFER 模型预测化学品的 K_{OA}

基于收集的 379 种化合物的 Abraham 描述符值，以及化合物在不同温度下的 795 个 K_{OA} 实测值，建立了预测化合物在 298.15 K 下 K_{OA} 的多参数 LFER（pp-LFER）模型和预测不同温度下 K_{OA} 的 pp-LFER-T 模型（Jin et al.，2017）：

pp-LFER：$\log K_{OA}(298.15\ \text{K}) = (-0.113 \pm 0.025) - (-0.157 \pm 0.028)E + (0.612 \pm 0.042)S + (3.510 \pm 0.077)A + (0.727 \pm 0.048)B + (0.925 \pm 0.007)L$ （5-2）

$n_{tr} = 229$，$R^2 = 0.998$，RMSE =0.15，$Q^2_{CV} = 0.998$；$n_{ext} = 56$，$\text{RMSE}_{ext} = 0.23$，$Q^2_{ext} = 0.995$

pp-LFER-T：$\log K_{OA}(T) = (-6.413 \pm 0.180) - (74.814 \pm 8.665)E - (245.583 \pm 10.943)S + (1025.511 \pm 27.502)A + (222.106 \pm 13.493)B + (277.144 \pm 2.169)L + (1848.815 \pm 55.209)1/T$ （5-3）

$n_{tr} = 552$，$R^2 = 0.996$，RMSE =0.18，$Q^2_{CV} = 0.996$；$n_{ext} = 203$，$\text{RMSE}_{ext} = 0.18$，$Q^2_{ext} = 0.996$

式中，E 是过量分子摩尔折射率，S 是表示分子偶极/极化性的参数，A 和 B 分别是表征分子氢键质子给体能力、氢键质子受体能力的参数，V 是 McGowan 分子体积，L 是正十六烷/空气分配系数的对数值。模型的统计学参数表明，LFER 模型对 K_{OA} 的预测准确性很高。pp-LFER 和 pp-LFER-T 模型的 K_{OA} 预测值和实测值的对比如图 5-4 所示。经过内部和外部验证及应用域分析，发现 pp-LFER 模型不仅应用域更广，并且对有机硅化合物和多氟烷基化合物的预测效果有了显著提高。此外，pp-LFER-T 模型可以在较宽的温度范围内，对应用域内化合物的 K_{OA} 进行准确预测。比较溶剂化模型、QSAR 模型和 pp-LFER 模型，可知 pp-LFER 模型在化合物的 Abraham 描述符可获取的情况下，对 K_{OA} 的预测准确度最高。

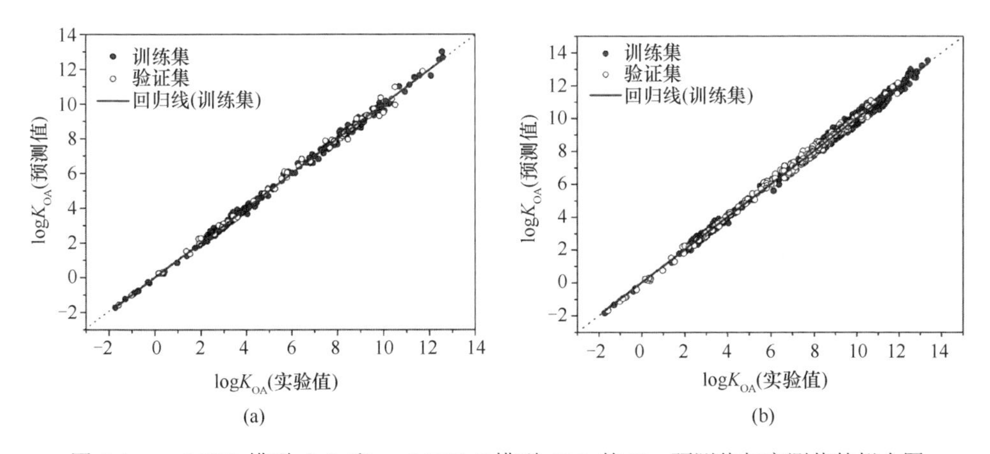

图 5-4 pp-LFER 模型（a）和 pp-LFER-T 模型（b）的 K_{OA} 预测值与实测值的拟合图

5.1.2 （过冷）液体蒸气压（P_L）的 QSAR 预测模型

（过冷）液体蒸气压（P_L）是表征化学品挥发性的参数，可用来评价化学品在大气环境中分布、迁移和归趋行为。此外，P_L 还可用来预测有机化学品的其他理化性质，例如汽化焓、亨利定律常数等。P_L 可用于表征一个物质的挥发性大小，并通过亨利定律决定化合物在气-水界面的交换速率。P_L 有较强的温度依附性，不同地区的环境温度不同，同一化学品的 P_L 值也不同。对于难挥发化学品，测定其 P_L 值困难，大部分的蒸气压实验数据仅限于小分子量的烃类，而对于熔点超过 200℃的物质数据很少。为了弥补实验数据的缺失，有必要发展可靠的预测技术来获取不同温度下的 P_L 数据。

早期 P_L 的预测多采用经验性方程，或者基于态方程、克劳修斯-克拉珀龙方程等。后来出现了针对有机物预测的基团贡献模型以及人工神经网络（ANN）预测模型等（Katritzky et al.，2010）。此外，基于化合物分子结构描述符的 QSAR 模型是预测 P_L 的有效方法。Kühne 等（1997）采用 ANN 算法，基于化合物分子结构、温度和熔点信息等 23 个参数，预测了 1200 个训练集和 638 个验证集化合物的 $\log P_L$ 值。结果显示，这种方法对训练集和验证集的预测值与实验值相关系数（R^2）分别高达 0.995 和 0.990，平均绝对误差分别仅为 0.08 和 0.13 个 log 单位。尽管模型的预测准确度较高，但由于机器学习算法的复杂性，其机制并不透明。Liang 和 Gallagher（1998）采用 MLR 算法构建了 479 个化合物 25℃下 $\log P_L$ 值与其分子极化率（α）和 6 个极性官能团（羟基、羰基、氨基、羧基、硝基、氰基）的线性 QSAR 模型［式（5-4）］。Katritzky 等（1998）则针对结构多样的 411 种化合物建立了包含 5 个描述符的 MLR 模型［式（5-5）］。模型的内部交叉验证系数 R^2_{CV} = 0.947，表明回归模型的稳定性较好，同时标准偏差（s = 0.331）也小于 Liang 和 Gallagher 建立的模型（s = 0.534）。

$$\log P_L = -0.432\alpha - 1.382(\mathrm{OH}) - 0.482(\mathrm{C{=}O}) - 0.416(\mathrm{NH}) - 2.197(\mathrm{COOH}) - 1.383(\mathrm{NO_2}) - 1.101(\mathrm{CN}) + 4.610 \quad (5\text{-}4)$$

$$n = 479,\ R^2 = 0.960,\ R^2_{CV} = 0.957,\ s = 0.534$$

$$\log P_L = (2.30 \pm 0.06) - (0.00618 \pm 0.00008)\,\mathrm{GI} - (4.02 \pm 0.10)\,\mathrm{HDCA\text{-}2} + (0.129 \pm 0.006)\,\mathrm{SA\text{-}2(F)} + (6.02 \pm 0.574)\,\mathrm{MNAC(Cl)} - (0.0143 \pm 0.0017)\,\mathrm{SA(N)} \quad (5\text{-}5)$$

$$n = 411,\ R^2 = 0.949,\ R^2_{CV} = 0.947,\ s = 0.331$$

式（5-5）中，GI 和 HDCA-2 表征分子间相互作用引力大小，GI 与色散效应及溶剂中空穴形成效应相关，而 HDCA-2 则与化合物形成氢键能力的大小有关；SA-2（F）指分子中氟原子的表面积；MNAC（Cl）指分子中氯原子的最大原子净电荷；

SA（N）指分子中氮原子的表面积。

由于 P_L 具有很强的温度依附性，因此前人发展的预测模型也考虑了温度的影响。Chalk 等（2001）基于前馈 ANN 算法和量子化学描述符发展了可预测温度范围在 76～800 K 之间化合物 $\log P_L$ 值（范围在–8.63～7.47 个 log 单位之间）的 QSAR 模型。模型对 7681 个训练集化合物给出的预测值与实测值的拟合结果为 $R^2 = 0.976$，$s = 0.322$，与外部预测结果相当（$n = 861$，$R^2 = 0.976$，$s = 0.326$）。Yaffe 和 Cohen（2001）发展了一个预测 P_L 随温度变化的反向传播（back-propagation）ANN QSAR 模型。模型根据共价分子连接性指数、分子量和温度预测了 274 个烃类（碳原子数在 4～12 之间）化合物的 7613 个 P_L 值随温度变化的行为。模型对训练集（$n = 5330$）和验证集（$n = 1529$）实验数据的预测平均百分误差（绝对误差/实验值）分别为 11.6%和 8.2%。在线性模型方面，Zhao 等（2015）将温度（$1/T$）作为独立的描述符用于模型构建：基于不同温度下 644 种化学品的 7797 个 $\log P_L$ 实验数据，采用 MLR 和 PLS 算法构建了如下 QSAR 模型：

$$\log P_L = 13.33 - 2571 1/T - 0.6896 X1sol - 0.5061 n_{\mathrm{HDon}} - 0.6094 n_{\mathrm{ROH}} - 0.1363\mu + 0.8014 GATS1v \tag{5-6}$$

通过分析模型描述符的 VIP 值发现（表 5-3），温度是影响 P_L 的最主要因素，温度越高，P_L 值越大。此外，在溶质分子的众多性质中，*X1sol* 的 VIP 值最大，表明 *X1sol* 对 $\log P_L$ 的影响较大。*X1sol* 为溶剂化连接性指数，可用来描述化合物在溶剂中的色散作用。分子的色散力越大，其相互作用就越强，蒸气压就越小。所构建的 P_L-PLS 模型对 644 种训练集化合物共 7797 个 $\log P_L$ 值预测的统计结果为：$n = 7797$，$R^2_{\mathrm{Y}}(\mathrm{adj}) = 0.912$，$Q^2_{\mathrm{CUM}} = 0.912$，RMSE = 0.477，$p < 0.001$。其中 $R^2_{\mathrm{Y}}(\mathrm{adj})$ 和 Q^2_{CUM} 均超过 0.9，表明模型的拟合优度和稳健性良好。

表 5-3　P_L-QSAR 模型包含的描述符名称、含义及其 VIP 权重值

指代描述符	含义	VIP 值
$1/T$	T 为绝对温度（reciprocal value of absolute temperature）	1.933
X1sol	溶剂化连接性指数（solvation connectivity index of order 1）	1.356
n_{HDon}	氢键供体原子的个数［number of donor atoms for H-bonds（N and O）］	0.404
n_{ROH}	羟基基团的个数（number of hydroxyl groups）	0.358
μ	偶极矩（dipole）	0.262
GATS1v	范德瓦耳斯体积加权的 Geary 自相关系数（Geary autocorrelation of lag 1 weighted by van der Waals volume）	0.249

5.1.3 生物富集因子（BCF）的 QSAR 预测模型

污染物环境风险评价的一个重要方面是量化进入环境中的物质在生物相中累积的程度。一些外源化合物在生物体内的浓度高于环境浓度，且随着营养链逐级升高，最终对鱼体、野生动植物乃至人体造成危害效应。通常情况下，可用生物富集因子（BCF）来表征化学品的生物富集能力。BCF 定义为化学品在生物体内达到平衡时的浓度与环境介质中浓度的比值。它是评价化学品生物累积性的重要指标，是确定持久性有机污染物和持久生物累积有毒污染物清单，进行化学品风险性评价必不可少的参数。一般认为，如果一个物质的 logBCF 值大于 3.3，则判断该物质具有生物累积性。而根据欧洲化学品管理局（ECHA）的判断标准，正辛醇/水分配系数对数值（$\log K_{OW}$）大于 4.5 也是具有生物蓄积性物质的筛选标准（Grisoni et al.，2015）。BCF 的实验测试耗费昂贵，据估计，对一种化学品的 BCF 标准测试需要花费至少 35000 欧元和 100 只以上的动物。因此，包括 QSAR 在内的预测方法可以有效地填补数据缺口。

BCF 的预测方法较多，包括 logBCF 与 $\log K_{OW}$ 的线性关系模型、基于 2D/3D 分子描述符的 QSAR 模型、基线 BCF 模型（base-line BCF model）（Dimitrov et al.，2005）、基于代谢动力学的模型（Stadnicka et al.，2012）、基于拓扑指数的模型（Khadikar et al.，2003）、基于分子电性距离矢量（molecular electronegatwity distance vector，MEDV）（Cui et al.，2007）以及上述模型的组合模型。以下简要以 QSAR 模型为例进行说明。

早期基于 QSAR 模型原理来预测 BCF 的方法（Gissi et al.，2015）多数依赖化学品的正辛醇/水分配系数对数值（$\log K_{OW}$）。Meylan 等对 694 个化学品的 logBCF 以及 $\log K_{OW}$ 值进行回归，并对偏离回归线的化合物结构加以分析，从而将化合物划分为离子和非离子类型，其中离子型包括羧酸、磺酸及其盐类、季铵盐等。对非离子型物质，其 logBCF 值由 $\log K_{OW}$ 加上不同的校正因子和（$\sum F_i$）计算：$\log K_{OW} < 1$，$\log BCF = 0.50$；$\log K_{OW} = 1 \sim 7$，$\log BCF = 0.77 \log K_{OW} - 0.70 + \sum F_i$；$10.5 > \log K_{OW} > 7$，$\log BCF = -1.37 \log K_{OW} + 14.4 + \sum F_i$；$\log K_{OW} > 10.5$，$\log BCF = 0.50$。而离子型化合物的 $\log K_{OW}$ 在不同的区间时，其 BCF 为定值：$\log K_{OW} < 5$，$\log BCF = 0.50$；$\log K_{OW} = 5 \sim 6$，$\log BCF = 0.75$；$\log K_{OW} = 6 \sim 7$，$\log BCF = 1.75$；$\log K_{OW} = 7 \sim 9$，$\log BCF = 1.00$；$\log K_{OW} > 9$，$\log BCF = 0.50$。该方法对 694 个化合物的预测值与实测值相关系数以及平均误差分别为 $r^2 = 0.73$ 和 0.48 个 log 单位（Meylan et al.，1999）。

ECHA 导则提出用基于 $\log K_{OW}$ 的方程来估算 BCF，对 $\log K_{OW} < 6.0$ 的化合物，$\log BCF = 0.85 \log K_{OW} - 0.70$；对 $\log K_{OW} > 6.0$ 的化合物，可利用修饰的 Conell 方程：$\log BCF = -0.20(\log K_{OW})^2 + 2.47 \log K_{OW} - 4.72$。一些基于 $\log K_{OW}$ 的 BCF 预测模型

已经包含在商业软件中，例如化学商业化软件 ACD Labs 中根据 $\log BCF = 0.76\log K_{OW} - 0.23$ 方程计算 BCF，目标化合物 $\log K_{OW}$ 值包含在 ACD/$\log K_{OW}$ 数据库内（＞18412 种化学结构）。若缺省物质的 $\log K_{OW}$，则采用碎片常数 QSAR 模型预测 $\log K_{OW}$。

K_{OW} 能够较好地预测脂质相关的生物富集过程，但是当非脂质组织参与富集以及发生物代谢转化时，单纯依靠 K_{OW} 的 BCF 预测模型的效果发生了偏差（Grisoni et al.，2015）。一些化合物经过生物转化之后的极性代谢产物由于更容易排出体外，因此其 BCF 值比由 K_{OW} 模型预测值低。而那些与非脂质组织存在特殊相互作用的化合物的 BCF 值高于预测值。例如，氯化甲基汞的 $\log K_{OW}$ 值很小，但是由于其与蛋白质的巯基发生相互作用，因此它在鱼体内的 BCF 值高达 10^6。因此，在建模前，可将化合物按照上述机制划分为三类，分别建立预测 QSAR 模型，可显著提高预测准确性（Grisoni et al.，2016）。

除了采用 $\log K_{OW}$ 外，还可基于化学品的分子结构描述符建立 QSAR 模型来预测 BCF。Qin 等（2009）构建了 8 类有机化合物（氯代脂肪烃、多环芳烃、卤代苯、多氯联苯、苯酚、苯胺和硝基芳烃等）鱼类 BCF 的 QSAR 模型。根据 LSER 理论，共选择 16 种分子结构描述符来表征分子间相互作用，并利用 PLS 回归建立模型。在满足显著性水平 $p<0.001$ 条件下，选择 Q^2_{CUM} 最大的模型作为最优 PLS 模型，得到模型方程为

$$\log BCF = -0.7043 + 9.937\times10^{-3}CMA + 1.212\times10^{-1}\alpha + 5.017\times10^{-3}M_W + 1.817q^-_C \tag{5-7}$$

$n = 122$，$R^2_Y = 0.868$，$Q^2_{CUM} = 0.864$，$A = 1$，$RMSE = 0.553$，$p<0.001$

模型共引入 1 个 PLS 主成分（A），4 个预测变量（CMA、α、M_W 和 q^-_C）。其中，分子量（M_W）、平均分子极化率（α）、Connolly 分子表面积（CMA）表征分子体积方面的信息，与空穴效应有关。碳原子最负净电荷（q^-_C）表征静电相互作用。模型的 R^2_Y 为 0.868，表明模型的拟合能力较好，且 R^2_Y 和 Q^2_{CUM} 之差小于 0.3，认为模型不存在过拟合现象。CMA、α 和 M_W 的 VIP 值比较大，对 $\log BCF$ 的影响最显著。α、M_W 与 CMA 显著相关，这三项共同表征了分子体积对化合物在水相和生物脂肪相中分配的影响。因此，分子体积大小是影响化合物在水相和脂肪相间分配的主要因素。分子体积越大的化合物，克服水分子间内聚作用（氢键、色散力、诱导力）而形成空穴所需的能量也越大，倾向于进入分子内聚力较小的脂肪相中。q^-_C 与 $\log BCF$ 正相关，由于 q^-_C 本身为负值，具有较低 q^-_C 值的化合物，容易与水分子间形成电荷转移相互作用，从而容易存在于水相中。

5.1.4 土壤/沉积物吸附系数（K_{OC}）的 QSAR 预测模型

化合物在土壤/沉积物和水之间的分配是其在环境介质中的主要分配行为之一，获取化合物的土壤/沉积物吸附系数（K_{OC}）对于评价其在土壤/沉积物和水中的吸附分配行为和迁移归趋尤为重要。K_{OC}通常由实验测得，其表达式如下：

$$K_{OC} = K_p/X_{OC} \tag{5-8}$$

式中，$K_p = C_S/C_W$，C_S和C_W分别表示化学品在土壤/沉积物和水中达到分配平衡时的浓度；X_{OC}表示土壤/沉积物中有机碳的含量（kg/L）。据不完全统计，迄今具有实验测定K_{OC}值的化合物仅有 800 余种。因此，发展快捷有效的预测方法是获取K_{OC}的重要途径。当前，用于预测化学品K_{OC}值的模型可分为三类：基于色谱保留时间和容量因子的方法；基于化合物溶解度（S_W）和K_{OW}的方法；基于 QSAR 模型的方法。

基于保留时间和容量因子法需要采用反相-高效液相色谱测定有机化合物的保留时间和容量因子。由于现有的保留时间和容量因子实验测定值有限，且缺乏高极性（$\log K_{OC}<1$）和高疏水性（$\log K_{OC}>4$）化学品的相应数据，因而无法预测这类化学品的K_{OC}值。基于化合物$\log S_W$或$\log K_{OW}$预测法即采用化合物的$\log S_W$或$\log K_{OW}$值预测$\log K_{OC}$。EPA 开发的 EPI Suite^{TM}软件中，内嵌的 PCKOCWIN 模块采用了基于$\log K_{OW}$值预测化合物K_{OC}值的方法。该方法仅适用于$\log K_{OW}$在一定范围内的化合物，且同样面临$\log K_{OW}$或$\log S_W$实验数据缺乏的局限。QSAR 模型法是预测K_{OC}的常见方法，根据模型使用的分子结构描述符，可将 QSAR 预测模型分为：基于分子连接性指数的 QSAR 模型；基于分子碎片常数的 QSAR 模型；LSER 法；其他方法，如基于分子量、表面积、量子化学参数等的 QSAR 模型。

基于分子连接性指数的 QSAR 最早由 Kier、Murray 和 Hall（Hall et al.，1975；Kier and Hall，1976；Kier et al.，1975a；Kier et al.，1975b；Kier et al.，1976；Murray et al.，1975；Murray et al.，1976）提出，根据拓扑理论，由化合物的分子结构得到拓扑参数（连接性指数），从而对分子的结构差异进行定量化描述。分子连接性指数能够较好地反映分子结构、杂原子取代基的价电子信息等，根据其与K_{OC}之间的内在联系构建 QSAR 模型。EPI Suite^{TM}软件内嵌的 PCKOCWIN 模块采用了该方法预测K_{OC}。基于分子碎片常数的 QSAR 的基本原理是将化合物的性质表示成其分子结构中原子中心碎片（atom-centered fragments）贡献的加和。1999 年，Tao 等（1999）基于 Leo 定义的碎片和结构因子，共采用 74 个碎片常数和 24 个结构因子，预测了 592 个化合物的$\log K_{OC}$值，其中超过 74%的化合物$\log K_{OC}$的预测残差小于 0.5 个 log 单位。

LSER 方法所使用的溶质 Abraham 参数（E，S，A，B，V，L）有利于理解化

合物的土壤/沉积物吸附机理，但目前 LSER 模型的应用主要受限于溶质分子的 Abraham 参数数目不足（仅有数千种）。这种方法的一个发展方向是采用模型或者理论预测的溶质 Abraham 参数构建模型。常见的溶质 Abraham 参数预测方法有 ACD/Labs 软件中 ABSOLV 模块。该模块基于分子碎片方法，采用 Platts 型碎片进行预测，其中 *E*、*S*、*B* 采用 81 个原子及官能团碎片集预测，*A* 采用另外 51 个独立的碎片集预测，而 *V* 则是计算的 McGowan 特征体积。碎片常数采用 5000 个以上化合物的分配行为参数或者溶质 Abraham 参数校准得到。因此，当一种物质或者所含官能团不在碎片常数的溶质训练集范围内时，ABSOLV 模块预测得到的 Abraham 参数可能产生偏差。Tvaroška（2015）提出了一种基于量子化学溶剂化模型 COSMO-SAC 和分子极化率预测溶质 Abraham 参数的方法，可不依赖于实验数据，对溶剂-水分配系数的预测效果显著好于基于 ABSOLV 计算的 Abraham 参数。

此外，近年来，基于其他分子描述符构建 K_{OC} 的 QSAR 预测模型也不断涌现。Wang 等（2015）基于 9 种分子结构描述符（表 5-4），采用 MLR 的方法构建了可预测 824 种化合物 $\log K_{OC}$ 值的 QSAR 模型。统计结果表明，模型描述符对训练集化合物的拟合效果较好（$n_{tra} = 618$，$R^2_{adj} = 0.854$，$RMSE_{tra} = 0.472$，$p<0.001$），稳健性较高（$Q^2_{LOO} = 0.850$，$Q^2_{BOOT} = 0.797$），对外部验证集的化合物也表现出很好的预测性能（$n_{ext}= 206$，$Q^2_{ext} = 0.761$，$RMSE_{ext} = 0.558$）。其中，描述符 *MLOGP2* 和 α 对 $\log K_{OC}$ 值的影响较其他描述符显著。由于 *MLOGP2* 与分子的疏水性参数（K_{OW}）相关，因此分子的疏水性和极化率是影响 K_{OC} 的主要因素。

表 5-4　QSAR 模型包括的描述符名称、含义以及对应的 *p* 和 VIF 值

描述符	含义	*p*	VIF
MLOGP2	Moriguchi 正辛醇/水分配系数的平方	<0.001	2.694
α	分子极化率	<0.001	4.045
O-058	分子中═O 基团（氧原子成双键）的个数	<0.001	1.505
ATSC8v	2D 自相关描述符	<0.001	3.480
nN	氮原子的个数	<0.001	1.443
nROH	—OH 的个数	<0.001	1.090
P-117	X3-P═X 基团存在与否，存在取 1，不存在取 0	<0.001	1.065
SpMaxA_G/D	3D 矩阵相关描述符	<0.001	1.952
Mor16u	3D 分子结构 MoRSE 描述符	<0.001	1.362

5.2　纳米材料对有机物吸附的计算模拟

纳米材料是指至少有一维尺寸介于 1～100 nm 之间的材料（Jiang et al.，2011）。

由于纳米材料具有高比表面积、优异的热电磁等特性，在材料、催化、传感及医疗等领域得到了广泛应用，其生产使用量与日俱增。据估算，2016 年纳米材料市场价值已高达 58 亿美元。大量的生产和使用，使纳米材料不可避免地被释放进入环境，产生潜在的健康风险和环境危害。一方面，由于纳米材料的尺寸为纳米量级，易通过有机体细胞膜与机体产生相互作用，直接对组织造成损伤；另一方面，巨大的比表面积使得纳米材料具有很高的吸附性能或者反应活性，可与环境介质中的生物体或有机物发生相互作用，从而改变纳米材料的分散聚集行为以及有机物的迁移归趋等环境行为和毒性。因此，研究纳米材料与生物大分子或有机物等的相互作用，对于了解、评估纳米材料的环境行为和生态风险具有重要意义。其中，吸附是纳米材料与生物大分子或有机物间相互作用的主要形式之一。本节以几种典型的碳纳米材料，包括碳纳米管（CNTs）、石墨烯和富勒烯（C_{60}）为例，通过模拟预测来揭示纳米材料对有机物的吸附机理。

5.2.1 碳纳米管对有机物的吸附模拟预测

碳纳米管（carbon nanotubes，CNTs）是由一层或多层石墨烯按照一定的螺旋角围绕中心卷曲形成的无缝中空的管，具有开放或封闭的末端（De Volder et al.，2013）。通常按照管壁层数的不同，CNTs 可分为单壁碳纳米管（single-walled carbon nanotubes，SWCNTs）和多壁碳纳米管（multi-walled carbon nanotubes，MWCNTs）。此外，由于制备过程中工艺条件等原因，使得 CNTs 表面存在缺陷、杂原子或官能团，使其具有与无缺陷 CNTs 不同的晶体结构和理化性质。碳纳米管的管壁层数以及官能团的不同，会影响其对有机物的吸附能力。下面分别介绍有机物在 MWCNTs、SWCNTs 和氮掺杂单壁碳纳米管（N-SWCNTs）表面吸附的模拟预测研究案例。

1. 有机物在 MWCNTs 上吸附行为的预测

由于多壁碳纳米管的实验制备条件没有单壁碳纳米管的严苛，生产起来也较容易。因此，在碳纳米管吸附有机物的实验研究中，绝大多数使用的是多壁碳纳米管。随着多壁碳纳米管对有机物吸附实验数据的增多，基于实验吸附数据构建的预测模型也逐渐出现。截至目前，实验测定的有机物在 MWCNTs 表面的吸附数据已有 100 多个，构建的吸附预测模型有 10 余个。但是，由于不同的预测模型所采用的训练集化合物不同，构建的预测模型应用域也有差异。

Xia 等（2010）基于 28 种化合物在 MWCNTs 表面的吸附数据，构建了有机化合物在 MWCNTs 表面吸附平衡常数（$\log k$）的 LSER 模型：

$$\log k = -1.33 + 0.043R + 1.75\pi - 0.37\alpha - 2.78\beta + 4.18V \tag{5-9}$$

式中，R 是过量分子摩尔折射率，π 是表征化合物偶极/极化性的参数，α 和 β 是表征化合物氢键酸性和碱性的参数，V 是 McGowan 分子体积。

2. 有机物在 SWCNTs 上吸附行为的模拟预测

随着计算能力的提升和量子化学计算方法的发展，基于量子化学计算来模拟碳纳米管对有机物的吸附行为成为可能。由于多壁碳纳米管包含原子数较多，计算量较相同管径的单壁碳纳米管大很多，计算成本较高，现有的关于碳纳米管吸附有机物的量子化学计算多针对 SWCNTs 开展。Zou 等（2012）采用密度泛函理论（DFT）方法，模拟了无缺陷的 SWCNTs（8,0）对环己烷、苯系物和多环芳烃（PAHs）的吸附行为。发现苯、甲苯、氯苯和 PAHs 等 12 种苯系物的吸附能（E_a）值与正辛醇/水分配系数的对数值（$\log K_{OW}$）显著相关（图 5-5），有机物的疏水性越强，与 SWCNTs 之间的相互作用能越强。

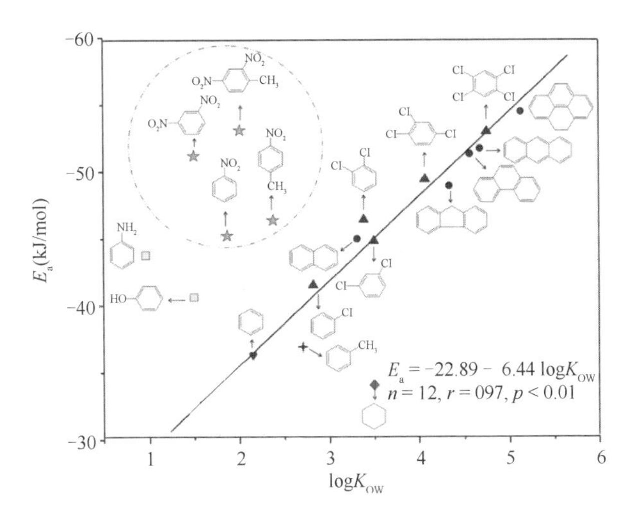

图 5-5 芳香族化合物在 SWCNTs 表面的吸附能（E_a）与 $\log K_{OW}$ 之间的关系
［引自文献（Zou et al.，2012）］

此外，由于 π 电子的存在，芳香族化合物与 SWCNTs 之间存在 π-π 相互作用。环己烷、苯、萘和硝基苯吸附在 SWCNTs 上的总电荷密度的等高线图也进一步证明了 π-π 相互作用的存在（图 5-6）。假设有一种芳香类化合物与环己烷有相同的 $\log K_{OW}$ 值，可估算出其在 SWCNTs 表面的吸附能，该吸附能与苯在 SWCNTs 表面吸附能的差值，即为 π-π 相互作用的贡献，据此，估算 π-π 相互作用对芳环化合物和 SWCNTs 之间的相互作用（$-E_a$）贡献约 24%。采用类似的方法，可估算得到—NO_2 对 E_a 的贡献也近似为 24%。

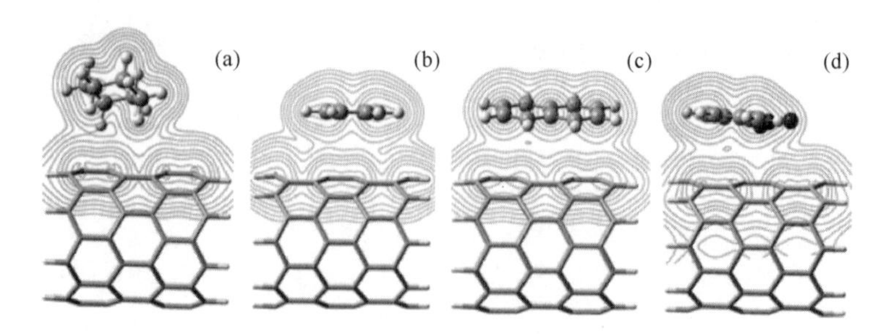

图 5-6 （a）环己烷；（b）苯；（c）萘；（d）硝基苯在 SWCNTs 表面吸附行为的总电荷密度等高线图［引自文献（Zou et al.，2012）］

另外，还发现计算得到的吉布斯吸附自由能变（ΔG_{cal}）与吸附自由能变实验值（ΔG_{exp}，由实验吸附等温线计算而来）具有较好的线性相关性［式（5-10）］。并且，ΔG_{cal}与E_a也显著相关［式（5-11）］。该研究成果表明，量子化学计算的方法可用来估算 SWCNTs 吸附有机污染物过程中的吉布斯自由能变，进而可用于预测吸附平衡常数［式（5-12）］，从而为评价碳纳米材料和有机污染物的环境行为提供数据支撑。

$$\Delta G_{exp} = -0.60 + 1.73\Delta G_{cal} \quad (5\text{-}10)$$

$$n = 9，r = 0.97，p < 0.01$$

$$\Delta G_{cal} = 0.55E_a + 19.46 \quad (5\text{-}11)$$

$$n = 13，r = 0.93，p < 0.01$$

$$\ln K = -\Delta G_{exp}/\mathrm{R}T \quad (5\text{-}12)$$

3. 有机物在氮掺杂碳纳米管（N-SWCNTs）上吸附行为的模拟预测

通常生产制备的碳纳米管会含有缺陷、杂原子或官能团。氮掺杂碳纳米管，作为一种常见的缺陷碳纳米管，由于其优异的催化特性等而备受关注。但是，氮掺杂碳纳米管对有机污染物的吸附机理尚不清楚。采用 DFT 的方法，张馨元等（2015）计算模拟了氮掺杂单壁碳纳米管对水中芳香类有机物的吸附，考察了氮掺杂浓度和掺杂形态对吸附强度的影响。结果表明，掺杂浓度越高，掺氮碳纳米管的形成能越高；不同掺杂形态的碳纳米管中，低浓度的石墨氮（Graph-N）掺杂的 SWCNTs 构型更稳定。张馨元等进一步模拟了 6 种不同掺杂浓度和形态的 N-SWCNTs 对苯、氯苯、甲苯、硝基苯和苯酚的吸附。N-SWCNTs 与苯的吸附平衡体系表明由于 π-π 相互作用的存在，苯容易平行吸附在碳纳米管表面。最高占据分子轨道（highest occupied molecular orbital，HOMO）和最低未占据分子轨道（lowest unoccupied molecular orbital，LUMO）的电子云分布显示（表 5-5），苯在 N-SWCNTs 上的吸附并没有改变 N-SWCNTs 的电子性质。并且，苯和 N-SWCNTs

之间的电荷转移量很小（Q_T<0.025 e）。这五种化合物在 N-SWCNTs 上的 E_a 大小顺序如下：硝基苯<甲苯<苯酚<氯苯<苯。

表 5-5　水中苯与 N-SWCNTs 吸附体系的自然键轨道电荷分布、平衡距离 *d* 及前线分子轨道分析 [a]

	N-SWCNTs	吸附平衡体系			HOMO	LUMO
		NBO 电荷分布	Q_T（e）	*d*（Å）		
Y-1N-graph			0.008			
Y-2N-graph-Ⅱ			–0.002			
A-3N-graph-Ⅱ			0.004			
Y-1N-pyrid			0.004			
A-2N-pyrid			0.002			
A-3N-pyrid			–0.003			

a. 自然键轨道（natural bond orbital，NBO）电荷分布图中，红色表示原子电荷密度较高（富电子）、绿色表示原子电荷密度较低（缺电子）。

Q_T 表示电荷转移数；HOMO 表示最高占据分子轨道；LUMO 表示最低未占据分子轨道（张馨元等，2015）。

A-3N-pyrid 类型 N-SWCNTs 对苯、甲基及氯苯的吸附能 E_a 表明，*A*-3N-pyrid 类型 N-SWCNTs 的吸附能力强于 SWCNTs（表 5-6）。化合物疏水性越强，其与 *A*-3N-pyrid 的相互作用越强。电负性较强的—NO_2、—OH、—NH_2 等官能团增大了取代苯的极性，从而增强其与 N-SWCNTs 之间的静电相互作用，使 E_a 更负。因此，官能团对芳香类化合物在 N-SWCNTs 上的吸附作用有贡献。综上，N-SWCNTs 对水中芳香污染物的吸附作用包括疏水作用、π-π 相互作用以及静电作用。

5.2.2　石墨烯对有机物的吸附模拟预测

前人研究初步揭示了碳纳米材料对小分子有机物的吸附机理，但是各种相互作用力对吸附能的定量贡献尚不清楚。而且在气液相中，碳纳米材料对有机污染物吸附机理的差异仍有待阐释。为此，Wang 等（2017）采用 DFT 计算，模拟了 38 种小分子有机物在气相和液相石墨烯表面的吸附，进而建立了多参数线性自由能关系（pp-LFER）预测模型：

表 5-6　水中芳香类污染物在 *A*-3N-pyrid 上的吸附能 E_a[a]

化合物	$\log K_{OW}$	E_a（kJ/mol）	
		A-3N-pyrid	SWCNTs
苯胺	0.90	–51.18	–43.87
苯酚	1.46	–59.80	–40.80
硝基苯	1.85	–70.12	–45.64
1,3-二硝基苯	1.49	–77.33	–45.51
4-硝基甲苯	2.37	–71.31	–46.63
苯	2.13	–54.29	–36.48
甲苯	2.73	–60.13	–36.95
氯苯	2.84	–57.21	–41.91
1,2-二氯苯	3.43	–59.91	–46.93
1,3-二氯苯	3.53	–59.72	–45.51
1,2,4-三氯苯	4.02	–65.35	–50.08
1,2,4,5-四氯苯	4.64	–68.41	–53.69

a. $\log K_{OW}$（正辛醇/水分配系数的对数值）由 EPI Suit™ v4.1（http://www.epa.gov/opptintr/exposure/pubs/episuite.htm）获得（张馨元等，2015）。

气相：

$$|E_{ad}| = 3.570 + 0.911E - 4.350S - 1.684A + 4.910B + 3.456L \tag{5-13}$$

$$n = 38,\ R^2_{adj} = 0.906,\ \text{RMSE} = 1.505,\ Q^2_{LOO} = 0.846,\ Q^2_{BOOT} = 0.761$$

液相：

$$|E_{ad}| = -0.951 + 2.486E - 0.450S - 0.668A + 0.609B + 14.638V \tag{5-14}$$

$$n = 38,\ R^2_{adj} = 0.917,\ \text{RMSE} = 1.341,\ Q^2_{LOO} = 0.858,\ Q^2_{BOOT} = 0.762$$

式中，E 是过量分子摩尔折射率；S 是表示分子偶极/极化性的参数；A 和 B 分别是表征分子氢键质子给体能力，氢键质子受体能力的参数；V 是 McGowan 分子体积；L 是正十六烷/空气分配系数的对数值。这两个模型表明，小分子有机物在气相石墨烯表面的吸附能主要由色散作用（贡献 32%～74%）和静电作用（贡献 2%～23%）决定，液相的吸附能主要由色散作用（贡献 67%～89%）和疏水作用（贡献 1%～14%）决定（图 5-7）。上述模型可用于预测含有官能团—NH_2，—CH_3，—NO_2，—F，—CN，—OH，—CHO，—COOH，—CH_2OH，—CH_2CH_3，—C(O)CH_3，—CH_2CH_2OH，—C(O)OCH_3，—OC(O)CH_3，—$CH_2CH_2CH_3$，—C(O)CH_2CH_3 和—C_6H_5 的脂肪族和芳香族化合物在石墨烯表面的吸附。

此外，选取了六种有机化合物作为吸附质，模拟研究了其在扶手椅型单壁碳纳米管(4,4)，(5,5)，(6,6)，(7,7)，(8,8)，(9,9)，(10,10)和锯齿型单壁碳纳米管(6,0)，(7,0)，(8,0)，(9,0)，(10,0)，(11,0)，(12,0)表面的吸附。采用方程（5-15）拟合 SWCNTs

表面的吸附数据（图 5-8），可得到化合物在石墨烯表面的吸附。

$$|E_{\mathrm{ad}}(D)| = |E_{\mathrm{ad}}(\mathrm{graphene})| + u \times \mathrm{e}^{(-D/w)} \tag{5-15}$$

式中，$|E_{\mathrm{ad}}(D)|$是有机化合物在管径D的SWCNTs表面吸附能的绝对值；$|E_{\mathrm{ad}}(\mathrm{graphene})|$是由方程拟合且外推得到的有机化合物在石墨烯表面吸附能的绝对值；u 和 w 为拟合参数。结果表明，SWCNTs 的管径对吸附的影响更显著，石墨烯比 SWCNTs 有更强的吸附能力。

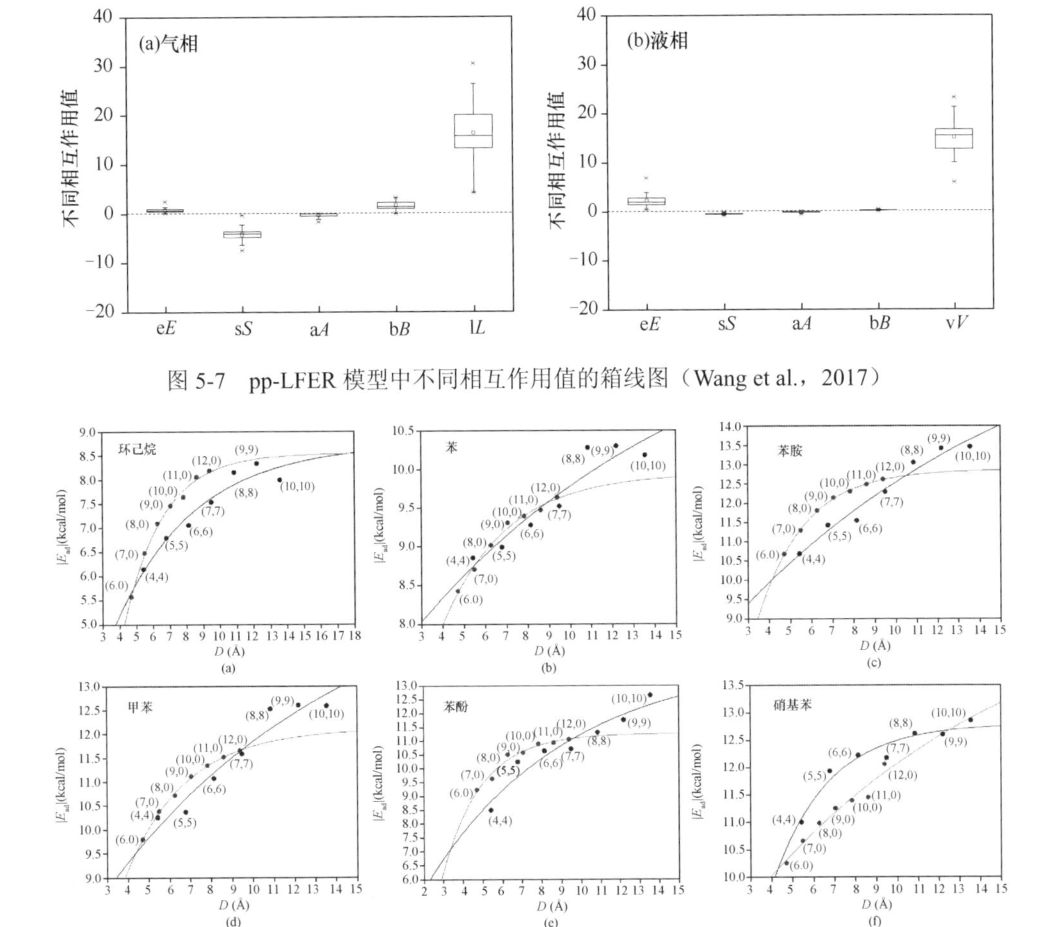

图 5-7　pp-LFER 模型中不同相互作用值的箱线图（Wang et al.，2017）

图 5-8　苯及其衍生物在气相中不同管径 D 和手性的 SWCNTs 表面吸附的拟合曲线（Wang et al.，2017）

5.2.3 C_{60}对天然有机物的吸附模拟预测

进入环境中的碳纳米材料除了可与小分子有机物相互作用，还可与溶解性有机质（dissolved organic matter，DOM）发生相互作用。DOM是一类具有不同分子量的聚合电解质的混合物，普遍存在于水体生态系统中，且具有高反应活性（Mostofa et al.，2013）。DOM主要通过以下两个方面来影响纳米材料的环境行为：①DOM通过影响纳米材料的表面形态和电荷，从而影响它们的聚集/沉降性质以及生态毒性；②DOM通过对纳米材料的包裹作用，影响纳米材料与微生物之间的相互作用。阐明DOM与碳纳米材料之间的相互作用，对于了解碳纳米材料的环境迁移转化和毒性效应等具有重要意义。这里以C_{60}为例，采用DFT计算和分子动力学（MD）模拟的方法，研究C_{60}对DOM的吸附作用。

1. 采用DFT计算模拟C_{60}对DOM的吸附

采用分子力学和量子力学的方法模拟了7种DOM替代物（DOM_R）（表5-7）

表5-7 DOM替代物的名称、分子结构和正辛醇/水分配系数（$\log K_{OW}$）

名称	分子结构	$\log K_{OW}$
D-葡萄糖醛酸	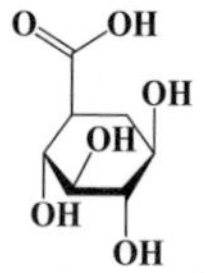 O OH; OH; OH; OH; OH	–2.57
对苯醌	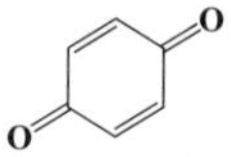 O; O	0.20
五倍子酸	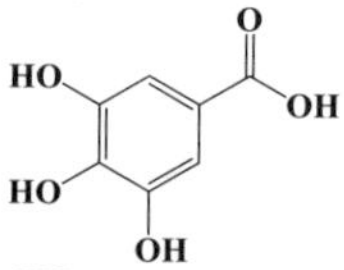 O; HO; OH; HO; OH	0.70
香草醛	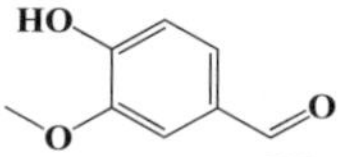 HO; O; O	1.21
对苯二酚	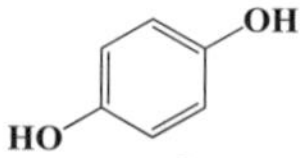 OH; HO	0.59
苯甲酸	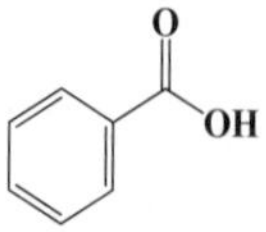 O; OH	1.87
腺嘌呤	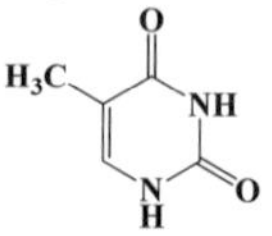 O; H_3C; NH; O; N H	–0.09

与 C_{60} 的相互作用（Wang et al.，2011）。结果表明 DOM_R 可作为电子受体接受由 C_{60} 转移的电子。统计热力学分析结果表明，C_{60} 与五倍子酸之间的结合是自发过程，以静电作用为主要驱动力。

通过式（5-16），可预测 DOM 存在条件下 C_{60} 在水中的溶解度（$S_{C_{60}/DOM}$）：

$$S_{C_{60}/DOM}=S_{C_{60}}\left(1+C_{DOM}K_{DOM/Water}\right) \tag{5-16}$$

式中，$S_{C_{60}}$ 是 C_{60} 在纯水中的溶解度；C_{DOM} 是水中 DOM 的浓度；$K_{DOM/Water}$ 是 C_{60} 在 DOM 和水中的平衡分配常数，采用 6.58×10^{-14} mol/mol 作为 $S_{C_{60}}$ 的上限值（Kulkarni and Jafvert，2008）；假定水中 DOM 的浓度为 20 mg/L（DOM 在典型地表水和地下水中的浓度为 0～50 mg/L），即 C_{DOM} 为 2.54×10^{-6} mol/mol；$K_{DOM/Water}$ 可由式（5-17）计算：

$$K_{DOM/Water}=\exp[-\Delta G_{DOM/Water}/(RT)] \tag{5-17}$$

其中，$-\Delta G_{DOM/Water}$ 是 C_{60} 在 DOM 和水之间转移的自由能；R 是理想气体常数；T 是绝对温度。$-\Delta G_{DOM/Water}$ 利用局域密度近似（local-density approximation，LDA）方法进行计算，即

$$-\Delta G_{DOM/Water}=-\left(\Delta G_{DOM}-\Delta G_{Water}\right) \tag{5-18}$$

这里 ΔG_{DOM} 和 ΔG_{Water} 分别是 C_{60} 在 DOM 和纯水中的自由能变。对每种 C_{60}-DOM_R 复合物，利用 LDA 方法，计算其最高占据分子轨道能（E_{HOMO}）和最低未占据分子轨道能（E_{LUMO}）。计算得到的 $\log K_{DOM/Water}$ 值和 C_{60}-DOM_R 复合物的前线分子轨道能量（E_{LUMO}、E_{HOMO} 和 $E_{LUMO}-E_{HOMO}$）列于表 5-8。根据式（5-16）和图 5-9 可知，DOM 的存在会增大 C_{60} 的表观水溶解度，C_{60} 的表观水溶解度随着 $E_{LUMO}-E_{HOMO}$ 能隙的增大而减小（表 5-8）。

表 5-8 C_{60} 在水和 DOM_R 之间的平衡分配常数（$K_{DOM/Water}$），以及 DOM_R 存在条件下 C_{60} 的溶解度（$S_{C_{60}/DOM}$）和每种 C_{60}-DOM_R 复合物的前线分子轨道能量（$E_{LUMO}-E_{HOMO}$）

分子	$\log K_{DOM/Water}$	$S_{C_{60}/DOM}$	E_{LUMO}	E_{HOMO}	$E_{LUMO}-E_{HOMO}$
	mol/mol	mol/mol	kcal/mol	kcal/mol	kcal/mol
C_{60}-D-葡糖糖醛酸	5.83	1.80×10^{-13}	−106.69	−136.35	29.66
C_{60}-对苯醌	4.89	7.88×10^{-14}	−108.10	−141.49	33.39
C_{60}-五倍子酸	5.53	1.22×10^{-13}	−101.39	−132.67	31.28
C_{60}-香草醛	5.11	8.73×10^{-14}	−100.32	−134.54	34.22
C_{60}-对苯二酚	4.61	7.26×10^{-14}	−86.81	−120.17	33.36
C_{60}-苯甲酸	4.63	7.29×10^{-14}	−100.02	−136.71	36.69
C_{60}-腺嘌呤	4.13	6.80×10^{-14}	−102.37	−138.59	36.22

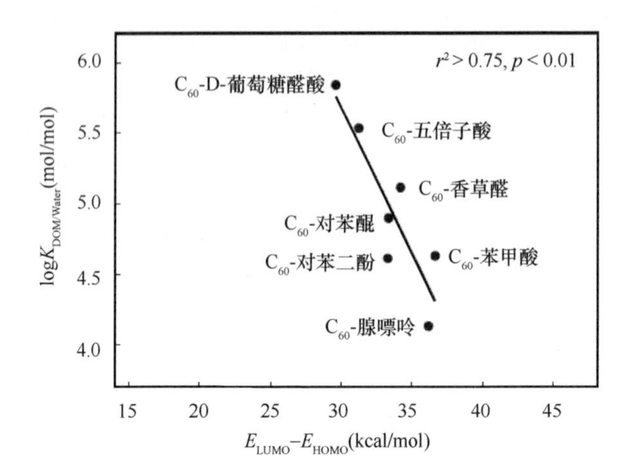

图 5-9 C_{60}在水和DOM_R之间的平衡分配常数（$K_{DOM/Water}$）随每种 C_{60}-DOM_R复合物E_{LUMO}与E_{HOMO}之间能隙的变化情况（r 和 p 分别代表相关系数和显著水平）（Wang et al.，2011）

2. 分子动力学模拟 C_{60}对 DOM 的吸附

为进一步理解 C_{60}与 DOM 的相互作用机理，尤其是 DOM 的解离形态与 C_{60}的相互作用，采用分子动力学（MD）模拟考察了 DOM 的重要组成成分[9 种低分子量有机酸（low molecular-weight organic acids，LOAs）]与 C_{60}之间的相互作用（Sun et al.，2013）。这 9 种 LOAs 在 C_{60}表面的吸附平衡构型如图 5-10 所示。

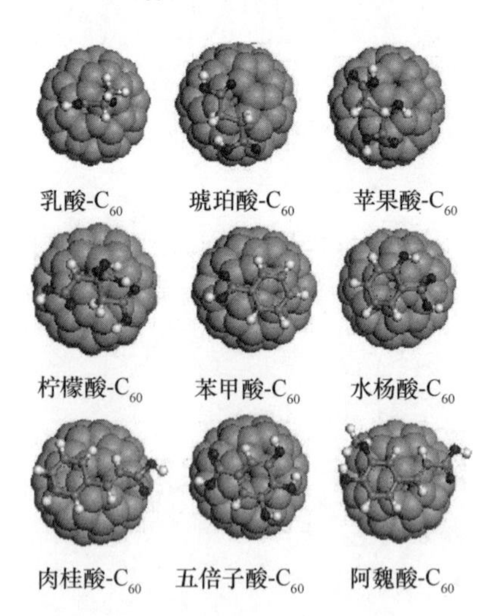

图 5-10 九种 LOAs 的吸附形态图（Sun et al.，2013）

径向分布函数（radial distribution function，RDF）结果（图 5-11）表明，芳香族酸相比于脂肪族酸更紧凑地吸附于 C_{60}周围，说明芳香族酸相比于脂肪族酸更易

与 C_{60} 相互作用。同样，计算得到的芳香族酸与 C_{60} 的相互作用能也强于脂肪族酸与 C_{60} 相互作用能。

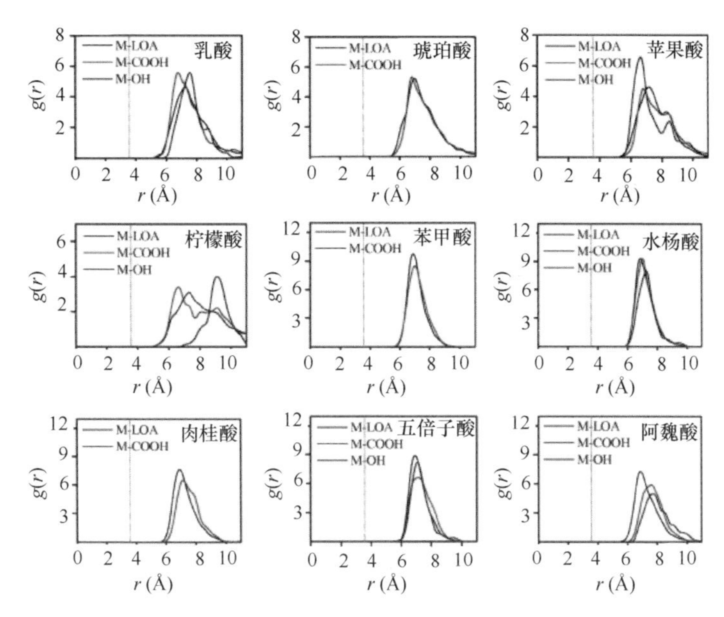

图 5-11　真空中模拟体系的 RDF 随 C_{60} 几何中心距离的变化图（r 是从几何中心到目标分子或基团的距离；M-LOA 代表 LOA 的 RDF；M-COOH 代表羧基基团的 RDF；M-OH 代表羟基基团的 RDF；在 r = 3.56 Å 处的蓝线代表 C_{60} 的半径）（Sun et al.，2013）

从表 5-9 可知，LOAs 与 C_{60} 的相互作用随着 LOAs 分子量的增加而增强。计算的 LOAs 和 C_{60} 之间范德瓦耳斯力作用能（$E_{v\text{-}int}$）与 E_{int} 值相近，表明范德瓦耳斯相互作用在吸附过程中起主导作用。另外还发现 LOAs 阴离子形态与 C_{60} 的相互作用弱于其中性分子与 C_{60} 的相互作用（图 5-12）。

表 5-9　真空和水相中 LOAs 在 C_{60} 上吸附的平均作用能及其相应的标准误差（括号中的值）

	体系	E_{int}（kcal/mol）	$E_{v\text{-}int}$（kcal/mol）
真空	乳酸-C_{60}	–3.58（0.46）	–3.40（0.46）
	琥珀酸-C_{60}	–4.93（0.52）	–4.70（0.52）
	苹果酸-C_{60}	–5.02（0.07）	–4.77（0.07）
	柠檬酸-C_{60}	–6.77（0.14）	–6.41（0.14）
	苯甲酸-C_{60}	–6.95（0.19）	–6.68（0.19）
	水杨酸-C_{60}	–7.69（0.36）	–7.41（0.36）
	肉桂酸-C_{60}	–7.77（0.08）	–7.43（0.08）
	五倍子酸-C_{60}	–8.08（0.25）	–7.76（0.25）
	阿魏酸-C_{60}	–9.63（0.25）	–9.22（0.25）

续表

体系		E_{int}（kcal/mol）	$E_{v\text{-}int}$（kcal/mol）
水相	乳酸-C_{60}	–3.90（0.15）	–3.72（0.15）
	琥珀酸-C_{60}	–4.86（0.52）	–4.69（0.59）
	苹果酸-C_{60}	–4.92（0.59）	–4.78（0.60）
	柠檬酸-C_{60}	–6.21（0.09）	–5.85（0.09）
	苯甲酸-C_{60}	–6.33（0.39）	–6.06（0.39）
	水杨酸-C_{60}	–6.38（0.59）	–6.10（0.59）
	肉桂酸-C_{60}	–7.59（0.26）	–7.37（0.46）
	五倍子酸-C_{60}	–8.34（0.30）	–8.02（0.30）
	阿魏酸-C_{60}	–9.34（0.33）	–8.92（0.33）

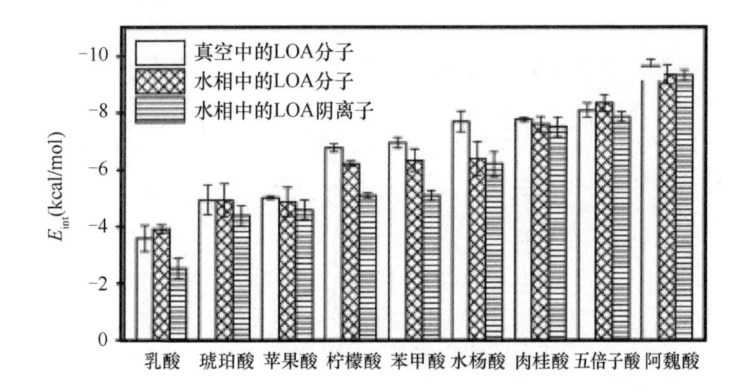

图 5-12　真空和水相中 LOAs 分子，水相中 LOAs 阴离子吸附在 C_{60} 上计算的平均相互作用能（E_{int}）和标准偏差（Sun et al.，2013）

基于 MD 模拟，计算得到的 E_{int} 与 LOAs 的分子结构参数[如正辛醇/水分配系数（$\log K_{OW}$）、分子极化率（α）、偶极矩（μ）、分子摩尔体积（V_M）和分子量（M_W）]具有如下的关系：

真空中 LOAs 分子：

$$E_{int} = -3.737 - 0.033\alpha - 0.307\log K_{OW} \tag{5-19}$$

$$n = 9，r = 0.960$$

$$\text{RMSE} = 0.494，Q^2_{CUM} = 0.867$$

水相中 LOAs 分子：

$$E_{int} = -1.070 - 0.018\alpha - 0.031V_M \tag{5-20}$$

$$n = 9，r = 0.925$$

$$\text{RMSE} = 0.560，Q^2_{CUM} = 0.867$$

水相中 LOAs 阴离子：

$$E_{int} = 0.002 - 0.028\alpha - 0.154\mu \quad (5\text{-}21)$$

$$n = 9,\ r = 0.949$$

$$\text{RMSE} = 0.706,\ Q^2_{CUM} = 0.834$$

式中，n 代表 LOAs 的数量，r 是相关系数，RMSE 是均方根误差。

综上，结合采用量子化学方法和分子动力学方法，可从分子水平上揭示纳米材料对小分子有机物的吸附机理。另外还可将分子模拟所得结果与 QSAR 结合，发展预测模型，快速且高效地获取碳纳米材料和小分子有机物的环境行为相关参数值，以便于评价纳米材料与小分子有机物的环境行为和生态风险。

参 考 文 献

张馨元, 谢宏彬, 尉小旋, 陈景文. 2015. 计算模拟掺氮碳纳米管与水中芳香类污染物的吸附作用. 科学通报, (19): 1796-1803.

Cances E, Mennucci B, Tomasi J. 1997. A new integral equation formalism for the polarizable continuum model: Theoretical background and applications to isotropic and anisotropic dielectrics. Journal of Chemical Physics, 107(8): 3032-3041.

Chalk A J, Beck B, Clark T. 2001. A temperature-dependent quantum mechanical/neural net model for vapor pressure. Journal of Chemical Information and Computer Sciences, 41(4): 1053-1059.

Cramer C J, Truhlar D G. 2008. A universal approach to solvation modeling. Accounts of Chemical Research, 41(6): 760-768.

Cui S, Yang J, Liu S, Wang L. 2007. Predicting bioconcentration factor values of organic pollutants based on MEDV descriptors derived QSARs. Science in China Series B: Chemistry, 50(5): 587-592.

De Volder M F L, Tawfick S H, Baughman R H, Hart A J. 2013. Carbon nanotubes: Present and future commercial applications. Science, 339(6119): 535-539.

Dimitrov S, Dimitrova N, Parkerton T, Comber M, Bonnell M, Mekenyan O. 2005. Base-line model for identifying the bioaccumulation potential of chemicals. SAR and QSAR in Environmental Research, 16(6): 531-554.

Endo S, Goss K-U. 2014. Applications of polyparameter linear free energy relationships in environmental chemistry. Environmental Science & Technology, 48(21): 12477-12491.

Fu Z, Chen J, Li X, Wang Y N, Yu H. 2016. Comparison of prediction methods for octanol-air partition coefficients of diverse organic compounds. Chemosphere, 148: 118-125.

Gissi A, Lombardo A, Roncaglioni A, Gadaleta D, Mangiatordi G F, Nicolotti O, Benfenati E. 2015. Evaluation and comparison of benchmark QSAR models to predict a relevant REACH endpoint: The bioconcentration factor (BCF). Environmental Research, 137: 398-409.

Grisoni F, Consonni V, Vighi M, Villa S, Todeschini R. 2016. Expert QSAR system for predicting the bioconcentration factor under the REACH regulation. Environmental Research, 148: 507-512.

Grisoni F, Consonni V, Villa S, Vighi M, Todeschini R. 2015. QSAR models for bioconcentration: Is the increase in the complexity justified by more accurate predictions? Chemosphere, 127: 171-179.

Hall L H, Kier L B, Murray W J. 1975. Molecular connectivity. 2. Relationship to water solubility and boiling-point. Journal of Pharmaceutical Sciences, 64(12): 1974-1977.

Jiang G, Shen Z, Niu J, Zhuang L, He T. 2011. Nanotoxicity of engineered nanomaterials in the environment. Progress in Chemistry, 23(8): 1769-1781.

Jin X, Fu Z, Li X, Chen J. 2017. Development of polyparameter linear free energy relationship models for octanol-air partition coefficients of diverse chemicals. Environmental Science-Processes & Impacts, 19(3): 300-306.

Katritzky A R, Kuanar M, Slavov S, Hall C D, Karelson M, Kahn I, Dobchev D A. 2010. Quantitative correlation of physical and chemical properties with chemical structure: Utility for prediction. Chemical Reviews, 110(10): 5714-5789.

Katritzky A R, Wang Y, Sild S, Tamm T, Karelson M. 1998. QSPR studies on vapor pressure, aqueous solubility, and the prediction of water-air partition coefficients. Journal of Chemical Information and Computer Sciences, 38(4): 720-725.

Kelly B C, Ikonomou M G, Blair J D, Morin A E, Gobas F A P C. 2007. Food web specific biomagnification of persistent organic pollutants. Science, 317(5835): 236-239.

Khadikar P V, Singh S, Mandloi D, Joshi S, Bajaj A V. 2003. QSAR study on bioconcentration factor (BCF) of polyhalogented biphenyls using the PI index. Bioorganic & Medicinal Chemistry, 11(23): 5045-5050.

Kier L B, Hall L H, Murray W J, Randic M. 1975a. Molecular connectivity. 1. Relationship to nonspecific local anesthesia. Journal of Pharmaceutical Sciences, 64(12): 1971-1974.

Kier L B, Hall L H. 1976. Molecular connectivity. 7. Specific treatment of heteroatoms. Journal of Pharmaceutical Sciences, 65(12): 1806-1809.

Kier L B, Murray W J, Hall L H. 1975b. Molecular connectivity. 4. Relationships to biological-activities. Journal of Medicinal Chemistry, 18(12): 1272-1274.

Kier L B, Murray W J, Randic M, Hall L H. 1976. Molecular connectivity. 5. Connectivity series concept applied to density. Journal of Pharmaceutical Sciences, 65(8): 1226-1230.

Klamt A. 2011. The COSMO and COSMO-RS solvation models. Wiley Interdisciplinary Reviews-Computational Molecular Science, 1(5): 699-709.

Kühne R, Ebert R-U, Schüürmann G. 1997. Estimation of vapour pressures for hydrocarbons and halogenated hydrocarbons from chemical structure by a neural network. Chemosphere, 34(4): 671-686.

Kulkarni P P, Jafvert C T. 2008. Solubility of C_{60} in solvent mixtures. Environmental Science & Technology, 42(3): 845-851.

Li X H, Chen J W, Zhang L, Qiao X L, Huang L P. 2006. The fragment constant method for predicting octanol-air partition coefficients of persistent organic pollutants at different temperatures. Journal of Physical and Chemical Reference Data, 35(3): 1365-1384.

Liang C, Gallagher D A. 1998. QSPR prediction of vapor pressure from solely theoretically-derived descriptors. Journal of Chemical Information and Computer Sciences, 38(2): 321-324.

Marenich A V, Cramer C J, Truhlar D G. 2009a. Universal solvation model based on solute electron density and on a continuum model of the solvent defined by the bulk dielectric constant and atomic surface tensions. Journal of Physical Chemistry B, 113(18): 6378-6396.

Marenich A V, Cramer C J, Truhlar D G. 2009b. Universal solvation model based on the generalized born approximation with asymmetric descreening. Journal of Chemical Theory and Computation, 5(9): 2447-2464.

Marenich A V, Cramer C J, Truhlar D G. 2013. Generalized born solvation model SM12. Journal of Chemical Theory and Computation, 9(1): 609-620.

Meylan W M, Howard P H, Boethling R S, Aronson D, Printup H, Gouchie S. 1999. Improved method for estimating bioconcentration/bioaccumulation factor from octanol/water partition coefficient. Environmental Toxicology and Chemistry, 18(4): 664-672.

Mostofa K M G, Liu C-Q, Mottaleb M A, Wan G, Ogawa H, Vione D, Yoshioka T, Wu F. 2013. Dissolved Organic Matter in Natural Waters. *In* Mostofa K M G, Yoshioka T, Mottaleb A, Vione D, Eds. Photobiogeochemistry of Organic Matter: Principles and Practices in Water Environments. Berlin Heidelberg: Springer: 1-137.

Murray W J, Hall L H, Kier L B. 1975. Molecular connectivity. 3. Relationship to partition-coefficients. Journal of Pharmaceutical Sciences, 64(12): 1978-1981.

Murray W J, Kier L B, Hall L H. 1976. Molecular connectivity. 6. Examination of parabolic relationship between molecular connectivity and biological-activity. Journal of Medicinal Chemistry, 19(5): 573-578.

Qin H, Chen J, Wang Y, Wang B, Li X, Li F, Wang Y. 2009. Development and assessment of quantitative structure-activity relationship models for bioconcentration factors of organic pollutants. Chinese Science Bulletin, 54(4): 628-634.

Stadnicka J, Schirmer K, Ashauer R. 2012. Predicting concentrations of organic chemicals in fish by using toxicokinetic models. Environmental Science & Technology, 46(6): 3273-3280.

Steinmann S N, Sauteta P, Michel C. 2016. Solvation free energies for periodic surfaces: Comparison of implicit and explicit solvation models. Physical Chemistry Chemical Physics, 18(46): 31850-31861.

Sun Q, Xie H-B, Chen J, Li X, Wang Z, Sheng L. 2013. Molecular dynamics simulations on the interactions of low molecular weight natural organic acids with C_{60}. Chemosphere, 92(4): 429-434.

Tao S, Piao H S, Dawson R, Lu X X, Hu H Y. 1999. Estimation of organic carbon normalized sorption coefficient (K_{OC}) for soils using the fragment constant method. Environmental Science & Technology, 33(16): 2719-2725.

Tvaroška I. 2015. Atomistic insight into the catalytic mechanism of glycosyltransferases by combined quantum mechanics/molecular mechanics (QM/MM) methods. Carbohydrate Research, 403: 38-47.

Wang Y, Chen J, Wei X, Maldonado A J H, Chen Z. 2017. Unveiling adsorption mechanisms of organic pollutants onto carbon nanomaterials by density functional theory computations and linear free energy relationship modeling. Environmental Science & Technology, 51(20): 11820-11828.

Wang Y, Chen J, Yang X, Lyakurwa F, Li X, Qiao X. 2015. *In silico* model for predicting soil organic carbon normalized sorption coefficient (K_{OC}) of organic chemicals. Chemosphere, 119: 438-444.

Wang Z, Chen J, Sun Q, Peijnenburg W J G M. 2011. C_{60}-DOM interactions and effects on C_{60} apparent solubility: A molecular mechanics and density functional theory study. Environment International, 37(6): 1078-1082.

Xia X-R, Monteiro-Riviere N A, Riviere J E. 2010. An index for characterization of nanomaterials in biological systems. Nature Nanotechnology, 5(9): 671-675.

Yaffe D, Cohen Y. 2001. Neural network based temperature-dependent quantitative structure property relations (QSPRs) for predicting vapor pressure of hydrocarbons. Journal of Chemical

Information and Computer Sciences, 41(2): 463-477.
Zhao W, Li X, Fu Z, Chen J. 2015. Development and evaluation for a predictive model of (subcooled) vapor pressure of organic chemicals at different temperatures. Asian Journal of Ecotoxicology, 10(2): 159-166.
Zou M, Zhang J, Chen J, Li X. 2012. Simulating adsorption of organic pollutants on finite (8,0) single-walled carbon nanotubes in water. Environmental Science & Technology, 46(16): 8887-8894.

第 6 章　污染物环境转化行为的模拟预测

本章导读

- 简介有机化学品在环境中的降解转化行为，如光化学降解、水解、自由基反应等。
- 介绍 QSAR 方法和密度泛函理论（DFT）计算在化学转化过程模拟预测中的应用，包括预测动力学参数、揭示反应途径和降解机制等。
- 简介有机污染物的生物降解性及其预测方法。

在环境介质中，污染物会发生一系列转化过程，从而改变其形态或转变为其他物质。广义上，污染物的环境转化可分为物理转化、化学转化和生物转化。其中，物理转化不发生化学键的断裂和生成，主要指相变过程；化学转化主要包括光化学转化、氧化-还原和络合水解等过程；生物转化主要指生物体内的酶促转化和微生物降解。目前，污染物在环境中转化行为的模拟预测研究，多集中在污染物的化学转化行为上，对生物转化行为也建立了一些预测模型。本章重点介绍了对污染物化学转化和生物转化行为的模拟预测。

6.1　水中污染物光降解动力学和途径的模拟预测

光降解通常指由于光照而导致污染物的降解反应，是影响污染物环境归趋的重要途径。污染物的光解过程遵循光化学第一定律和光化学第二定律。光化学第一定律认为，照射在反应体系中的光，必须在能量或波长上满足体系中分子激发的条件，才能被分子所吸收，即只有被体系吸收的光，对于产生光化学反应才是有效的。光化学第二定律指出，分子吸收光的过程是单光子过程。在通常光照射的情况下，每个分子只能依靠吸收一个光量子到达其激发态。

污染物的光解主要分为直接光解和间接光解。直接光解是指污染物吸收光后直接引发的化学转化，而间接光解则是由光敏化剂吸光后产生的激发态物质（如激发三重态的溶解性有机质）或瞬态活性物种（如羟基自由基、单线态氧、过氧自由基等）诱导的化学转化。本节分别对水中污染物直接光解和间接光解过程中的反应途径、动力学参数等的预测方法进行介绍。

6.1.1 水中污染物直接光解动力学参数的 QSAR 预测模型

在污染物的直接光解过程中，污染物分子吸光后，形成激发态分子，从而引发光化学反应或通过分子内/间的物理失活回到基态。由于水环境中污染物的浓度总体上较低，根据美国环境保护署（EPA）的 Zepp 等对污染物水中直接光解动力学过程的推导，大多数污染物在水环境中的光解遵循一级或准一级反应动力学（Wols and Hofman-Caris，2012），即

$$-\frac{\mathrm{d}c}{\mathrm{d}t}=kc, c=c_0\mathrm{e}^{-kt}, t_{1/2}=\frac{\ln 2}{k} \tag{6-1}$$

式中，c 和 c_0 分别表示水中有机污染物的瞬时浓度和初始浓度，t 是时间，k 是光解速率常数，$t_{1/2}$ 是光解半减期。

光解速率常数和光解量子产率是评估污染物直接光解的两个重要参数。其中，光解量子产率（Φ）表征化学物种吸光后导致的光化学过程的相对效率，其定义为

$$\Phi = \text{发生化学反应的分子数/吸收光子数} \tag{6-2}$$

在使用 EPA 推荐的光解管测定 Φ 值时，由于光解管各面均受光照且其曲面玻璃能够产生透镜效应，测得的污染物光解速率往往大于其在实际水体中的速率。故污染物在表层水体的直接光解速率常数（k）可以通过式（6-3）计算

$$k=2.303\,\Phi\sum\left(I_\lambda\varepsilon_\lambda\right)/2 \tag{6-3}$$

式中，λ 为波长，I 为入射光的强度，ε 为污染物的摩尔吸光系数。

传统上[例如 OECD 的水中化学品直接光解测试导则（OECD，2008），EPA 的光照下水中直接光解速率测试导则（EPA，1996）]，化合物的直接光解速率常数需要通过实验测定得到。Chen 等（Chen et al.，1996；Chen et al.，1998a，b；Chen et al.，2000；Chen et al.，2001a，b，c，d，e；Chen et al.，2007；Li et al.，2013a；Li et al.，2014；Mamy et al.，2015；Niu et al.，2003a，b；Niu et al.，2004；Niu et al.，2005；Shao et al.，2010；Wang et al.，2005；Xie et al.，2009；Yang et al.，2003；Yan et al.，2005）的研究表明，通过构建 QSAR 模型，可实现 k 或直接光解半减期（$t_{1/2}$）以及 Φ 的预测。下面以多环芳烃（PAHs）和卤代芳烃为例，简介其直接光解速率常数和直接光解量子产率的 QSAR 预测模型。

1. PAHs 直接光解速率常数的 QSAR 模型

多环芳烃（PAHs）是一类典型的环境污染物，主要由煤、石油等化石燃料的不完全燃烧产生（Finlayson-Pitts and Pitts，1997）。大多数 PAHs 具有致癌性（Bostrom et al.，2002），从而对人类健康构成威胁。基于 17 种 PAHs 在水中的直接光解速率

常数实测值［k，单位为（100×min）$^{-1}$］，采用 MOPAC 6.0 软件（Stewart，1990）中的 PM3 算法对分子结构进行优化，计算得到 PAHs 最低未占据分子轨道能（E_{LUMO}）和最高占据分子轨道能（E_{HOMO}），通过统计分析，得到如下 QSAR 模型（陈景文，1999）：

$$\log k = -32.734 + 9.769(E_{LUMO}-E_{HOMO}) - 0.7154(E_{LUMO}-E_{HOMO})^2 \quad (6\text{-}4)$$

$$n = 17,\ R^2 = 0.848,\ R^2_{adj} = 0.826,\ SE = 0.322,\ F = 38.926,\ p < 0.0001$$

式中，R 和 R_{adj} 分别为未经过和经过自由度校正的复相关系数，SE 为拟合值的标准误差，F 为方差分析的方差比，p 为显著性水平。

由模型（6-4）可知，log$k$ 与（$E_{LUMO}-E_{HOMO}$）之间存在抛物线关系。当（$E_{LUMO}-E_{HOMO}$）为 6.828 eV 时，log$k$ 最大，其理论最大值为 0.616。根据光化学反应的原理，PAHs 的直接光解过程受到许多内在因素（如影响 PAHs 吸光的分子结构特征）和外在因素（如实验中光能的大小、光照强度等）的综合作用，而（$E_{LUMO}-E_{HOMO}$）可能通过这些因素决定 PAHs 的直接光解速率。一方面，（$E_{LUMO}-E_{HOMO}$）值越大，PAHs 分子吸收的光能越多，导致 log$k$ 增大；另一方面，在测定 PAHs 直接光解速率常数的实验中，所用光源的光强总体上随着波长的增大而增强，随着（$E_{LUMO}-E_{HOMO}$）值增大，PAHs 所吸收的光子数减少，导致 log$k$ 值降低。综合这两种因素，PAHs 的 log$k$ 与其前线分子轨道能级差之间存在抛物线关系。

2. 卤代芳烃直接光解量子产率的 QSAR 模型

为构建卤代芳烃直接光解量子产率（logΦ）的 QSAR 模型，需要提出和计算一套描述分子光化学活性的结构描述符。为此，采用 MOPAC 6.0 软件中的 PM3 算法对分子结构进行优化，计算并选取了 19 个量子化学参数，这些参数能描述分子的整体性质、光解中断裂的 C—X 键的性质以及光解反应中离去基团的性质（陈景文，1999）。描述卤代芳烃整体性质的参数包括：分子量（M_W）、偶极矩（μ）、平均分子极化率（α）、最高占据分子轨道能（E_{HOMO}）、最低未占据分子轨道能（E_{LUMO}）、整个分子的最正原子净电荷（q^+）、整个分子最负原子净电荷（q^-）；描述 C—X 键性质的参数包括：碳-卤键的键序（BO）、最弱碳-卤键的双中心项共振能（J）、最弱碳-卤键的双中心项交换能（K）、最弱碳-卤键的双中心项电子-电子推斥能（EE2）、最弱碳-卤键的双中心项电子-核吸引能（EN2）、最弱碳-卤键的双中心项核-核推斥能（NN2）、最弱碳-卤键的双中心项库仑相互作用能（C）、最弱碳-卤键的双中心项电子能和核能的总和（TE2）；表征光解反应中离去基团卤原子性质的参数包括：卤素原子净电荷（q_X）、与卤原子相键合的苯环上的碳原子的净电荷（q_C）、卤原子的单中心项电子-电子推斥能（EE1）、卤原子的单中心项电子-核吸引能（EN1）等。

本例基于上述量子化学参数，选取 45 个训练集化合物构建了 QSAR 模型，模型有 3-溴苯甲腈、4-氯苯甲醚、4-氯苯酚和 4-氟苯酚 4 个离群点。其中，4-氯苯甲醚、4-氯苯酚和 4-氟苯酚三个化合物的实测量子产率大于 1（$\log\Phi>0$）。如果 $\Phi>1$，暗示发生光化学反应的分子数大于吸收光子的分子数，这可能是由于发生了双分子反应。去除 4 个离群化合物后，得到 QSAR 模型为

$$\log\Phi=(9.829\pm1.723)+(1.132\pm0.145)E_{\mathrm{LUMO}}-(0.05154\pm0.00777)\mathrm{EE2}-(0.004623\pm0.001686)M_{\mathrm{W}} \tag{6-5}$$

$n=41$，$R^2=0.848$，$R^2_{\mathrm{adj}}=0.835$，$\mathrm{SE}=0.259$，$F=68.575$，$p<0.0001$

模型(6-5)中，EE2 和 M_{W} 两个变量之间的相关关系显著(相关系数为–0.820，$p<0.0001$)，提供的信息有所重叠，不利于对光解机理的解释。进一步采用因子分析，对 19 个量子化学参数进行降维压缩，共提取 6 个主因子（表 6-1）。其中，*Fa1* 反映最弱碳-卤键的性质，*Fa2* 反映与最弱碳-卤键上卤原子有关的分子结构信息，*Fa3* 反映与 q^+和 q^-有关的分子结构信息，*Fa4* 反映分子得失电子的能力，*Fa5* 反映与平均分子极化率有关的性质，*Fa6* 反映与分子偶极矩有关的性质。

表 6-1 公因子方差估计值和方差最大正交旋转后的因子载荷矩阵

变量	公因子方差估计值	方差最大正交旋转后的因子载荷矩阵					
		Fa1	*Fa2*	*Fa3*	*Fa4*	*Fa5*	*Fa6*
M_{W}	0.951	0.794	0.096	0.073	–0.148	0.420	–0.328
μ	0.989	–0.260	–0.006	0.064	–0.102	0.036	0.952
α	0.923	0.368	0.440	0.024	–0.167	0.752	0.010
E_{HOMO}	0.977	0.323	0.239	0.063	0.900	–0.041	–0.022
E_{LUMO}	0.893	0.010	–0.044	0.303	0.671	–0.551	–0.214
q^+	0.980	–0.201	–0.002	–0.950	–0.183	0.051	–0.031
q^-	0.981	0.245	–0.001	0.959	–0.002	0.014	0.030
BO	0.993	–0.936	0.276	–0.159	–0.087	0.061	0.062
q_{X}	0.994	0.065	0.988	–0.003	–0.042	0.106	–0.013
q_{C}	0.932	–0.493	–0.821	–0.081	–0.012	0.094	–0.028
EE1	0.991	0.037	–0.979	0.037	–0.124	–0.122	0.007
EN1	0.980	0.179	0.946	–0.020	0.166	0.157	–0.019
J	0.994	0.872	0.456	0.1239	0.068	0.029	–0.063
K	0.999	0.983	–0.001	0.146	0.080	0.027	–0.073
EE2	0.971	–0.953	–0.021	–0.103	0.137	–0.157	0.087
EN2	0.986	0.960	0.122	0.111	0.129	0.119	–0.076
NN2	0.997	–0.950	–0.238	–0.120	–0.119	–0.077	0.061
C	0.990	–0.858	–0.479	–0.135	–0.043	–0.010	0.062
TE2	0.997	0.921	0.342	0.130	0.093	0.048	–0.068

应用因子得分作为分子结构描述符进行逐步回归分析，得到 QSAR 方程如下：

$$\log\Phi = (-1.301 \pm 0.041) + (0.3055 \pm 0.0409)\,Fa1 + (0.1057 \pm 0.0388)\,Fa3 + (0.3610 \pm 0.0436)\,Fa4 - (0.3034 \pm 0.0445)\,Fa5 \tag{6-6}$$

$n = 40$，$R^2 = 0.857$，$R^2_{adj} = 0.841$，$SE = 0.255$，$F = 52.541$，$p < 0.0001$

根据因子分析的结果，可以将训练集中的 45 个化合物加以分类，在分类的基础上进行 QSAR 建模。首先对 19 个量子化学参数进行因子分析，选取的两个主因子代表了原始 19 个变量信息的 71.4%。为了有利于对主因子的物理化学意义的解释，对得到的初始因子载荷矩阵进行方差最大正交旋转法旋转，得到最终因子载荷矩阵（表 6-2）。表中公因子方差的估计值等于每一行中因子载荷的平方和，反映了主因子对每一个变量的方差贡献。例如，第一行的 0.692 表示所选取的两个主因子代表了变量 M_W 所反映的分子信息的 69.2%。

表 6-2　对 45 个卤代烃化合物的 19 个分子结构参数进行因子分析的结果

主因子		*Fa1*	*Fa2*
特征值		9.877	3.690
累计方差贡献率		52.0	71.4
变量	公因子方差的估计值	旋转后的因子载荷矩阵	
		Fa1	*Fa2*
M_W	0.692	0.789	0.263
μ	0.140	−0.374	−0.014
α	0.479	0.302	0.622
E_{HOMO}	0.248	0.425	0.259
E_{LUMO}	0.081	0.209	−0.194
q^+	0.232	−0.472	0.096
q^-	0.249	0.492	−0.082
BO	0.960	−0.964	0.176
q_X	0.964	−0.033	0.981
q_C	0.843	−0.403	−0.825
EE1	0.947	0.114	−0.966
EN1	0.948	0.104	0.968
J	0.978	0.828	0.541
K	0.975	0.981	0.113
EE2	0.934	−0.953	−0.161
EN2	0.963	0.949	0.252
NN2	0.982	−0.926	−0.353
C	0.966	−0.810	−0.557
TE2	0.985	0.889	0.442

如表 6-2 所示，*Fa1* 在变量 BO、*J*、*K*、EE2、EN2、NN2、*C* 和 TE2 上的载荷的绝对值（>0.8）较大，上述变量（尤其是反映碳-卤键强度大小的参数 BO）均是反映在光解反应中断裂的碳-卤键性质的，因此可以认为 *Fa1* 浓缩了与光解反应中断裂的碳-卤键性质有关的分子结构信息，主要反映了碳-卤键强度的大小。*Fa2* 在变量 q_X、q_C、EE1 和 EN1 上的载荷绝对值较大。其中变量 q_X、EE1 和 EN1 代表了在光解反应中将要离去的卤原子性质，可以认为 *Fa2* 浓缩了与该卤原子有关的分子结构信息。

由图 6-1 可以看出，仅依据这两个主因子的得分，可以把所研究化合物分为 A、B、C 共三组。A 组化合物的特征是取代溴苯和取代碘苯，其中取代溴苯在—Br 邻位有—Br，—F，—Cl，—NH_2，—CN，—OH，—CH_3 等取代基或在—Br 的对位有—Br，—Cl，—NH_2，—OH 等取代基。取代碘苯在—I 的间位有—Cl，—NH_2，—OCH_3，—OH，—CH_3 等取代基或在—I 的对位有—Cl，—OH，—CH_3 等取代基。B 组化合物的特征是取代氯苯，在—Cl 的间位有—Cl，—OCH_3，—COOH，—CN，—OH，—NH_2 等取代基或在—Cl 的对位有—Cl，—OCH_3，—COOH，—CN，—OH 等取代基。C 组化合物的特征是取代氟苯，在—F 的间位或对位有—COOH，—CN，—OH，—CH_3 等取代基。

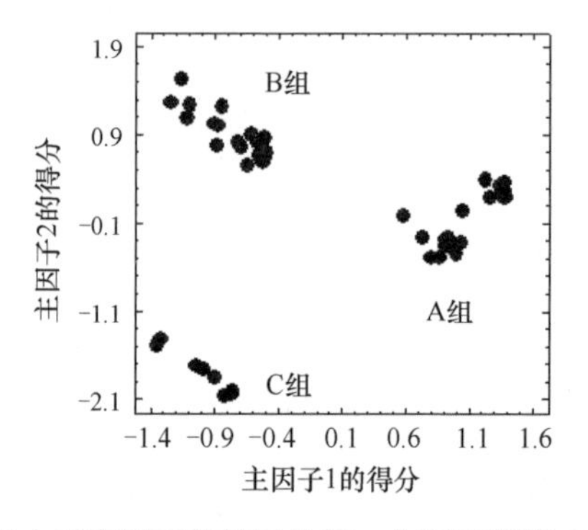

图 6-1　方差最大正交因子旋转后的第一主因子和第二主因子的得分

进一步对 A、B、C 三组化合物构建 QSAR 模型，模型的简洁性和预测准确性均有所提高。由于因子分析不能同时考虑主因子得分与因变量间的关系，基于化合物分类得出的 QSAR 模型效果未必最好。此外，在某些情况下，训练集中样本数小于所选用的预测变量的个数，采用多元回归分析难以得到一个将所有的预测变量信息均包括在内的 QSAR 方程。此时，可以采用偏最小二乘（PLS）分析来解决这个问题。PLS 算法可用于求解因变量矩阵（$\boldsymbol{X}$）和自变量矩阵（$\boldsymbol{Y}$）之间的线性或多项式关系。可以这样理解 PLS 算法：矩阵 $\boldsymbol{X}$ 和 $\boldsymbol{Y}$ 分别代表在 K 维空间和 M 维空间的 N 个点，K 是矩阵 $\boldsymbol{X}$ 的列数（模型中自变量的个数），M 是矩阵 $\boldsymbol{Y}$ 的列数（因变量的个数，在 QSAR 研究中，绝大多数情况下 M=1），N 则是矩阵 $\boldsymbol{X}$ 和 $\boldsymbol{Y}$ 的行数（所研究的化合物的个数）。PLS 算法的任务就是寻求这两个多维空间里的点所构成的两个平面之间的关系。PLS 同时对 $\boldsymbol{X}$ 和 $\boldsymbol{Y}$ 矩阵进行压缩、降维处理，目标是最大限度地表征 $\boldsymbol{X}$ 和 $\boldsymbol{Y}$ 矩阵，并使矩阵 $\boldsymbol{X}$ 和矩阵 $\boldsymbol{Y}$ 之间的相关关系最大。基于 PLS 分析，对 A、B、C 三组化合物分别构建了预测模型。其他方面的具体结果请参见相关论文（Chen et al.，1996；Chen et al.，1998a，b；Chen et al.，2000；Chen et al.，2001a，b，c，d，e；Chen et al.，2007；Li et al.，2013a；Li et al.，2014；Niu et al.，2003a，b；Niu et al.，2004；Niu et al.，2005；Shao et al.，2010；Wang et al.，2005；Xie et al.，2009；Yang et al.，2003；Yan et al.，2005）。

6.1.2　水中溶解性物质对污染物光解影响的预测与验证

污染物在水体中的光降解，受水环境中共存溶解性组分的影响。溶解性有机质（dissolved organic matter，DOM）是影响污染物光降解途径和动力学的首要因素。总体上，DOM 对污染物直接光解和间接光解的影响途径不同，对直接光解主要是通过竞争光吸收呈现抑制作用，另外 DOM 还可作为电子受体淬灭污染物激发态分子或氧化态自由基（图 6-2）。DOM 对直接光解的抑制作用程度，与 DOM 和污染物吸收光谱重叠程度、DOM 能级及浓度有关。对于间接光解，DOM 通过能量敏化污染物分子、产生活性氧（ROS）（$^1O_2$，·OH，$O_2^{\cdot-}$等）或激发三重态 DOM（$^3DOM^*$）等起到促进/引发光降解的作用；另一方面，DOM 通过与污染物竞争活性氧物种、对激发态污染物分子的淬灭，以及基态 DOM 对 $^3DOM^*$的淬灭等起到抑制光降解的作用。

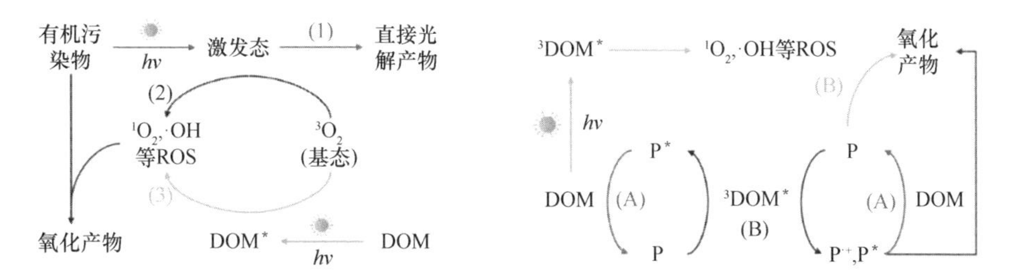

图 6-2　污染物在水环境中的光化学转化行为示意图

（1）直接光解；（2）自敏化光解；（3）DOM 等导致的间接光解；（A）表示淬灭过程；（B）表示激发过程

对于水中磺胺类抗生素，如磺胺吡啶、磺胺二甲基嘧啶、磺胺氯哒嗪、磺胺对甲氧基嘧啶和乙酰基磺胺吡啶等，DOM 主要通过产生 $^3DOM^*$直接氧化磺胺类抗生素引发其间接光解（Li et al.，2015；Li et al.，2016a）。磺胺分子中苯胺基 N 原子和磺酰胺基 N 原子是与 $^3DOM^*$反应的主要活性位点。通过密度泛函理论（DFT）

计算(图 6-3)，发现苯胺基 N 和磺酰胺基 N 的电子转移到 $^3DOM^*$的羰基氧原子上，同时伴随质子转移，产生中性 N 自由基（图 6-4）。产物鉴定表明，该自由基可经过脱磺化、羟基化及二聚合反应产生相应的光解产物。

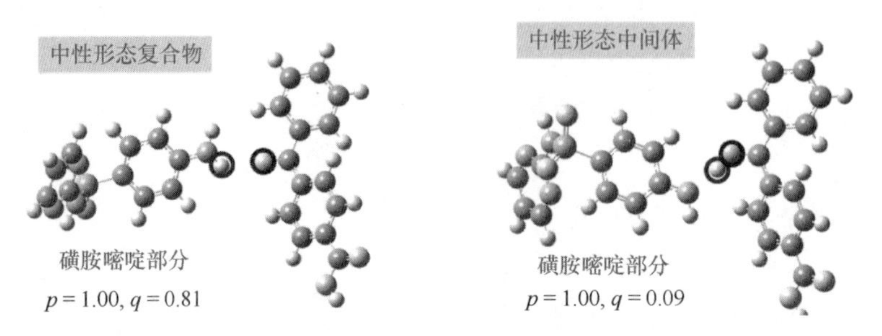

图 6-3　磺胺嘧啶与激发三重态对羧基苯甲酮（$^3CBBP^*$）反应进程的原子电荷 q 和电子自旋密度 ρ 的变化的 DFT 计算结果

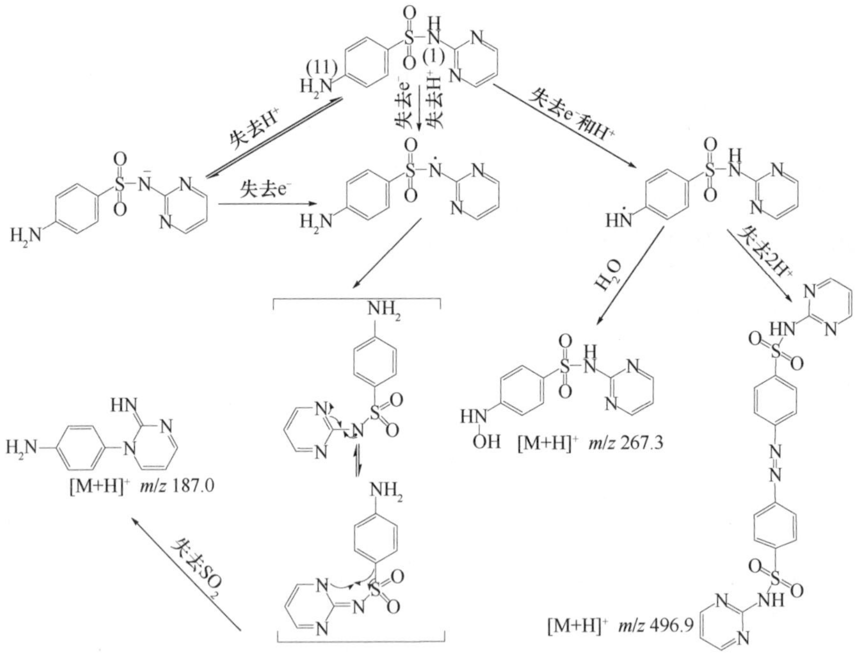

图 6-4　磺胺嘧啶与激发三重态 DOM 类似物的反应途径

DOM 对污染物光解的影响具体表现为促进或抑制效应，取决于污染物分子与 DOM 的基态、激发态能级，而这可以通过量子化学计算等手段来估测（张思玉，2012）。但是，DOM 自身在光照下不稳定，会发生光化学降解（即光漂白），故 DOM 对污染物光降解的影响是动态的，随 DOM 来源或漂白时间而变化。同一来源的 DOM，对不同污染物光降解的影响机制不同；不同来源的 DOM，对同一污染物环境光降解的影响机制也不尽相同。

除 DOM 外，海水中卤素离子、NO_3^-/NO_2^-、CO_3^{2-}/HCO_3^-、离子强度等因素也影响污染物的光降解。例如，卤素离子对磺胺吡啶和磺胺甲噁唑的光解无显著影响，却可促进磺胺二甲基嘧啶光解。通过 DFT 计算，发现激发三重态磺胺二甲基嘧啶具有较高的氧化电位，可氧化 Cl^-或 Br^-产生卤素自由基，导致磺胺二甲基嘧啶的光致卤化（Li et al.，2016b）。飞行时间高分辨质谱检测到氯代和溴代中间体，证实了这一反应机理。磺胺二甲基嘧啶在海水基质中也能发生光致卤化反应，并产生氯代和溴代中间体。

因此，分子模拟是研究污染物环境光化学行为的一个手段。其中，DFT 是应用较多的一种计算方法，可以获得污染物分子基态和激发态的构型，对于讨论光激发导致的分子构型差异、溶剂对激发态分子构型的影响、吸收和发射光谱等有很大帮助。下面以具体实例进行介绍。

1. 水中溶解性物质对 2-苯基苯并咪唑-5-磺酸（PBSA）光解的影响

2-苯基苯并咪唑-5-磺酸（2-phenyl benzimidazole-5-sulfonic acid，PBSA）是一种广泛使用的防晒剂，近年来已在天然水中被检出（Rodil et al.，2012）。PBSA 具有 3 种质子化形态，即中性分子（PBSA0）、一价阴离子（PBSA-H）和二价阴离子（PBSA-2H）形态，其结构及 pK_a 值如图 6-5 所示。在天然水中，PBSA 可能与水中的溶解性物质发生相互作用，影响其光解行为，相关机理可以通过 DFT 计算来揭示（张思玉，2012）。

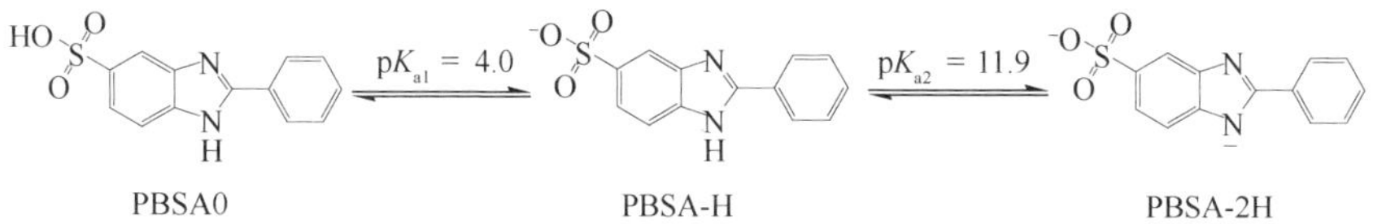

PBSA0 ⇌ (pK_{a1} = 4.0) PBSA-H ⇌ (pK_{a2} = 11.9) PBSA-2H

图 6-5　PBSA 的 3 种质子化形态及 pK_a 值

为了考察不同来源 DOM 对 PBSA 光解的影响，选取 4 种来源的 DOM 的类似物结构，包括 Chelsea 土壤腐殖酸（CSHA）、Altamaha 河腐殖酸（ARHA）、Leonardite 褐煤腐殖酸（LHA）和 Suwannee 河富里酸（SRFA），简称 ADOM。基于 Gaussian 09 软件，采用 B3LYP 泛函进行结构优化，其中，PBSA 采用 6-31++G(d,p)基组，ADOM 采用 6-31G(d,p)基组。基于优化得到的稳定点结构，计算了 PBSA 与水中 DOM、卤素离子、HCO_3^-和 CO_3^{2-}等溶解性物质光致能量和电子转移反应的自由能变化（表 6-3）。电子转移反应的 Gibbs 自由能变（ΔG）计算公式如下：

$$\Delta G = \text{VIE} + \text{VEA} \quad (6\text{-}7)$$

式中，VIE 代表电子供体的垂直电离能，可评价其提供电子的能力，VIE 越小，提供电子能力越强；VEA 代表电子受体的垂直电子亲和势，可评价其接受电子的能力，VEA 越小，接受电子能力越强。VIE 和 VEA 计算公式如下：

$$\text{VIE}_{S0} = E（电子供体–e）- E（电子供体） \quad (6\text{-}8)$$

$$\text{VEA}_{S0} = E（电子受体+e）- E（电子受体） \quad (6\text{-}9)$$

式中，E（电子供体）和 E（电子供体–e）分别表示电子供体及其失去一个 e 后的能量，能量计算中均采用电子供体的平衡结构；E（电子受体）和 E（电子受体+e）分别表示电子受体及其得到一个 e 后的能量，能量计算中均采用电子受体的平衡结构。由此，PBSA*的 VIE 和 VEA 可通过下面公式计算：

$$\text{VIE}_{S1} = \text{VIE}_{S0} - E_{S1}，\text{VIE}_{T1} = \text{VIE}_{S0} - E_{T1} \quad (6\text{-}10)$$

$$\text{VEA}_{S1} = \text{VEA}_{S0} - E_{S1}，\text{VEA}_{T1} = \text{VEA}_{S0} - E_{T1} \quad (6\text{-}11)$$

$$\text{AEA} = E（O_2^{\cdot-}）- E（O_2） \quad (6\text{-}12)$$

式中，S_0代表基态；S_1代表第一激发单重态；T_1代表第一激发三重态；E_{S1}和 E_{T1}分别为 PBSA 的 S_1态和 T_1态的垂直跃迁能； AEA 为绝热电子亲和势。E（$O_2^{\cdot-}$）的计算使用 $O_2^{\cdot-}$的最优结构。

卤素离子以 I^-为代表进行计算。除 I^-外，所有 E_{T1}、VIE 和 VEA 等能量计算均使用 6-311++G(d,p)基组。对于 I^-离子，选用 LANL2DZ 基组计算。计算中（包括结构优化、频率分析）均使用基于 SCRF 的 IEFPCM 模型模拟水的作用。

表 6-3 PBSA 与水中一些溶解性物质的光致能量和电子转移反应及其评价标准

反应式	评价标准	反应式编号
$ADOM^*_{T1} + PBSA_{S0} \longrightarrow PBSA^*_{T1} + ADOM_{S0}$	E_{T1}（ADOM）$>E_{T1}$（PBSA）[a]	（6-13）
$ADOM^*_{T1} + PBSA_{S0} \longrightarrow ADOM^{\cdot-} + PBSA^{\cdot+}$	$\Delta G_6 = \text{VEA}_{T1}$（ADOM）$+ \text{VIE}_{S0} < 0$	（6-14）
$ADOM^*_{T1} + PBSA_{S0} \longrightarrow ADOM^{\cdot+} + PBSA^{\cdot-}$	$\Delta G_7 = \text{VIE}_{T1}$（ADOM）$+ \text{VEA}_{S0} < 0$	（6-15）
$PBSA^*_{S1} + D^-$[b] $\longrightarrow PBSA^{\cdot-} + D\cdot$	$\Delta G_8 = \text{VEA}_{S1} + \text{VIE}（D^-）< 0$	（6-16）
$PBSA^*_{T1} + D^- \longrightarrow PBSA^{\cdot-} + D\cdot$	$\Delta G_9 = \text{VEA}_{T1} + \text{VIE}（D^-）< 0$	（6-17）
$PBSA^{\cdot+} + D^- \longrightarrow PBSA + D\cdot$	$\Delta G_{10} = \text{VIE}（D^-）+ \text{VEA}_{S0}（PBSA^{\cdot+}）< 0$[c]	（6-18）

a. E_{T1} 为基态至激发三重态的垂直跃迁能，ADOM 为 DOM 的模拟结构；b. D^-代表 N_3^-、X^-、HCO_3^-和 CO_3^{2-}；c. $\text{VEA}_{S0}(PBSA^{\cdot+}) = -\text{VIE}_{S0}(PBSA)$。

计算所得 ADOM 的 E_{T1}值为 2.23～2.60 eV，与实验得到的 DOM 中具有光敏化活性组分的激发能相近（2.59 eV），但高于 DOM 所有组分的平均激发能（1.76～1.87 eV）。不同来源 ADOM 接受电子的能力为 LHA＞CSHA＞ARHA＞SRFA。由于 ADOM 的 E_{T1}值明显小于 PBSA 的 E_{T1}值，因此 ADOM 不能通过能量转移敏化 PBSA 生成 PBSA*。相反，由于 PBSA 的 E_{T1}值高于 ADOM 的 E_{T1}值，因此 ADOM

可以接受 $PBSA^*$的能量。因此，从能量转移的角度分析，ADOM 可以淬灭 PBSA 的激发态分子，从而抑制其光解。

PBSA0 和 PBSA-H 与 4 种 $ADOM^*{}_{T1}$ 反应的$\Delta G_6>0$，说明 PBSA0 和 PBSA-H 不能与这 4 种 DOM 的激发态分子发生自发的电子转移，因此不能被其敏化。PBSA-$2H_{S0}$ 与 $LHA^*{}_{T1}$ 或 $CSHA^*{}_{T1}$ 反应的$\Delta G_6<0$（PBSA-2H 与 H_2O 形成的复合物与 $CSHA^*{}_{T1}$ 的$\Delta G_6>0$），与 $ARHA^*{}_{T1}$ 或 $SRFA^*{}_{T1}$ 反应的$\Delta G_6>0$。因此，PBSA-$2H_{S0}$ 可以自发地向 $LHA^*{}_{T1}$ 或 $CSHA^*{}_{T1}$ 转移电子，但是不能自发地向 $ARHA^*{}_{T1}$ 或 $SRFA^*{}_{T1}$ 转移电子。

对于 S_1 态，I^-可以与 $PBSA0^*{}_{S1}$ 和 PBSA-$H^*{}_{S1}$ 发生自发电子转移反应（$\Delta G_8<0$）；CO_3^{2-}可以与 $PBSA^*{}_{S1}$ 发生自发的电子转移反应（$\Delta G_8<0$），其余反应均为非自发反应；对于 T_1 态，只有 CO_3^{2-}可以与 $PBSA0^*{}_{T1}$ 和 PBSA-$H^*{}_{T1}$ 发生自发的电子转移（$\Delta G_9<0$），其余离子均不能；对于 $PBSA^{\cdot+}$，Br^-与 $PBSA0^{\cdot+}$、I^-与 $PBSA0^{\cdot+}$和 PBSA-$H^{\cdot+}$、CO_3^{2-}与 $PBSA^{\cdot+}$可以发生自发的电子转移反应（$\Delta G_{10}<0$）。对于 $PBSA^{\cdot+}$的电子转移反应，可能使 $PBSA^{\cdot+}$得到电子生成 PBSA。由于 $PBSA^{\cdot+}$是 PBSA 光解过程中重要的活性物种，因此离子与 $PBSA^{\cdot+}$的电子转移反应可以抑制 PBSA 的光解。采用模拟太阳光照实验，确认 PBSA 可以发生直接光解和自敏化光解，光解过程中有 $O_2^{\cdot-}$参与；富里酸抑制其直接光解和自敏化光解。该研究进一步表明，DFT 计算可以用于预测水中有机污染物的环境光化学归趋。

2. 对氨基苯甲酸（PABA）与 $^1O_2$ 的反应途径和机理

对氨基苯甲酸（4-aminobenzoic acid，PABA）是一种重要的化学原料，可以通过多种途径进入环境水体，且可以引发细胞损伤（Osgood et al.，1982）。PABA 具有多个不饱和双键，与 $^1O_2$ 能够发生快速反应（Allen et al.，1995），并具有多种可能的反应途径。由于在淡水、海水 pH 条件下，$PABA^-$为 PABA 的主要存在形态，因此以 $PABA^-$为代表，计算了其与 $^1O_2$ 的反应（张思玉，2012）。由于 PABA 的氨基 N 原子上不连接 α-H，因此不考虑 $^1O_2$ 氧化氨基 N 原子的反应，只计算 $^1O_2$ 氧化苯环不饱和双键的反应。在高斯 09 计算平台上采用 B3LYP 泛函，6-31+G(d,p) 基组进行计算，并通过 IEFPCM 模型考虑水的溶剂化作用。

采用柔性扫描方法和二次同步转变方法（Halgren and Lipscomb，1977）获得过渡态结构并基于内禀反应坐标（IRC）计算对过渡态结构的准确性加以验证。对于分步反应，首先得到反应复合物与中间体结构。随后，以中间体为初始结构，通过以上方法寻找第二个反应过渡态，并对其进行优化、频率分析和 IRC 扫描。

$^1O_2$ 的能量通过 $^3O_2$ 能量加激发能进行计算。$^3O_2$ 的激发能通过完全活性空间自洽场理论方法（Roos et al.，1980；Eade and Robb，1981）计算，活性空间选取

(10,8)，结构使用 DFT 计算所得 $^3O_2$ 和 $^1O_2$ 的最优结构。通过 DFT 计算 $^1O_2$ 所得的热焓校正值，计算 $^1O_2$ 的焓变。通过零点振动能对电子能进行校正，得到反应复合物、过渡态、中间体及产物的能量（E），用于计算反应活化能（E_a）。势能曲线上，单独的 PABA 与 $^1O_2$ 记为 SP1，单独的 PABA 与 $^3O_2$ 记为 SP3。所有结构的能量减去 SP1 的能量（经零点能校正）作为相对能量（ΔE）。

根据 $^1O_2$ 与不饱和有机物的反应类型和 $PABA^-$的结构特征（一个垂直平分苯环的对称面），推测 $PABA^-$与 $^1O_2$ 的反应包括 3 种途径（图 6-6）：1,3-加成（R101），1,4-环加成（R201 和 R202）和 1,2-环加成（R301～R303）。其中，1,3-加成（R101），1,4-环加成（R201 和 R202）以及 1,2-环加成（R303）遵循协同加成反应机理，其他 1,2-环加成反应（R301 和 R302）遵循分步加成反应机理。

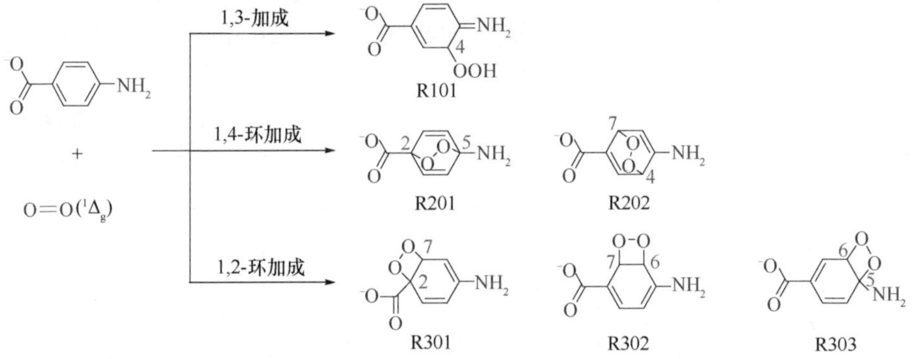

图 6-6 $^1O_2$ 与 $PABA^-$的反应途径和产物结构推测

在 R101 反应过程中，$^1O_2$ 首先与 $PABA^-$形成 RC1（图 6-7），随后，$^1O_2$ 靠近 $PABA^-$的 C_4 和—NH_2，形成 TS1。TS1 形成后，$^1O_2$ 继续靠近 $PABA^-$，直到 C_4 和 O_{17} 形成 C—O 单键；N_{10}—H_{16} 键断裂，O_{18} 摘取 H_{16}，形成了最终的氢过氧化产物 P1。该反应 E_a = 3.76 kcal/mol，小于其他反应途径，且该反应放热，为自发反应过程。另外，反应过程中发生了 $PABA^-$向 $^1O_2$ 的电荷转移（图 6-7），负电荷主要从苯环的 C_4 转移到 O_{18} 上。

R201 反应中，$^1O_2$ 与 $PABA^-$首先形成 RC2（图 6-7），随后，$^1O_2$ 进攻 C_2 形成 TS2，此时，O_{18} 与 C_2 形成 C—O 单键（1.60 Å）。TS 向 P 转变过程中，O_{17} 与 C_5 形成 C—O 单键。负电荷首先从 $PABA^-$（C_2 和 C_5 原子为主要电荷供体）向 $^1O_2$ 转移生成 TS2，随后转移回 $PABA^-$（N 原子作为主要电荷受体）生成 P2。该反应为吸热反应，且为非自发反应过程。R202 反应中，$^1O_2$ 与 $PABA^-$首先形成 RC3（图 6-7），之后，$^1O_2$ 的 O_{17} 首先进攻 C_6 生成 TS3，随后 O_{18} 加成到 C_3 上生成 P3。该反应放热，且为非自发反应。

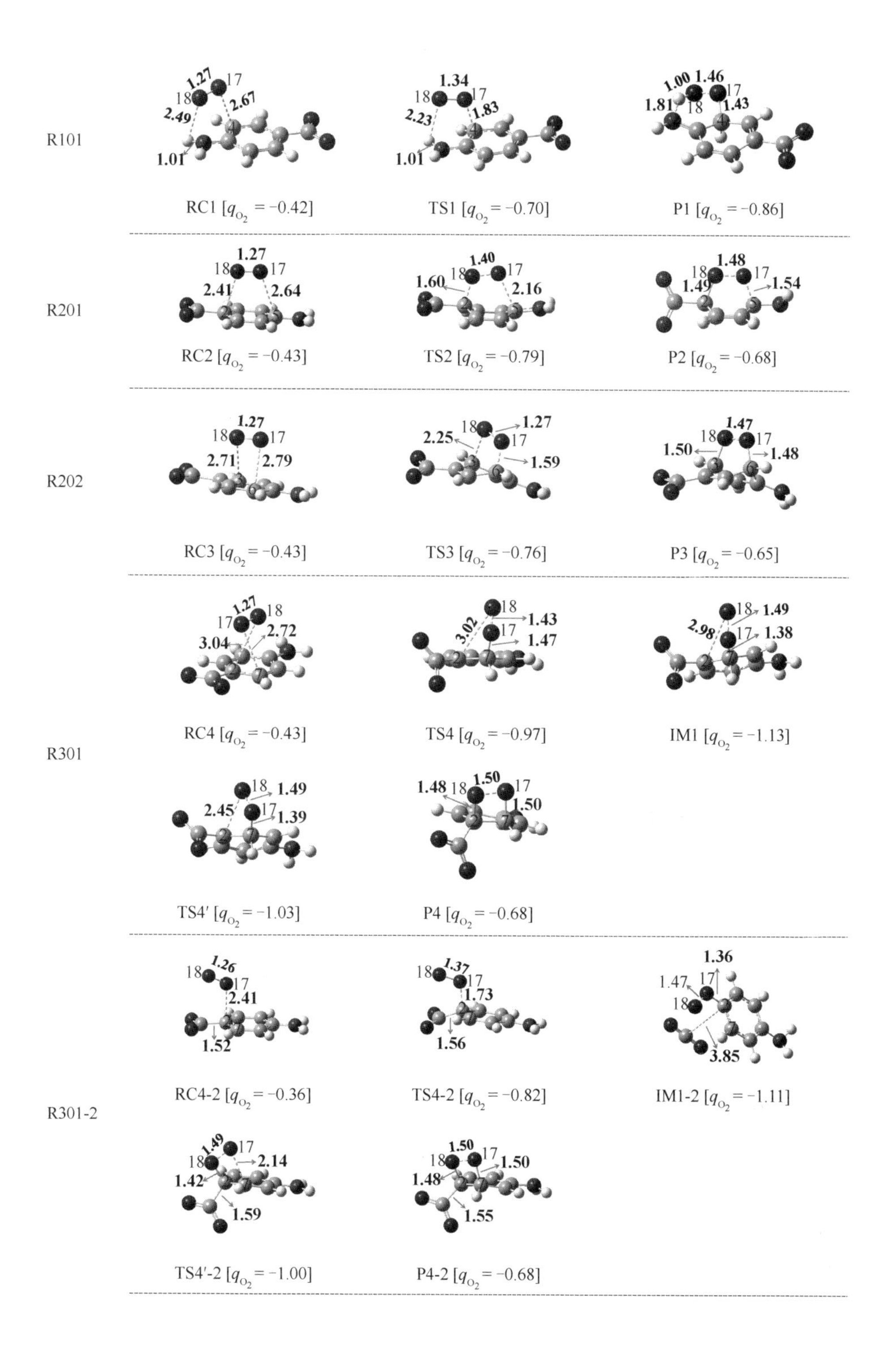
R101
1.27
17
18
2.67
2.49
1.01
RC1 [q_{O_2} = −0.42]
1.34
18
17
2.23
1.83
1.01
TS1 [q_{O_2} = −0.70]
1.00
1.46
17
1.81
18
1.43
P1 [q_{O_2} = −0.86]
R201
1.27
18
17
2.41
2.64
RC2 [q_{O_2} = −0.43]
1.40
1.60
18
17
2.16
TS2 [q_{O_2} = −0.79]
1.48
18
17
1.49
1.54
P2 [q_{O_2} = −0.68]
R202
1.27
18
17
2.71
2.79
RC3 [q_{O_2} = −0.43]
18
1.27
2.25
17
1.59
TS3 [q_{O_2} = −0.76]
1.47
18
17
1.50
1.48
P3 [q_{O_2} = −0.65]
R301
1.27
17
18
2.72
3.04
RC4 [q_{O_2} = −0.43]
18
1.43
3.02
17
1.47
TS4 [q_{O_2} = −0.97]
18
1.49
2.98
17
1.38
IM1 [q_{O_2} = −1.13]
18
1.49
2.45
17
1.39
TS4′ [q_{O_2} = −1.03]
1.48
18
1.50
17
1.50
P4 [q_{O_2} = −0.68]
R301-2
18
1.26
17
2.41
1.52
RC4-2 [q_{O_2} = −0.36]
18
1.37
17
1.73
1.56
TS4-2 [q_{O_2} = −0.82]
1.36
1.47
17
18
3.85
IM1-2 [q_{O_2} = −1.11]
1.49
17
18
2.14
1.42
1.59
TS4′-2 [q_{O_2} = −1.00]
1.50
18
17
1.50
1.48
1.55
P4-2 [q_{O_2} = −0.68]

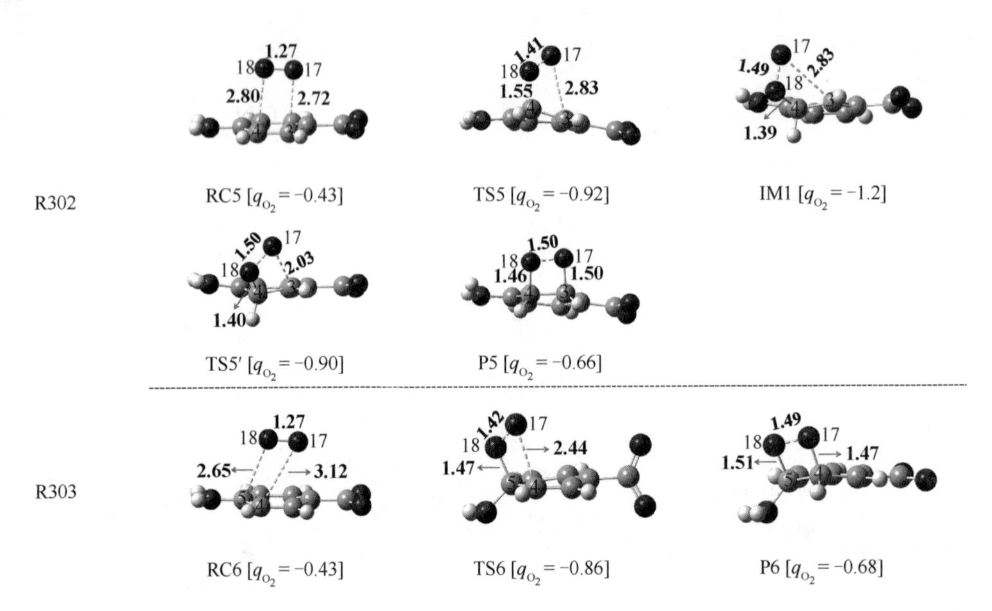

图 6-7 PABA⁻与 $^1O_2$ 反应的反应复合物（RC）、过渡态（TS）、中间体（IM）、产物（P）结构

深灰色原子：C；蓝色原子：N；红色原子：O；浅灰色原子：H；红色数字为原子编号；原子间距离单位为 Å；q_{O_2}：O_2 上的净电荷；反应前，PABA⁻净电荷为−1，$^1O_2$ 为 0

当 $^1O_2$ 从苯环一侧接近 C_2═C_7 时，可以引发 R301。此时 $^1O_2$ 与 PABA⁻首先形成 RC4（图 6-7），随后，O_{17} 进攻苯环上的 C_7，直到形成该反应的第一个过渡态（TS4）。TS4 不稳定，$^1O_2$ 继续接近 PABA⁻，形成较稳定的中间体 IM1。反应的第二阶段，即从 IM1 生成第二个反应过渡态 TS4′的过程中，O_{18} 接近苯环并加成到 C_2 上。从 TS4′变化到产物 P4 时，两个 C—O 单键形成，最终生成 1,2-过氧化物。R301 反应过程中发生了可逆的电荷转移，负电荷首先从苯环向 $^1O_2$ 转移直至生成 IM1（图 6-7），此时体系所有电荷集中于 $^1O_2$ 上，PABA⁻净电荷大于 0。第二步反应过程中，负电荷向苯环转移生成 P4。虽然总反应放热，但是由于第一步反应能垒明显高于其他反应途径，因此 R301 较难发生。

当 $^1O_2$ 从羧基一侧进攻 PABA⁻时，也可以加成到 C_2═C_7 双键（R301-2）。该反应过程中形成反应复合物结构 RC4-2（图 6-7）。之后，$^1O_2$ 的排斥作用导致 PABA⁻的 COO 基团脱离苯环，生成了 IM1-2 结构的中间体。IM1-2 为对位过氧基取代的氨基苯结构，可能发生 O—O 键解离生成含氧自由基，并夺取溶剂（H_2O）中的 H 生成酚。

R302 和 R303 过程中的反应复合物、过渡态、中间体及产物结构如图 6-7 所示，反应放热，过程中均发现可逆的电荷转移。R302 为 $^1O_2$ 从远离羧基一侧进攻 C_4 引发的 1,2-环加成反应。$^1O_2$ 的 O_{18} 首先加成到 C_4 上，形成 TS5，随后 O_{17} 加成

在 C_3 上形成产物 P5。R303 反应由 $^1O_2$ 首先进攻 C_5 引发，没有找到 $^1O_2$ 进攻 C_4 引发 R303 反应的过渡态。这是因为当 $^1O_2$ 进攻 C_4 时，主要发生 R101 反应生成氢过氧化产物，该反应途径的能垒比 R303 更低，更容易发生。

6.1.3　水中污染物羟基自由基氧化降解动力学参数的 QSAR 模型

羟基自由基（·OH）是水环境中一类常见的活性物种，其主要通过水中溶解性物质（如 DOM）的光化学转化（Burns et al.，2012）、还原性 DOM 或二价铁被氧气氧化（Page et al.，2013）等过程产生。·OH 具有很强的氧化能力和较低的选择性，能够与许多有机污染物发生氧化降解反应，反应的二级反应速率常数（k_{OH}）是表征污染物与·OH 反应强度和能力的重要参数，也是评估污染物在环境中持久性的重要指标。QSAR 模型是预测化合物水相 k_{OH} 的一种重要手段，目前已有的一些代表性 QSAR 模型如表 6-4 所示。

表 6-4　水相羟基自由基与污染物反应的二级速率常数（k_{OH}）的 QSAR 预测模型

模型	方法	化合物个数	描述符个数	训练集 R^2	验证集 R^2	验证集 Q^2	应用域
Dutot et al.，2003	人工神经网络	209	17	0.900	0.810	—	无
Monod et al.，2005	Evans-Polanyi 关系	22	1	0.810	—	—	无
	气-水相关系	143	1	0.740	—	—	无
Monod and Doussin，2008	基团添加的结构-活性关系	72	7	0.890	—	—	无
Minakata et al.，2009	基团贡献法	434		0.818	—	—	无
Wang et al.，2009a	多元线性回归	55	4	0.905	0.962	0.922	有
Kušić et al.，2009	多元线性回归	78	4	0.735	0.760	—	有
Sudhakaran and Amy，2013	多元线性回归	83	2	0.918	—	0.856	无
Jin et al.，2015	多元线性回归	118	7	0.823	0.772	—	有
Borhani et al.，2016	多元线性回归	457	8	0.716	0.724	0.841	有
	前馈神经网络	457	8	0.848	0.879	0.929	无
Luo et al.，2017	多元线性回归	526	13	0.805	0.802	0.801	有

以 Luo 等（2017）构建的模型为例进行说明。基于公开发表的文献中 526 种有机化合物的水相 k_{OH} 实验值，按照 4∶1 的比例将数据集随机划分为训练集和验证集。采用 PM6 方法对分子结构进行优化，计算并提取 17 个量子化学描述符。基于优化后的结构，使用 Dragon 6.0 软件计算 Dragon 描述符。采用 SPSS 19.0 软件中的逐步多元线性回归（MLR）方法筛选描述符和构建模型，并采用 Williams 方法，即用化合物的标准残差对化合物离描述符中心距离（杠杆值）作图以表征

模型的应用域并诊断离域点。筛选出的最优模型具有良好的预测能力（R^2_{adj} = 0.805，R^2_{ext} = 0.802，Q^2_{ext} = 0.801），其 logk_{OH} 实测值对预测值图和应用域表征见图 6-8 和图 6-9。

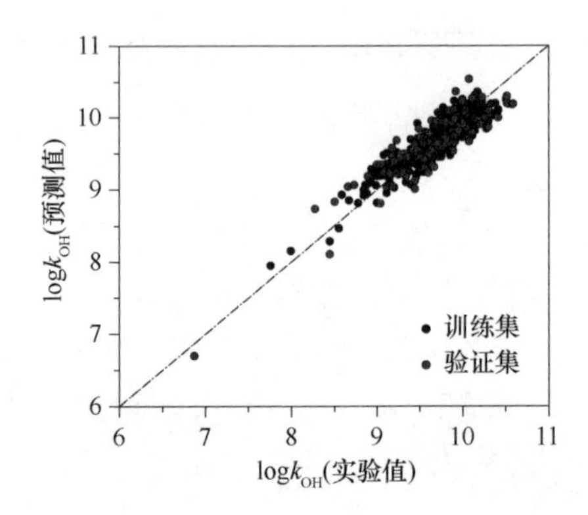

图 6-8　k_{OH} 的 QSAR 模型的预测与实测值拟合图

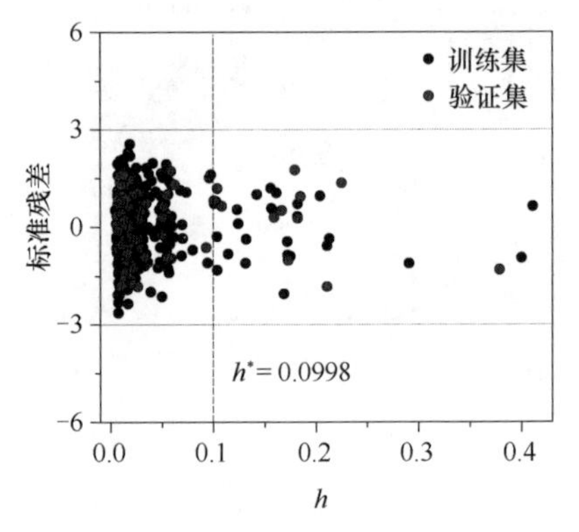

图 6-9　k_{OH} 的 QSAR 模型的标准残差对杠杆值（h）的 Williams 图（h^*为警戒值）

模型筛选出的 13 个分子结构描述符见表 6-5。其中，E_{HOMO} 具有最高的 t 检验值，对模型的贡献性最大，是影响化合物水相 k_{OH} 的最主要因素。E_{HOMO} 能衡量分子的给电子能力，其值越大，分子给电子能力越强，越容易被亲电试剂·OH 进攻从而发生氧化反应。另外，*MLOGP*、*GATS1e* 和 *Eig03_EA*(*dm*)表明化合物水相 k_{OH} 与 3D 分子结构、分子疏水性、电负性和偶极矩有关；*nR=Cp*、*C-001* 和 q_H^+表明含有双键结构及活泼氢原子的化合物更易与·OH 发生加成或取代反应；*N-075*、*nRCONH2*、*nBR* 和 *nS* 说明化合物的水相 k_{OH} 会受到含 N、S、卤素基团的影响。

表 6-5 k_{OH} 预测模型描述符的含义、VIF 值[a]、t 值[b] 和 p 值[c]

描述符	含义	VIF 值	t 值	p 值
E_{HOMO}	最高占据分子轨道能量	1.314	18.531	<0.001
HATS2s	与内蕴状态相关的 GETAWAY 描述符	1.326	–13.925	<0.001
Mor23u	未加权的 3D 分子结构描述符	1.422	–7.287	<0.001
GATS1e	Sanderson 电负性加权的 lag 1 的 Geary 自相关指数	1.106	8.301	<0.001
N-075	苯环上的 N 原子或与 O、N、S、卤素等电负性原子形成离域键的 N 原子碎片数	1.095	–7.722	<0.001
nR=Cp	末端 sp^2 杂化的主碳数目	1.077	2.972	<0.001
nRCONH2	分子中含 $RCONH_2$ 结构的数目	1.128	–3.372	<0.001
C-001	分子中—CH_3/CH_4 结构信息	1.287	–10.776	<0.001
MLOGP	Moriguchi 正辛醇/水分配系数	2.085	11.349	<0.001
nS	分子中含 S 原子的数目	1.172	5.789	<0.001
nBR	分子中含 Br 原子的数目	1.039	–5.072	<0.001
q_H^+	H 原子最正净电荷	1.498	5.336	<0.001
Eig03_EA（*dm*）	偶极矩加权的本征值的边界邻接指数	1.328	5.976	<0.001

a. VIF：变异膨胀系数；b. t：t 检验值；c. p：显著性水平。

6.1.4 采用量子化学计算揭示有机污染物的光降解机制

量子化学计算也是揭示水中污染物光化学转化途径的一种必要手段。Wei 等(2013)通过 DFT 计算结合实验，研究了氟喹诺酮类抗生素环丙沙星(ciprofloxacin，CIP)在水相中的光降解。很多抗生素的分子结构中含有羧基、羟基和氨基等基团，在天然水 pH 条件下可以发生酸碱解离，导致多种形态共存，各形态可能具有不同的环境光化学活性和反应途径。而仅采用实验测定的手段，难以揭示其不同形态的光降解行为。

Wei 等（2013）通过实验，发现 CIP 五种不同解离形态具有不同的光转化途径、动力学、产物和生态风险（图 6-10）。H_4CIP^{3+}主要发生哌嗪环的逐级断裂开环反应，而 H_2CIP^+（天然水 pH 范围内 CIP 的主要解离形态）则主要发生脱氟反应；对于 H_3CIP^{2+}、$HCIP^0$ 和 CIP^+，其主要光解途径为氧化。CIP 与其他氟喹诺酮类抗生素相似，在光照条件下容易生成光致脱氟产物，这不同于一般的氟苯类化合物。由于 C—F 键强度较强（约为 120 kcal/mol，相当于 $\lambda = 238$ nm 的光强），氟苯类化合物很难在太阳光（$\lambda > 290$ nm）照射下发生脱氟反应。为了阐明 CIP 的光致脱氟机理，基于所检出的脱氟产物结构，采用 DFT 方法在激发三重态（T_1 态）下模拟了五种解离形态 CIP 的三种可能脱氟反应路径，包括：①C—F 键直接断裂；②水分子（H_2O）加成脱氟；③氢氧根离子（OH^-）加成脱氟。计算得到 CIP 光致脱氟反应的 Gibbs 自由能变（ΔG）、焓变（ΔH）和 Gibbs 活化自由能（$\Delta G^{\ddagger}$）。

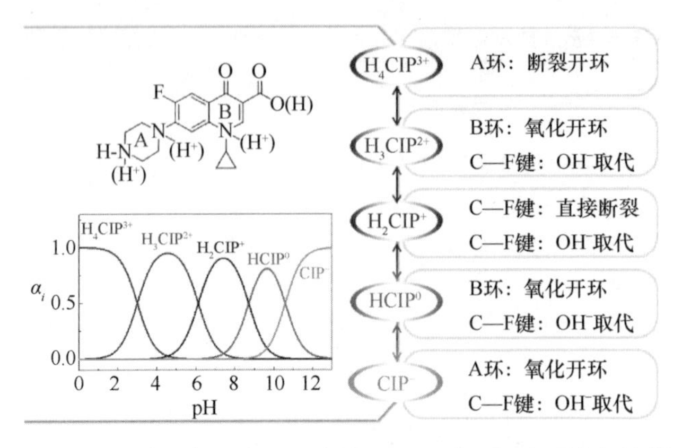

图 6-10 五种解离形态环丙沙星（CIP）的不同表观光解途径

由 ΔG 和 ΔH 的计算值可知，只有 H_2CIP^+ 和 H_4CIP^{3+} 可以自发发生 C—F 的直接断裂反应（$\Delta G<0$）。但 H_4CIP^{3+} 具有较高的 $\Delta G^‡$ 值，说明其很难发生 C—F 断裂反应。H_2CIP^+ 具有较小的 $\Delta G^‡$ 值，可以通过 C—F 的直接断裂发生光致脱氟。这与实验中一个 C—F 键直接断裂产物主要在以 H_2CIP^+ 为主要解离形态的中性条件下检出的结果一致。五种解离形态 CIP 均可以与 OH^- 和 H_2O 发生自发的加成反应（$\Delta G<0$）。其中，OH^- 加成具有较其他两种脱氟路径更负的 ΔG 和 ΔH 值和更小的 $\Delta G^‡$ 值，说明五种解离形态 CIP 均更容易发生 OH^- 加成脱氟反应，生成的产物也在实验中检测出。

H_2CIP^+ 发生 C—F 键断裂反应的反应物（R）、过渡态（TS）和产物（P）结构如图 6-11 所示。C—F 键在 R、TS 和 P 中的键长分别为 1.35 Å、1.48 Å 和 3.86 Å，说明发生了 C—F 键断裂反应。原子电荷的计算结果表明，随着 C—F 键的增长，发生了负电荷由喹诺酮环向 F 原子的分子内电荷转移，形成 F^-。同时，TS 和 P 中原子 C_{12} 上的自旋密度（$\rho_{C_{12}}$）分别为 1.22 和 1.00，说明 C_{12} 具有自由基性质。由此可见，T_1 态的 H_2CIP^+ 可以通过分子内电荷转移发生 C—F 键直接断裂反应，生成了 F^- 和以 C_{12} 为中心的自由基。

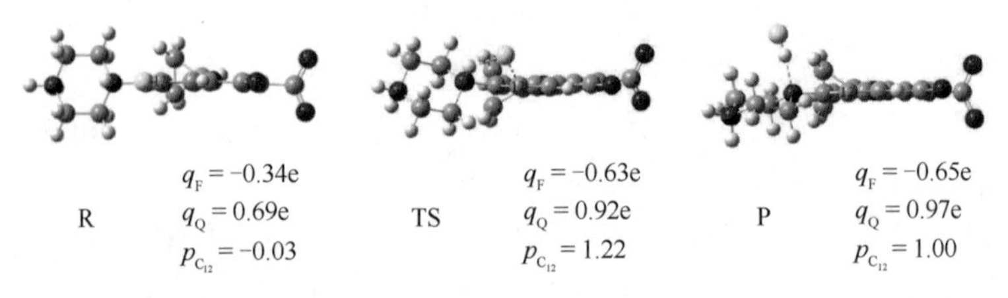

图 6-11 激发三重态 H_2CIP^+ 发生 C—F 键断裂的反应物（R）、过渡态（TS）和产物（P）结构

深灰色：C，蓝色：N，红色：O，浅灰色：H，亮蓝色：F；q_F 和 q_Q 分别为 F 原子和喹诺酮环上的净电荷，$\rho_{C_{12}}$ 为 C_{12} 上的原子自旋密度

CIP 与 OH^-的加成反应中存在两个 TS 和一个中间体（IM），说明该过程为分步反应（图 6-12）。反应起始阶段，五种解离形态 CIP 以不同的氢键结合方式与 OH^-形成反应复合物（RC）。对于 H_4CIP^{3+}、H_3CIP^{2+}和 H_2CIP^+，OH^-中的 O 原子与 CIP 中的 H_{44} 形成氢键[169，170]，RC 的形成过程中伴随负电荷由 OH^-向 CIP 的转移。而对于 $HCIP^0$ 和 CIP^-，氢键在 OH^-中的 H 原子与 CIP 中的 N_{15} 间形成，电荷转移发生在 TS1 的形成过程中。随后的反应中，五种解离形态的反应过程类似。OH^-中的 O 原子逐渐靠近 C_{12}，IM 中 C_{12}—O 的键长减小为 1.39 Å，说明形成了 C—O 单键。随后，C—F 键的键长增长，负电荷向 F 原子转移，最终生成 F^-和羟基化产物。

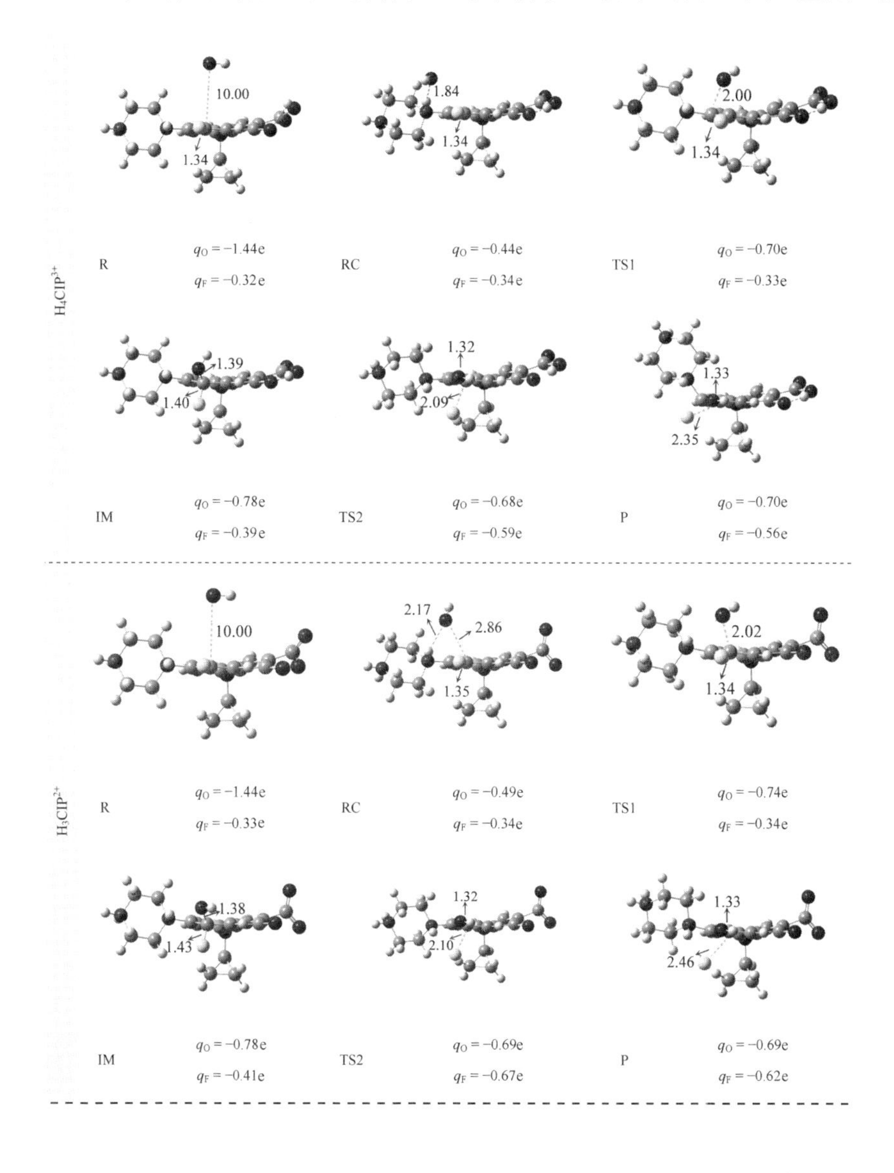

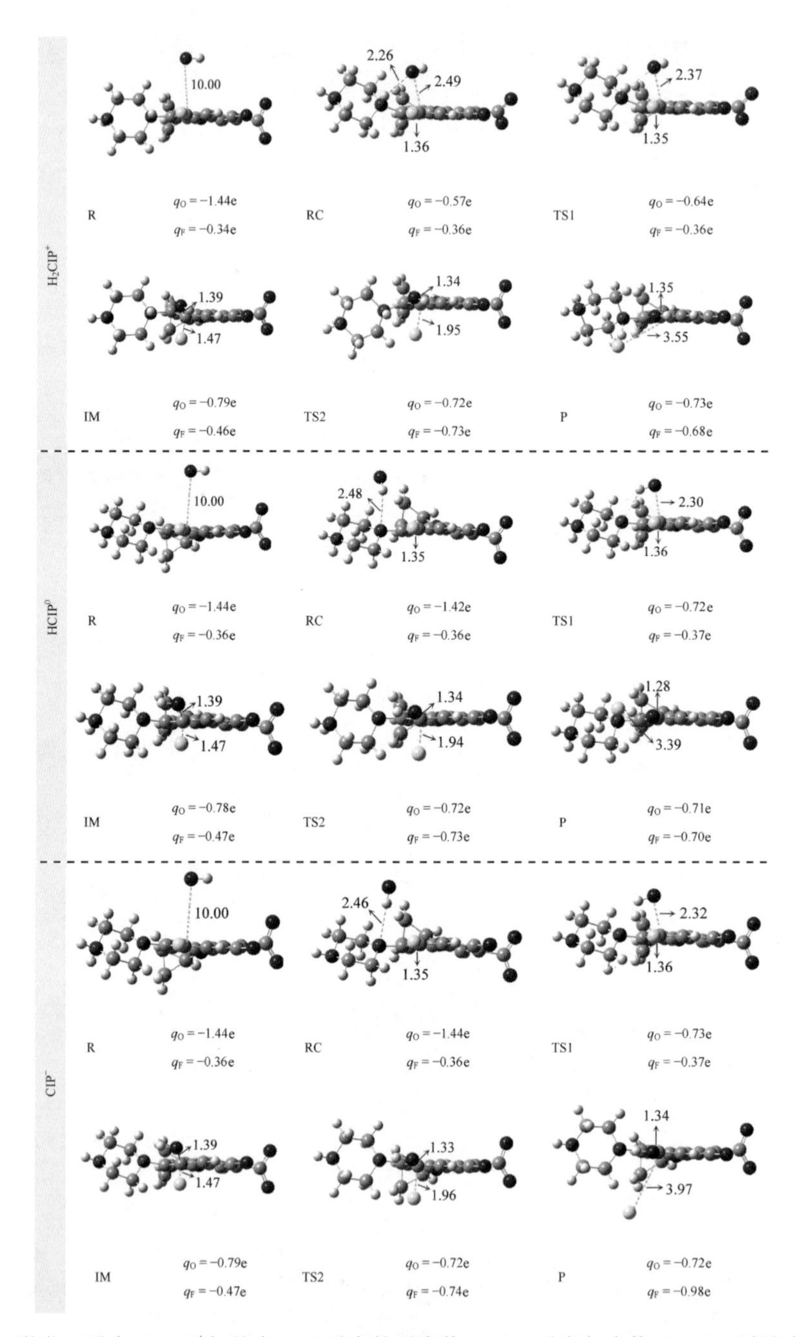

图 6-12　激发三重态 H_2CIP^+与基态 OH^-反应的反应物（R）、反应复合物（RC）、过渡态（TS）、中间体（IM）和产物（P）结构

深灰色：C，蓝色：N，红色：O，浅灰色：H，亮蓝色：F，键长单位为 Å，q_O 和 q_F 分别为 OH^-中 O 原子和 CIP 中 F 原子上的净电荷

此外，还结合模拟实验和 DFT 计算，考察了 Cu(Ⅱ)对 H_2CIP^+光化学行为的影响机制。结果表明，Cu(Ⅱ)可以与 H_2CIP^+的羧基和羰基氧原子配位，生成条件稳定常数为 1.23×10^6 L/mol 的 1∶1 配合物$[Cu(H_2CIP)(H_2O)_4]^{3+}$，进而抑制 H_2CIP^+的表观光解。Cu(Ⅱ)的配位作用改变了 H_2CIP^+的分子内电荷分布、光吸收激发所对应的分子轨道及轨道结构。因而，$[Cu(H_2CIP)(H_2O)_4]^{3+}$具有与 H_2CIP^+不同的光吸收特性、较慢的直接光解速率、较弱的 $^1O_2$ 光致生成能力和与 $^1O_2$ 反应活性。同时，Cu(Ⅱ)配位作用还可以改变 H_2CIP^+的直接光解和 $^1O_2$ 氧化反应途径。

6.1.5　环境水体中污染物光降解动力学的预测模型

以往关于污染物在水环境中的光降解动力学研究，主要适用于污染物在表层水体中光降解的情形。通过在实验室模拟太阳光照条件，考察污染物在光解管中的降解转化，测定污染物的光解速率常数和量子产率，用于推测环境水体中的光降解速率。然而，这样难以代表真实环境水体的情形。在自然水体中，受水中颗粒物、浮游植物和 DOM 等的影响，光强随水深的增加而衰减。Zhou 等（2018）在黄河三角洲的河流、河口和滨海水体，实测水下不同深度、不同时刻的光强，建立了水下光强的预测模型；进而考虑污染物的直接和间接光解过程，建立了污染物在水体不同深度和时刻的光解速率的预测模型，并采用现场实验进行了验证。以磺胺甲噁唑为例，直接采用实验室测定的数据预测其环境光降解半减期（$t_{1/2}$），对于黄河三角洲的淡水、河口水和海水的水体，其 $t_{1/2}$ 分别为 8.1 h、5.9 h 和 9.8 h；如果考虑光强随水深和时间变化，其 $t_{1/2}$ 则分别 501.6 h、321.6 h 和 338.4 h。可以看出，简单地采用实验室测定数据，磺胺甲噁唑的环境持久性被严重低估。所以，在预测污染物在真实水环境中的光解动力学行为时，应考虑光强在水体中的变化。

不同环境水体中，光强的衰减具有明显差异。浑浊的湖水和河水的透光层深度小于 0.3 m，而干净海水的透光层深度能达到 150 m（Gons et al.，1997）。光强在水体中的衰减程度，由水体自身和水中光活性物质（包括浮游植物、非藻类颗粒物和带发色团的 DOM）共同决定。水体中太阳光强的衰减，一方面可以影响污染物的光吸收速率，影响其直接光解速率；另一方面可以影响水体中光敏剂（例如 DOM）的光吸收速率，影响水体中活性中间体（RI，包括 $^1O_2$、·OH 和 $^3DOM^*$ 等）的产生和污染物的间接光解。另外，不同波长的光在水体中的衰减程度不同，一天中不同时刻的光强也是变化的，这些因素会影响污染物的光解。因此，在构建污染物的光解动力学模型时，应综合考虑这些因素的影响。

如图 6-13 所示，污染物在水体中的光降解速率常数（k）可表示为

$$k = k_d + k_{id} \tag{6-19}$$

式中，k_d 为直接光解速率常数，k_{id} 为间接光解速率常数。k_{id} 可通过式（6-20）计算：

$$k_{id}=k_{^1O_2}[^1O_2]+k_{\cdot OH}[\cdot OH]+k_{^3DOM^*}[^3DOM^*] \tag{6-20}$$

式中，$k_{^1O_2}$、$k_{\cdot OH}$ 和 $k_{^3DOM^*}$ 分别为污染物与 $^1O_2$、$\cdot OH$ 和 $^3DOM^*$ 反应的二级速率常数，单位为 L/(mol·s)；$[^1O_2]$、$[\cdot OH]$ 和 $[^3DOM^*]$ 分别为 $^1O_2$、$\cdot OH$ 和 $^3DOM^*$ 的稳态浓度，单位为 μmol/L。

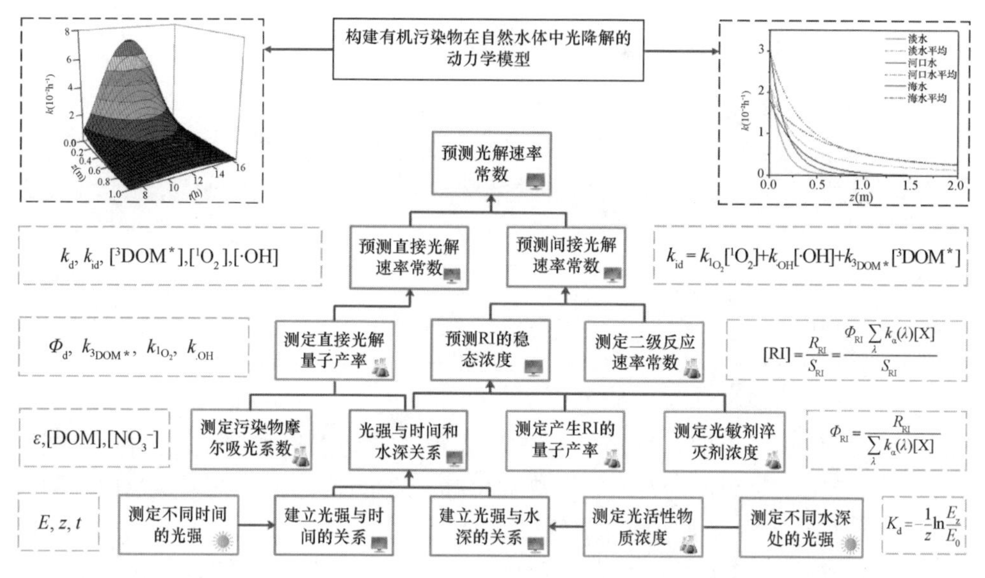

图 6-13　构建有机污染物在自然水体中光解动力学常数预测模型的流程图

蓝色、灰色和绿色实线框分别表示在野外、实验室和计算机开展的工作；红色虚线框中的图展示了模型预测结果；改编自文献（Zhou et al.，2018）

根据稳态近似原理，认为 RI 的产生速率与淬灭速率相同，则水体中 RI 的稳态浓度可表示为

$$[RI]=\frac{R_{RI}}{k'_{RI}}=\frac{\Phi_{RI}\sum_{\lambda}k_a(\lambda)[X]}{k'_{RI}} \tag{6-21}$$

式中，R_{RI} 是 RI 的产生速率，Φ_{RI} 是产生 RI 的量子产率，k'_{RI} 是 RI 的淬灭速率常数，$k_a(\lambda)$是光吸收特征速率，[X]是光敏剂 X 的浓度。

自然水体中，$^1O_2$ 和 $^3DOM^*$ 主要来自于 DOM 的光物理过程，$\cdot OH$ 主要来自于 DOM、NO_3^- 和 NO_2^- 的光化学过程。RI 的产生速率和量子产率可通过化学探针测定，可采用糠醇、苯和 2,4,6-三甲基苯酚分别为测定 $^1O_2$、$\cdot OH$ 和 $^3DOM^*$ 的探针。$^1O_2$ 的淬灭主要是与水分子的碰撞而能量损失，$k'_{^1O_2}$ 为 $2.5\times10^5\ s^{-1}$；$^3DOM^*$ 的淬灭主要是热失活和与基态氧分子反应，$k'_{^3DOM^*}$为 $5 \times 10^5\ s^{-1}$；·OH 的淬灭是与水体中的溶解性组分反应，淬灭剂主要包括 DOM、HCO_3^-、CO_3^{2-}、NO_2^-和 Br^-，k'_{OH} 可通过式（6-22）计算：

$$k'_{\cdot OH} = 2\times10^4[DOC]+1\times10^7[HCO_3^-]+1\times10^{10}[NO_2^-]+4\times10^8[CO_3^-]+3\times10^9[Br^-] \tag{6-22}$$

式中，[DOC]为溶解性有机碳含量，用来量化水体中 DOM，单位为 mg-C/L；$[HCO_3^-]$、$[CO_3^{2-}]$、$[NO_2^-]$和$[Br^-]$分别为 HCO_3^-、CO_3^{2-}、NO_2^-和 Br^-的浓度，单位均为 mol/L。

单位体积水体中化合物 X 的光吸收特征速率可表示为

$$k_a(\lambda) = \frac{I_\lambda \varepsilon_X(\lambda)(1-10^{-(\alpha(\lambda)+\varepsilon_X(\lambda)[X])z})}{(\alpha(\lambda)+\varepsilon_X(\lambda)[X])z} \tag{6-23}$$

式中，I_λ 为波长 λ 处的光强，单位为 einstein/（$cm^2 \cdot s$），其中，1 einstein = N_0c/λ（其中 N_0 为阿伏加德罗常数，c 为光速）；$\varepsilon_X(\lambda)$为化合物 X 在波长 λ 处的摩尔吸光系数，单位为 L/（mol·cm）；$\alpha(\lambda)$为水体对光的吸收系数，单位为 cm^{-1}；z 为水体深度，单位为 cm；[X]为化合物 X 的浓度。

对于垂直方向上混合均匀的水体，光强在水体中的衰减可由光学衰减系数（K_d）表示：

$$K_d(\lambda) = -\frac{1}{z}\ln\frac{E_d(\lambda,z)}{E_d(\lambda,0)} \tag{6-24}$$

式中，$E_d(\lambda, 0)$和 $E_d(\lambda, z)$分别为水面和水下深度 z 处的太阳辐照度，单位为 $W/(cm^2 \cdot nm)$。

在构建模型时，首先应建立光强与时间和水深的关系。在一天中的不同时间段，每隔 10 min 测定一次到达地表的太阳光强，建立光强（I）与时间（t）的关系：

$$I(t) = 0.00951t^4 - 0.447t^3 + 7.32t^2 - 48.5t + 113$$
$$n = 63,\ p<0.001,\ R^2 = 0.996 \tag{6-25}$$

同时，在野外（这里以黄河三角洲区域为例）采样测定不同位置处的水下光强和各水体中光活性物质的浓度，分别建立 310 nm、330 nm、350 nm、370 nm 和 390 nm 波长处的 K_d 值与光活性物质浓度的关系：

$$K_d(310) = 1.53\times10^0 + 1.65\times10^{-1}[Chl\text{-}a] + 1.20\times10^{-2}[SMM] + 6.00\times10^{-3}[SOM] + 6.30\times10^{-1}[DOC]$$
$$n = 21,\ p<0.001,\ R^2 = 0.822 \tag{6-26}$$

$$K_d(330) = 7.92\times10^{-1} + 1.41\times10^{-1}[Chl\text{-}a] + 1.10\times10^{-2}[SMM] + 1.00\times10^{-2}[SOM] + 6.22\times10^{-1}[DOC]$$
$$n = 21,\ p<0.001,\ R^2 = 0.795 \tag{6-27}$$

$$K_d(350) = 2.80\times10^{-2} + 1.32\times10^{-1}[\text{Chl-a}] + 1.20\times10^{-2}[\text{SMM}] + 1.00\times10^{-2}[\text{SOM}] + 6.11\times10^{-1}[\text{DOC}]$$

$$n = 21,\ p<0.001,\ R^2 = 0.820 \tag{6-28}$$

$$K_d(370) = 1.12\times10^{-1} + 1.07\times10^{-1}[\text{Chl-a}] + 9.00\times10^{-3}[\text{SMM}] + 1.50\times10^{-2}[\text{SOM}] + 5.15\times10^{-1}[\text{DOC}]$$

$$n = 21,\ p<0.001,\ R^2 = 0.811 \tag{6-29}$$

$$K_d(390) = 1.88\times10^{-1} + 9.60\times10^{-2}[\text{Chl-a}] + 8.00\times10^{-3}[\text{SMM}] + 1.00\times10^{-2}[\text{SOM}] + 4.02\times10^{-1}[\text{DOC}]$$

$$n = 21,\ p<0.001,\ R^2 = 0.832 \tag{6-30}$$

式中，[Chl-a]、[SMM]、[SOM]和[DOC]分别为水体中叶绿素 a、悬浮无机颗粒物、悬浮有机颗粒物和溶解性有机碳的浓度，单位分别为 μg/L、mg/L、mg/L 和 mg-C/L。

利用式（6-24）至式（6-30），可以预测环境水体中水下光强随水深和时间的变化。例如，在黄河三角洲区域采集淡水、河口水和海水水样，测定了这三种水体中光活性物质的浓度，根据式（6-26）至式（6-30），分别计算出这三种水体的 $K_d(310)$、$K_d(330)$、$K_d(350)$、$K_d(370)$和 $K_d(390)$值，结合式（6-24）和式（6-25），预测了光强在淡水、河口水和海水水体中随水深和时间的变化，如图 6-14 所示。

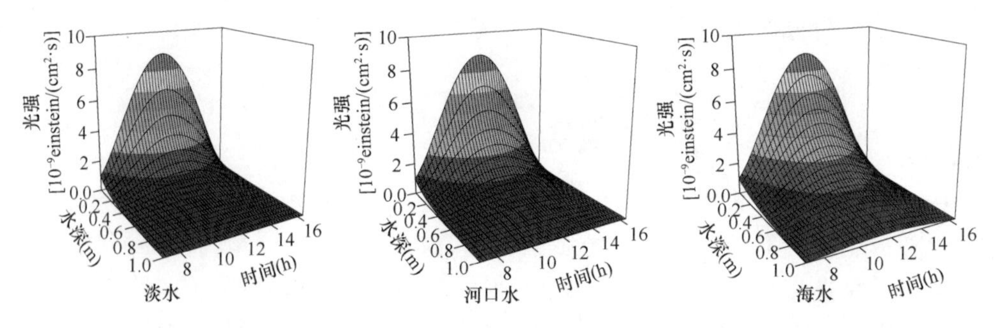

图 6-14 黄河三角洲区域淡水、河口水和海水在不同水深和时刻的太阳光强变化的预测值

基于预测的水下太阳光强和水体产生 $^1O_2$、·OH 和 $^3DOM^*$的量子产率，预测了 3 种 RI 在淡水、河口水和海水中的产生速率随水深和时间的变化，如图 6-15 所示。

从图 6-15 的预测结果来看，一天中 RI 的产生速率在正午时刻最高，并且随水深的增加而降低，这与光强的变化趋势一致。虽然 RI 的产生速率在 3 种水体中均随深度的增加而降低，但是降低趋势不同。在淡水中降低最快，其次是河口水，海水中降低最慢，这是由水体的 K_d 值决定的。由于 RI 产生速率在海水中随深度增加而降低的趋势最弱，虽然表层海水中 RI 的产生速率最小，但是随水深的增加，海水中 RI 的产生速率会逐渐超过淡水和河口水中的速率。

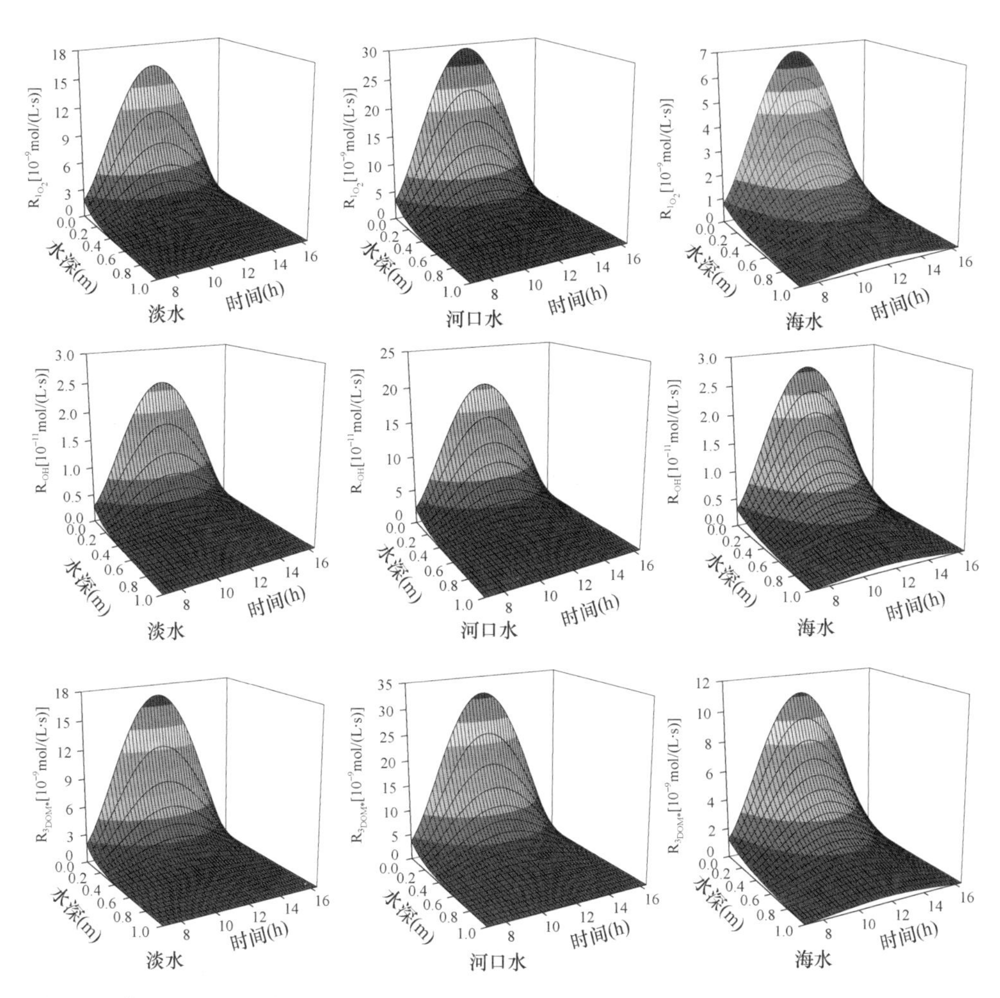

图 6-15　黄河三角洲区域淡水、河口水和海水水体不同水深和时刻下 RI 产生速率（R_{RI}）的预测值［改编自文献（Zhou et al.，2018）］

根据 RI 的产生速率和淬灭速率常数，可预测得到水体中 RI 的稳态浓度。结合模型化合物的摩尔吸光系数、直接光解量子产率和与 RI 反应的二级速率常数，可预测污染物在水体中不同深度和时刻下的光解速率常数（某一特定深度处的值）。通过对水下太阳光强积分取平均值，可预测不同水深时的平均光解速率常数；进一步对一天中的光强积分取平均值，可以预测出一天中平均的光解速率常数。以抗生素磺胺甲噁唑和抗病毒药物阿昔洛韦为例，图 6-16 显示了两种化合物在黄河三角洲区域三种水体不同深度和时刻下的光解速率常数。

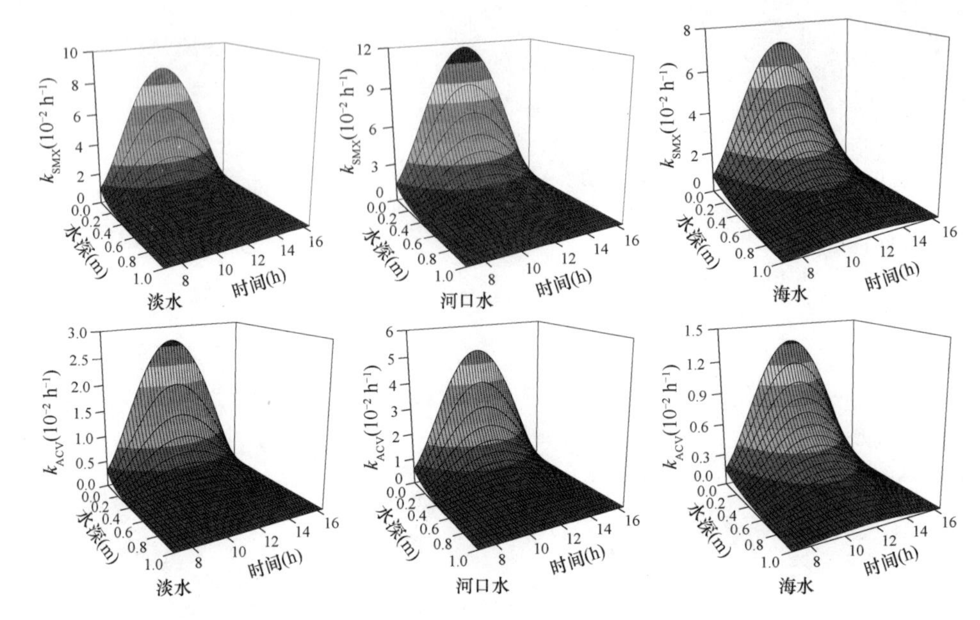

图 6-16 黄河三角洲区域三种不同水体中磺胺甲噁唑（SMX）和阿昔洛韦（ACV）在不同水深和时刻下的光解速率常数（k）的预测值［改编自文献（Zhou et al.，2018）］

如果用正午时刻表层水体中的光解速率常数估算模型化合物的光解半减期（$t_{1/2}$），则磺胺甲噁唑在淡水、河口水和海水中的 $t_{1/2}$ 值分别为 8.1 h、5.9 h 和 9.8 h；如果用正午时刻 2 m 水深时的平均光解速率常数估算 $t_{1/2}$ 值，则磺胺甲噁唑在上述 3 种水体中的 $t_{1/2}$ 值分别为 128.1 h、81.9 h 和 86.4 h；如果用 2 m 水深一天平均的光解速率常数估算 $t_{1/2}$ 值，则磺胺甲噁唑在 3 种水体中的 $t_{1/2}$ 值分别为 501.6 h、321.6 h 和 338.4 h。通过上面讨论可知，如果不考虑光强随水深和时间的变化，磺胺甲噁唑在黄河三角洲淡水、河口水和海水中的 $t_{1/2}$ 值分别会被低估 62 倍、55 倍和 35 倍。同理，阿昔洛韦在淡水、河口水和海水中的 $t_{1/2}$ 值分别会被低估 53 倍、48 倍和 27 倍。上述结果表明，在评价污染物在水环境中的光降解动力学行为时，应考虑不同水体对光强的衰减以及光强随时间的变化。

通过采集水样并搭建大型模拟水槽开展验证实验，结果表明模型的预测值与实测值具有很好的一致性，均方根误差为 0.31～0.76。模型预测的目标物光解速率常数的偏差要大于 RI 产生速率的偏差，这可能是因为在测定目标物与 $^3DOM^*$ 反应的二级速率常数时，采用了小分子 DOM 类似物核黄素来代替真实水体中的 DOM。

所建立的模型只考虑了污染物发生直接光解、与 $^1O_2$ 反应、与·OH 反应和与 $^3DOM^*$ 反应，忽略了其他反应途径（例如与 $CO_3^{\cdot-}$ 和卤素自由基反应）。$CO_3^{\cdot-}$ 和卤素自由基对污染物光解的影响与污染物的种类和环境有关。例如，在硝酸根离子存在下，HCO_3^-产生的$CO_3^{\cdot-}$能够促进酚类物质的光解（Vione et al.，2009）；在滨海地区，卤素自由基能够促进双烯和硫醚类物质的光解（Parker and Mitch，2016）。因此，在研究这几类污染物时，应考虑$CO_3^{\cdot-}$和卤素自由基的影响。另外，污染物的自敏化光氧化过程也需要考虑，因为自然水体中的 RI 主要由光敏剂产生，而不是来自于污染物。

上述建模过程中，用核黄素来代表水体中的 DOM，以测定目标物与 $^3DOM^*$ 反应的二级速率常数。但是核黄素并不能真正代表水体中的 DOM，污染物与不同水体 $^3DOM^*$的反应速率、更优的小分子替代物以及污染物与这些替代物的反应速率都有待进一步的研究。目前假设在水体垂直方向上光敏剂、淬灭剂和光学衰减系数均匀分布，即不随深度的变化而改变；同时认为水体中溶解氧含量饱和。水体中的溶解氧能够影响 RI 的产生，进而影响污染物的光解。光敏剂和淬灭剂的浓度以及光学衰减系数在垂直方向上也可能是非均匀分布，这些都会影响 RI 的产生和污染物的光降解。

6.2　污染物水解途径和动力学的模拟预测

水解反应是污染物在水环境中降解的重要途径之一，污染物的水解半减期由数秒到几年不等。而计算模拟的方法是研究污染物水解反应的一种手段。本节以抗生素水解行为的量子化学计算模拟预测为例进行介绍。

6.2.1　污染物水解原理及影响因素

水解反应是 H_2O 或 OH^-与有机物中水解官能团发生反应并导致化学键断裂的反应，整个反应可以表示为

$$RX + H_2O / OH^- \rightleftharpoons ROH + HX / X^- \tag{6-31}$$

环境条件下，可能发生水解的有机物包括烷基卤、酰胺、氨基甲酸酯、羧酸酯、环氧化物、磷酸酯和磺酸酯等。污染物水解反应除了与水解官能团有关外，还受水环境因素影响。

温度与水解速率常数之间的定量关系可以用 Arrhenius 公式表示：

$$k = Ae^{-E_a/(RT)} \tag{6-32}$$

式中，k 为水解速率常数，单位为 s^{-1}；E_a 为该条件下的反应活化能，单位为 kJ/mol；A 为指前因子，单位为 s^{-1}；R 为摩尔气体常数，通常取 8.314 J/(mol·K)；T 为热力学温度，单位为 K。

pH 主要通过酸催化、碱催化和中性水解影响污染物水解行为。因此，水解速率常数 k_H 可以表示为

$$k_H = k_A \cdot [H^+] + k_N + k_B \cdot [OH^-] \tag{6-33}$$

式中，k_A 和 k_B 分别代表酸催化和碱催化水解二级速率常数，单位为 L/（mol·s）；k_N 为中性水解一级速率常数，单位为 s^{-1}。

金属离子可以通过不同方式影响水解过程，如：金属离子与有机污染物形成配合物，改变水解官能团的键能和反应中心原子的亲电子活性，从而改变水解反应活性；金属离子在水中形成金属羟基络合物和金属水合络合物，而金属羟基络合物和金属水合络合物的活性不同于 H_2O 和 OH^-。

除了 pH、温度和金属离子之外，离子强度、DOM 等其他环境因素也能影响有机物水解。离子强度既可能促进有机污染物水解，也可能抑制其水解反应。DOM 是水环境中普遍存在天然有机物质，能够影响有机污染物的水解速率和途径。

6.2.2 污染物水解途径及动力学模拟

Zhang 等（2015）基于 DFT 计算和过渡态理论（transition state theory，TST），研究了头孢拉定的水解反应行为。头孢拉定属于头孢类抗生素，具有 2 个水解官能团（β-内酰胺键和酰胺键）、2 种互变异构体。在天然水 pH 范围内，头孢拉定存在两种离子形态（两性离子形态 $AH^{\pm}$和阴离子形态 A^-），每种离子形态的支链氨基与支链酰胺键均存在反式异构（$AH_t^{\pm}$和 A_t^-）和顺式异构（$AH_c^{\pm}$和 A_c^-）两种分子构型。通过 DFT 计算得知，$AH_t^{\pm} \longrightarrow AH_c^{\pm}$异构反应的 Gibbs 自由能变（$\Delta G$）为$-32.86$ kJ/mol，说明该过程为热力学自发过程，且其反应平衡常数 $K = 5.7\times10^5$。基于 K 值计算得到 $AH_c^{\pm}$占 $AH^{\pm}$的比例为 99.99%，依据势能面计算结果，$AH_t^{\pm}$向 $AH_c^{\pm}$转化过程为无能垒过程，因此 $AH^{\pm}$主要以 $AH_c^{\pm}$结构存在。因此，头孢拉定的 A_t^-和 $AH_c^{\pm}$结构被用于以下的水解速率和反应路径计算。头孢拉定可能的水解路径见图 6-17。

通过 DFT 计算，发现头孢拉定能够发生 β-内酰胺键的水解、分子内氨解和支链酰胺键的碱催化水解。在 β-内酰胺键的水解进程中，有直接水解和间接水解两种机理（图 6-18）。对于碱催化水解和中性水解反应，H_2O 和 OH^-从 α 面和 β 面进攻，间接水解更容易发生，且六元杂环上羧基能促进头孢拉定中性水解反应。在头孢拉定的分子内氨解（图 6-19）中，反应经历四步：第一步为支链酰胺键旋转，由反式变为顺式；第二步为支链 α-氨基进攻 β-内酰胺羧基碳；第三步为 β-内酰胺键断裂；第四步为氢转移过程。在支链酰胺键的碱催化水解中，OH^-亲核进攻酰胺键中的碳，形成四面体，然后在水分子的协助下将 H 转移到酰胺键中的氮上，酰胺键断裂，形成产物羧酸和氨基化合物。该反应的 Gibbs 活化自由能（$\Delta G^{\ddagger}$）高于 β-内酰胺键水解反应的 $\Delta G^{\ddagger}$，意味着头孢拉定的碱催化水解更容易发生在 β-内酰胺键上。

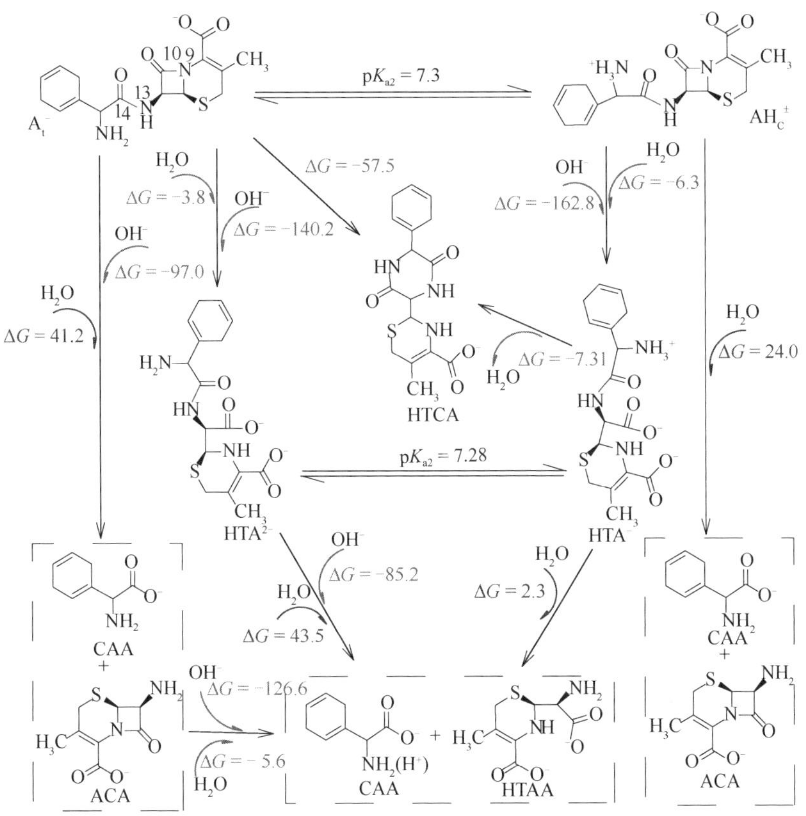

图 6-17 头孢拉定可能的水解路径［ΔG 单位为 kJ/mol，改编自文献（Zhang et al.，2015）］

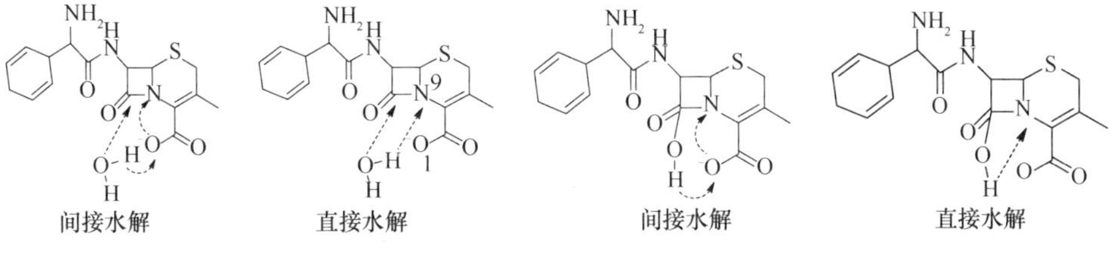

图 6-18 头孢拉定可能的水解机理

基于对头孢拉定各反应路径的热力学和动力学分析，采用 TST 计算了水解速率常数，包括：A_t^-和 $AH_c^\pm$的 α 面碱催化二级反应速率常数（$k_{At\alpha,OH}$和 $k_{AHc\alpha,OH}$）；A_t^-和 $AH_c^\pm$的 α 面水分子水解一级反应速率常数（$k_{At\alpha,H_2O}$和 $k_{AHc\alpha,H_2O}$）；A_t^-的 β 面分子内氨解的一级反应速率常数（$k_{t\beta,NH_2}$）。为了甄别相同 pH 下反应速率最快的路径，通过下列公式计算得到水解和氨解的准一级速率常数：

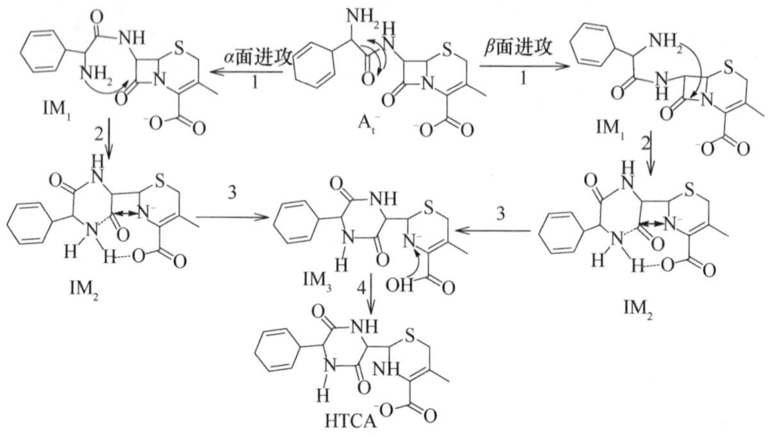

图 6-19 头孢拉定阴离子的分子内氨解反应机理

$$k_{\mathrm{A^-H_2O}}=k_{\mathrm{At\alpha,H_2O}}\cdot\frac{[\mathrm{A^-}]}{[\mathrm{A_{all}}]}=k_{\mathrm{At\alpha,H_2O}}\cdot\frac{K_{\mathrm{a2}}\cdot K_{\mathrm{a1}}}{K_{\mathrm{a2}}\cdot K_{\mathrm{a1}}+10^{-\mathrm{pH}}\cdot K_{\mathrm{a1}}+10^{-2\cdot\mathrm{pH}}} \tag{6-34}$$

$$k_{\mathrm{A^-OH^-}}=k_{\mathrm{At\alpha,OH}}\cdot\frac{[\mathrm{A^-}]\cdot[\mathrm{OH^-}]}{[\mathrm{A_{all}}]}=k_{\mathrm{At\alpha,OH}}\cdot\frac{K_{\mathrm{a2}}\cdot K_{\mathrm{a1}}\cdot K_{\mathrm{w}}\cdot 10^{\mathrm{pH}}}{K_{\mathrm{a2}}\cdot K_{\mathrm{a1}}+10^{-\mathrm{pH}}\cdot K_{\mathrm{a1}}+10^{-2\cdot\mathrm{pH}}} \tag{6-35}$$

$$k_{\mathrm{AH^\pm OH^-}}=k_{\mathrm{AHc\alpha,OH}}\cdot\frac{[\mathrm{AH^\pm}]\cdot[\mathrm{OH^-}]}{[\mathrm{A_{all}}]}=k_{\mathrm{AHc\alpha,OH}}\cdot\frac{K_{\mathrm{a1}}\cdot K_{\mathrm{W}}}{K_{\mathrm{a2}}\cdot K_{\mathrm{a1}}+10^{-\mathrm{pH}}\cdot K_{\mathrm{a1}}+10^{-2\cdot\mathrm{pH}}} \tag{6-36}$$

$$k_{\mathrm{AH^\pm H_2O}}=k_{\mathrm{AHc\alpha,H_2O}}\cdot\frac{[\mathrm{AH^\pm}]}{[\mathrm{A_{all}}]}=k_{\mathrm{AHc\alpha,H_2O}}\cdot\frac{K_{\mathrm{a1}}\cdot 10^{-\mathrm{pH}}}{K_{\mathrm{a2}}\cdot K_{\mathrm{a1}}+10^{-\mathrm{pH}}\cdot K_{\mathrm{a1}}+10^{-2\cdot\mathrm{pH}}} \tag{6-37}$$

$$k_{\mathrm{A^-NH_2}}=k_{\mathrm{t\beta,NH_2}}\cdot\frac{[\mathrm{A^-}]}{[\mathrm{A_{all}}]}=k_{\mathrm{t\beta,NH_2}}\cdot\frac{K_{\mathrm{a2}}\cdot K_{\mathrm{a1}}}{K_{\mathrm{a2}}\cdot K_{\mathrm{a1}}+10^{-\mathrm{pH}}\cdot K_{\mathrm{a1}}+10^{-2\cdot\mathrm{pH}}} \tag{6-38}$$

上述式中，$k_{\mathrm{A^-H_2O}}$ 表示 $\mathrm{A_t^-}$水分子水解准一级速率常数；$k_{\mathrm{A^-OH^-}}$ 表示 $\mathrm{A_t^-}$碱催化水解准一级速率常数；$k_{\mathrm{AH^\pm HO^-}}$ 表示 $\mathrm{AH_c^\pm}$碱催化水解准一级速率常数；$k_{\mathrm{AH^\pm H_2O}}$ 表示 $\mathrm{AH_c^\pm}$水分子水解准一级速率常数；$k_{\mathrm{A^-NH_2}}$ 表示 $\mathrm{A_t^-}$分子内氨解水解准一级速率常数；水的离子积常数 K_{w} 为 1×10^{-14}；头孢拉定的第一解离常数 K_{a1} 为 $1\times10^{-2.6}$；头孢拉定的第二解离常数 K_{a2} 为 $1\times10^{-7.3}$；A_{all} 表示溶液中头孢拉定总量。

酸性条件下，$\mathrm{AH^\pm}$的 β-内酰胺的水分子辅助水解为主要反应路径；在中性和碱性条件下，碱催化水解为主要反应路径。k_{H} 的预测值由式（6-39）计算：

$$k_{\mathrm{H}}=k_{\mathrm{A^-H_2O}}+k_{\mathrm{A^-OH^-}}+k_{\mathrm{AH^\pm OH^-}}+k_{\mathrm{AH^\pm H_2O}}+k_{\mathrm{A^-NH_2}} \tag{6-39}$$

不同 DFT 方法预测的 $\log k_H$ 值和实验值，如表 6-6 所示。通过对比分析不同计算方法的预测值与实验值，可以看出：预测值与计算所采用的泛函和溶腔原子半径密切相关，其中用 B3LYP 泛函和 UFF 溶腔计算的 $\log k_H$ 值比 M062X 和 B3LYP-D3 方法更接近实验值。对比 Bondi、Pauling 和 UFF 三种不同的原子半径溶腔的预测值，UFF 的预测值更接近实验值。计算基组也能影响预测值，在所选的基组中 6-311++G(2d,2p)预测值与实验值最接近。因此，B3LYP/6-311++G(2d,2p)/IEFPCM(UFF)更适合预测头孢拉定的水解速率常数。

表 6-6 不同 DFT 方法、基组和溶腔预测水解速率常数（s^{-1}）与实验值的对比

pH	5.0	6.3	7.0	8.0	9.0
$\log k_H$（实验值）	–6.96	–6.44	–6.09	–5.95	–5.92
$\log k_H$ [B3LYP/6-311++G(3df,3pd),UFF]	–6.85	–6.23	–5.73	–5.29	–4.87
$\log k_H$ [B3LYP/6-311++G(3df,2pd),UFF]	–6.90	–6.25	–5.74	–5.30	–4.89
$\log k_H$ [B3LYP/6-311++G(2df,2pd),UFF]	–7.00	–6.45	–5.96	–5.52	–5.09
$\log k_H$ [B3LYP/6-311++G(2d,2pd),UFF]	–6.97	–6.36	–5.86	–5.42	–5.00
$\log k_H$ [B3LYP/6-311++G(2d,2p),UFF]	–7.22	–6.63	–6.13	–5.70	–5.28
$\log k_H$ [B3LYP/6-311++G(d,p),UFF]	–6.72	–6.05	–5.53	–5.03	–4.44
$\log k_H$ [M062X/6-311++G(d,p),UFF]	–2.30	–2.22	–2.04	–1.76	–1.41
$\log k_H$ [B3LYP-D3/6-311++G(d,p),UFF]	–4.23	–3.43	–2.90	–2.43	–1.92
$\log k_H$ [B3LYP/6-311++G(d,p),Bondi]	–10.36	–9.12	–8.46	–7.53	–6.55
$\log k_H$ [B3LYP/6-311++G(d,p),Pauling]	–12.37	–11.09	–10.42	–9.48	–8.50

此外，可以通过 DFT 计算水中 Cu(Ⅱ)与 A^-的配位反应的 Gibbs 自由能和稳定常数，阐明金属离子对抗生素水解的影响机理。Cu(Ⅱ)与 A^-可形成 1∶1 配合物，且存在两种形态(图 6-20)：Cu(Ⅱ)与 A^-分子支链 α-氨基氮原子和羰基氧原子配位，同时结合一个水分子；Cu(Ⅱ)与羧基氧原子和 β-内酰胺氧原子配位，同时结合两个水分子。分析 A^-配位前后水解反应活性发现，Cu(Ⅱ)的配位作用能增大 A^-水解反应位点的原子正形式电荷量，降低配合物的最低未占据分子轨道能和活化 Gibbs 自由能，从而促进 A^-水解。很多有机污染物仅有一种水解官能团和单一水解路径，远没有头孢拉定的水解路径复杂。因此，DFT 计算有望为其他有机污染物水解反应的模拟预测提供一种有效的工具。

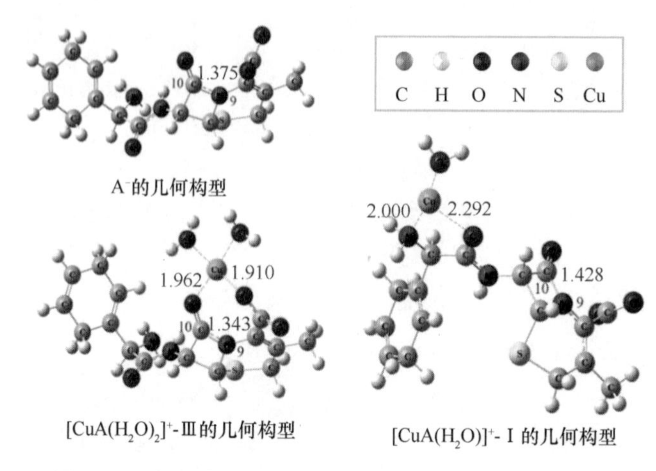

图 6-20 头孢拉定阴离子及其 Cu(Ⅱ)配合物的几何构型

6.3 污染物气相自由基反应途径与动力学的模拟预测

大气中含有一定量的挥发性有机物（volatile organic compounds，VOCs）和半挥发性有机物（semi-volatile organic compounds，SVOCs），VOCs 包括分子量较小的烷烃、烯烃、炔烃、醚、醇、醛、有机酸、有机胺等；SVOCs 包括多环芳烃、硝基多环芳烃、多氯联苯、二噁英/呋喃、阻燃剂、有机氯农药、有机磷农药、杀虫剂等。VOCs 和 SVOCs 可被大气中的氧化性物种（如·OH、$\cdot NO_3$、O_3、·Cl 等）转化去除，因此，理解它们的大气转化机制和动力学对于评估其环境归趋和风险具有重要意义。

6.3.1 ·OH 引发有机污染物的大气转化机制和动力学

一般认为，与·OH 的反应是有机污染物在大气中去除的重要方式。·OH 与有机污染物的反应速率常数（k_{OH}）是评价有机污染物大气持久性的重要参数。本小节以阻燃剂类和有机胺类新型污染物的气相自由基反应为例，介绍量子化学计算在其反应途径和动力学预测方面的应用。

1. 阻燃剂类污染物在大气中的·OH 氧化降解机制

溴代阻燃剂多溴二苯醚（PBDEs）与·OH 反应，可以生成毒性比 PBDEs 本身更强的羟基取代的 PBDEs（OH-PBDEs），有些 OH-PBDEs（如 2,4,4′-三溴二苯醚，BDE-28）可以继续转化生成毒性更强的二噁英。Zhou 等（2011）以 4,4-二溴二苯醚（BDE-15）为代表，采用量子化学[M062X/6-311+G(3df,2p)//M062X/6-311+G(d,p)]和主方程计算的方法，研究其由·OH 引发的大气降解机制与动力学，发现在 O_2 存在条件下，BDE-15 与·OH 反应生成的主要降解产物为 OH-PBDEs、溴酚和溴。预测的 298 K 下的 k_{OH} 与实验结果一致。同时，计算发现了两种生成 OH-PBDEs 的途径（图 6-21），包括·OH 直接取代 Br 原子和 O_2 摘取 BDE-OH 中间体中与·OH 相连的 C 原子上的 H 原子。这两种反应类型中，加成反应优于氢夺取反应路径，且 Br 原子的存在会钝化与其相连的 C 原子的活性，使得·OH 与 Br 取代的 C 原子的相互作用很难。在全部加成反应中，·OH 更容易加成到未被取代的邻位 C 原子上。此外，有研究发现，随着 Br 原子取代数目的增加，PBDEs 的反应活性降低，且溴原子数目较多的苯环活性明显低于含溴原子数目较少的苯环（Cao et al.，2013）。相同溴代程度的阻燃剂，烷基类比芳香类阻燃剂容易降解。

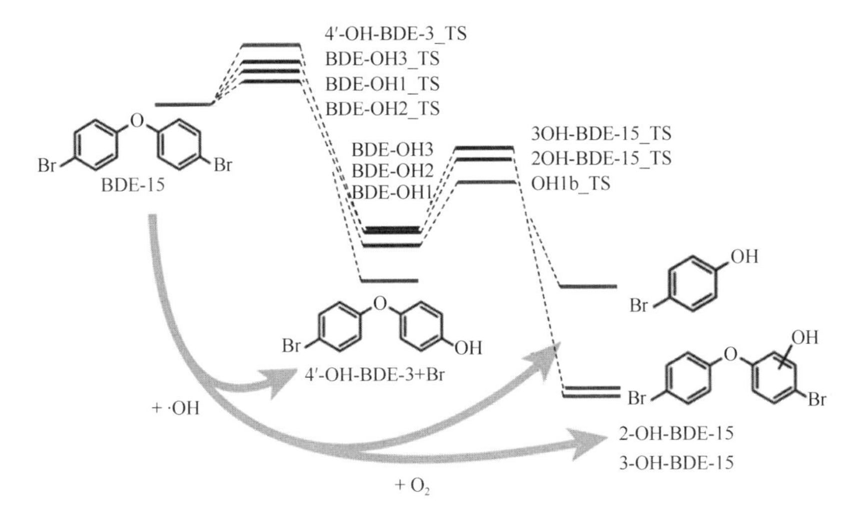

图 6-21　·OH 引发 BDE-15 的大气转化途径

溴代阻燃剂 1,2-双(2,4,6-三溴苯氧基)乙烷［1,2-bis(2,4,6-tribromophenoxy) ethane，BTBPE］与 PBDEs 在结构上具有高度的相似性，导致它们具有相似的阻燃性能，因此 BTBPE 被用作 PBDEs 的替代型阻燃剂。Yu 等（2017）考察了 BTBPE 与·OH 的反应过程（图 6-22），发现·OH 加成到 2,4,6-三溴苯基团的 CH 位点和夺取烷基侧链氢的反应是最可行的反应路径。·OH 加成反应生成 OH-BTBPE 类物质与 PBDEs 转化生成 OH-PBDEs 的主要途径相似，但是摘氢反应是与 PBDEs 截然不同的转化方式。推测 BTBPE 由于烷基链的引入，使其在大气中的转化生成 OH-BTBPE 类产物的可能性降低。在 298 K，动力学分析发现·OH 加成和 H 摘取两种反应路径的 k_{OH} 的比值为 3∶1，·OH 引发 BTBPE 的大气寿命为 11.8 d，而被禁用的八溴二苯醚的大气寿命＞100 d，说明虽然该类替代品远远低于它所替代的八溴二苯醚的大气寿命，但是仍然具有大气持久性及长距离迁移性。

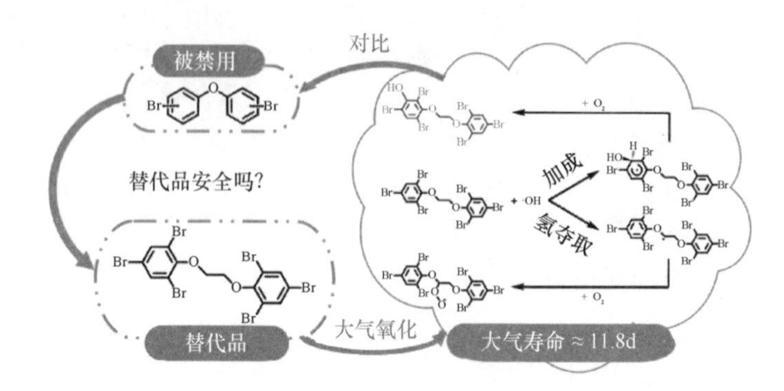

图 6-22 BTBPE 与·OH 的反应示意图

磷酸三苯酯（triphenyl phosphate，TPhP）和磷酸三(2-氯丙基)酯［tris(chloropropyl)phosphate，TCPP］是大气中检出浓度较高的两种磷系阻燃剂。·OH 与 TPhP 的反应以加成反应为主，且动力学分析结果显示，最可行的路径是·OH 加成到相同苯环的 PO_4 基团的对位 C 原子上，其次分别是间位、邻位和与氧直接相邻的 C 原子上。298 K 下 TPhP 的大气寿命约为 7.6 d，说明虽然 TPhP 的大气寿命较八溴二苯醚有所降低，但仍具有大气持久性。另外，水分子对于 TPhP 和·OH 的反应影响很小（Yu et al.，2016）。对于 TCPP，摘氢反应是最佳反应路径。·OH 引发 TCPP 的大气寿命为 1.7 h，表明 TCPP 很容易通过与·OH 反应从大气中去除。计算发现大气中的水分子可以通过与 TCPP 形成氢键，改变 TCPP 与·OH 反应前络合物和过渡态的稳定性（图 6-23），从而降低 TCPP 与·OH 反应的 k_{OH}，增加 TCPP 在大气中的寿命和环境持久性（Li et al.，2017）。

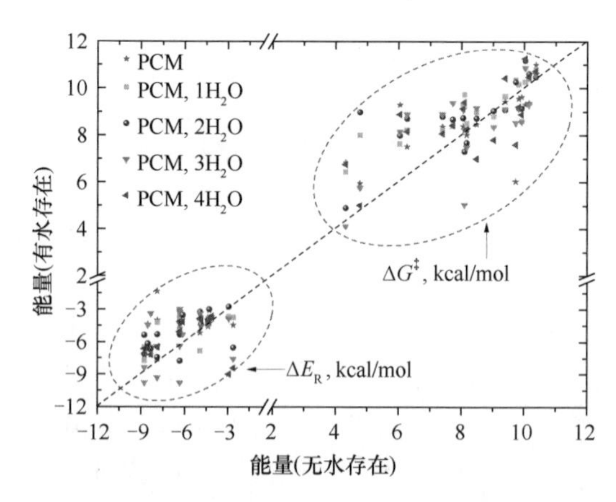

图 6-23 有水和无水（气相）TCPP + ·OH 反应体系的过渡态和反应前络合物的稳定性比较

$\Delta G^{\ddagger}$：活化自由能；ΔE_R：反应前络合物相对于反应物的能量；PCM：极化连续介质模型

2. 乙醇胺在大气中的·OH 氧化降解机制

乙醇胺（monoethanolamine，MEA）是燃烧后捕捉 CO_2（post combustion CO_2 capture，PCCC）技术中最具应用前景的有机溶剂。由于 MEA 具有相对高的蒸气压，PCCC 技术的大规模实施会不可避免地使 MEA 进入大气中。Xie 等（2014）采用量子化学计算[M06-2X/aug-cc-pVTZ//M06-2X/6-311++G(d,p)]和动力学模拟相结合的方法，计算了 MEA 与·OH 的反应机制与动力学。发现·OH 氧化导致 MEA 的大气寿命为 3.8 h。此外，MEA 与·OH 反应主要是生成 C 中心自由基（图 6-24），并且夺取 β-C 的 H 生成 NH_2CH_2·CHOH（MEA-β）的分支比（43%）比夺取 α-C 的 H 生成 NH_2·$CHCH_2OH$（MEA-α）的分支比（39%）高。生成的 C 中心自由基可以进一步发生转化，与大气中 O_2 反应，最终生成氨基乙醛、2-亚氨基乙醇和过氧化氢自由基（Xie et al.，2014）。

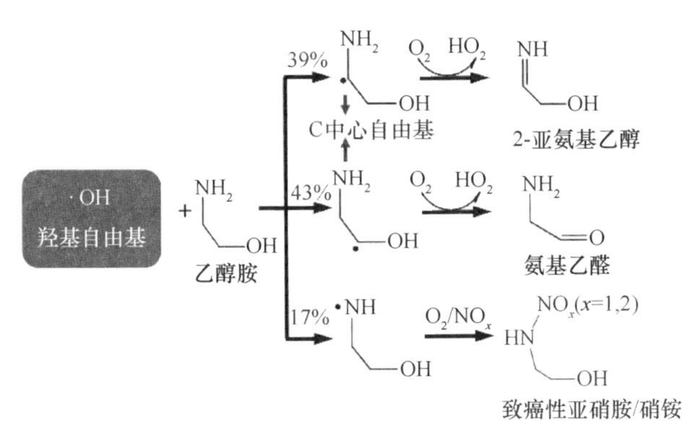

图 6-24　MEA 和·OH 反应途径及产物分支比

6.3.2　大气中挥发性有机污染物·OH 氧化降解动力学参数的 QSAR 模型

除了量子化学计算，QSAR 可以高通量地预测化学品的气相 k_{OH} 值，为化学品生态风险评价提供数据支持。目前，已有一些气相 k_{OH} 的 QSAR 预测模型，如表 6-7 所示。

Li 等（2013a）基于 1543 个不同温度下有机化学品的气相 k_{OH} 实验数据（其中室温数据 872 个），以 4∶1 的比例将数据集随机划分为训练集和验证集。计算量子化学描述符和 Dragon 描述符，采用多元逐步回归分析构建 QSAR 模型。其中，可用于预测室温下化合物气相 k_{OH} 的模型（$R^2_{adj}=0.883$，$R^2_{adj.ext}=0.858$，$Q^2_{ext}=0.851$）包含 12 个描述符，其拟合效果图和应用域表征如图 6-25 和图 6-26 所示。在模型的描述符中，E_{HOMO} 和 $X(\%)$起到最为重要的作用。$X(\%)$是表征分子中卤素原子的百分比，其系数为负，表明分子中卤素原子越多，分子与·OH 的反应活性越小。E_{HOMO} 是衡量分子的亲核性，化合物的 E_{HOMO} 值越高，越容易与亲电试剂·OH 发生反应。

表 6-7 预测污染物气相 k_{OH} 值的 QSAR 模型

模型	算法	数据个数	模型结果
预测多种类化合物的 QSAR 模型			
Gramatica et al.，2002	MLR	65	$R^2 = 0.928$，$Q^2_{LOO} = 0.903$，SDEP = 0.521，$Q^2_{EXT} = 0.943$
Gramatica et al.，2004a	MLR	460	$R^2 = 0.828$，$Q^2_{LMO} = 0.816$，$RMSE_{TR} = 0.484$，$Q^2_{EXT} = 0.826$，$RMSE_{EXT} = 0.473$
	MLR		$R^2 = 0.828$，$Q^2_{LMO} = 0.810$，$RMSE_{TR} = 0.436$，$Q^2_{EXT} = 0.813$，$RMSE_{EXT} = 0.422$
Gramatica et al.，2004b	MLR	460	$R^2 = 0.846$，$Q^2_{LMO} = 0.840$，$RMSE_{TR} = 0.407$，$Q^2_{EXT} = 0.866$，$RMSE_{EXT} = 0.400$
Öberg，2005	PLS	733	$R^2 = 0.906$，$Q^2_{LMO} = 0.875$，$RMSE_{TR} = 0.449$，$Q^2_{EXT} = 0.840$，$RMSE_{EXT} = 0.501$
Wang et al.，2009b	PLS	722	$R^2 = 0.878$，$Q^2 = 0.865$，$RMSE_{TR} = 0.391$，$Q^2_{EXT} = 0.872$，$RMSE_{EXT} = 0.430$
Roy et al.，2011	MLR	460	$Q^2_{LOO} = 0.819$，$RMSE_{TR} = 0.430$
Li et al.，2013a	MLR	872	$R^2 = 0.883$，$RMSE_{TR} = 0.419$，$Q^2_{LOO} = 0.879$，$RMSE_{EXT} = 0.489$，$Q^2_{EXT} = 0.851$
	MLR	1543	$R^2 = 0.873$，$RMSE_{TR} = 0.369$，$Q^2_{LOO} = 0.871$，$RMSE_{EXT} = 0.452$，$Q^2_{EXT} = 0.835$
预测某一类化合物的 QSAR 模型			
Eriksson et al.，1994	PLS	23	$R^2 = 0.96$，$Q^2_{LOO} = 0.71$；适用于预测卤代脂肪烃
Medven et al.，1996	PLS	57	$R^2 = 0.86$，$Q^2_{LOO} = 0.82$，RSS = 0.83；适用于预测不饱和烃
	MLR		$R^2 = 0.823$，$Q^2_{LOO} = 0.78$，RSS = 0.83，SE = 0.125；适用于预测不饱和烃
Bakken and Jurs，1999	MLR	57	$R = 0.932$，$RMSE_{TR} = 0.106$，$RMSE_{EXT} = 0.139$；适用于预测不饱和碳氢化合物
	MLR	312	$R = 0.936$，$RMSE_{TR} = 0.392$，$RMSE_{EXT} = 0.319$；适用于预测烯烃、醇、卤代有机物、硝酸类、胺类、芳香类有机物等
Hatipoğlu and Cinar，2003a	MLR	8	$R^2 = 0.9946$；适用于预测脂肪醇
	MLR		$R^2 = 0.9989$；适用于预测脂肪醇
Long and Niu，2007	PLS	14	$R^2 = 0.866$，$Q^2 = 0.728$，SE = 0.038；适用于预测烷烃萘
Huang et al.，2012	MLR	161	$R^2 = 0.919$，$RMSE_{TR} = 0.395$，$Q^2_{LOO} = 0.911$，$RMSE_{EXT} = 0.330$；适用于预测烷烃
	SVM		$R^2 = 0.953$，$RMSE_{TR} = 0.301$，$Q^2_{LOO} = 0.921$，$RMSE_{EXT} = 0.320$；适用于预测烷烃
Li et al.，2014	MLR	31	$R^2 = 0.943$，$RMSE_{TR} = 0.166$，$Q^2_{LOO} = 0.917$，$RMSE_{EXT} = 0.264$，$Q^2_{EXT} = 0.856$；适用于预测低碳链氯代烷烃
Yang et al.，2016	MLR	70	$R^2 = 0.90$，RMSE = 0.26，$Q^2_{LOO} = 0.89$，$Q^2_{EXT} = 0.70$；适用于预测多氯联苯类

注：①R 和 R^2 分别表示相关系数和相关系数平方；②Q^2 和 Q^2_{EXT} 分别表示训练集和验证集的交叉验证系数；③Q^2_{LOO} 和 Q^2_{LMO} 分别是去一法和去多法交叉验证系数；④$RMSE_{TR}$ 和 $RMSE_{EXT}$ 分别表示训练集和验证集的均方根误差；⑤SDEP：预测标准偏差；⑥SE：标准误差；⑦RSS：残差平方和；MLR：多元线性回归；PLS：偏最小二乘法；SVM：支持向量机。

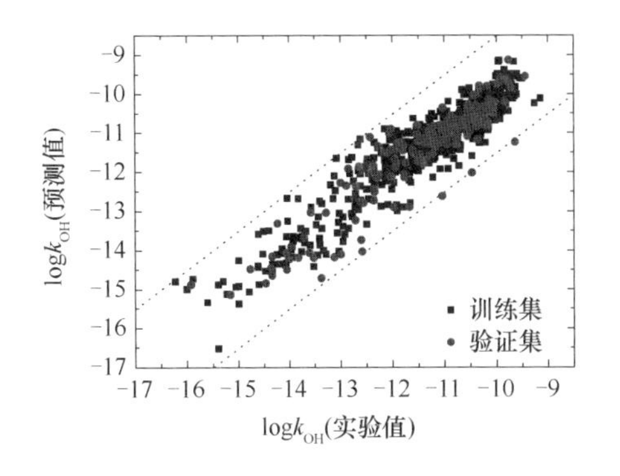

图 6-25　可用于预测室温下化合物气相 k_{OH} 的 QSAR 模型实验值对预测值拟合图

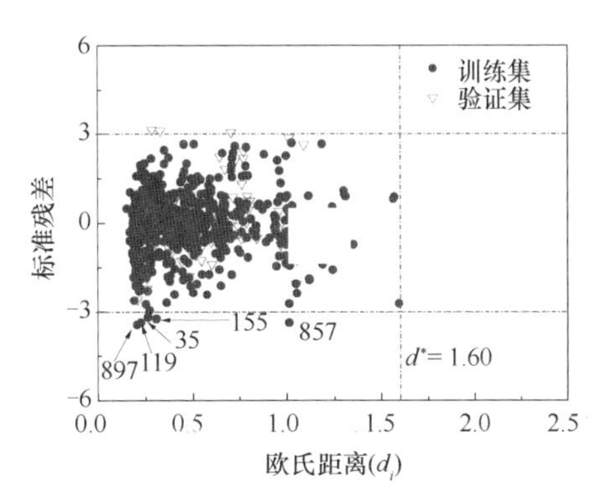

图 6-26　可用于预测室温下化合物气相 k_{OH} 的 QSAR 模型基于欧氏距离的应用域表征

可用于预测不同温度下化合物气相 k_{OH} 的 QSAR 模型（R^2_{adj}=0.873，$R^2_{adj.ext}$=0.838，Q^2_{ext} = 0.835）包含了温度参数 $1/T$ 在内的 14 个描述符，模型拟合效果和应用域表征如图 6-27 和图 6-28 所示。在该模型中，E_{HOMO} 和 $X(\%)$同样起到最为主要的作用。

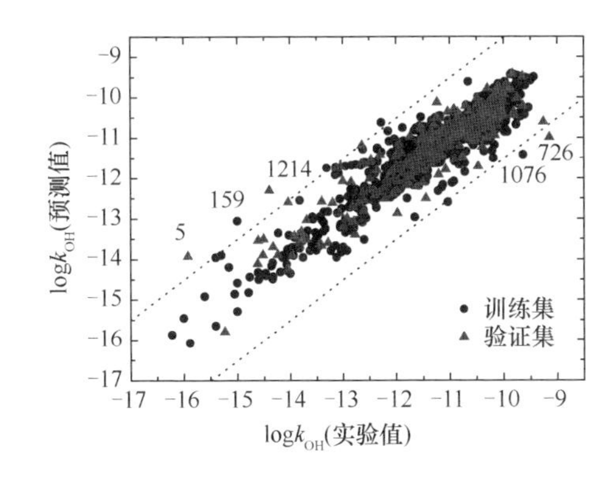

图 6-27　可用于预测不同温度下化合物气相 k_{OH} 的 QSAR 模型实验值对预测值拟合图

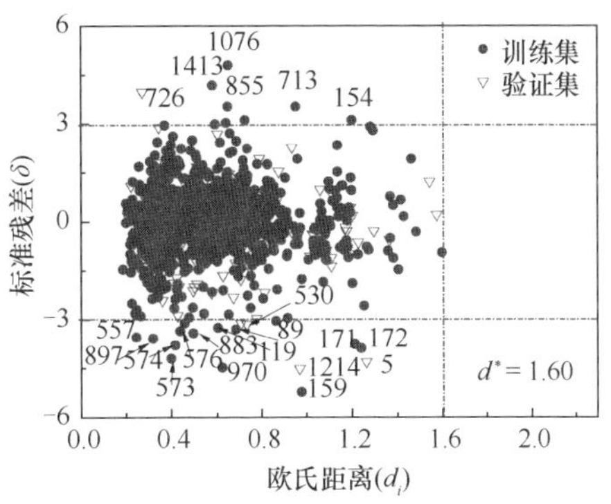

图 6-28　可用于预测不同温度下化合物气相 k_{OH} 的 QSAR 模型基于欧氏距离的应用域表征

Li 等（2014）还基于 22 个低碳链氯代烷烃（C_1～C_6）的 k_{OH} 实验值，筛选出了适合该体系的 DFT 方法[M06-2X/6-311+G（3df，2pd）//B3LYP/ 6-311+G（d，p）]。基于上述方法，进一步计算了碳链长度涵盖 C_{10}～C_{13} 的短链氯代石蜡（short chain chlorinated paraffins，SCCPs）的 k_{OH} 值。还建立了可预测氯代烷烃（包括 SCCPs）的 k_{OH} 值的 QSAR 模型：

$$\log k_{OH} = 5.057\mathrm{SPH} + 1.167Q_{C^-} - 13.991\eta - 12.186 \tag{6-40}$$

n_{tr} = 25，R^2_{adj} = 0.943，RMSE =0.166，Q^2_{LOO} = 0.917，Q^2_{BOOT} = 0.726，n_{ext} = 6，

$$R^2_{adj.ext} = 0.960,\ RMSE_{ext} = 0.264,\ Q^2_{ext} = 0.856$$

式中，SPH 表示有机分子的球形度；Q_{C^-}为碳原子上的最负净电荷；η 表示分子的绝对硬度；n_{tr} 和 n_{ext} 分别表示训练集和验证集化合物的个数；R^2_{adj} 和 $R^2_{adj.ext}$ 分别为训练集和验证集的调整决定系数；RMSE 和 $RMSE_{ext}$ 分别为训练集和验证集的均方根误差；Q^2_{LOO} 是去一法交叉验证系数；Q^2_{BOOT} 是 Bootstrapping 方法所得的交叉验证系数。

模型的实测值对预测值拟合图和应用域如图 6-29 所示。此外，为了探讨氯取代对于 SCCPs 大气寿命［$\tau = 1/(k_{OH}[\cdot OH])$］的影响，采用所建立的 QSAR 模型预测了更多 SCCPs 的 k_{OH} 值和 τ 值，发现 SCCPs 的 τ 值与 Cl（%）显著正相关（$p<0.001$），说明高氯代的 SCCPs 在大气中具有更强的环境持久性。当 $n_{Cl} \leqslant 8$ 时，$C_{10\sim11}Cl_{5\sim8}$ 和 $C_{12}Cl_{6\sim8}$ 组分具有更大的 τ 值；当 $n_{Cl} \geqslant 9$ 时，$C_{10\sim13}$ 组分尤其是 C_{13} 组分具有更大的 τ 值，这与大气中不同组分 SCCPs 的检出结果一致。

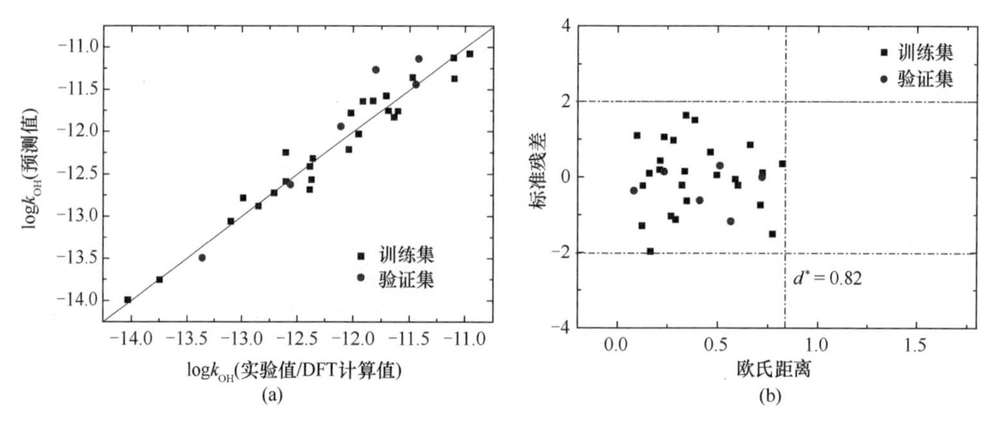

图 6-29 气相 k_{OH} 的 QSAR 模型预测值与实测值的（a）拟合图及（b）基于欧氏距离的模型应用域表征

6.3.3 大气中挥发性有机污染物臭氧氧化降解动力学参数的 QSAR 预测模型

除了羟基自由基外，在大气中与臭氧反应也是有机化学品降解的重要途径之一。现有研究证实，QSAR 方法可以快捷、高效地获取有机化学品的气相 k_{O_3} 数据。一些代表性 k_{O_3} 预测模型如表 6-8 所示。

Li 等（2013b）基于公开发表的文献和 EPI Suite™ 中的 k_{O_3} 实验值［共包括 166 种有机化合物在不同温度下（178～409 K）的 379 个 $\log k_{O_3}$ 数值］，以 4∶1 的比例随机划分为训练集和验证集。基于半经验 PM6 算法优化上述化合物的分子结构，并计算量子化学描述符、分子碎片描述符和 Dragon 描述符。采用 MLR 方法

表 6-8 预测 k_{O_3} 的代表性 QSAR 模型

模型	算法	数据个数	模型结果
Pompe and Veber，2001	MLR	117	$R^2 = 0.870$，RMSE = 0.990
Gramatica et al.，2003	MLR	125	$R^2 = 0.881$，$RMSE_{ext} = 0.770$，$Q^2_{Loo} = 0.861$，$Q^2_{LMO} = 0.847$，$Q^2_{ext} = 0.904$
Fatemi，2006	MLR	137	$R^2 = 0.771$，RMSE = 1.217，$R^2_{pre} = 0.733$，$RMSE_{pre} = 0.870$，$R^2_{ext} = 0.552$，$RMSE_{ext} = 0.968$
	ANN		$R^2 = 0.980$，RMSE = 0.357，$R^2_{pre} = 0.925$，$RMSE_{pre} = 0.460$，$R^2_{ext} = 0.929$，$RMSE_{ext} = 0.481$
Ren et al.，2007	MLR	116	$R^2 = 0.832$，RMSE = 0.940，AARD = 4.211%，$R^2_{ext} = 0.817$，$RMSE_{ext} = 1.342$，$AARD_{ext} = 5.895\%$
	SVM		$R^2 = 0.874$，RMSE = 0.816，AARD = 3.931%，$R^2_{ext} = 0.874$，$RMSE_{ext} = 1.165$，$AARD_{ext} = 4.896\%$
	PPR		$R^2 = 0.916$，RMSE = 0.664，AARD = 3.138%，$R^2_{ext} = 0.912$，$RMSE_{ext} = 1.041$，$AARD_{ext} = 4.663\%$
Yu et al.，2012	MLR	139	$R^2 = 0.839$，RMSE = 0.827，$R^2_{pre} = 0.814$，$RMSE_{pre} = 0.981$
	SVM		RMSE = 0.680，$RMSE_{pre} = 0.709$，$RMSE_{ext} = 0.777$
Li et al.，2013b	PLS	379	$R^2 = 0.840$，RMSE = 0.551，$R^2_{ext} = 0.813$，$RMSE_{ext} = 0.612$，$Q^2_{ext} = 0.846$

注：PPR：投影寻踪回归；R^2 和 RMSE：训练集相关系数和均方根误差；Q^2_{Loo}：去一法交叉验证系数；Q^2_{LMO}：去多法交叉验证系数；Q^2_{ext}：外部验证系数；AARD：绝对平均相关偏差；pre：预测集；ext：外部验证集。

筛选重要性显著的描述符，并通过 PLS 方法去除冗余的描述符。得到的最优模型（$R^2_{adj.tra} = 0.847$，$R^2_{adj.ext} = 0.853$，$Q^2_{ext\text{-}1} = 0.880$，$Q^2_{ext\text{-}2} = 0.862$）预测值和实验值相一致（图 6-30）。在模型的应用域表征图中（图 6-31），尽管有 45 种物质的杠杆值大于警戒值，但标准残差在误差允许范围内，模型具有良好的延展性，数据集中绝大部分物质可以准确预测。

6.3.4 ·Cl 引发有机污染物的大气转化机制和动力学

以往认为·Cl 在海洋及近海地区的大气中具有一定的浓度，但近期发现在内陆地区大气中也存在较高的·Cl 浓度。氮氧化物与无机氯化物反应能生成·Cl 的前驱体 $ClNO_2$（Thornton et al.，2010），该前驱体可以转化生成·Cl。虽然·Cl 在大气中的浓度占羟基自由基的浓度的 1%～10%，但是污染物与·Cl 的反应速率常数却是·OH 的 5～10 倍，因此，污染物在大气中与·Cl 的反应值得重视。

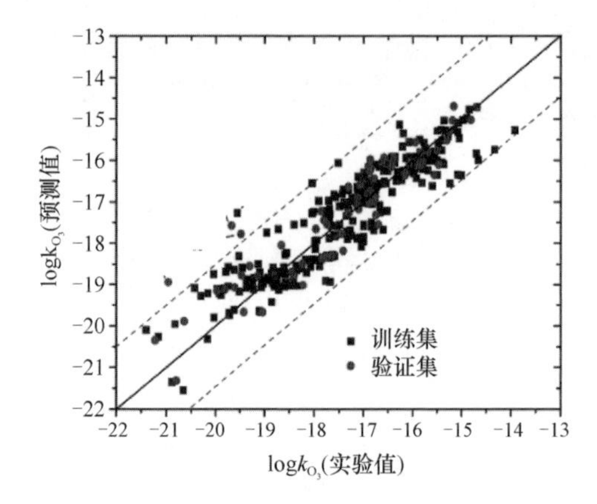

图 6-30 k_{O_3} 模型实验值对预测值的拟合图

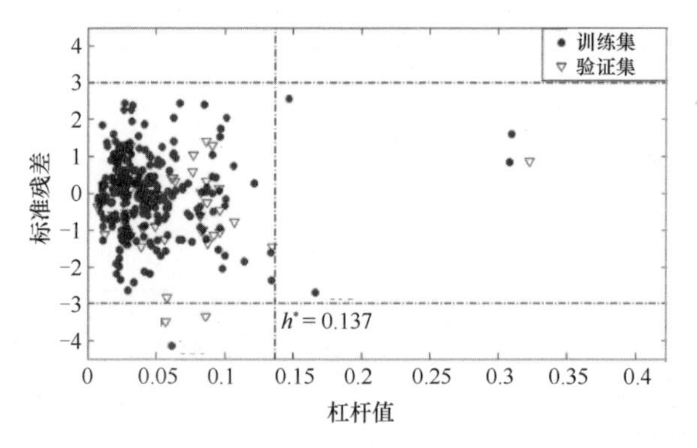

图 6-31 k_{O_3} 模型标准残差对杠杆值的 Williams 图

Xie 等（2015）采用量子化学计算[CCSD（T）/aug-cc-pVTZ//MP2/6-31+G（3df，2p）]和动力学模拟相结合的方法，研究了 MEA 和·Cl 的反应机制与动力学，发现·Cl 主要通过与 MEA 中的 N 形成独特的两中心三电子键（2c-3e），并夺取 N—H 形成 MEA-N 中心自由基是最佳反应路径，这与·OH 引发 MEA 的反应不同（图 6-32）。MEA 与·Cl 的反应速率常数（k_{Cl}）是其与·OH 反应速率常数（k_{OH}）的 5 倍。当不考虑·Cl 对于 MEA 转化的贡献时，MEA 的大气寿命将会被高估 6%～46%，说明·Cl 在 MEA 的大气转化中起着不可忽视的作用。

生成的 MEA-N 中心自由基会进一步在大气中转化，可能与 NO 发生反应。MEA-N 与 NO 反应主要生成致癌性的亚硝胺，这增加了 MEA 释放的环境风险。·Cl 对 MEA 生成亚硝胺产物的贡献率是·OH 的 25%～250%，说明·Cl 对于亚硝胺的生成起着重要作用。通过对比 MEA-N 与 O_2 或 NO 反应导致的大气寿命，发现当 NO 浓度高于 5 ppb（10^{-9}）时，MEA-N 与 NO 的反应是其在大气中去除的主要途径。

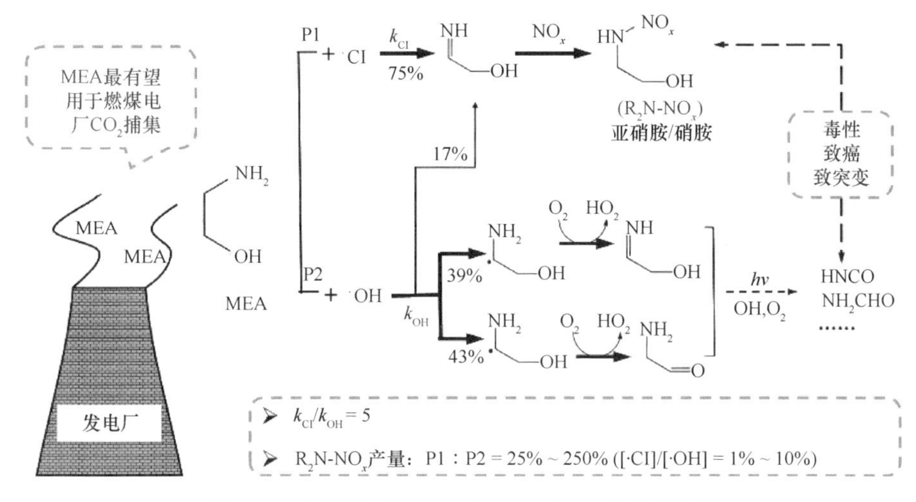

图 6-32　乙醇胺（MEA）与·OH 和·Cl 的反应途径

进一步采用量子化学计算［CCSD(T)/aug-cc-pVTZ//MP2/6-31+G(3df,2p)］和动力学模拟相结合的方法，计算了酰胺（甲酰胺、*N*-甲基甲酰胺）、烯胺（乙烯胺），芳香胺（苯胺）与·Cl 的反应机制和动力学（Xie et al.，2017）。发现甲酰胺和 *N*-甲基甲酰胺与·Cl 反应的最可行路径都是通过夺取—CHO 上的 H 最终生成 C 中心自由基。同时，·Cl 也能与两种酰胺的 N 形成 2c-3e 键，并夺取 N—H。乙烯胺与·Cl 反应主要形成·Cl 加成中间体，并通过·Cl 迁移的过程最终转化生成离域的 C 中心自由基。苯胺与·Cl 反应更容易形成 2c-3e 键的络合物，然后直接夺取 N—H，最终生成离域的 N 中心自由基。这些结果表明，含有 NH_x（$x=1$，2）结构的有机胺与·Cl 的反应并非都是通过夺取 NH_x 上的 H 生成 N 中心的自由基，而是有着不同的反应机制。

6.4　有机污染物生物降解性的模拟预测

生物降解是污染物在环境中的重要去除途径，影响着污染物的环境持久性和归趋（Peijnenburg，1994；Rorije et al.，1999）。我国于 2003 年 9 月颁布了《新化学物质环境管理办法》，并于 2010 年 10 月对其进行了修订，要求对新化学品进行持久性、生物蓄积性和毒性鉴别，继而根据所得评价结果进行管理。本节将围绕有机化学品的生物降解性展开，重点介绍其测试和预测方法。

6.4.1　生物降解性概述

生物降解是指环境中的微生物通过氧化、还原及水解等作用破坏污染物的分子结构或使其矿化，从而将污染物从环境中去除的过程（Shah et al.，2008；Rucker and Kummerer，2012）。根据微生物降解化合物的程度，生物降解可分为初级生物降解、可接受生物降解和最终生物降解 3 类。其中，初级生物降解和可接受生物降解能够破坏原有母体化合物的部分结构，改变化合物分子的完整性和理化性质；最终生物降解是指微生物活动将化合物完全转化成水、二氧化碳以及矿物盐，并同化为微生物的部分细胞成分。

化合物的生物降解性受诸多因素影响，主要包括化合物结构、微生物群体种类和数量、环境因素三个方面：

（1）化合物结构。化合物的分子结构能够影响酶的活性、化合物分子与酶活性中心的结合以及细胞对化合物分子的吸收和转运等。现有经验表明，链烃比环烃易生物降解，不饱和烃比饱和烃更易分解，分子量大的聚合物一般较难降解，卤代作用能使化合物的生物降解性能降低。

（2）微生物群体种类和数量。微生物的酶系统决定着其对化合物的降解能力。在生物降解过程中，不仅需要能够降解母体化合物的微生物，还需要能够降解各种中间产物的微生物群体，即需要不同微生物群体之间的协同作用。与其他群体混合后，一些无法降解化合物的微生物群体也能够降解化合物，而一些可单独降解化合物的微生物群体降解化合物的效率会增加。因此，化合物的微生物降解性与微生物群体的种类和数量密切相关。

（3）环境因素。影响微生物活动的环境因素主要有温度（Chang et al.，2011）、湿度（Rene et al.，2012）、溶解氧（Diaz et al.，2010）、酸碱度（Ucun et al.，2010）、盐度（Wu et al.，2012）等。其中，温度可以影响微生物的生长繁殖、代谢速率以及化合物的物理状态和溶解度，从而影响生物降解过程；湿度决定着微生物生命活动所需水的含量，同时控制着氧含量的水平；酸碱度和盐度能够影响微生物的种类，例如，酸性环境适合真菌的生长，而中性和碱性环境则以细菌和放线菌为主，高盐环境中只有某些嗜盐菌和耐盐菌才能存活。

6.4.2 污染物生物降解性测试方法

实验测定是目前获取化合物生物降解性数据的主要途径。2008 年，我国参考 OECD 的化学品生物降解测试导则，制定了包括 CO_2 产生试验、改进的 MITI 试验等测定化合物快速生物降解性的试验导则。其中，化合物快速生物降解性是指受试化合物在一定时间内可被接种微生物降解代谢的特性。快速生物降解性的通过水平为溶解性有机碳（dissolved organic carbon，DOC）去除率达到 70%，以呼吸计测定方式的试验则为理论需氧量（theoretical oxygen demand，ThOD）去除率或理论 CO_2 产生率不低于 60%。通过标准测试可被快速生物降解的化合物被判定为易降解类化合物，反之则被判定为难降解类（国家环境保护总局，2004a）。国际上普遍采用 OECD 推荐的六种化学品快速生物降解性标准测试方法（OECD，1993），见表 6-9。我国于 2004 年颁布的 HJ/T 153—2004《化学品测试导则》对这六种标准测试方法进行了规范性的引用（国家环境保护总局，2004b）。

表 6-9　OECD 推荐的化学品快速生物降解性标准测试方法

测试方法	测定指标	适用条件	受试物浓度（以 DOC 计）	受试物浓度（以 SS 计）	参比物
DOC 消减试验（301A）	DOC	不易挥发、水中溶解度≥100 mg/L	10～40 mg/L	≤30 mg/L	
CO_2 产生试验（301B）	CO_2 产生量	不挥发、有吸附性、易溶或难溶于水	10～20 mg/L	≤30 mg/L	
改进的 MITI 试验（I）（301C）	氧气消耗量	可溶或难溶于水、易挥发或难挥发、有吸附性	100 mg/L	30 mg/L	苯胺（新蒸馏得到）、醋酸钠或苯甲酸钠
密闭瓶法试验（301D）	溶解氧含量	可溶或难溶于水、挥发或不挥发、有吸附性	2～10 mg/L	—	
呼吸计量法试验（301F）	氧气消耗量	可溶或难溶于水、易挥发或难挥发、有吸附性	100 mg/L	30 mg/L	
改进的 OECD 筛选试验（301E）	DOC	非挥发性、水中溶解度≥100 mg/L	10～40 mg/L	—	—

注：DOC 表示溶解性有机碳；SS 表示悬浮固体。

现阶段通过上述试验方法获得的污染物生物降解性数据信息，可在相关数据库中查询获取。一些主要的生物降解性数据库如下：

（1）环境归趋数据库。该数据库包含 DATALOG、CHEMFATE、BIOLOG 和 BIODEG 四个子数据库，涵盖超过 20000 种化合物的相关信息。化合物生物降解性信息共享以 BIOLOG 和 BIODEG 数据库为主。其中，BIODEG 数据库目前包含通过抽样试验、生物处理模拟试验等测试方法测定的 800 多种物质的生物降解数据，实验记录超过 6600 项；BIOLOG 数据库的生物降解性数据搜集自发表的科技文献，涵盖化合物超过 7800 种，数据信息超过 62000 项。

（2）MITI 数据库。该数据库主要采用 OECD 推荐的快速生物降解性测试方法 MITI-I（301C）和固有生物降解性测试方法 MITI-II（303C），目前涵盖 1600 多种化学品的生物降解性数据信息，是应用最多的生物降解数据库之一。

（3）欧洲化学物质信息系统。该系统包括欧洲现有商业化学品目录（EINECS）、欧洲通报化学物质名录（ELINCS）、非聚合物名录（NLP）、欧盟生物农药产品指令（BPD）、PBT/vPvB、高产量化学品（HPVCs）和低产量化学品（LPVCs）清单、欧盟关于物质和混合物分类、标签和包装/化学品全球协调系统（CLP/GHS）、国际统一化学品信息数据库中欧盟高产量化学品（IUCLID）、在线欧洲风险评估追踪系统（ORATS）的数据信息。

（4）美国明尼苏达大学生物催化/生物降解数据库。该数据库提供有机物尤其是人造化合物的微生物酶催化反应和生物降解途径相关信息，包括化合物、酶、催化反应、生物降解路径以及微生物条目的相关数据。另外，该数据库中的生物降解途径预测系统（PPS）可用来预测化合物的微生物降解代谢途径。

6.4.3 污染物生物降解性预测方法

污染物的生物降解性预测通常采用 QSAR 模型方法，一些预测模型如表 6-10 所示。此外，一些模型已经实现商业化，可以通过相关数据库和软件进行应用，常见模型如 BIOWIN（EPA，2012）、START（Toxtree，2014）、VEGA（2016）、DTU（Dantas et al.，2008）等。

表 6-10 有机化学品的生物降解性预测模型

模型	方法	化合物数量	描述符个数	训练集预测准确率	验证集预测准确率	应用域
Boethling et al., 1994	MLR	295	36	89.5%	—	无
	LR	295		93.2%	—	
	MLR	200		82.5%	—	
	MLR	200		83.5%	—	
Loonen et al., 1999	PLS	894	127	85.0%	—	无
Tunkel et al., 2000	MLR	884	43	82.2%	81.4%	无
	LR	884		82.7%	80.7%	
Cheng et al., 2012	C4.5 决策树	1604	10	90.6%	78.1%	有
	C4.5 决策树	1604	12	92.1%	78.1%	
Mansouri et al., 2013	PLS	1725	23	86.0%	85.0%/83.0%[a]	无
	SVM	1725	14	83.0%	—	
	*k*NN	1725	12	82.0%	—	
Chen et al., 2014	FT-Inner	1629	13	81.5%	81.0%	有
	LR	1629	13	80.7%	78.2%	
	C4.5 决策树	1629	13	79.2%	73.7%	

a.该研究含有两个验证集。

Chen 等（2014）基于 MITI 数据库、环境归趋数据库和文献报道的化合物共 1629 种（易降解类化合物有 638 种，难降解类 991 种）构建 QSAR 模型。从 968 种难降解类化合物中随机选取 645 种化合物，与 634 种易降解化合物组成约为 1∶1 的数据集，然后按照 2∶1 的比例分成训练集和验证集 1；剩余 323 种难降解类化合物归为验证集 1；选取 27 种实验测定的化合物作为验证集 2。采用半经验 PM5

方法对化合物分子结构进行优化，采用 Dragon 2.1 软件计算和选取表征有机化合物分子组成、形状、复杂性、官能团以及性质等信息的分子结构描述符共 487 种。运用 Weka 3.6.5.0 软件（Witten et al.，2006）中功能树算法筛选分子结构描述符，并依据 OECD 提出的 QSAR 建模和使用导则，采用 FT-Inner、LR 和 C4.5 决策树方法建立生物降解性预测模型。运用 10 折交叉验证评价模型稳健性，应用欧几里得距离法表征模型的应用域。

模型的描述符筛选共筛选出 13 种 Dragon 描述符，其中包含 4 种分子组成描述符、1 种分子路径描述符、3 种二维自相关指数和 5 种原子中心片段描述符（表 6-11）。

表 6-11　构建化合物生物降解性预测模型采用的分子结构描述符

序号	分子结构描述符	表征意义	类别
1	*nCIC*	环结构数	分子组成描述符
2	*nN*	氮原子数	
3	*nS*	硫原子数	
4	*nX*	卤原子数	
5	*SRW10*	自环路径数	分子路径描述符
6	*ATS3p*	拓扑结构 Broto-Moreau 自相关系数（加原子极化率权重）	二维自相关指数
7	*MATS3m*	Moran 自相关系数（加原子质量权重）	
8	*GATS3m*	Geary 自相关系数（加原子质量权重）	
9	*C-001*	CH_3R / CH_4[a]	原子中心片段描述符
10	*C-007*	CH_2X_2[b]	
11	*C-040*	R—C(═X)—X / R—C≡X / X═C═X[a,b]	
12	*O-061*	O--（氧原子成单键的中性碎片）	
13	*Cl-089*	氯原子连接 sp^2 杂化的碳原子	

a. R 代表与碳原子相连的任意基团；b. X 代表电负性原子（如 O，N，S，P 和卤素等）。

对于 FT-Inner 模型，得到如下结果：

$$P(G=1\mid X=x)=\frac{e^{2F(x)}}{1+e^{2F(x)}} \tag{6-41}$$

当 $P(G = 1 \mid X = x) > 0.388$ 时，化合物被预测为难降解类化合物；反之，则被预测为易降解类化合物。

对于 LR 模型，得到如下结果：

$$P(x)=\frac{e^{F(x)}}{1+e^{F(x)}} \tag{6-42}$$

当 $P(x)>0.5$ 时，化合物被预测为难降解类化合物；反之，则被预测为易降解类化合物。

比较三种模型的预测效果可知，FT-Inner 模型的性能和稳健性最好，对两类化合物均能较好预测。三种模型中，LR 和功能树模型形式简单，易于理解预测规则和模型应用。采用验证集 2 对模型的外部预测能力进行评估，并与 EPA 推行的 EPI Suite 软件的 Biowin 5 和 Biowin 6 模型、Cheng 等（2012）构建的 CHAID-SVM 和 PubChemFP-SVM 模型进行了对比，发现 FT-Inner 模型的预测效果最佳，对验证集中 27 种化合物的预测正确率达到 100%，效果优于 EPI Suite 的 Biowin 5 和 Biowin 6 模型。模型应用域为一个 13 维的空间，以 *SRW10* 和 *ATS3p* 两种描述符进行直观的表示（图 6-33）。训练集中化合物的特征向量到中心点特征向量的欧几里得距离为 0.175～1.481，因此特征向量欧几里得距离不大于 1.481 的化合物适用于本模型。

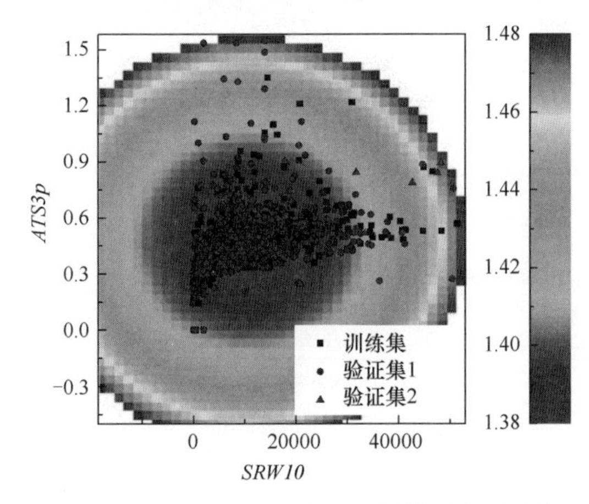

图 6-33　基于欧几里得距离方法的模型应用域表征

参考文献

陈景文. 1999. 有机污染物定量结构-性质关系与定量结构-活性关系. 大连: 大连理工大学出版社.

国家环境保护总局. 2004a. 化学品测试方法. 北京: 中国环境科学出版社.

国家环境保护总局. 2004b. 化学品测试导则(HJ/T 153—2004). 北京: 中国环境科学出版社.

张思玉. 2012. 基于 DFT 计算预测 2-苯基苯并咪唑-5-磺酸和对氨基苯甲酸的水环境光化学行为. 大连: 大连理工大学博士学位论文.

Allen J M, Engenolf S, Allen S K. 1995. Rapid reaction of singlet molecular oxygen ($^1O_2$) with *p*-aminobenzoic acid (PABA) in aqueous solution. Biochemical and Biophysical Research Communications, 212(3): 1145-1151.

Bakken G A, Jurs P C. 1999. Prediction of hydroxyl radical rate constants from molecular structure. Journal of Chemical Information and Computer Sciences, 39(6): 1064-1075.

Blotevogel J, Mayeno A N, Sale T C, Borch T. 2011. Prediction of contaminant persistence in aqueous phase: A quantum chemical approach. Environmental Science & Technology, 45(6): 2236-2242.

Boethling R S, Howard P H, Meylan W, Stiteler W, Beauman J, Tirado N. 1994. Group-contribution method for predicting probability and rate of aerobic biodegradation. Environmental Science & Technology, 28: 459-465.

Borhani T N G, Saniedanesh M, Bagheri M, Lim J S. 2016. QSPR prediction of the hydroxyl radical rate constant of water contaminants. Water Research, 98: 344-353.

Bostrom C E, Gerde P, Hanberg A, Jernstrom B, Johansson C, Kyrklund T, Rannug A, Tornqvist M, Victorin K, Westerholm R. 2002. Cancer risk assessment, indicators, and guidelines for polycyclic aromatic hydrocarbons in the ambient air. Environmental Health Perspectives, 110: 451-488.

Burns J M, Cooper W J, Ferry J L, King D W, Dimento B P, McNeill K, Miller C J, Miller W L, Peake B M, Rusak S A, Rose A L, Waite T D. 2012. Methods for reactive oxygen species (ROS) detection in aqueous environments. Aquatic Sciences, 74: 683-734.

Cao H, He M, Han D, Li J, Li M, Wang W, Yao S. 2013. OH-initiated oxidation mechanisms and kinetics of 2,4,4'-tribrominated diphenyl ether. Environmental Science & Technology, 47(15): 8238-8247.

Chang W, Whyte L, Ghoshal S. 2011. Comparison of the effects of variable site temperatures and constant incubation temperatures on the biodegradation of petroleum hydrocarbons in pilot-scale experiments with field-aged contaminated soils from a cold regions site. Chemosphere, 82: 872-878.

Chen G C, Li X H, Chen J W, Zhang Y N, Peijnenburg W J G M. 2014. Comparative study of biodegradability prediction of chemicals using decision trees, functional trees, and logistic regression. Environmental Toxicology and Chemistry, 33(12): 2688-2693.

Chen J W, Kong L R, Zhu C M, Huang Q G, Wang L S. 1996. Correlation between photolysis rate constants of polycyclic aromatic hydrocarbons and frontier molecular orbital energy. Chemosphere, 33: 1143-1150.

Chen J W, Peijnenburg W J G M, Quan X, Chen S, Martens D, Schramm K W, Kettrup A. 2001a. Is it possible to develop a QSPR model for direct photolysis half-lives of PAHs under irradiation of sunlight? Environmental Pollution, 114: 137-143.

Chen J W, Peijnenburg W J G M, Quan X, Chen S, Zhao Y Z, Yang F L. 2000a. The use of PLS algorithms and quantum chemical parameters derived from PM3 hamiltonian in QSPR studies on direct photolysis quantum yields of substituted aromatic halides. Chemosphere, 40: 1319-1326.

Chen J W, Peijnenburg W J G M, Quan X, Yang F L. 2000b. Quantitative structure-property relationships for direct photolysis quantum yields of selected polycyclic aromatic hydrocarbons. Science of the Total Environment, 246: 11-20.

Chen J W, Peijnenburg W J G M, Quan X, Zhao Y Z, Xue D M, Yang F L. 1998a. The application of quantum chemical and statistical technique in developing quantitative structure-property relationships for the photohydrolysis quantum yields of substituted aromatic halides. Chemosphere, 37: 1169-1186.

Chen J W, Peijnenburg W J G M, Wang L S. 1998b. Using PM3 Hamiltonian, factor analysis and regression analysis in developing quantitative structure-property relationships for photohydrolysis quantum yields of substituted aromatic halides. Chemosphere, 36: 2833-2853.

Chen J W, Quan X, Peijnenburg W J G M, Yang F L. 2001b. Quantitative structure-property relationships (QSPRs) on direct photolysis quantum yields of PCDDs. Chemosphere, 43: 235-241.

Chen J W, Quan X, Schramm K W, Kettrup A, Yang F L. 2001c. Quantitative structure-property relationships (QSPRs) on direct photolysis of PCDDs. Chemosphere, 45: 151-159.

Chen J W, Quan X, Yan Y, Yang F L, Peijnenburg W J G M. 2001d. Quantitative structure-property relationship studies on direct photolysis of selected polycyclic aromatic hydrocarbons in atmospheric aerosol. Chemosphere, 42: 263-270.

Chen J W, Quan X, Yang F L, Peijnenburg W J G M. 2001e. Quantitative structure-property relationships on photodegradation of PCDD/Fs in cuticular waxes of laurel cherry (*Prunus laurocerasus*). Science of the Total Environment, 269: 163-170.

Chen J W, Wang D G, Wang S L, Qiao X L, Huang L P. 2007. Quantitative structure-property relationships for direct photolysis of polybrominated diphenyl ethers. Ecotoxicology and Environmental Safety, 66: 348-352.

Cheng F X, Ikenaga Y, Zhou Y D, Yu Y, Li W H, Shen J, Du Z, Chen L, Xu C Y, Liu G X, Lee P W, Tang Y. 2012. *In silico* assessment of chemical biodegradability. Journal of Chemical Information and Modeling, 52(3): 655-669.

Danish (Q)SAR Database. 2016. Danish (Q)SAR Database, Division of Diet, Disease Prevention and Toxicology. Copenhagen, Denmark: National Food Institute, Technical University of Denmark, http://qsar.food.dtu.dk.

Dantas G, Sommer M O A, Oluwasegun R D, Church G M. 2008. Bacteria subsisting on antibiotics. Science, 320(5872): 100-103.

Diaz I, Lopes A C, Perez S I, Fdz-Polanco M. 2010. Performance evaluation of oxygen, air and nitrate for the microaerobic removal of hydrogen sulphide in biogas from sludge digestion. Bioresource Technology, 101: 7724-7730.

Duarte F, Barrozo A, Aqvist J, Williams N H, Kamerlin S C L. 2016. The competing mechanisms of phosphate monoester dianion hydrolysis. Journal of the American Chemical Society, 138(33): 10664-10673.

Dutot A L, Rude J, Aumont B. 2003. Neural network method to estimate the aqueous rate constants for the OH reactions with organic compounds. Atmospheric Environment, 37: 269-276.

Eade R H A, Robb M A. 1981. Direct minimization in MC-SCF theory. The Quasi-Newton method. Chemical Physics Letters, 83: 362-368.

EPA. 1996. Fate, transport and transformation test guidelines. Direct photolysis rate in water by sunlight. https://nepis.epa.gov/Exe/ZyPDF.cgi/P1005IVR.PDF?Dockey=P1005IVR.PDF.

EPA. 2012. US EPA, 2012. BIOWIN, v4.10. Estimation Programs Interface Suite v4.11 United States Environmental Protection Agency. Washington, DC http://www.epa.gov/opptintr/exposure/pubs/episuite.htm.

Eriksson L, Rännar S, Sjöström M. 1994. Multivariate QSARs to model the hydroxyl radical rate constant for halogenated aliphatic hydrocarbons. Environmetrics, 5(2): 197-208.

Fatemi M H. 2006. Prediction of ozone tropospheric degradation rate constant of organic compounds by using artificial neural networks. Analytica Chimica Acta, 556(2): 355-363.

Finlayson-Pitts B J, Pitts J N. 1997. Tropospheric air pollution: Ozone, airborne toxics, polycyclic aromatic hydrocarbons, and particles. Science, 276: 1045-1052.

Gons H J, Ebert J, Kromkamp J. 1997. Optical teledetection of the vertical attenuation coefficient for downward quantum irradiance of photosynthetically available radiation in turbid inland waters.

Aquatic Ecology, 31: 299-311.

Gramatic P, Pilutti P, Papa E. 2002. Ranking of volatile organic compounds for tropospheric degradability by oxidants: A QSPR approach. SAR and QSAR in Environmental Research, 13(7-8): 743-753.

Gramatica P, Pilutti P, Papa E, 2003. QSAR prediction of ozone tropospheric degradation. Qsar & Combinatorial Science, 22(3): 364-373.

Gramatica P, Pilutti P, Papa E. 2004a. Validated QSAR prediction of OH tropospheric degradation of VOCs: Splitting into training-test sets and consensus modeling. Journal of Chemical Information and Computer Sciences, 44(5): 1794-1802.

Gramatica P, Pilutti P, Papa E. 2004b. A tool for the assessment of VOC degradability by tropospheric oxidants starting from chemical structure. Atmospheric Environment, 38(36): 6167-6175.

Halgren T A, Lipscomb W N. 1977. The synchronous-transit method for determining reaction pathways and locating molecular transition states. Chemical Physics Letters, 49: 225-232.

Hatipoğlu A, Cinar Z. 2003. A QSAR study on the kinetics of the reactions of aliphatic alcohols with the photogenerated hydroxyl radicals. Journal of Molecular Structure: Theochem, 631(1): 189-207.

Huang X W, Yu X L, Yi B, Zhang S H. 2012. Prediction of rate constants for the reactions of alkanes with the hydroxyl radicals. Journal of Atmospheric Chemistry, 69(3): 201-213.

Jin X H, Peldszus S, Huck P. 2015. Predicting the reaction rate constants of micropollutants with hydroxyl radicals in water using QSPR modeling. Chemosphere, 138: 1-9.

Kušić H, Rasulev B, Leszczynska D, Leszczynski J, Koprivanac N. 2009. Prediction of rate constants for radical degradation of aromatic pollutants in water matrix: A QSAR study. Chemosphere 75: 1128-1134.

Li C, Chen J, Xie H-B, Zhao Y, Xia D, Xu T, Li X, Qiao X. 2017. Effects of atmospheric water on ·OH-initiated oxidation of organophosphate flame retardants: A DFT investigation on TCPP. Environmental Science & Technology, 51(9): 5043-5051.

Li C, Xie H B, Chen J W, Yang X H, Zhang Y F, Qiao X L, 2014. Predicting gaseous reaction rates of short chain chlorinated paraffins with ·OH: Overcoming the difficulty in experimental determination. Environmental Science & Technology, 48(23): 13808-13816.

Li C, Yang X H, Li X H, Chen J W, Qiao X L, 2013a. Development of a model for predicting hydroxyl radical reaction rate constants of organic chemicals at different temperatures. Chemosphere, 95: 613-618.

Li X, Zhao W, Li J, Jiang J, Chen J, Chen J. 2013b. Development of a model for predicting reaction rate constants of organic chemicals with ozone at different temperatures. Chemosphere, 92(8): 1029-1034.

Li Y J, Chen J W, Qiao X L, Zhang H M, Zhang Y N, Zhou C Z. 2016a. Insights into photolytic mechanism of sulfapyridine induced by triplet-excited dissolved organic matter. Chemosphere, 147: 305-310.

Li Y J, Qiao X L, Zhang Y N, Zhou C Z, Xie H J, Chen J W. 2016b. Effects of halide ions on photodegradation of sulfonamide antibiotics: Formation of halogenated intermediates. Water Research, 102: 405-412.

Li Y J, Wei X X, Chen J W, Xie H B, Zhang Y N. 2015. Photodegradation mechanism of sulfonamides with excited triplet state dissolved organic matter: A case of sulfadiazine with 4-carboxybenzophenone as a proxy. Journal of Hazardous Materials, 290: 9-15.

Long X X, Niu J F. 2007. Estimation of gas-phase reaction rate constants of alkylnaphthalenes with chlorine, hydroxyl and nitrate radicals. Chemosphere, 67(10): 2028-2034.

Loonen H, Lindgren F, Hansen B, Karcher W, Niemela J, Hiromatsu K, Takatsuki M, Peijnenburg W, Rorije E, Struijs J. 1999. Prediction of biodegradability from chemical structure: Modeling of ready biodegradation test data. Environmental Toxicology and Chemistry, 18(8): 1763-1768.

Luo X, Yang X H, Qiao X L, Wang Y, Chen J W, Wei X X, Peijnenburg W J G M. 2017. Development of a QSAR model for predicting aqueous reaction rate constants of organic chemicals with hydroxyl radicals. Environmental Science: Processes & Impacts, 19: 350-356.

Mamy L, Patureau D, Barriuso E, Bedos C, Bessac F, Louchart X, Martin-Laurent F, Miege C, Benoit P. 2015. Prediction of the fate of organic compounds in the environment from their molecular properties: A review. Critical Reviews in Environmental Science and Technology, 45: 1277-1377.

Mansouri K, Ringsted T, Ballabio D, Todeschini R, Consonni V. 2013. Quantitative structure-activity relationship models for ready biodegradability of chemicals. Journal of Chemical Information and Modeling, 53(4): 867-878.

Medven Ž, Gűsten H, Stabljić A. 1996. Comparative QSAR study on hydroxyl radical reactivity with unsaturated hydrocarbons: PLS versus MLR. Journal of Chemometrics, 10(2): 135-147.

Minakata D, Li K, Westerhoff P, Crittenden J. 2009. Development of a group contribution method to predict aqueous phase hydroxyl radical reaction rate constants. Environmental Science & Technology, 43: 6220-6227.

Monod A, Doussin J F. 2008. Structure-activity relationship for the estimation of OH-oxidation rate constants of aliphatic organic compounds in the aqueous phase: Alkanes, alcohols, organic acids and bases. Atmospheric Environment, 42: 7611-7622.

Monod A, Poulain L, Grubert S, Voisin D, Wortham H. 2005. Kinetics of OH-initiated oxidation of oxygenated organic compounds in the aqueous phase: New rate constants, structure-activity relationships and atmospheric implications. Atmospheric Environment, 39: 7667-7688.

Niu J F, Chen J W, Henkehnann B, Quan X, Yang F L, Kettrup A, Schramm K W. 2003b. Photodegradation of PCDD/Fs adsorbed on spruce (*Picea abies* (L.) Karst.) needles under sunlight irradiation. Chemosphere, 50: 1217-1225.

Niu J F, Chen J W, Martens D, Quan X, Yang F L, Kettrup A, Schramm K W. 2003a. Photolysis of polycyclic aromatic hydrocarbons adsorbed on spruce (*Picea abies* (L.) Karst.) needles under sunlight irradiation. Environmental Pollution, 123: 39-45.

Niu J F, Chen J W, Yu G, Schramm K W. 2004. Quantitative structure-property relationships on direct photolysis of PCDD/FS on surfaces of fly ash. SAR and QSAR in Environmental Research, 15: 265-277.

Niu J F, Huang L P, Chen J W, Yu G, Schramm K W. 2005. Quantitative structure-property relationships on photolysis of PCDD/Fs adsorbed to spruce (*Picea abies* (L.) Karst.) needle surfaces under sunlight irradiation. Chemosphere, 58: 917-924.

Öberg T. 2005. A QSAR for the hydroxyl radical reaction rate constant: Validation, domain of application, and prediction. Atmospheric Environment, 39(12): 2189-2200.

OECD. 1993. OECD guidelines for the testing of chemicals. Paris: OECD Publications. www.oecd.org/chemicalsafety/testing/oecdguidelinesforthetestingofchemicals.htm.

OECD. 2008. Phototransformation of chemicals in water - direct photolysis. Guidelines for the testing of chemicals, Section 3, OECD publishing, Paris. http://dx.doi.org/10.1787/9789264067585-en.

Osgood P J, Moss S H, Davies D J G. 1982. The sensitization of near-ultraviolet radiation killing of mammalian-cells by the sunscreen agent para-aminobenzoic acid. Journal of Investigative Dermatology, 79(6): 354-357.

Page S E, Kling G W, Sander M, Harrold K H, Logan J R, Mcneill K, Cory R M. 2013. Dark formation of hydroxyl radical in arctic soil and surface waters. Environmental Science & Technology, 47: 12860-12867.

Parker K M, Mitch W A. 2016. Halogen radicals contribute to photooxidation in coastal and estuarine waters. Proceedings of the National Academy of Sciences of the United States of America, 113: 5868-5873.

Peijnenburg W J G M. 1994. Structure-activity-relationships for biodegradation—A critical-review. Pure and Applied Chemistry, 66: 1931-1941.

Pompe M, Veber M. 2001. Prediction of rate constants for the reaction of O_3 with different organic compounds. Atmospheric Environment, 35(22): 3781-3788.

Ren Y, Liu H, Yao X, Liu M. 2007. Prediction of ozone tropospheric degradation rate constants by projection pursuit regression. Analytica Chimica Acta, 589(1): 150-158.

Rene E R, Mohammad B T, Veiga M C, Kennes C. 2012. Biodegradation of BTEX in a fungal biofilter: Influence of operational parameters, effect of shock-loads and substrate stratification. Bioresource Technology, 116: 204-213.

Rodil R, Quintana J B, Concha-Graña E, Lopez-Mahia P, Muniategui-Lorenzo S, Prada-Rodriguez D. 2012. Emerging pollutants in sewage, surface and drinking water in Galicia (NW Spain). Chemosphere, 86: 1040-1049.

Roos B O, Taylor P R, Siègbahn P E M. 1980. A complete active space SCF method (CASSCF) using a density matrix formulated super-CI approach. Chemical Physics, 48: 157-173.

Rorije E, Loonen H, Muller M, Klopman G, Peijnenburg W J G M. 1999. Evaluation and application of models for the prediction of ready biodegradability in the MITI-I test. Chemosphere, 38: 1409-1417.

Roy P P, Kovarich S, Gramatica P. 2011. QSAR model reproducibility and applicability: A case study of rate constants of hydroxyl radical reaction models applied to polybrominated diphenyl ethers and (benzo-) triazoles. Journal of Computational Chemistry, 32(11): 2386-2396.

Rucker C, Kummerer K. 2012. Modeling and predicting aquatic aerobic biodegradation—A review from a user’s perspective. Green Chemistry, 14: 875-887.

Shah A A, Hasan F, Hameed A, Ahmed S. 2008. Biological degradation of plastics: A comprehensive review. Biotechnology Advances, 26: 246-265.

Shao J P, Chen J W, Xie Q, et al. 2010. Electron-accepting potential of solvents determines photolysis rates of polycyclic aromatic hydrocarbons: Experimental and density functional theory study. Journal of Hazardous Materials, 179(1-3): 173-177.

Stewart J J P. 1989a. Optimization of parameters for semiempirical methods Ⅰ. Method. Journal of Computational Chemistry, 10: 209-220.

Stewart J J P. 1989b. Optimization of parameters for semiempirical methods Ⅱ. Applications. Journal of Computational Chemistry, 10: 221-264.

Stewart J J P. Mopac Manual. sixth edition. 1990. Frank J. Seiler Research Laboratory, U. S. Air Force Academy, Co 80840.

Sudhakaran S, Amy G L. 2013. QSAR models for oxidation of organic micropollutants in water based on ozone and hydroxyl radical rate constants and their chemical classification. Water Research,

47: 1111-1122.

Sviatenko L K, Gorb L, Hill F C, Leszczynska D, Shukla M K, Okovytyy S I, Hovorun D, Leszczynski J. 2016. *In silico* alkaline hydrolysis of octahydro-1,3,5,7-tetranitro-1,3,5,7-tetrazocine: Density functional theory investigation. Environmental Science & Technology, 50(18): 10039-10046.

Thornton J A, Kercher J P, Riedel T P, Wagner N L, Cozic J, Holloway J S, Dube W P, Wolfe G M, Quinn P K, Middlebrook A M, Alexander B, Brown S S. 2010. A large atomic chlorine source inferred from mid-continental reactive nitrogen chemistry. Nature, 464(7286): 271-274.

Toxtree. 2014. Toxtree v2.6.6 Ideaconsult Ltd, Sofia, Bulgaria. http://toxtree.sourceforge.net.

Tunkel J, Howard P H, Boethling R S, Stiteler W, Loonen H. 2000. Predicting ready biodegradability in the Japanese Ministry of International Trade and Industry test. Environmental Toxicology and Chemistry, 19: 2478-2485.

Ucun H, Yildiz E, Nuhoglu A. 2010. Phenol biodegradation in a batch jet loop bioreactor (JLB): Kinetics study and pH variation. Bioresource Technology, 101: 2965-2971.

VEGA. 2016. VEGA Non-Interactive Client v1.0.8, Ready Biodegradability Model. Milan: Laboratory of Environmental Chemistry and Toxicology, Mario Negri Institute of Pharmacological Research.

Vione D, Khanra S, Man S C, Maddigapu P R, Das R, Arsene C, Olariu R I, Maurino V, Minero C. 2009. Inhibition *vs*. enhancement of the nitrate-induced phototransformation of organic substrates by the ·OH scavengers bicarbonate and carbonate. Water Research, 43: 4718-4728.

Wang D G, Chen J W, Xu Z, et al. 2005. Disappearance of polycyclic aromatic hydrocarbons sorbed on surfaces of pine [*Pinua thunbergii*] needles under irradiation of sunlight: Volatilization and photolysis. Atmosphere Environment, 39(25), 4583-4591.

Wang Y N, Chen J W, Li X H, Wang B, Cai X Y, Huang L P. 2009a. Predicting rate constants of hydroxyl radical reactions with organic pollutants: Algorithm, validation, applicability domain, and mechanistic interpretation. Atmospheric Environment, 43(5): 1131-1135.

Wang Y N, Chen J W, Li X H, Zhang S Y, Qiao X L. 2009b. Estimation of aqueous-phase reaction rate constants of hydroxyl radical with phenols, alkanes and alcohols. QSAR & Combinatorial Science, 28: 1309-1316.

Wei X X, Chen J W, Xie Q, Zhang S Y, Ge L K, Qiao X L. 2013. Distinct photolytic mechanisms and products for different dissociation species of ciprofloxacin. Environmental Science & Technology, 47(9): 4284-4290.

Witten I H, Frank E, Hall M A. 2006. Data mining: Practical machine learning tools and techniques. San Francisco: Morgan Kaufmann.

Wols B A, Hofman-Caris C H M. 2012. Review of photochemical reaction constants of organic micropollutants required for UV advanced oxidation processes in water. Water Research, 46: 2815-2827.

Wu T, Xie W J, Yi Y L, Li X B, Yang H J, Wang J. 2012. Surface activity of salt-tolerant *Serratia* spp. and crude oil biodegradation in saline soil. Plant Soil and Environment, 58: 412-416.

Xie H B, Li C, He N, Wang C, Zhang S W, Chen J W. 2014. Atmospheric chemical reactions of monoethanolamine initiated by OH radical: Mechanistic and kinetic study. Environmental Science & Technology, 48(3): 1700-1706.

Xie H B, Ma F F, Wang Y F, He N, Yu Q, Chen J W. 2015. Quantum chemical study on ·Cl-initiated atmospheric degradation of monoethanolamine. Environmental Science & Technology, 49(22):

13246-13255.

Xie H-B, Ma F F, Yu Q, He N, Chen J W. 2017. Computational study of the reactions of chlorine radicals with atmospheric organic compounds featuring NH_x-pi-bond (x=1, 2) structures. Journal of Physical Chemistry A, 121(8): 1658-1666.

Xie Q, Chen J W, Shao J P, Chen C E, Zhao H X, Hao C. 2009. Important role of reaction field in photodegradation of deca-bromodiphenyl ether: Theoretical and experimental investigations of solvent effects. Chemosphere, 76(11), 1486-1490.

Yan C L, Chen J W, Huang L P, Ding G H, Huang X Y. 2005. Linear free energy relationships on rate constants for the gas-phase reactions of hydroxyl radicals with PAHs and PCDD/Fs. Chemosphere, 61: 1523-1528.

Yan C, Yang Y, Zhou J, Liu M, Nie M, Shi H, Gu L. 2013. Antibiotics in the surface water of the Yangtze Estuary: Occurrence, distribution and risk assessment. Environmental Pollution, 175: 22-29.

Yang P, Chen J W, Chen S, Yuan X, Schramm K W, Kettrup A. 2003. QSPR models for physicochemical properties of polychlorinated diphenyl ethers. Science of the Total Environment, 305: 65-76.

Yang Z H, Luo S, Wei Z S, Ye T T, Spinney R, Chen D, Xiao R Y. 2016. Rate constants of hydroxyl radical oxidation of polychlorinated biphenyls in the gas phase: A single-descriptor based QSAR and DFT study. Environmental Pollution, 211: 157-164.

Yu Q, Xie H B, Chen J W. 2016. Atmospheric chemical reactions of alternatives of polybrominated diphenyl ethers initiated by center dot OH: A case study on triphenyl phosphate. Science of the Total Environment, 571: 1105-1114.

Yu Q, Xie H-B, Li T, Ma F F, Fu Z Q, Wang Z, Li C, Fu Z, Xia D, Chen J W. 2017. Atmospheric chemical reaction mechanism and kinetics of 1, 2-bis(2,4,6-tribromophenoxy) ethane initiated by OH radical: A computational study. RSC Advances, 7(16): 9484-9494.

Yu X, Yi B, Wang X, Chen J W. 2012. Predicting reaction rate constants of ozone with organic compounds from radical structures. Atmospheric Environment, 51: 124-130.

Zhang H, Xie H, Chen J W, Zhang S. 2015. Prediction of hydrolysis pathways and kinetics for antibiotics under environmental pH conditions: A quantum chemical study on cephradine. Environmental Science & Technology, 49(3): 1552-1558.

Zhou C Z, Chen J W, Xie H J, Zhang Y N, Li Y J, Wang Y, Xie Q, Zhang S Y. Modeling photodegradation kinetics of organic micropollutants in water bodies: A case of the Yellow River estuary. Journal of Hazardous Materials 2018, 349, 60-67.

Zhou J, Chen J W, Liang C-H, Xie Q, Wang Y-N, Zhang S, Qiao X, Li X. 2011. Quantum chemical investigation on the mechanism and kinetics of PBDE photooxidation by ·OH: A case study for BDE-15. Environmental Science & Technology, 45(11): 4839-4845.

第 7 章　外源化学品的生物酶代谢转化及模拟预测

本章导读

- 简介外源化学品生物代谢转化的重要意义及相关的Ⅰ相和Ⅱ相酶系。
- 重点介绍Ⅰ相代谢主要酶系——细胞色素 P450 酶催化典型环境污染物的代谢转化机制的计算模拟案例，包括多溴二苯醚、全氟辛基磺酸胺前体等。
- 阐述几种主要的Ⅱ相代谢酶催化污染物降解转化机制的研究进展。

7.1 引　　言

环境污染物、药物等外源化学品（xenobiotic chemicals）可通过摄食、呼吸、皮肤接触等多种途径暴露进入生物体，对生物体的生理平衡产生潜在破坏效应，从而威胁其健康。生物体内，外源化学品可发生吸收、分布、代谢、排泄和产生毒性（ADME/T）的过程。代谢是污染物体内消除的主要途径，决定污染物的生物归趋和潜在毒性效应。生物体代谢污染物的主要方式有Ⅰ相和Ⅱ相转化，其中Ⅰ相转化一般指异化反应，包括氧化、还原、水解等类型。生物体内Ⅰ相代谢的主要酶系是细胞色素 P450 酶（cytochrome P450 enzymes，CYPs），此外还包括单加氧酶（CYPs 是其中一类）、过氧化物酶、水解酶、脱氢酶、胺氧化酶及黄嘌呤氧化酶等。Ⅰ相代谢转化使污染物分子中引入了羟基、羧基等极性基团，增强其水溶性，促进其后续的排泄；然而，代谢转化过程的中间体或者产物可能比母体化合物的反应活性更强，易与生物大分子（如蛋白质、核酸等）结合产生毒性增强效应。例如，多环芳烃（PAHs）是具有“三致”效应的污染物。研究表明，PAHs 产生致癌性的主要根源在于 P450 酶的代谢活化作用（图 7-1，以苯并［*a*］芘为例）（Rendic and Guengerich，2012）：P450 酶先将 PAHs 转化为苯环环氧化物中间体，而后开环水解生成儿茶酚类似物，该类似物继续被 P450 酶代谢活化，生成的二氢二醇环氧化物被认为是 PAHs 产生致癌作用的最终目标物。再如，持久性污染物多溴二苯醚（PBDEs）在经 P450 酶代谢成羟基化产物后，表现出比 PBDEs 更强的内分泌干扰效应（Hamers et al.，2008）。

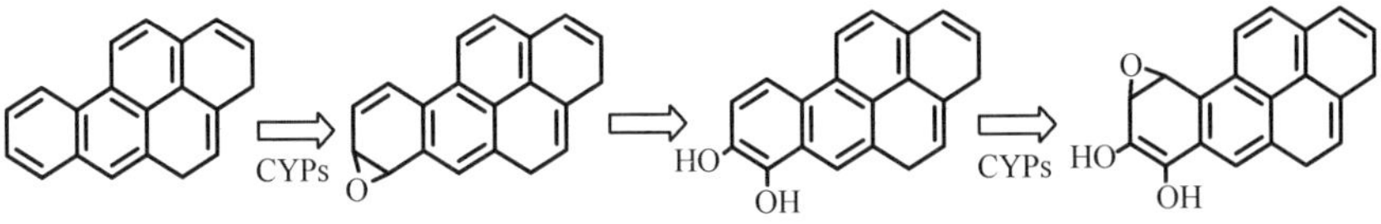

图 7-1　苯并［*a*］芘被 P450 酶代谢转化成致癌物的机制

I 相转化产物会进一步发生 II 相转化或结合（conjugation）反应，即与生物 II 相酶相结合，产生的极性结合产物通过尿液等形式排出体外，从而完成整个代谢“解毒”过程。常见的 II 相转化酶包括谷胱甘肽硫转移酶（glutathione *S*-transferases）、尿苷二磷酸葡萄糖醛酸转移酶（UDP-glucuronosyl transferases）、*N*-乙酰转移酶（*N*-acetyltransferases）、磺基转移酶（sulfotransferases）等。II 相酶除了结合污染物的 I 相代谢产物外，也能直接与一些含极性官能团的外源物质反应，将亲水性的生物辅助物（如谷胱甘肽、UDP-葡萄糖醛酸、乙酰基、磺酸基等）加合到目标物分子中，从而有助于排泄，因此 II 相酶常被称作细胞的“焚化炉”。

可见，生物酶的催化转化影响外源性物质在生物体内的分布、归趋和毒性效应。广义上，生物酶催化的外源化学品代谢转化也属于一类分子起始事件，代谢反应诱导后续的毒性效应乃至有害结局的发生。因此，研究酶的代谢转化机制对于评价污染物的毒理效应和生态健康风险具有重要意义。

7.2　细胞色素 P450 酶代谢典型外源化学品的计算模拟

7.2.1　P450 酶简介及其代谢反应

P450 酶在生物（高等动物、植物和微生物等）组织中分布广泛。在高等生物体内，P450 酶主要位于肝细胞的内质网和线粒体内膜上。P450 酶是一类以铁卟啉结构为活性中心的血红素蛋白酶统称。如图 7-2 所示，酶活性中心由原卟啉外接四个甲基、两个乙烯基、两个电离的丙酸基，加上纵/轴向配体组成。当活性中心处于还原态/弛豫态时，卟啉铁原子一般与一分子水络合成亚稳态结构。当一氧化碳与铁结合时，络合物在 450 nm 处有最大吸收峰，P450 酶因此得名。P450 酶被誉为自然界最万能的生物催化剂（Coon，2005），具有宽泛的底物谱，涉及含羟基、醛基、羧基、氨基、氰基、苯基以及卤素等官能团的化学品。从反应类型看（图 7-2），P450 酶催化的大多数是氧化反应，如烷烃 C—H 键羟基化、烯烃 C═C 键环氧化、杂原子（N，P，S 等）氧化等。上述反应中，P450 酶均起到单加氧酶的作用，将一个氧原子插入底物当中。有些反应也表现出 P450 酶其他方面的性能，如卤代烷烃的还原脱卤反应和 C—C 键偶联反应等（Shaik et al., 2010）。

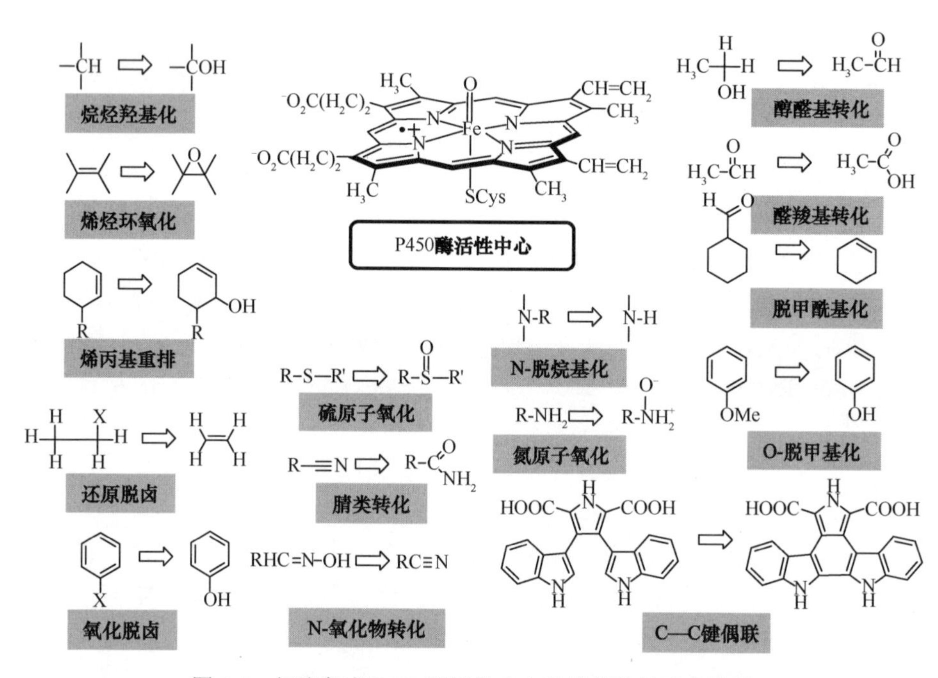

图 7-2　细胞色素 P450 酶活性中心及其催化的反应类型

随着人类基因组计划的实施，目前已知的人体 P450 酶基因有 57 种。动物的 P450 酶基因往往比人更多，如小鼠含有约 101 个 P450 酶基因，而海胆类则多达 120 个。P450 酶是一个庞大的家族酶系（CYP 酶系），以家族（Family）、亚家族（Subfamily）和亚型（Isoform）三级方法命名。同一家族酶要求氨基酸同源性＞40%，以阿拉伯数字标识（如 CYP1 家族）；同一家族内亚家族的氨基酸同源性需达到 55%以上，以英文大写字母区分（如 CYP 1A 亚家族）；每个亚家族包含不同亚型的 P450 酶，以阿拉伯数字标识（如 CYP 1A2 亚型）。不同亚型的 P450 酶作用于不同的底物，P450 1A2 亚型主要与含有芳基基团的物质结合，而一些环境污染物也可能诱导产生特殊的 P450 酶亚型，如 PBDEs 在生物体内主要被 CYP 2B6 代谢转化。在 P450 酶参与的代谢反应中，约 90%由 CYP 1A2、2C9、2C19、2D6、3A4 等五种亚型催化完成，其中 3A4 的贡献最大（Rendic and Guengerich, 2015）。

早期 P450 酶研究主要集中于致癌物、药物及类固醇类物质的代谢转化实验。研究主要有两种方案：①活体（*in vivo*）动物实验：采用酶诱导剂（如苯巴比妥）

喂食动物，设置对照组，检测动物组织和排泄物中的代谢产物；②试管（*in vitro*）实验，主要基于肝细胞微粒体/切片或者基因重组表达的特定亚型 P450 酶。第①种方案最接近人或哺乳动物的客观真实，但受到的干扰因素较多，如生物体其他蛋白对化合物的吸附截留、其他酶系参与反应、一次反应产物检测困难等。此外 *in vivo* 方法的主要阻碍是违背动物实验伦理的“3R”原则（替代动物实验、减少实验动物用量和优化实验方案以减轻或消除实验动物的痛苦）。方案②中，虽然微粒体含有部分水解酶和微量 II 相酶，但一般认为肝微粒体中 P450 酶起主要作用。虽然该方案所需实验条件较为简便（如恒温、控制一定 pH、振动培养等），但代谢产物的检测受到化学标准品缺失等限制，同时表征反应过程中 P450 酶氧化活性物种的实验手段（如紫外-可见光谱、电子顺磁共振及穆斯堡尔光谱等）均无法捕捉反应中间过程瞬时信息（如反应过渡态等），因此不能揭示化合物的转化机制。此外，不同物种、亚型 P450 酶在残基数目、种类，乃至二、三级结构上有较大差异。这种差异导致同一底物被不同物种代谢时显现出有区别的反应动力学及产物分布，客观上给 P450 酶代谢转化研究增添了困难。近年来，基于量子化学理论的计算模拟方法发展，使得模拟预测外源化学品的 P450 酶反应机理成为可能，该方法逐渐成为酶化学乃至环境化学领域的重要研究手段。事实上，对 P450 酶催化循环的认识很大程度上也是由量子化学计算支撑和完善的。

7.2.2　P450 酶催化循环与几种常见反应

1. P450 酶催化循环

P450 酶是一种单加氧酶，它利用一分子氧气（O_2）和还原性辅酶 II（NADPH）将外源化学品（如烷烃 RH）转化为氧化产物和一分子水，总体反应式为 $RH + O_2 + NADPH + H^+ \longrightarrow ROH + NADP^+ + H_2O$。历经半个多世纪的探索，P450 酶化学很多谜底已被揭开，其中最引人注目的是它的催化循环过程（Shaik et al.，2010; Shaik et al.，2005）。如图 7-3 所示，该循环起始于弛豫态 **1**，此时卟啉环 Fe 原子是六配位结构（轴向上端配体为水分子），与卟啉环几乎共平面，价态为+3 价，体系稳定在低电子自旋的二重态。底物分子（Sub）进入空腔后，将水分子挤开，Fe 原子变为五配位，位置下移到卟啉环平面之下。此时体系呈现高电子自旋的六重态 **2**，具有很强的接受电子能力。接下来，体系 **2** 接收由 NADPH 提供的一个电子，同时与空腔中一分子 O_2 结合，生成单重态复合物 $Fe^{III}\text{-}O\text{-}O^-$（**3**），复合物 **3** 也是一个很好的电子受体，能继续吸收一个电子，被还原成过氧阴离子复合物 $Fe^{III}\text{-}O\text{-}O^{2-}$（**4**）。此时复合物 **4** 呈现出较强的路易斯碱性，它迅速接收活性空腔中一个质子 H^+，生成铁氢过氧化合物 $Fe^{III}\text{-}O\text{-}OH^-$（**5**），也称作 Compound 0。Compound 0 仍然是一个路易斯碱，它会再次接受酶环境中的H^+，发生偶联反应（Coupling-Ⅰ），产生一分子水和高价铁氧的复合物$Fe^{IV}=O$，也称 Compound Ⅰ(**6**)。Compound Ⅰ最后将底物分子氧化成 SubO（**7**）并排出活性空腔，伴随着水分子络合，体系重新回到弛豫态，完成催化循环。可见，P450 酶催化循环需从酶环境中获取两个电子、两个H^+及一分子O_2，将其中一个氧原子转化为水，而另一个氧原子嵌入到底物分子中。

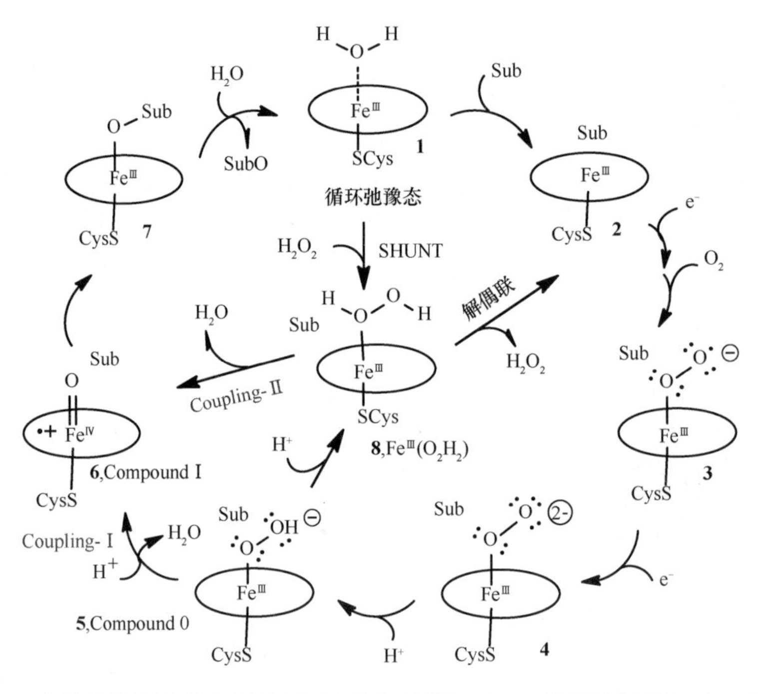

图 7-3 P450 酶催化循环示意图［图中椭圆表示卟啉环，CysS 表示半胱氨酸，Sub 表示底物分子，循环中间物种编号依次为 **1**，**2**，**3**，…，改编自文献（Wang et al. 2015）］

值得注意的是，目前 Compound 0 的质子化过程尚存争议。如图 7-3 所示，当质子化发生在远端氧原子上时（Coupling-I），伴随 O—O 键均裂，循环过程顺利产生 Compound I；而当质子化发生于近端氧原子上时，则产生铁-过氧化氢复合物Fe^{III}（O_2H_2）（**8**）。在H_2O_2与 Fe 结合不紧密的情况下，复合物 **8** 很容易发生解偶联反应（uncoupling），脱去H_2O_2，使体系回到状态 **2**；同理，体系也可能直接从弛豫态 **1** 活化成复合物 **8**（SHUNT）。若复合物 **8** 中H_2O_2与 Fe 配合稳定（与周围残基存在氢键等相互作用），则可能发生另一种形式的偶联反应（Coupling-Ⅱ）（Wang et al.，2015），脱去一分子水，产生 Compound Ⅰ。

尽管一些研究表明催化循环中多种活性物种（如 **4,5,8**）均能参与 P450 酶促反应，Compound Ⅰ（**6**）仍是目前被广泛接受的在 P450 酶促反应中起主要作用的活性中间体。它的氧化活性很高，存在时间极短，常规的电子顺磁共振、紫外-可见及穆斯堡尔光谱实验研究很难捕捉到。2010 年，Rittle 和 Green（2010）采用停流技术和快速冷冻淬灭实验首次在一种嗜热菌的 CYP 119 中成功分离和表征了 Compound I。但总体上人们对 Compound I 形成和催化机制的实验认识并不直接。而它的电子结构性质和独特反应特征在量子化学计算中得到了很好的阐述。

前文述及，量子化学密度泛函理论（DFT）方法可准确地描述体系的电子排布和性质，在预测反应活性方面具优势。但 DFT 受限于体系大小，对超过 200 个原子的体系其收敛结果已经不太可靠，因此使用 DFT 方法模拟 P450 酶的一个常规做法是采取简缩的活性中心模型（图 7-4 中的 Cpd Ⅰ），也称团簇模型（cluster model）。通常的做法是删去图 7-2 中卟啉环桥接的基团，同时轴向的氨基酸配体用巯基（—SH）、硫甲基（—SCH_3）或者半胱氨酸（—SCys）替代。DFT 计算对酶蛋白环境采用隐式溶剂化模型，如极化连续介质模型（PCM）模拟处理。基于团簇模型探索 P450 酶代谢反应的出发点在于：虽然不同物种和亚型的 P450 酶在蛋白结构上存在差异，但共同点是，当它们参与代谢反应时，本质上均由活性中心催化完成。因此在相对精确的量子化学电子结构方法（如杂化泛函）水平下处理活性中心，可以有效回答酶反应中局部构型、电子结构和反应性等相关化学问题。

虽然随着计算能力的提升，团簇模型所包含的原子愈来愈多，处理的体系也更加复杂，但基于活性中心的小团簇模型在前期的机理研究方面仍有显著优势：首先，由于计算简便，团簇模型可用于多种不同机理的快速探究；其次，模型构造简单，避免了引入人为误差，可以获得更加准确的计算结果。生物酶计算化学的一个普遍规则是，当大模型和小模型计算结果差距较大时，往往小模型的结果更加可靠（Blomberg et al.，2014）。采用大模型计算目前存在的难点仍然是如何得到准确的计算结果。

Harris 等（Harris and Loew，1993）首次采用量子化学 Hartree-Fock 计算以及 MD 方法研究了弛豫态 P450cam（一种以樟脑为特征底物的 P450 酶亚型）的电子结构特征，发现酶活性中心周围残基的静电相互作用和络合水分子使弛豫态体系稳定在低自旋的二重态，与电子自旋回波包络调制光谱数据相符。之后，Rydberg、Shaik 和 Hata 等（Shaik et al.，2005）采用 DFT 方法陆续模拟了整个 P450 酶催化循环，揭示了循环中间物种的电子结构和性质，发现循环受几个关键因素影响：①巯基（—SH）的供体能力，也称推动效应，主要体现在 Compound I 结构中 Fe—S 距离的大小影响整体的电子排布，进而决定其氧化能力；②Compound 0

的质子化机制。质子化的位置影响 Compound I 的生成，无效的质子化会使铁卟啉将 O_2 活化成 H_2O_2，在浪费还原等价物种 NADH/NADPH 的同时达不到氧化底物的效果；③水分子通往活性口袋的自由度。一方面，水分子在传递质子、完成循环中间物种质子化过程中扮演重要角色；另一方面，当底物和活性口袋结合不紧密时，多余水分子容易导致无效质子化发生。近二十年间，模型计算已成功揭示了 P450 酶催化底物代谢的机理：Shaik 和 Yoshizawa 等主要研究了 C—H 键羟基化机理，涉及数十种烷烃类底物（Kumar et al.，2004；Schoneboom et al.，2004）；de Visser 和 Kamachi 等研究了 C═C 双键环氧化的机理（de Visser et al.，2001）；Shaik 和 Harvey 等揭示了苯环羟基化机理（de Visser and Shaik，2003）；硫氧化的机制由 Sharma 等在 2003 年阐明（Sharma et al.，2003）。可见，基于 DFT 和活性中心模型的量子化学计算在揭示 P450 酶代谢转化机制过程中起到了非常重要的作用。

酶反应的热力学和动力学也受到酶蛋白三级构象的影响，如活性中心周围氨基酸残基影响底物的进入和结合模式，从而决定代谢反应的位点；残基或水分子与底物分子的弱相互作用对反应中间产物的稳定性具有影响；产物能否快速游离活性空腔以使 P450 酶回到弛豫态等（Shaik et al.，2010）。总体上，酶环境对计算结果的影响主要体现在两个方面，即空间效应和静电效应。因此在研究 P450 酶反应时，外部蛋白质环境的影响有时也不容忽视，需要发展多尺度的耦合量子力学/分子力学 QM/MM 方法（本书第 3.3 节）。

2002 年，来自德国马普煤炭研究所的 Thiel 和以色列希伯来大学的 Shaik 等最早开展了 P450 酶的 QM/MM 模拟研究（Schoneboom et al.，2002），采用 DFT(B3LYP)/MM 方法考察了 P450cam 催化循环中不同活性物种的性质、Compound 0 的质子化及 C—H 键羟基化机理。随后，Guallar 等（Altun et al.，2006）采用 DFT(ROB3LYP)/MM 方法，开展了 P450cam 的摘氢反应机制研究，发现卟啉环带负电的丙酸基侧链与周围电正性残基的静电相互作用对反应有促进作用。之后的十几年间，有关 P450 酶的 QM/MM 研究不断增加，其中 P450cam 是被研究最多的亚型。如 Shaik 等针对 P450 酶催化循环中的活性氧化物种的争论问题，采用 QM/MM 计算考察了 P450cam 循环的 Compound I、铁过氧化氢［$Fe^{III}(O_2H_2)$］等物种的反应活性。发现蛋白质和底物间的相互作用决定了 $Fe^{III}(O_2H_2)$ 的持久性及其氧化能力。樟脑阻碍了 H_2O_2 的释放，而氨基酸残基通过氢键作用摆正了 O—O 键均裂产生的羟基自由基构象，使其倾向于摘取 $Fe^{IV}OH$ 的氢原子，导致水和 Compound I 形成，得到了关于活性中心质子化机制的深入认识。QM/MM 研究充分地揭示了 P450 酶催化循环中一些悬而未解的奥秘，同时对了解酶代谢反应的区域选择性、立体选择性也起到重要作用。Ramanan 等（2016）运用 MD 和 QM/MM 计算，模拟了脂肪酸羟化酶 P450-BM3 与脂肪酸的结合机制及对映体/区域选择性羟基化作用，证实量子力学计算能够从分子结构上预测化学品代谢反应位点和产物。可以预见，随着理论方法的完善和计算能力的提升，未来 QM/MM 和 MD 计算可为外源性化学品的 P450 酶代谢转化机制提供精准预测。

2. P450 酶催化外源性化学品代谢的几种常见反应及机制

经过近半个世纪的研究，人们对 P450 酶的代谢谱图及反应机制已有了较为深入的认识。酶活性中心简化模型（Compound I）在揭示上述反应机制的过程中发挥了重要作用。图 7-4 是 Compound I 的结构和电子轨道占据图：Compound I 是 Fe 呈+4 价的原卟啉结构，Fe═O 键长约 1.65 Å，Cys 简化为—SH，Fe—S 配位键约为 2.30 Å。

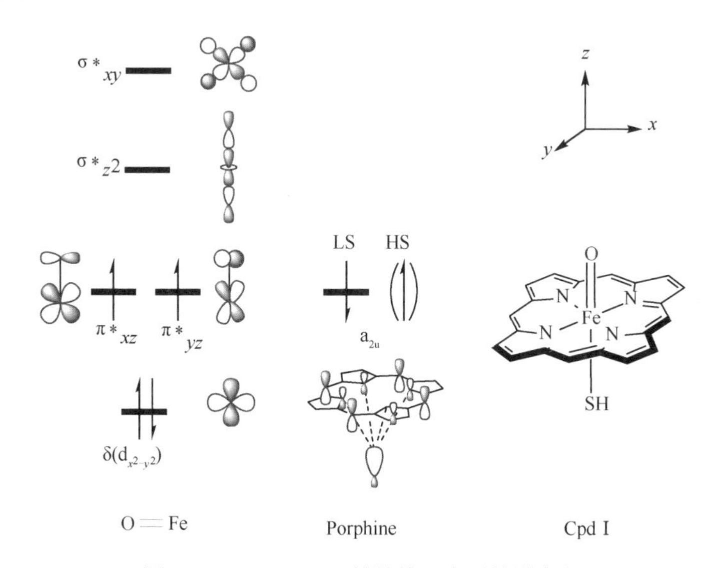

图 7-4　Compound I 的结构及电子轨道占据

LS，HS 分别指低自旋二重态和高自旋四重态；Cpd I 指活性中心 Compound I；Porphine 代表卟啉环

Compound I 呈现出自由基阳离子性质，其电子自旋态由 π^*_{xz} 和 π^*_{yz} 两个反键轨道和卟啉环离域的 a_{2u} 轨道上的 3 个单电子共同决定。π^*_{xz} 和 π^*_{yz} 上的电子均自旋向上（α），当 a_{2u} 轨道电子自旋向下（β）时，体系总单电子数视为 1，形成低自旋的二重态；反之，当 a_{2u} 轨道电子自旋向上时，体系的总单电子数为 3，呈现高自旋的四重态。当体系能量更高时，Fe═O 成键轨道上的两个电子激发到反键轨道上，形成更高自旋的六重态。其中二、四重态是 Compound I 最常见的两种自旋态，它们是能量简并（近似相等）的。以下重点介绍 P450 酶催化的几种重要的反应类型及机理。

1）C—H 键羟基化机理

P450 酶催化的众多反应类型中，C—H 键羟基化是最早被研究且了解最为透彻的反应。2000 年，Ogliaro 等（2000）采用 DFT 计算，基于 Compound I 模型研究了甲烷的 C—H 键羟基化，后来众多学者相继研究了包括樟脑分子等在内十多种烷烃化合物，形成了比较统一的 C—H 键羟基化机制，即氢原子转移（hydrogen atom transfer，HAT）和羟基反弹机理，这一机理最早被 Groves 等提出（图 7-5）：首先，Compound I 的 O 原子摘取底物 C—H 键的 H 原子，形成 Fe—OH 和烷烃 C 自由基，之后 Fe—OH 转向，OH 反弹到 C 自由基上形成醇。

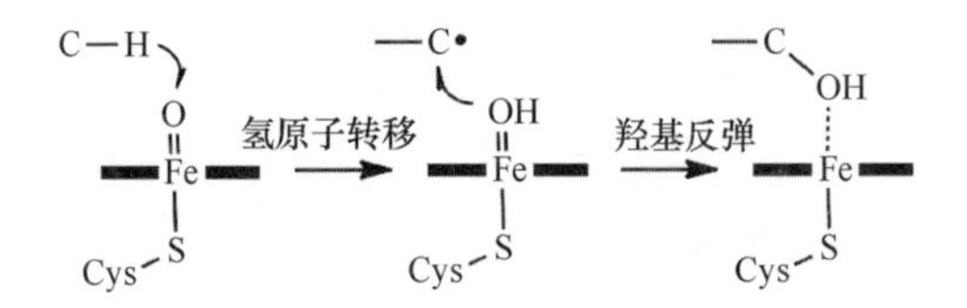

图 7-5　Compound I 催化 C—H 键羟基化的一般机制

计算研究发现，C—H 键羟基化也遵循一个双态反应（two state reactivity，TSR）的机理。所谓双态反应，是指 Compound I 的二、四重态均参与的过程：首先 C—H 键活化产生 C 自由基是整个反应的决速步骤，反应过渡态中，二、四重态构型能量接近（活化能差值一般小于 2 kcal/mol）；第二步的羟基反弹过程中，二重态的反应是无垒的，而四重态需经过一个反弹过渡态。图 7-6 显示了 C—H 键羟基化过程中的电子转移情况。首先，δ（C—H）占据轨道上一个电子（α 或 β，视 a_{2u} 轨道电子自旋方向而定）转移到 a_{2u} 轨道上。Shaik 等（2005）也发现，在蛋白质或者极性电介质环境中，δ(C—H)占据轨道上的电子也可能转移至 π^*_{xz} 和 π^*_{yz} 反键轨道，形成$^{\bullet+}$PorFe^{III}—OH。这种电子转移机制导致反应中产生不同的自旋态物种，因此也被称为多自旋态反应（multistate reactivity，MSR）。在无机化学和物理化学领域，MSR 反应在高价金属氧化物反应中较为常见，根本原因是金属原子最外层电子数较多，排布形式多样化。

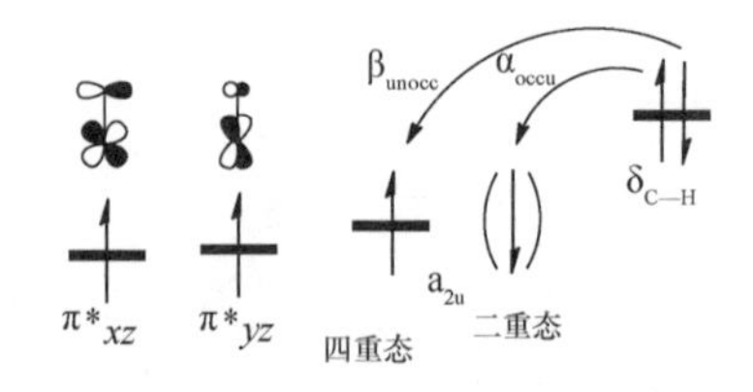

图 7-6　C—H 键羟基化的双态反应的电子转移图

C—H 键羟基化一般具有较大的动力学同位素效应（kinetic isotope effect，KIE）值，表明 H 原子传递过程是反应的速率控制步骤。KIE 指将反应物分子中的一个原子（一般是氢原子）替换成它对应的一个同位素（一般是氘），从而使反应速率发生改变的现象，其定义为含有“轻原子”和“重原子”反应速率常数之比，即 KIE = k_L/k_H。基于 Eyring 方程，C—H 羟基化反应的 KIE 可以采用式（7-1）进行计算：

$$\mathrm{KIE} = Q_{\mathrm{w}}^{\mathrm{corr}} \exp\left[-\frac{(G_{\mathrm{H}}^{\neq} - G_{\mathrm{H}}^{\mathrm{R}}) - \left(G_{\mathrm{D}}^{\neq} - G_{\mathrm{D}}^{\mathrm{R}}\right)}{RT}\right] \tag{7-1}$$

式中，$G_{\mathrm{H}}^{\mathrm{R}}$ 和 $G_{\mathrm{H}}^{\neq}$ 分别指 H 未被替换时反应物和过渡态体系的自由能；$G_{\mathrm{D}}^{\mathrm{R}}$ 和 $G_{\mathrm{D}}^{\neq}$ 分别指 H 原子被替换为 D 后反应物和过渡态体系的自由能；$Q_{\mathrm{w}}^{\mathrm{corr}}$ 为 Wigner 量子校正因子，其表达式为

$$Q_{\mathrm{w}}^{\mathrm{corr}} = \left(1 + u_{\mathrm{t}}^{2} / 24\right) / \left(1 + u_{\mathrm{t}}'^{2} / 24\right) \tag{7-2}$$

式中，$u_{\mathrm{t}} = h\nu_{\mathrm{H}} / k_{\mathrm{B}}T$，$u_{\mathrm{t}}' = h\nu_{\mathrm{D}}' / k_{\mathrm{B}}T$。其中 ν_{H} 和 ν_{D}' 分别为过渡态中 H 和 D 原子的虚频，h 和 k_{B} 分别为普朗克常数和玻尔兹曼常数。李春森等（Li et al.，2006）发现，通过计算 KIE 可以获得反应通道信息，若二、四重态的 KIE 值相近，表明反应为双态反应，而如果两者差距较大，则为自旋选择性反应（spin-selective reaction，SSR）。另外，Shaik 等发现 Compound I 与烷烃底物的反应活化能与 C—H 的键解离能（bond dissociation energy，BDE）呈线性相关关系。BDE 定义为优化后的底物分子的能量与底物自由基和氢原子的能量差值，即 BDE(Sub-H)= E(Sub-H)– E(Sub·)– E(H)。而当 C—H 键的 BDE 减小时，如当 C—H 键位于强吸电子基 C_α 位置时，线性相关变得不显著。

2）杂原子（N，S，P）氧化机理

杂原子（N，P，S）化合物的 P450 酶氧化是另一类较为重要的反应。含 N 原子的胺类化合物经过 P450 酶活化后，可能产生基因诱变性和致癌活性。仲胺/叔胺类化合物被 P450 酶代谢主要发生 N-脱烷基化。该过程有两种可能机理（图 7-7）（Wang et al.，2007）：一种是类似于 C—H 键羟基化的 HAT 机理，Compound I 摘取 N 的 C_α 位上的 H，形成烷烃自由基和 $\mathrm{PorFe^{IV}}$-OH 中间体，接着通过羟基反弹形成醇胺产物；第二种机制是 N 原子的单电子转移机制（single electron transfer，SET），即 Compound I 氧化 N 原子，夺取其孤对电子中的一个，形成 N 阳离子自由基，然后通过去质子化生成醇胺产物。HAT 和 SET 机理存在较长时间的争议，量子化学计算最终确定 HAT 的反应活化能更低，是常规的反应路径。

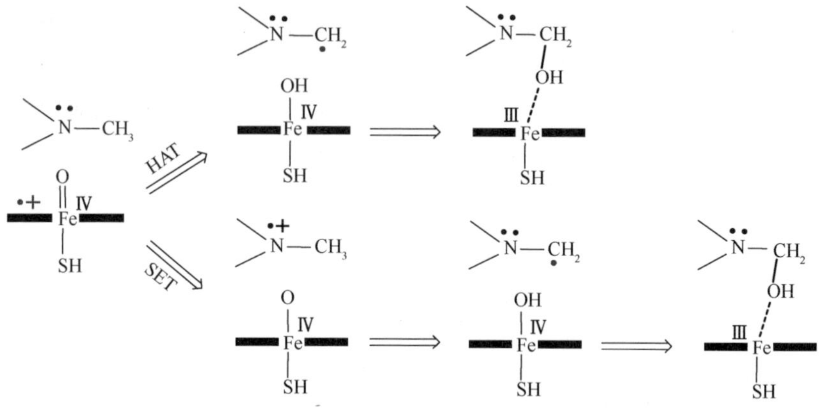

图 7-7　P450 酶催化 N-脱烷基化反应机理

仲胺、叔胺经 N-脱烷基化过程生成伯胺，伯胺的 P450 酶氧化具有以下四种可能机理（图 7-8）（Ji and Schüürmann，2013）：HAT 和羟基反弹、O 原子加成后重排（oxygen addition rearrangement，OAR）、SET 以及质子转移（proton transfer，PT）。其中前三种路径均以 Compound I 为活性中间物种，第四种路径以 $FeOO^{2-}$ 为氧化物。HAT 和羟基反弹的活化能垒最低，是芳香伯胺氧化生成羟胺的主要路径。当芳香伯胺（$ArNH_2$）对位存在取代基时，随着取代基吸电子能力增强，HAT 的反应能垒显著增大。脂肪族伯胺的 P450 酶代谢机制与芳香伯胺存在两个方面的差异：首先脂肪伯胺的 N-氧化仅有 OAR 和 HAT 两个可能的反应路径；其次由 HAT 路径生成羟胺的过程中，速控步骤不是氢转移，而是后续的羟基反弹过程，这也与 C—H 键羟基化机制不同。

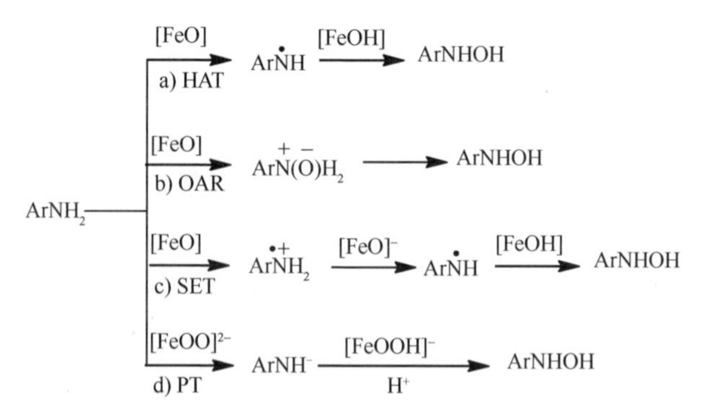

图 7-8　P450 酶催化芳香伯胺 N-羟基化的几种可能机理

[FeO]指代 Compound I，$ArNH_2$ 表示芳香伯胺，a、b、c、d 表示不同的反应机制

含硫化合物（硫醚类）的 P450 酶代谢氧化反应的主要产物是亚砜或者砜。反应

过程是 Compound I 通过将 O 原子加成到硫原子上形成亚砜中间产物，而后亚砜继续发生 O 原子加成，氧化生成砜。硫氧化机制的主要争议在于参与反应的活性中间物种类型。研究者考察了催化循环中的三种氧化物种，即 Compound I、Compound 0 以及 $FeOO^{2-}$（图 7-3 中 **4**）的活性。李春森等（Li et al.，2007）采用团簇模型计算研究了二甲基硫醚的硫氧化反应，发现 Compound I 是反应的优势氧化物种。Porro 等（2009）的 QM/MM 研究结果表明，Compound I 是主要氧化物种。

3）苯环羟基化机理

环境污染物的分子结构中大多含有苯环，如多环芳烃（PAHs）、多氯联苯（PCBs）、二噁英类（PCDD/Fs）、PBDEs 等。苯环在被 P450 酶代谢转化中可能生成亲电性较强的环氧化物中间体，一些羟基化产物还具有内分泌干扰性。因此，苯环的 P450 酶促羟基化机理一直备受关注。由于苯环的大 π 键的共轭效应，苯环 C—H 键的 BDE 值远大于烷烃 C—H 键 BDE，使得苯环羟基化不遵从烷烃羟基化机制。Shaik 等采用 DFT 计算，解释了这一过程（de Visser and Shaik，2003），发现反应无法通过 SET 及苯环 C—H 键 HAT 机理实现，且主要在 Compound I 低自旋的二重态上进行。图 7-9 总结了苯环羟基化的三种主要机理。首先，Compound I 与苯环碳原子发生亲电 π 加成，形成正四面体加合物，这是羟基化的速率控制步骤，加合物中苯环呈现自由基或者阳离子特征。自由基特征的中间体倾向于发生环氧化，即 O 原子进一步与邻位的 C 原子相连生成环氧化物。而阳离子特征的中间体容易发生 NIH（National Institutes of Health，美国国立卫生研究院）转移，将 H 原子转移到邻位 C 原子上，生成环己烯酮产物。此外，当苯环采取立式构象，即苯环垂直于卟啉环时，加合物的 H 原子也可能发生质子穿梭（proton shuttle）反应，转移到卟啉环 N 原子，之后再反弹回到羰基 O 或者邻位的 C 原子上，分别生成苯酚和环己烯酮。QM/MM 计算表明（Bathelt et al.，2008），在平躺式构象中，环氧化物和酮是最有可能的两种产物；而在立式构象中，环氧化物及酚类产物是优势产物。

苯环上存在卤素原子时，Compound I 与取代 C 原子发生 π 加成反应的能垒由于位阻效应而显著升高。此时，卤素原子发生 NIH 转移，生成环己烯酮产物。有些情况下，如底物为全卤代苯或者卤素原子，NIH 转移受到空间位阻的限制时，可能出现氧化脱卤产物。模型计算发现（Hackett et al.，2007），当苯环连接取代基团时，Compound I 与取代基对位碳原子 π 加成能垒有所降低，且与取代基的 Hammet 参数存在线性相关。一般来说，与苯环取代基的对位碳原子反应要比间位容易。Shaik 等（2011）还发现，Compound I 与取代苯的 π 加成反应能垒与底物分子的电离势（ionization potential，IP）和单-三线态激发能 $\Delta E_{ST}(\pi\pi^*)$相关。IP 指底物分子失去一个电子后体系优化得到的电子能量与中性分子的电子能量之差，

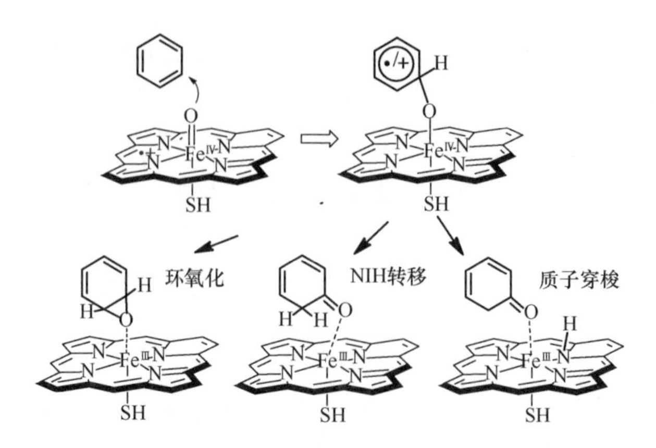

图 7-9 P450 酶催化苯环羟基化的三条主要的反应路径（环氧化，NIH 转移和质子穿梭）

即 IP = $E(\text{Sub}^+) - E(\text{Sub})$。$\Delta E_{ST}(\pi\pi^*)$指底物分子三重态（triplet）与单重态（singlet）的电子能量差值，即 $\Delta E_{ST}(\pi\pi^*) = E(\text{triplet}) - E(\text{singlet})$。近期动力学实验表明（Asaka and Fujii，2016），氧化还原势低于 Compound I 的芳基化合物被 Compound I 氧化时，会在溶剂包裹的情况下首先发生电子转移，形成苯自由基阳离子，随后 C—O 成键生成四面体加合物。这在客观上解释了 π 加成能垒与底物分子的 IP 线性相关的内在原因。

7.2.3 多溴二苯醚（PBDEs）的 P450 酶代谢转化模拟

已有 P450 酶代谢反应的计算模拟主要集中于常规化学底物（如烷烃、烯烃、苯等）、内源雌激素、药物等。相比之下，大部分环境有机污染物的 P450 酶促转化机制仍不明晰。阻燃剂类物质的污染近年来引起了广泛关注，尤其溴代阻燃剂 PBDEs，已被众多研究证实具有环境持久性（P）、生物蓄积性（B）和毒性（T）。PBDEs 的 P450 酶代谢产物 OH-PBDEs 相比于母体化合物具有增强的内分泌干扰、线粒体毒性等效应。研究发现，PBDEs 在被 P450 酶催化转化的过程中，除产生 HO-PBDEs 外，还可能生成二羟基化乃至毒性更强的多溴二苯并二噁英（PBDD）产物，但相关反应机制尚不清楚。本节主要介绍 DFT 方法预测 PBDEs 的 P450 酶代谢转化机制的案例（Fu et al.，2016；Wang et al.，2012）。

1. PBDEs 的羟基化

以在环境和生物介质中检出浓度和频率较高的 2,2′,4,4′-四溴二苯醚（BDE-47）为例，根据对苯和全卤代苯的机制认识，BDE-47 与 Compound I 反应的可能路径如图 7-10 所示。由于苯环有 Br 原子取代，初始反应（a）可能出现两种不同的中间物种。当 Compound I 与 BDE-47 上非 Br 取代 C 位发生加成反应时，产生正四面体加合物；而与 Br 取代 C 原子发生加成反应则导致 Br 原子 NIH 转移，生成环己烯酮产物，此时 Compound I 完成氧化过程，环己烯酮直接进入非酶环境下的还原转化过程（d）。四面体加合物可能继续发生三种形式的二次重排反应（b）。第一条路径是发生 NIH 转移，将 H 原子迁移到邻位 C 原子上，形成环己烯酮；第二条路径是发生闭环反应，生成环氧化产物；第三条路径是质子穿梭路径，借助卟啉环 N 原子将 H 原子转移到 O 上直接生成羟基化产物。环氧化物在非酶环境下发生质子化开环反应（c），产生不同类型的重排产物，包括多种 HO-PBDEs 和溴酚。

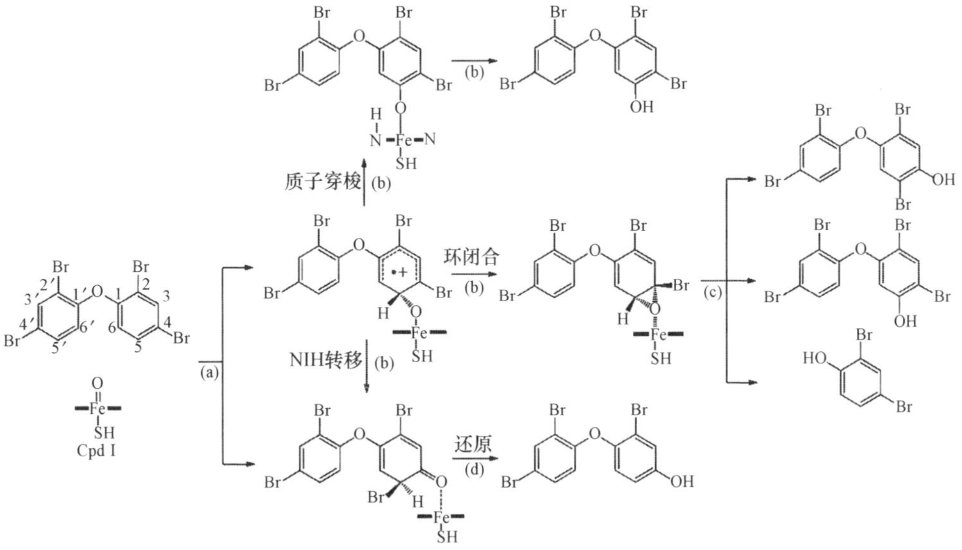

图 7-10 BDE-47 与 Compound I 的可能反应路径图（ ━Fe━ 代表原卟啉环）

BDE-47 分子具有 C_2 对称性，因此仅需讨论其中一个苯环 C_1～C_6 6 个位置的反应。计算结果表明（Wang et al.，2012），Compound I 与溴代碳原子（C_2，C_4）的 π 加成能垒显著高于非溴代碳原子。C_1 位置因为存在较大的位阻效应，能量较其余非溴代碳原子略有升高。Compound I 与非溴代碳原子的 π 加成是吸热反应（中间体能量高于反应物），产物是四面体加合物；而与溴代碳原子则是放热反应，使溴原子发生 NIH 转移，导致环己烯酮的生成，这与 Compound I 催化六氯苯的氧化脱氯反应类似。其中，C_2 位置的溴原子由于 NIH 转移受到较大空间位阻，以阴离子（Br^-）的形式脱去。C_1、C_3、C_5、C_6 位反应产生的四面体加合物会进一步发生重排反应，这主要是闭环环氧化作用，产生 6 种可能的环氧化物。环氧化的反应活化能垒普遍较低（<5 kcal/mol），因此碳原子 π 加成是 Compound I 氧化 BDE-47 的速率控制步骤。至此，Compound I 就完成了催化 BDE-47 单加氧的使命，回到

循环的弛豫态。

BDE-47 环氧化产物与弛豫态卟啉环中心 Fe 原子结合较弱，易游离出活性空腔。在非酶环境下发生质子化，断裂环氧键，环氧化物的质子化反应是一个无垒的过程。BDE-47 环氧化物质子化开环产物主要分为两类（图 7-11），即产物中羟基分别连接溴代和非溴代碳原子。

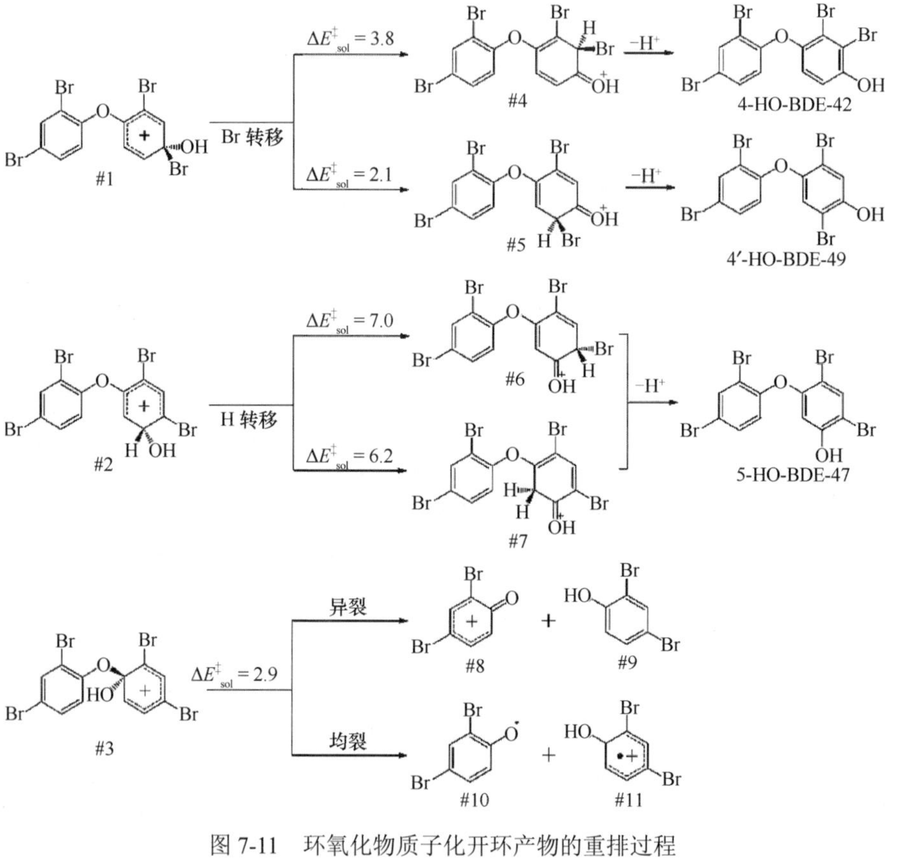

#1 —Br 转移→ $\Delta E^{\ddagger}_{sol}=3.8$ → #4 —$-H^+$→ 4-HO-BDE-42
#1 —Br 转移→ $\Delta E^{\ddagger}_{sol}=2.1$ → #5 —$-H^+$→ 4′-HO-BDE-49
#2 —H 转移→ $\Delta E^{\ddagger}_{sol}=7.0$ → #6 —$-H^+$→ 5-HO-BDE-47
#2 —H 转移→ $\Delta E^{\ddagger}_{sol}=6.2$ → #7 —$-H^+$→ 5-HO-BDE-47
#3 —$\Delta E^{\ddagger}_{sol}=2.9$→ 异裂 → #8 + #9
#3 —$\Delta E^{\ddagger}_{sol}=2.9$→ 均裂 → #10 + #11

图 7-11 环氧化物质子化开环产物的重排过程

当羟基与溴原子连于同一碳原子时（#1），根据小基团容易发生 NIH 转移的规则，溴原子可转移到羟基邻位碳原子上，然后脱去一个质子，生成 HO-PBDEs。当羟基和氢原子连于同一碳原子时（#2），氢原子发生 NIH 转移、去质子化生成 HO-BDE-47。当羟基连在醚键邻位的碳原子上时，可引发醚键断裂反应（#3），包括均裂和异裂两种类型。计算表明，溴原子比氢原子更容易发生 NIH 转移，反应产生的羟基化产物中溴原子取代位置容易发生变化。醚键断裂过程中，异裂比均裂所需的反应能垒更低，生成溴酚产物。4-HO-BDE-42、4′-HO-BDE-49、

5-HO-BDE-47、2,4-二溴酚等预测产物与 *in vitro* 实验检测产物相同。可见 DFT 模型计算可有效揭示 Compound I 催化 BDE-47 羟基化过程的机制和相应产物分布。

在 Compound I 催化 BDE-47 羟基化过程中，由于四面体加合物的二次重排过程活化能垒较低，初始 π 加成反应是速率控制步骤。通过计算三种 PBDEs（BDE-15、-47、-153）与 Compound I 的 π 加成反应能垒，发现随着溴取代数目的增多，PBDEs 被 Compound I 氧化的能力降低。Lupton 等（2009）研究了人肝细胞微粒体代谢三种 PBDEs（BDE-47、-99、-153）的转化过程，也发现高溴代 BDE-153 比低溴代异构体更难被 P450 酶代谢氧化。对每种 PBDEs 来说，溴取代的碳原子和与醚键相连的碳原子较难与 Compound I 反应，但这种规律随着苯环上溴取代数增多而变得不显著。

2. PBDEs 二羟基化及产生二噁英的机制

除 HO-PBDEs 外，BDE-47 代谢实验还检出了二羟基化（di-HO-BDEs）和二噁英（PBDD）产物。大鼠肝微粒体转化实验发现 HO-PBDEs 是生成 di-HO-BDEs 的前体化合物，以 6-HO-BDE-47 为例，HO-PBDE 与 Compound I 可能发生两种类型的反应：①与 PBDEs 羟基化类似，Compound I 首先与 6-HO-BDE-47 苯环碳原子发生亲电 π 加成反应，生成的四面体加合物经后续的重排过程生成 di-HO-BDE；②Compound I 也可催化 6-HO-BDE-47 发生酚羟基摘氢和羟基反弹反应生成羟基环己烯酮产物（图 7-12），之后通过非酶环境的重排生成 di-HO-BDE。

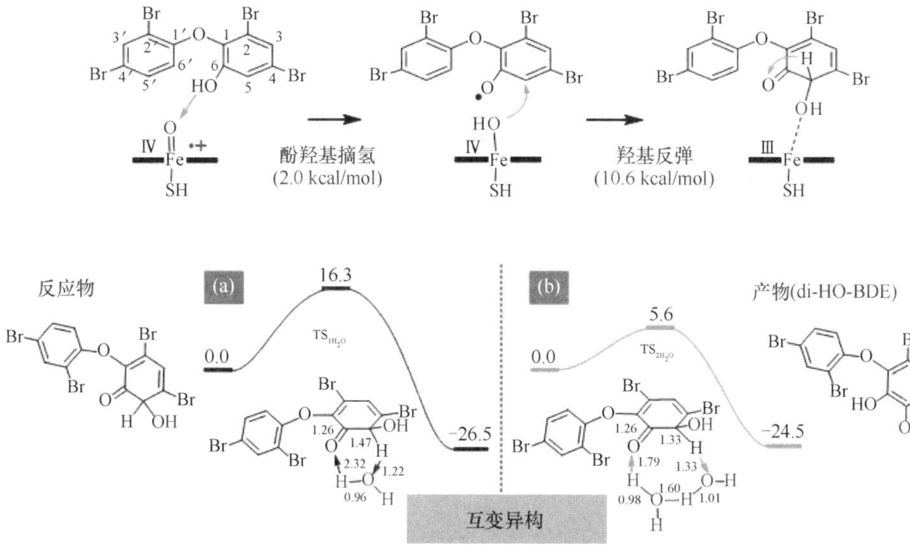

图 7-12　Compound I 催化 HO-PBDE 转化为 di-HO-BDE 的路径

计算发现（Fu et al.，2016），与 PBDEs 相比，HO-PBDEs 的 π 加成反应能垒有所降低，暗示羟基引入增加了苯环的电荷密度，导致亲电 π 加成反应更容易发生。另一条路径中，6-HO-BDE-47 的酚羟基摘氢反应很容易发生（能垒仅为 2.0 kcal/mol），第二步羟基反弹过程的能垒相对较高（10.6 kcal/mol），是反应的速率控制步骤。反应生成的羟基环己烯酮在非酶环境中由水分子催化发生酮-醇互变异构而产生 di-HO-BDE。水分子数目增加可以显著降低反应的活化能垒，两个水分子参与反应时，重排能垒低至 5.6 kcal/mol，反应容易在生理环境中进行。对比两条反应的速控步骤能垒可知，Compound I 催化的 HO-PBDEs 酚羟基摘氢和羟基反弹是生成 di-HO-PBDEs 的优势路径。对不同种类的 HO-PBDEs（6-HO-BDE-15、-47、-153）来说，羟基反弹倾向于发生在羟基邻位或者对位碳原子上，生成邻位/对位 di-HO-PBDEs，与大鼠肝微粒代谢实验中检出的 di-HO-PBDEs 结构一致。

环境中，二噁英（PBDD）主要有以下多种来源：PBDEs 热解；HO-PBDEs 的光化学转化和大气自由基氧化；海绵、红藻等海洋生物介导的溴酚类物质偶联。前人基于 DFT 计算阐明了 PBDEs 热解、羟基自由基引发的 HO-PBDEs 大气氧化产生 PBDD 的分子机制（Altarawneh and Dlugogorski，2013；Cao et al.，2013）。但这些机制都存在明显前提条件，如 PBDEs 热解中醚键邻位碳原子连接的氢或者溴原子直接解离需要很大能量；HO-PBDEs 经·OH 氧化产生二噁英需多个·OH 参与反应；HO-PBDEs 光解产生 PBDD 的反应通道需建立在反应物种处于激发三线态的基础上等。而 P450 酶反应显然不满足上述条件，不可能由上述机制诱导二噁英生成。

理论上，只有羟基取代醚键邻位的碳原子时才有环化生成 PBDD 的可能。以 6-HO-BDE-47 为例，反应可能有以下两条常规路径：①6-HO-BDE-47 经酚羟基摘氢和 O—C 成环反应生成 PBDD；②6-HO-BDE-47 经异环二次羟基化产生 6,6′-di-HO-BDE-47，而后脱水产生 PBDD。结果发现，①路径中 O—C 成环能垒较高，且酚羟基摘氢导致的 PBDD 自由基需要借助多个水分子进行氢原子重排转移，而这在真实酶环境中难以实现。而②路径中，生成 6,6′-di-HO-PBDE 的反应所需能垒与 PBDEs 羟基化过程接近，表明异环二羟基化反应在适当的构型取向下能够发生。而 6,6′-di-HO-BDE-47 的脱水反应能垒极高，因此路径②也非产生 PBDD 的可能路径。

上文提及，溴酚类物质可通过光化学转化产生 HO-PBDEs，反应遵循芳基自由基偶联机制。溴酚经过氢迁移转化为酚氧自由基，根据电子共振排布，该自由基有三个共振结构：氧中心自由基、C—O 键邻位碳中心自由基、C—O 键对位碳中心自由基。三种共振结构分别进行自由基偶联反应，当碳、氧自由基偶联时，生成 HO-PBDEs 产物。根据酚氧自由基的共振重排机制，只有醚键邻位和间位均存在羟基取代的异环 di-HO-PBDEs 才能作为二噁英的前体。以 5′,6-di-HO-BDE 作为底物计算得到了二噁英形成的可行路径（图 7-13）：Compound I 催化 5′,6-di-HO-BDE 发生两步酚羟基摘氢，将底物转化为二酮中间体。该异环二酮具有共振双自由基结构（可共振为 O_6 和 $C_{5'}$自由基），经过 O_6—$C_{5'}$偶联生成 PBDD 酮异构体，接着在非酶环境下发生酮-醇互变异构生成 HO-PBDD。Compound I 的氧原子与 5′,6-di-HO-BDE 的羟基氢原子间存在氢键作用，促进了酚羟基摘氢反应进行。结果表明，前两步氢转移反应的能垒均较低，将底物转变为中性的二酮产物。该二酮产物很容易发生环化反应，经过 O_6—$C_{6'}$成键，形成 PBDD 的酮异构体。酮异构体在非酶环境下，由水分子催化进行酮-醇互变异构，生成 HO-PBDD 产物。

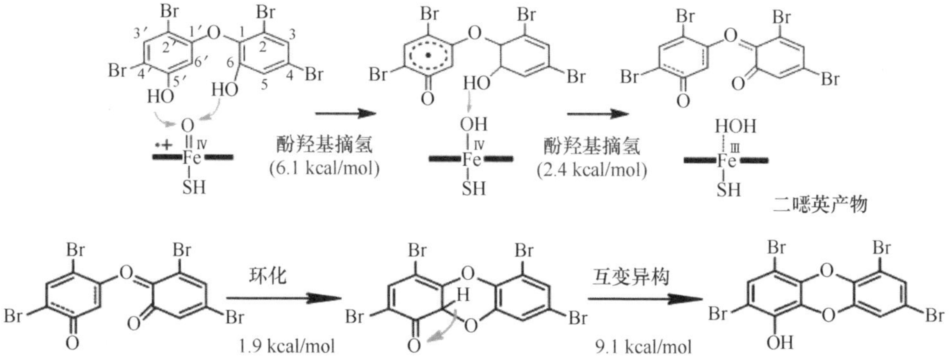

图 7-13　HO-PBDEs 被 P450 酶代谢生成 HO-PBDD 的可能路径

7.2.4　全氟辛基磺酸（PFOS）前体的 P450 酶代谢转化模拟

全氟辛基磺酸（perfluorooctane sulfonate，PFOS）是典型的持久性有机污染物，但 PFOS 产生生物体暴露的途径仍不清楚。*in vivo* 和 *in vitro* 实验表明，PFOS 前体物质（PreFOS）被 P450 酶代谢生成 PFOS 是重要的间接暴露途径，但这一转化过程的机制仍有待探究。Fu 等（2015）以一种典型的 PreFOS［*N*-乙基全氟辛基磺胺（*N*-EtPFOSA）］为例，基于模型计算揭示了其被 Compound I 代谢转化的机制。如图 7-14 所示，Compound I 能够催化 *N*-EtPFOSA 发生 N-脱乙基反应，包括 C_α-H 羟基化（a）和乙醇胺降解（b）两步。Compound I 首先与 *N*-EtPFOSA 发生 C_α-H 摘氢反应，产生的碳自由基中间体经羟基反弹生成乙醇胺中间产物。乙醇胺接下来在非酶环境中发生降解，生成乙醛和全氟辛基磺酸胺（PFOSA）。

在 C_α-H 羟基化过程中，摘氢反应是速控步骤，反应在 Compound I 的二、四重态上能垒相近，遵循双态反应机制。乙醇胺降解反应由醇羟基氢转移至氨基氮上引发，造成 C—N 键断裂，脱去氮原子连接的乙基。在与卟啉环结合状态下，计算得到乙醇胺的降解能垒很高；而当乙醇胺未与卟啉铁原子结合时，降解反应能垒显著降低，因此乙醇胺的降解更有可能在非酶的水环境中进行。计算发现，水分子可以通过氢键作用辅助氢的转移过程，对降解反应起到催化作用。以上结果表明，PreFOS 类物质在生物体内可经过 N-脱烷基化路径产生 PFOSA。

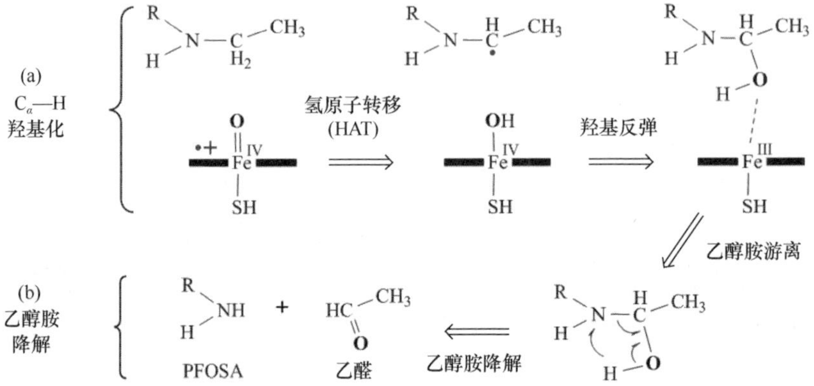

图 7-14　Compound I 催化 *N*-EtPFOSA 脱烷基化反应的机制

实验证实，PFOSA 是几乎所有 PreFOS 生物代谢转化的中间产物，但 PFOSA 代谢生成 PFOS 的机制则鲜有研究。通过模型计算揭示了 Compound I 催化 PFOSA 转化成 PFOS 的路径。与伯胺氮原子摘氢和羟基反弹生成羟胺的传统机制不同，Compound I 与 PFOSA 的摘氢反应由于全氟辛基的强吸电子作用而难以进行。PFOSA 首先与 Compound I 发生氮原子氧化，生成 N-氧化产物。N-氧化物一方面会发生氢转移，将氢原子转移至氧原子上生成羟胺；另外，由于氧原子具有较强的电负性，也可能与硫原子发生加成，形成环氧化类似物（图 7-15）。该环氧化物接着发生重排反应，断裂 S—N 键，并水解生成 PFOS 和羟胺。计算发现 N-氧化物氢迁移生成羟胺的反应能垒比生成环氧化物路径高。因此脱氨基反应遵循环氧化机制，其中 N 氧化是反应的速控步骤。PFOSA 脱氨基过程所需能垒显著高于 *N*-EtPFOSA 的 N-脱烷基反应，说明由 PFOSA 到 PFOS 的反应是 PreFOS 生物代谢的速控步骤，与 *in vitro* 实验观测结果一致（Benskin et al.，2009）。

7.2.5　P450 酶活性中心催化卤代烷烃、烯烃类物质的模拟

杀虫剂、农药以及饮用水消毒副产物等污染物均含有卤代烷烃基团。Ji 等（2014）基于 DFT 计算，研究了 P450 酶代谢转化 $CHCl_3$ 和 CCl_4 的反应机制。研究发现该反应机制与环境条件相关：好氧条件下，P450 酶活性中心 Compound I 能够催化 $CHCl_3$ 发生 C—H 键羟基化反应，产物为氯代甲醇，该物质进一步经水

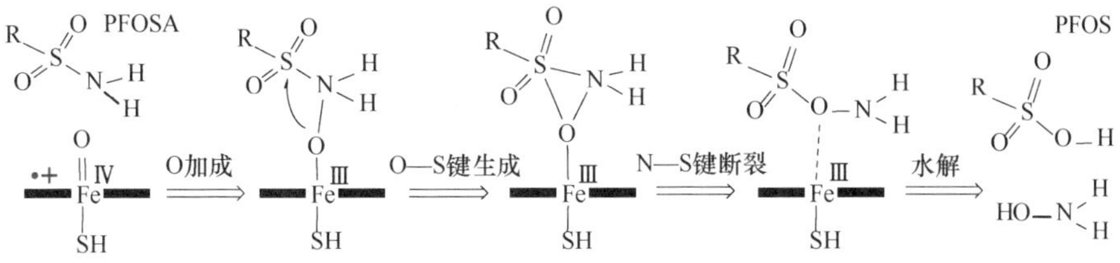

图 7-15　Compound I 催化 PFOSA 生成 PFOS 的机制

分子催化发生脱氯化氢反应，生成 Cl_2O；而在厌氧条件下，$CHCl_3$ 与+2 价的亚铁卟啉活性中心发生还原脱氯反应。全氯代的 CCl_4 则会在厌氧条件下被 P450 酶转化产生 Cl_2O 和 ClO·。除了卤代烷烃类物质，含有 C═C 双键的烯烃类物质由于具有被 P450 酶转化为毒性环氧化产物的潜力而备受关注。Zhang 等（2015）采用 DFT 计算了 Compound I 催化 36 种烯烃环氧化反应的能垒（ΔE，单位：kcal/mol），并与烯烃分子的电离势（ionization potential，IP）线性拟合。结果发现，烯烃分子的 IP 与其环氧化能垒存在较强的线性相关（图 7-16），对于偶极矩小于 2.2 deb[①]的烯烃，其环氧化能垒符合：$\Delta E = 5.044\text{IP} - 31.315$；而偶极矩大于 2.2 deb 的烯烃，其环氧化能垒 $\Delta E = 2.666\text{IP} - 16.066$。上述关系式可作为快速预测烯烃环氧化反应活性的方法。

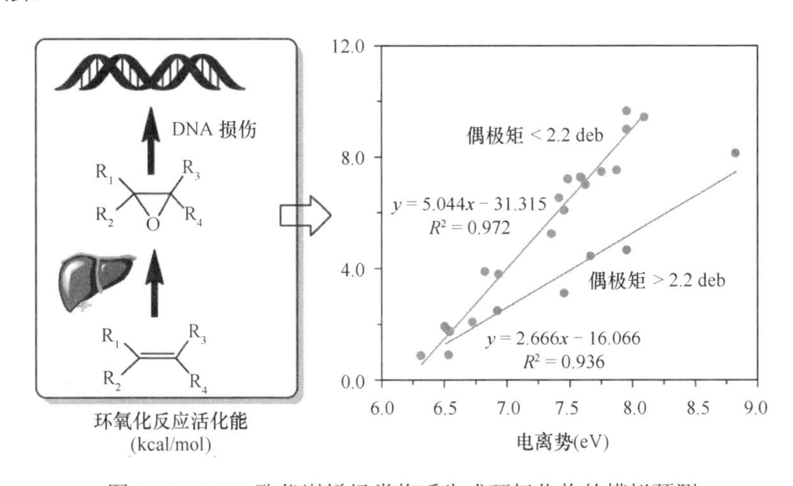

图 7-16　P450 酶代谢烯烃类物质生成环氧化物的模拟预测

① deb 为非法定单位，1 deb=3.335 64×10^{-30} C·m。

7.3 其他生物酶系代谢转化污染物的计算模拟

7.3.1 谷胱甘肽硫转移酶

1. 谷胱甘肽硫转移酶简介及其毒理学意义

谷胱甘肽硫转移酶（glutathione *S*-transferases，GSTs）是普遍存在于好氧有机体、植物和动物中的Ⅱ相多功能酶系（Armstrong，1997；Hayes et al.，2005），在一些哺乳动物的器官内，GSTs 浓度可占细胞溶质蛋白的 10%。GSTs 包含三个大家族，根据其在细胞中所处位置可分为细胞溶质 GSTs、线粒体 GSTs 和微粒体 GSTs。GSTs 家族在氨基酸序列上差别很大，细胞溶质 GSTs 约有 40%的基因同源性，根据其结构可分为 13 类：α，β，δ，ε，ζ，θ，μ，ν，π，σ，τ，ψ，ω。其中，人体细胞溶质 GSTs 具有 α，ζ，θ，μ，π，σ，ω 7 类。GSTs 的主要功能是催化内外源亲电物质与还原态谷胱甘肽（GSH）的结合反应，从而避免这些亲电物质与细胞关键蛋白和核酸的反应。结合产物的水溶性增强，更易排泄，从而实现了对这些物质的解毒作用。GSTs 也可与毒性物质结合，起到转运蛋白的作用；或者与非底物配体结合，对细胞信号通路产生影响（Armstrong，1991；1997）。

猪的 π 类 GSTs（pGTSP-1）是最早被人类解析出蛋白结构、最具代表性的细胞溶质 GSTs。它包含一个 N 端结合域以及由多个 α 螺旋组成的 C 端结合域。细胞溶质和线粒体 GSTs 结合 GSH 的位点（G 端）就位于该结合域内。该区域包含区别大多数 GSTs 的 α_2 螺旋结构，该螺旋的氨基酸残基与 GSH 的甘氨酸存在相互作用。根据螺旋上参与相互作用的氨基酸类型不同，细胞溶质 GSTs 被划分为两个小类：Y-GST 和 S/C-GST。Y-GST 通过酪氨酸活化 GSH，S/C-GST 采用丝氨酸或者半胱氨酸来活化 GSH。GSTs 催化 GSH 和底物分子结合反应的过程是：GSTs 首先将底物和 GSH 同时结合于活性中心相邻的疏水性 H 端和亲水性 G 端；接下来，GSTs 活化 GSH 的巯基，使其能够亲电进攻底物分子。GSTs 的底物谱较宽，包括环境污染物和其他外源毒素，比如药物、农药、杀虫剂、致癌物以及环氧化代谢物等。大多数生物过程都涉及 GSTs，它们在保护细胞免于活性氧物种产生的氧化压力等有害效应方面起到了重要作用，并且参与多种生物合成路径。因此，GSTs 的水平与许多疾病息息相关，包括器官损伤、癌症、糖尿病和阿尔茨海默病等。

GSTs 催化的反应中需要以 GSH 为生物还原剂。GSH 是由谷氨酸、半胱氨酸和甘氨酸缩合而成的三肽。在动物细胞中，GSH 的浓度约为 5 mmol/L，其中分子的巯基（—SH）是还原剂。GSH 具有氧化和还原两种状态，正常细胞中，还原态的 GSH（结构见图 7-17）占比约为 90%。在 DNA 合成和修复、蛋白质合成、前列腺素合成、氨基酸转运和酶活化等代谢和生物化学过程中，GSH 均扮演重要角色。

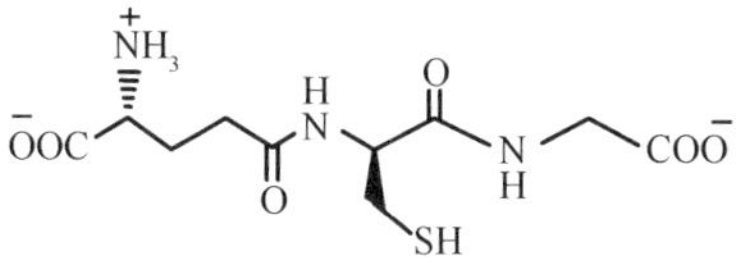

图 7-17　谷胱甘肽（GSH，还原态）的一般结构式

2. 谷胱甘肽代谢滴滴涕（DDT）的计算模拟

GSTs 在杀虫剂代谢产生抗药性过程中具有潜在作用，因此昆虫的 GSTs 引起了人们广泛的关注。例如，有机氯杀虫剂 1,1,1-三氯-2,2-双(*p*-氯苯基)乙烷（滴滴涕，DDT）在防治农业病虫害、帮助人类战胜疟疾等方面发挥了突出作用。然而一些种类蚊子（如 *Anopheles gambiae*）中发现了对 DDT 的抗药性，从而使疟疾通过蚊子传播的可能性增强，对人类健康产生新的威胁。从机理上解析 GSTs 对 DDT 的解毒作用对理解 DDT 抗药性的影响和发展更加有效的新型杀虫剂是非常必要的。

在昆虫体内存在的六种 GSTs（δ，ε，ω，σ，θ 和 ζ）中，δ 和 ε 是主要的类型。在 28 种疟疾携带菌 *Anopheles gambiae* 的 GSTs 中，5 种 ε 成员在 DDT 抗药性菌株上的表达水平显著提升。其中，agGSTe2 能够显著促进 DDT 的代谢转化。agGSTe2 是同质或异质二聚体蛋白，由尺寸接近 25 kDa 的两个亚单元和多肽链构成。每个亚单元均有一个结合 GSH 的 G-位点和一个结合亲电底物的 H-位点。与 G-位点结合后，GSH 会在水分子的协助下被活化成硫醇阴离子（GS^-）。GS^-能够攻击疏水性化合物的亲电中心。一般而言，GSTs 通过质子转移或 GSH 结合作用催化卤代烃类的脱毒反应。质子转移曾被认为是蚊子中可能的 DDT 抗药性机制之一，因为实验未检测到 GS-DDT 结合物。但 GS-DDT 结合物可能不稳定，会被快速降解产生 DDE。因此，需要采用计算模拟来阐明 DDT 脱氯脱毒机制。

Li 等（2014）采用 QM/MM 方法，考察了 agGSTe2 对 DDT 的脱毒机制。以 agGSTe2-GSH 复合物的 XRD 晶体结构（PDB 编码：2IM1）作为计算初始模型，根据残基的 pK_a 预测值确定氨基酸的质子化状态，并对体系残基加氢。将 DDT 分子对接到 agGSTe2 蛋白质中，选择对接能最小的构型作为动力学模拟的起始输入。将对接构型置于球形的显式水模型中，以保证整个蛋白质充分溶剂化，然后添加离子中和体系。之后，开始动力学模拟计算，为保证体系结构与实验晶体结构的一致性，动力学计算过程中始终固定 GS^-的坐标。模拟结束后，选取体系的平衡快照（snapshots，SNs）作为 QM/MM 计算的初始构型。QM/MM 计算的 QM 区域采用 DFT 方法，MM 区域采用 CHARMM 力场描述，两区域间采用连接氢原子划分。QM 区域包括 GS^-、DDT、一个水分子和部分 Ser 12 残基，总共 71 个原子。采用势能面扫描预测反应的过渡态结构，将扫描得到的能量最高点结构进行再优化，并基于谐振频率对该过渡态结构进行分析确认。

QM/MM 方法优化得到的体系构象与 XRD 数据能够很好吻合。通过径向分布函数（RDF）分析 agGSTe2-GS^-和 agGSTe2-GS^--DDT 体系的水分子坐标发现，DDT 结合后活性位点排出了多水分子。MD 过程中，S—O_β 距离变化较小，表明水分子在硫醇阴离子（GS^-）稳定过程中起重要作用。H_β 和 H_δ 与 S 原子的距离约为 2 Å，表明水分子氢原子与巯基硫原子间存在氢键相互作用。S—H_α 和 S—C_β 距离分别约为 4.0 Å 和 5.5 Å，说明离子化的 GS^-能够攻击 DDT 的 H_α 或 C_β，从而导致图 7-18 所示的两种可能反应机制，即质子转移机制和 GS-DDT 结合机制。

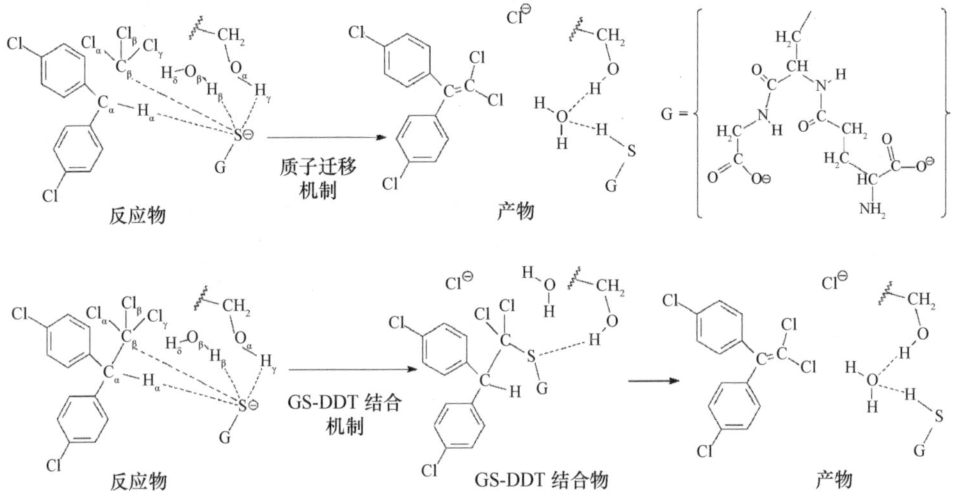

图 7-18 GSTs 催化 DDT 代谢转化的两条反应机制：质子迁移和结合机制（Li et al. 2014）

质子转移机制中，DDT 的 H_α 从 DDT 转移到 GS^-。7 种不同动力学平衡构象 SNs 计算得到的不同反应路径能垒在 14.1～39.9 kcal/mol（表 7-1），暗示蛋白质环境对反应能垒具有较强的影响。为了分析计算结果，7 种反应路径快照的平均能垒通过指数平均进行计算：

$$\Delta E_{ea} = -RT\ln\left\{\frac{1}{n}\sum_{i=1}^{n}\exp\left(\frac{-\Delta E_i}{RT}\right)\right\} \qquad (7\text{-}3)$$

式中，ΔE_{ea} 是平均能垒，R 是理想气体常数，n 是 SNs 数量，ΔE_i 是路径 i 的能垒，T 是温度。计算得到质子转移机制的指数平均能垒为 15.2 kcal/mol。在 GS-DDT 结合机制中，GS⁻攻击 DDT 的 C_β 原子，并形成 GS-DDT 结合体。计算得到的 7 条反应路径能垒从 41.6 kcal/mol 变化到 67.9 kcal/mol，其指数平均能垒为 42.8 kcal/mol，比质子转移机制高 27.6 kcal/mol，说明质子转移机制比 GS-DDT 结合机制在能量上更加可行。

表 7-1　7 种 SNs 得到的质子转移反应路径中涉及的反应物（R）、过渡态（TS）和产物（P）能垒以及相关的 QM/MM 键长变化信息（Li et al. 2014）

	能垒（kcal/mol）	键长（Å）											
		C_α—H_α			S—H_α			C_α—C_β			C_β—Cl_α		
		R	TS	P	R	TS	P	R	TS	P	R	TS	P
SN-6.0	28.2	1.09	1.76	4.08	4.23	1.48	1.34	1.56	1.42	1.34	1.79	2.17	2.9
SN-6.5	39.9	1.09	1.67	3.73	4.25	1.55	1.35	1.56	1.44	1.34	1.8	2.09	2.88
SN-7.0	20.5	1.09	1.67	4.21	4.07	1.42	1.35	1.55	1.53	1.34	1.8	2.21	2.99
SN-7.5	32.4	1.09	1.83	4.02	4.06	1.5	1.35	1.55	1.43	1.35	1.8	1.96	2.59
SN-8.0	21.3	1.09	1.68	4.27	4.28	1.53	1.35	1.55	1.46	1.35	1.8	1.91	3.52
SN-8.5	14.1	1.1	1.74	3.35	3.92	1.54	1.34	1.55	1.44	1.34	1.8	2.04	2.73
SN-9.0	21.1	1.09	1.75	3.15	4.14	1.49	1.34	1.55	1.43	1.34	1.8	2.1	2.92

考察 SN-8.5 反应路径中过渡态的氢键网络变化发现，反应过渡态时，GS⁻与 Ile55 的氢键作用强于反应物，而与 Arg112 的氢键作用减弱。接着，对 19 种关键独立残基对 SN-8.5 反应路径中能垒的静电影响进行了评估。氨基酸残基 i 引起的活化能垒差异可由式（7-4）描述：

$$\Delta E^{i\text{-}0} = \Delta E^{i} - \Delta E^{0} \tag{7-4}$$

式中，$\Delta E^{i\text{-}0}$ 是能垒变化，ΔE^{i} 是残基 i 上的电荷设为 0 的能垒，ΔE^{0} 是能垒的初始值。$\Delta E^{i\text{-}0}>0$ 代表忽略第 i 个残基的影响将增大能垒。同理，第 i 个残基降低能垒，则有利于催化反应的进行。结果发现，Ile55 能够促进反应（$\Delta E^{i\text{-}0}$ = 2.3 kcal/mol），而 Arg112 对反应起抑制作用（$\Delta E^{i\text{-}0}$ = −1.9 kcal/mol），与这两种残基对 GS⁻稳定作用结果一致。此外发现，活性中心周围 Cys15、His53、Glu67 和 Glu116 等残基抑制解毒反应（$\Delta E^{i\text{-}0}<-1$ kcal/mol），而残基 Pro13、Ser68、Phe115 和 Phe120 利于解毒反应（$\Delta E^{i\text{-}0}>-1$ kcal/mol）。其他 9 种残基（Leu9、Leu36、His41、Thr54、Pro56、Phe108、Met111、Leu119 和 Leu207）对反应能垒没有太大影响（-1 kcal/mol$<\Delta E^{i\text{-}0}<$1 kcal/ mol）。上述结果可为残基突变增加 GSTs 的解毒能力的研究提供参考。

7.3.2 磺基转移酶

1. 磺基转移酶简介及其毒理学意义

磺基转移酶（sulfotransferases，SULTs）是催化磺酸基团从供体分子上转移给醇或胺等多种受体的酶。最常见的磺基供体是 3′-磷酸腺苷-5′-磷酰硫酸（3′-phosphoadenosine-5′-phosphosulfate，PAPS）。若醇作为受体，则 SULTs 的催化产物为硫酸盐（$R\text{-}OSO_3^-$）；当胺作为受体时，产物为氨基磺酸盐（$R\text{-}NH\text{-}SO_3^-$）。很多含有醇羟基及氨基的生物大分子（如蛋白质、脂质、碳水化合物或类固醇）或者外源性物均可能被 SULTs 催化发生磺酸化。SULTs 主要分为两大类：①细胞质 SULTs，职责为激素调控、药物代谢和解毒；②高尔基体膜结合的 SULTs，职责为磺化多肽、蛋白质、脂质和葡糖氨基葡聚糖，从而影响它们的结构和功能特性。这两类 SULTs 也在生化信号通路和分子识别中起到关键作用。

细胞质中的 SULTs 具有几个重要的功能。一些能够起到解毒作用，如 SULTs 将磺酸基团转移给一些毒性分子，使得它们易排出细胞并最终排到体外。例如，治疗头痛药物的扑热息痛在口服吸收后，由于 SULTs 的磺化作用，在几个小时内效果逐渐消失，然后快速排泄。但有时磺化反应也可能使一个相对无害的分子变成强烈的致癌物。SULTs 也对不溶分子在体内的正常转运起到重要作用。例如，SULTs 通过将磺酸基添加到雌激素上使其变成可溶形态在血液中循环。当它到达目标细胞时，磺酸基团即被另一种酶去除形成活性激素。

高尔基体 SULTs 主要将磺酸基团添加到氨基酸和碳水化合物上。由于作用的底物比细胞质 SULTs 大得多，因此高尔基体 SULTs 具有较大的活性位点。高尔基体 SULTs 的特异性非常强，对连接到氨基酸和碳水化合物上的磺酸基团具有独特的编码。例如，3-*O*-磺基转移酶可对肝素（一种抗凝血剂，由二糖形成的多聚体）添加磺酸基团。肝素上不同位置的磺酸基团能够控制其与超过 100 种蛋白质之间的相互作用，并提高分子溶解性。一般 SULTs 均以 PAPS 为磺酸基来源，但也有些特殊的细菌 SULTs，例如芳基硫酸 SULTs，能使用 *p*-硝基苯磺酸作为供体转移磺酸基到目标物。下面以酪蛋白磺基转移酶为例，简要介绍高尔基体膜结合 SULTs 催化底物磺酸化机制的计算模拟。

2. 酪蛋白磺基转移酶催化机制的计算模拟

酪蛋白磺基转移酶（tyrosylprotein sulfotransferases，TPSTs）是膜结合 SULTs 中的重要一类，它们将磺酸基从辅因子 PAPS 转移到蛋白质的酪氨酸羟基基团上，形成 *O*-硫酸化酪氨酸和 3′-磷酸腺苷-5′-磷酸盐（PAP），如图 7-19 所示。已有的人体 TPST-2 的 XRD 晶体是一个同型二聚体结构，核心区域是 Gly^{43}～Leu^{359} 的多肽，通常表示为 TPST2ΔC18。以分辨率最高的 3AP1 晶体为例，该结构包含丢掉硫酸基团的辅因子（PAP）和血蛋白补体 C4 衍生出的多肽 C4P5Y3 底物。其中，多肽 C4P5Y3 底物中的酪氨酸是 *O*-磺化的潜在反应位点。目前，酪氨酸 *O*-磺化机制主要有以下两种假说：①Danan 基于质谱和动力学分析提出的 *ping-pong* 机制（Danan et al.，2010），其中组氨酸残基作为磺酸基载体；②Teramoto 提出的类 S_N2 机制（Teramoto et al.，2013），其中 Arg^{78} 和 Glu^{99} 分别作为催化反应的酸和碱，而 Lys^{158} 和 Ser^{285} 残基在稳定反应构型中起到重要作用。

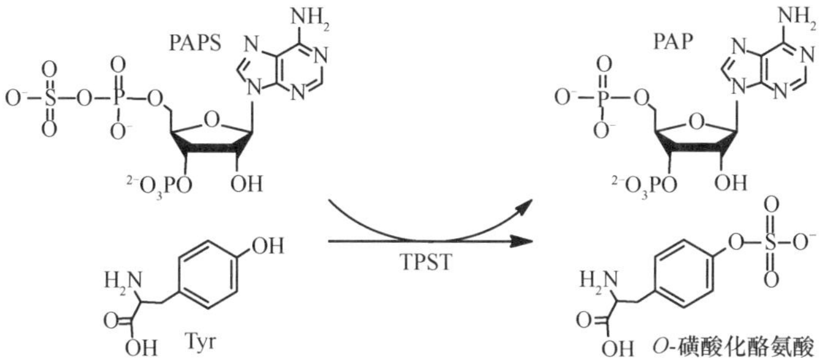

图 7-19 TPSTs 催化酪氨酸发生 *O*-磺化反应原理（Marforio et al.，2015）

Marforio 等（2015）基于 DFT 计算，研究了人 TPST-2 酶对酪氨酸 *O*-磺化的机制。选取 3AP1（包含 TPST2ΔC18，C4 多肽和 PAP）来构建人体 TPST-2 活性位点的团簇模型，并手动添加磺酸基团 SO_3^-。在 pH = 7.4 条件下，对 3AP1 添加氢原子。对 Danan 等提出的 *ping-pong* 机制，通过详细的酶结构分析及分子动力学模拟发现，组氨酸残基无法作为磺酸载体，因此人 TPST-2 酶无法通过该机制催化酪氨酸磺化。根据 Teramoto 等提出的类 S_N2 机制，构建的团簇模型中需要包含作为催化碱和酸的 Glu^{99} 和 Arg^{78}，以及起稳定过渡态作用的 Ser^{285} 和 Lys^{158}。为了进一步减小团簇模型的尺寸，去掉磺化反应活性位点 8 Å 范围外的残基，并将 PAPS 和 C4P5Y3 结构中不直接参与反应的部分丢弃，切断的键用氢原子代替。最终形成的团簇模型体系包含：①四种重要残基 Glu^{99}，Arg^{78}，Ser^{285}，Lys^{158}；②与 Tyr^{1006} 和 PAPS 的 5′PS 基团特异性相互作用的 Pro^{77}，Thr^{81}，Thr^{82}；③反应位点周围的 Val^{76}，Ile^{199}，Asp^{159}，Phe^{161}，Pro^{160}，Val^{197}，Gly^{80} 和 Asp^{159}。该团簇模型共包含 241 个原子，总电荷为–1。

计算表明，人体 TPST-2 催化酪氨酸 *O*-磺化过程遵循协同的类 S_N2 反应机制，其中酪氨酸的氧被 Glu^{99} 质子化并同时作为亲核试剂攻击磺酸基团。Arg^{78} 所起的作用与 Teramoto 提出的机制不一致，它沿反应路径定位 SO_3^-，作为“梭子”（shuttle）伴随 SO_3^- 从 PAPS 转运到酪氨酸。反应起始的酶-底物络合物（ES）、过渡态（TS）

和最终的酶-产物络合物（EP）结构如图 7-20 所示。ES 必须跨越 18.5 kcal/mol 的活化能垒到达 EP，EP 比 ES 高 5.7 kcal/mol，反应为吸热反应。结果显示，Tyr^{1006} 羟基和 Glu^{99} 羧基之间的氢转移（H^{194} 从 O^{193} 转移到 O^{89}）是磺化反应中重要的一步，反应能够产生攻击磺酸基团的亲核氧。

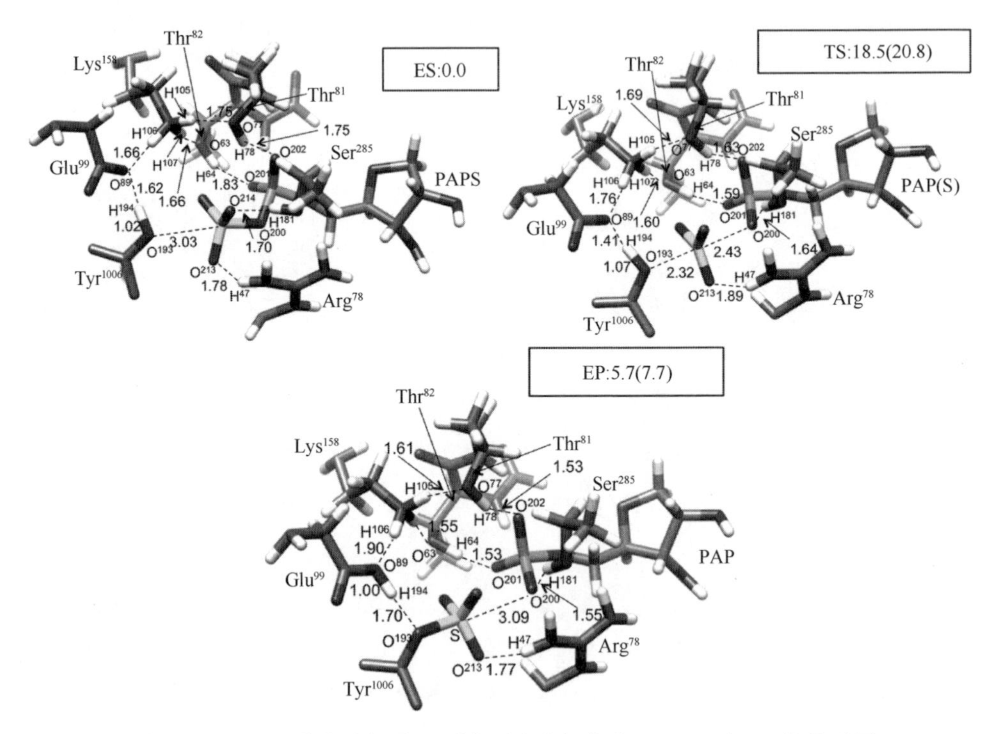

图 7-20　TPST-2 催化酪氨酸 *O*-磺化反应中间物种 ES、TS 和 EP 的构型图

能垒（kcal/mol）以 ES 为参考点（括号中为大基组水平计算值），键长单位为 Å，引自文献（Marforio et al.，2015）

ES 中，H^{194} 和 O^{89} 形成了较强的氢键，因而有利于随后的质子转移过程。质子化 Lys^{158} 的三个氢原子与 Glu^{99}、Thr^{81} 和 Thr^{82} 间形成的强氢键：$H^{106}\cdots O^{89}$、$H^{105}\cdots O^{77}$ 和 $H^{107}\cdots O^{63}$，而 Ser^{285} 的羟基氢与 SO_3^- 氧原子具有氢键作用（$H^{181}\cdots O^{214}$），证实了 Teramoto 机制中 Lys^{158} 和 Ser^{285} 在稳定反应构型中起重要作用的猜测。此外，体系中其他氢键作用对反应也起重要作用：①Arg^{78} 与 PAPS 磺酸基的氢键作用（$H^{47}\cdots O^{213}$）；②Thr^{81} 羟基与 PAPS 的 5′-磷酸间的相互作用（$H^{78}\cdots O^{202}$）；③Thr^{82} 和 5′-磷酸间的相互作用（$H^{64}\cdots O^{201}$）。

TS 中，SO_3^- 基团呈平面结构特征，从 O^{200} 转移到 O^{193}。SO_3^- 大约位于两个氧原子之间的位置，$O^{193}\cdots S^{212}$ 和 $O^{200}\cdots S^{212}$ 距离分别是 2.32 Å 和 2.44 Å。TS 是一个协同且高度异步（asynchronous）的过渡态，其中 SO_3^- 向酪氨酸的靠近引发了酪氨酸的去质子化。此时，H^{194} 更靠近 O^{89}（Glu^{99}），导致 O^{193}—H^{194} 键变弱，因此 Glu^{99}

表现出碱催化特征。Arg^{78} 并不是通过向迁移的磺酸基团贡献质子起酸催化剂作用（图 7-20），而是作为 SO_3^- 的定位工具随着 SO_3^- 沿反应路径穿梭。Lys^{158}、Ser^{285} 与周围相关残基的氢键作用在 TS 中发生显著变化。在最后的络合物 EP 中，磺酸基已经与酪氨酸残基 Tyr^{1006} 相连，H^{194} 已完全转移到 Glu^{99}（O^{89}—H^{194} 距离为 1.00 Å）。此外，SO_3^- 基团仍处于 Arg^{78} 的固定位置，证实了精氨酸残基伴随磺酸基团沿反应路径穿梭的作用。与 ES 络合物相比，EP 结构中丝氨酸羟基氢（H^{181}）和 O^{200} 之间形成了氢键，Thr^{81}（$H^{78}\cdots O^{202}$）和 Thr^{82}（$H^{64}\cdots O^{201}$）参与的两个氢键显著变强。上述三个氢键作用对稳定产物起到贡献作用。

参 考 文 献

Altarawneh M, Dlugogorski B Z. 2013. A mechanistic and kinetic study on the formation of PBDD/Fs from PBDEs. Environmental Science & Technology, 47(10): 5118-5127.

Altun A, Guallar V, Friesner R A, Shaik S, Thiel W. 2006. The effect of heme environment on the hydrogen abstraction reaction of camphor in P450(cam) catalysis: A QM/MM study. Journal of the American Chemical Society, 128(12): 3924-3925.

Armstrong R N. 1991. Glutathione *S*-transferases: Reaction mechanism, structure, and function. Chemical Research in Toxicology, 4(2): 131-140.

Armstrong R N. 1997. Structure, catalytic mechanism, and evolution of the glutathione transferases. Chemical Research in Toxicology, 10(1): 2-18.

Asaka M, Fujii H. 2016. Participation of electron transfer process in rate-limiting step of aromatic hydroxylation reactions by compound I models of heme enzymes. Journal of the American Chemical Society, 138(26): 8048-8051.

Bathelt C M, Mulholland A J, Harvey J N. 2008. QM/MM modeling of benzene hydroxylation in human cytochrome P450 2C9. Journal of Physical Chemistry A, 112(50): 13149-13156.

Benskin J P, Holt A, Martin J W. 2009. Isomer-specific biotransformation rates of a perfluorooctane sulfonate (PFOS)-precursor by cytochrome P450 isozymes and human liver microsomes. Environmental Science & Technology, 43(22): 8566-8572.

Blomberg M R A, Borowski T, Himo F, Liao R-Z, Siegbahn P E M. 2014. Quantum chemical studies of mechanisms for metalloenzymes. Chemical Reviews, 114(7): 3601-3658.

Cao H, He M, Han D, Li J, Li M, Wang W, Yao S. 2013. OH-initiated oxidation mechanisms and kinetics of 2,4,4′-tribrominated diphenyl ether. Environmental Science & Technology, 47(15): 8238-8247.

Coon M J. 2005. Cytochrome P450: Nature’s most versatile biological catalyst. Annual Review of Pharmacology and Toxicology, 45: 1-25.

Danan L M, Yu Z, Ludden P J, Jia W, Moore K L, Leary J A. 2010. Catalytic mechanism of Golgi-resident human tyrosylprotein sulfotransferase-2: A mass spectrometry approach. Journal of The American Society for Mass Spectrometry, 21(9): 1633-1642.

de Visser S P, Ogliaro F, Harris N, Shaik S. 2001. Multi-state epoxidation of ethene by cytochrome P450: A quantum chemical study. Journal of the American Chemical Society, 123(13): 3037-3047.

de Visser S P, Shaik S. 2003. A proton-shuttle mechanism mediated by the porphyrin in benzene hydroxylation by cytochrome P450 enzymes. Journal of the American Chemical Society, 125(24): 7413-7424.

Fu Z, Wang Y, Chen J, Wang Z, Wang X. 2016. How PBDEs are transformed into dihydroxylated and dioxin metabolites catalyzed by the active center of cytochrome P450s: A DFT Study. Environmental Science & Technology, 50(15): 8155-8163.

Fu Z, Wang Y, Wang Z, Xie H, Chen J. 2015. Transformation pathways of isomeric perfluorooctanesulfonate precursors catalyzed by the active species of P450 enzymes: *In silico* investigation. Chemical Research in Toxicology, 28(3): 482-489.

Hackett J C, Sanan T T, Hadad C M. 2007. Oxidative dehalogenation of perhalogenated benzenes by cytochrome P450 Compound I. Biochemistry, 46(20): 5924-5940.

Hamers T, Kamstra J H, Sonneveld E, Murk A J, Visser T J, Van Velzen M J M, Brouwer A, Bergman A. 2008. Biotransformation of brominated flame retardants into potentially endocrine-disrupting metabolites, with special attention to 2,2′,4,4′-tetrabromodiphenyl ether (BDE-47). Molecular Nutrition & Food Research, 52(2): 284-298.

Harris D, Loew G. 1993. Determinants of the spin-state of the resting state of cytochrome-P450cam. Journal of the American Chemical Society, 115(19): 8775-8779.

Hayes J D, Flanagan J U, Jowsey I R. 2005. Glutathione transferases. Annual Review of Pharmacology and Toxicology, 45: 51-88.

Ji L, Schüürmann G. 2013. Model and mechanism: N-hydroxylation of primary aromatic amines by cytochrome P450. Angewandte Chemie-International Edition, 52(2): 744-748.

Ji L, Zhang J, Liu W, de Visser S P. 2014. Metabolism of halogenated alkanes by cytochrome P450 enzymes. Aerobic oxidation versus anaerobic reduction. Chemistry—An Asian Journal, 9(4): 1175-1182.

Kumar D, de Visser S P, Sharma P K, Cohen S, Shaik S. 2004. Radical clock substrates, their C—H hydroxylation mechanism by cytochrome P450, and other reactivity patterns: What does theory reveal about the clocks' behavior? Journal of the American Chemical Society, 126(6): 1907-1920.

Li C S, Wu W, Kumar D, Shaik S. 2006. Kinetic isotope effect is a sensitive probe of spin state reactivity in C—H hydroxylation of *N*, *N*-dimethylaniline by cytochrome P450. Journal of the American Chemical Society, 128(2): 394-395.

Li C, Zhang L, Zhang C, Hirao H, Wu W, Shaik S. 2007. Which oxidant is really responsible for sulfur oxidation by cytochrome p450? Angewandte Chemie-International Edition, 46(43): 8168-8170.

Li Y, Shi X, Zhang Q, Hu J, Chen J, Wang W. 2014. Computational evidence for the detoxifying mechanism of epsilon class glutathione transferase toward the insecticide DDT. Environmental Science & Technology, 48(9): 5008-5016.

Lupton S J, McGarrigle B P, Olson J R, Wood T D, Aga D S. 2009. Human liver microsome-mediated metabolism of brominated diphenyl ethers 47, 99, and 153 and identification of their major metabolites. Chemical Research in Toxicology, 22(11): 1802-1809.

Marforio T D, Giacinto P, Bottoni A, Calvaresi M. 2015. Computational evidence for the catalytic mechanism of tyrosylprotein sulfotransferases: A density functional theory investigation. Biochemistry, 54(28): 4404-4410.

Ogliaro F, Harris N, Cohen S, Filatov M, de Visser S P, Shaik S. 2000. A model “rebound” mechanism of hydroxylation by cytochrome P450: Stepwise and effectively concerted pathways, and their reactivity patterns. Journal of the American Chemical Society, 122(37): 8977-8989.

Porro C S, Sutcliffe M J, de Visser S P. 2009. Quantum mechanics/molecular mechanics studies on the sulfoxidation of dimethyl sulfide by compound I and compound 0 of cytochrome P450: Which is the better oxidant? Journal of Physical Chemistry A, 113(43): 11635-11642.

Ramanan R, Dubey K D, Wang B, Mandal D, Shaik S. 2016. Emergence of function in P450-proteins: A combined quantum mechanical/molecular mechanical and molecular dynamics study of the reactive species in the H_2O_2-dependent cytochrome P450 (SP alpha) and its regio- and enantioselective hydroxylation of fatty acids. Journal of the American Chemical Society, 138(21): 6786-6797.

Rendic S, Guengerich F P. 2012. Contributions of human enzymes in carcinogen metabolism. Chemical Research in Toxicology, 25(7): 1316-1383.

Rendic S, Guengerich F P. 2015. Survey of human oxidoreductases and cytochrome P450 enzymes involved in the metabolism of xenobiotic and natural chemicals. Chemical Research in Toxicology, 28(1): 38-42.

Rittle J, Green M T. 2010. Cytochrome P450 compound I: Capture, characterization, and C—H bond activation kinetics. Science, 330(6006): 933-937.

Schoneboom J C, Cohen S, Lin H, Shaik S, Thiel W. 2004. Quantum mechanical/molecular mechanical investigation of the mechanism of C—H hydroxylation of camphor by cytochrome P450(cam): Theory supports a two-state rebound mechanism. Journal of the American Chemical Society, 126(12): 4017-4034.

Schoneboom J C, Lin H, Reuter N, Thiel W, Cohen S, Ogliaro F, Shaik S. 2002. The elusive oxidant species of cytochrome P450 enzymes: Characterization by combined quantum mechanical/ molecular mechanical (QM/MM) calculations. Journal of the American Chemical Society, 124(27): 8142-8151.

Shaik S, Cohen S, Wang Y, Chen H, Kumar D, Thiel W. 2010. P450 enzymes: Their structure, reactivity, and selectivity-modeled by QM/MM calculations. Chemical Reviews, 110(2): 949-1017.

Shaik S, Kumar D, de Visser S P, Altun A, Thiel W. 2005. Theoretical perspective on the structure and mechanism of cytochrome P450 enzymes. Chemical Reviews, 105(6): 2279-2328.

Shaik S, Milko P, Schyman P, Usharani D, Chen H. 2011. Trends in aromatic oxidation reactions catalyzed by cytochrome P450 enzymes: A valence bond modeling. Journal of Chemical Theory and Computation, 7(2): 327-339.

Sharma P K, de Visser S P, Shaik S. 2003. Can a single oxidant with two spin states masquerade as two different oxidants? A study of the sulfoxidation mechanism by cytochrome P450. Journal of the American Chemical Society, 125(29): 8698-8699.

Teramoto T, Fujikawa Y, Kawaguchi Y, Kurogi K, Soejima M, Adachi R, Nakanishi Y, Mishiro-Sato E, Liu M-C, Sakakibara Y, Suiko M, Kimura M, Kakuta Y. 2013. Crystal structure of human tyrosylprotein sulfotransferase-2 reveals the mechanism of protein tyrosine sulfation reaction. Nature Communications, 4: 1572.

Wang B, Li C, Dubey K D, Shaik S. 2015. Quantum mechanical/molecular mechanical calculated reactivity networks reveal how cytochrome P450cam and its T252A mutant select their oxidation pathways. Journal of the American Chemical Society, 137(23): 7379-7390.

Wang X, Wang Y, Chen J, Ma Y, Zhou J, Fu Z. 2012. Computational toxicological investigation on the mechanism and pathways of xenobiotics metabolized by cytochrome P450: A case of BDE-47.

Environmental Science & Technology, 46(9): 5126-5133.

Wang Y, Kumar D, Yang C, Han K, Shaik S. 2007. Theoretical study of N-demethylation of substituted *N*, *N*-dimethylanilines by cytochrome P450: The mechanistic significance of kinetic isotope effect profiles. Journal of Physical Chemistry B, 111(26): 7700-7710.

Zhang J, Ji L, Liu W. 2015. *In silico* prediction of cytochrome P450-mediated biotransformations of xenobiotics: A case study of epoxidation. Chemical Research in Toxicology, 28(8): 1522-1531.

第 8 章　化学品的毒性通路及毒理效应的模拟预测

本章导读

- 简介化学品的水生毒性作用模式（MoA）分类、实验测试方法和 QSAR 预测模型（数据库）。
- 介绍污染物光致毒性效应概念、机制及测试方法，包括基于荧光探针测试细胞活性氧物种的方法，分类叙述光致毒性的 QSAR 预测模型。
- 重点介绍内分泌干扰效应的定义、毒性通路及分子模拟预测步骤，并以甲状腺素和雌激素干扰效应为例介绍化学品环境内分泌干扰效应的模拟预测案例。

化学品的人体健康与生态风险既取决于化学品的环境暴露，也取决于其危害性（尤其毒性）。面临化学品风险管理的需求，毒性作用模式、毒性通路以及有害结局通路（adverse outcome pathways，AOPs）等毒理学概念（或框架）相继被提出。这些概念进一步结合定量构效关系（QSAR）、分子模拟等计算毒理学方法，允许管理者快速甄别或精准预测化学品毒性。本章重点介绍有机污染物水生毒性、光致毒性、内分泌干扰毒性三方面的研究案例。

8.1　有机污染物水生毒性的模拟预测

水生毒性（aquatic toxicity）是化学品生态毒理学效应研究的重要指标。有机污染物理化性质、环境行为参数以及与生物体靶点的相互作用机制，均为影响其水生毒性的重要因素。本节着重介绍了有机污染物对水生生物的毒理效应及毒性的模拟预测。

8.1.1　水生毒性试验、作用模式及影响因素

美国环境保护署（EPA）、经济合作与发展组织（OECD）等已经制定了针对化学品水生毒性效应的一系列试验标准和导则，其受试对象包括水生动物、植物和微生物，例如，鱼类和大型溞急性毒性试验、斑马鱼胚胎毒性试验等（EPA，2002）。

鱼类等水生生物急性毒性试验是表征化合物毒性的传统手段。观测鱼类在不同浓度化学物质中短期暴露（一般为 24～96 h）下的中毒反应，以 50%受试鱼死亡的浓度［半数致死浓度（LC_{50}）］表征化学物质的毒性，LC_{50} 愈小则毒性愈大。急性毒性试验能评估鱼体短期所能耐受的最大暴露浓度，并估计化学品在水体中的无可观测效应水平（no-observed-effect level，NOEL）。类似地，NOEL 越低，化合物的毒性越大。目前国际通用的急性毒性试验的标准用鱼是斑马鱼（*Danio rerio*）。我国常用的实验鱼有稀有鮈鲫、鲢鱼、鳙鱼、草鱼、青鱼、金鱼、鲤鱼、食蚊鱼等。

鱼类胚胎发育试验则观察鱼受精卵经化学物质染毒后的胚胎发育过程，能给出化学物质的毒性效应时间演变规律、胚胎毒性和致畸性等指标。斑马鱼胚胎在宫外发育，显微镜观察胚胎发育直至孵化的 72 h，可以观察到近 20 种不同表现的指标。该方法具有成本低、易操作、可同时分析多项指标等优点。

体外（*in vitro*）实验相比于上述活体（*in vivo*）实验，具有周期短、灵敏、简便、可重复、廉价和易普及等优点。*In vitro* 检测细胞新陈代谢，对毒性物质具有较大敏感性，不仅能定量分析结果，快速筛选批量样品，还可对试验方法进行标准化。例如，中性红染色吸光法（neutral red absorption）（Borenfreund and Puerner，1985）就是一种可快速定量检测有机物细胞毒性的方法，主要用于药物和工业化学品的细胞毒性评价。

值得指出的是，*in vitro* 技术是预测毒理学研究的重要内容。EPA 于 2007 年启动的 ToxCast（毒性预测）使用高通量的基于活细胞或游离蛋白质的 *in vitro* 测试，进而依据测试结果筛选出具有潜在毒性效应的化合物。*In vitro* 测试初筛后的化合物可列入进一步的研究计划（如 *in vivo* 测试）当中，这种层级式的筛选可以有效地降低实验动物的数量。ToxCast 也是 EPA 对于 21 世纪毒性测试（Tox21）的联邦机构合作项目的重要贡献。Tox21 合作项目包含了 EPA、国家毒理学计划/国家环境健康科学研究所、国家高级转化科学中心以及食品药品管理局等美国联邦政府机构，致力于化学品风险评价与毒性测试的转型和创新。Tox21 主要的工作是汇总各机构的化学品研究、数据以及筛选工具，目前已经收编了近万种化学品的高通量筛选数据。上述计划主要涉及人体相关的 *in vitro* 毒性终点，本节则侧重于水生生物。

在利用水生毒性试验数据构建 QSAR 模型的实践中，先基于毒性作用模式（mode of action，MoA）将化学品进行分类，再对同一类的化学品构建 QSAR 模型，其预测效果会得到显著提升。MoA 指描述有害生物效应的生理和行为迹象与毒性机理的集合，其中部分引发毒性的生物学步骤尚未被理解清楚（Guyton et al.，2008）。与此对应，毒性作用机制（mechanism of action，MeA）指已经有完整理解的微观相互作用机制，包括详细的关键生物化学或毒理学事件，以及事件发生的顺序（McCarty and Borgertt，2017）。在部分研究中，MoA 和 MeA 两个概念并没有严格的区分。

目前，在预测水生毒性时，基于虹鳉鱼（*Poecilia reticulata*）毒性数据的 MoA 分类法最为著名，化学品被分成 4 类：非极性麻醉型（惰性）[non-polar narcosis（inert）]、极性麻醉型（弱惰性）[polar narcosis（less inert）]、反应型（reactive）和特异性作用机制型（acting with specific mechanism）（Verhaar et al.，1992）。

其中，麻醉型毒性化学物质可以通过非共价键作用，改变细胞膜结构和功能，进而对鱼类个体产生可逆的毒性作用或麻醉效应（Schultz et al.，2003）。理论上，任何化合物都会接触并干扰细胞膜，因此，所有化学品超过剂量阈值都可引起麻醉型毒性。此外，“非极性”与“极性”的差异则主要体现在化学品分子结构特征上。非极性化学品具有典型的疏水特征，而极性化学品一般都包括氢键供受体，如羟基和氨基等增加分子极性的基团。非极性和极性麻醉型毒性均与表征疏水性的正辛醇/水分配系数（$\log K_{OW}$）有着较好的线性关系。一般而言，一种化学品若同时具有非极性麻醉毒性和其他类型毒性，则其非极性麻醉毒性的剂量-效应阈值（如 EC_{50}）最大，即非极性麻醉毒性是各种毒性类型中最“轻微”的，因而，它也被称为最小毒性（minimum toxicity），或基线毒性（baseline toxicity）。

与麻醉型毒性不同，反应型化学物质自身或其代谢产物能与生物大分子发生化学反应。例如化学分子与蛋白质或核酸中的亲核基团（如氨基、羟基或巯基）发生加成反应（Zhao et al.，2010）。这种化学反应是非特异性的，会产生多种有害结局（Enoch et al.，2011）。反应型化学品与生物体内的活性基团作用机制多种多样，因此很难用一到两种参数（如 $\log K_{OW}$）表征这类物质的毒性。最后，特异性作用机制型化学品指能与特定受体分子发生特异性相互作用的化学物质，例如有机磷酸酯类化合物能够特异性地抑制乙酰胆碱酯酶（Verhaar et al.，1992）。

鉴于上述 4 类 MoA 水生毒性分类法仍然无法准确区分多种化学品，Russom 等（1997）提出了更详细的 MoA 分类法，将化学品分为 6 类：麻醉剂（narcotics）、氧化磷酸化解偶联剂（oxidative phosphorylation uncouplers）、呼吸抑制剂（respiratory inhibitors）、亲电/亲核试剂（electrophiles/nucleophiles）、乙酰胆碱酯酶抑制剂（acetylcholinesterase inhibitors）、中枢神经系统损伤剂（central nervous system seizure agent），其中麻醉剂还可细分为 3 种子类型。然而，这种较为复杂分类方式并未得到广泛的应用。

化学物质接触或透过生物膜，进入循环系统，并最终抵达作用靶点的过程即化学品的毒代动力学过程。与此过程相关的毒理学剂量参数包括化学物质的环境相暴露浓度、生物富集因子、代谢转化速率常数、临界机体残留（critical body residue，CBR）以及靶点积累剂量等（McCarty and Mackay，1993）。麻醉毒性本质上与上述毒代动力学参数有紧密的关联。而反应型和特异性作用机制型化学品的毒性不仅受毒代动力学的影响，更取决于化学物质在作用靶点与生物大分子间相互作用机制（Enoch et al.，2011）。

另一方面，化学物质的赋存形态也决定了其毒代动力学参数和毒性效应机制。例如，可电离有机污染物在水中存在离子和非离子两种形态。水生生物对非离子态的吸收速率远大于离子态，因此在生物富集过程中，化合物非离子态比离子态的贡献更大。一般地，化合物的离子化程度越高，其生物富集能力越差，生物毒性也就越小（Barron，1990）。离子化有机物的水生毒性随 pH 的变化也证明了这一规律：总体上，酸性有机物的离子化率随 pH 增大而增大，而毒性随 pH 增大而减小；碱性有机物的离子化率随 pH 的增大而减小，而毒性随 pH 的增大而增大。但也有研究发现化合物的离子化率越大，其毒性越强（Schultz et al.，1996）。虽然化合物的离子态很难透过生物膜，但中性形态物质在进入生物膜之后可能进一步水解，产生的离子态可能与靶点的生物大分子相互作用，从而增强毒性。

8.1.2 水生生物急性毒性的 QSAR 模型

化学品对水生生物的急性毒性是化学品风险评价和筛选优先测试污染物的关键指标之一。通常采用水生环境中不同营养级生物，如鱼类、水溞类、纤毛虫类、藻类的半数致死浓度（LC_{50}）和半数效应浓度（EC_{50}）值表征化学品的水生急性毒性。现有的数据库和文献中的急性毒性数据有限，缺失的数据则可通过构建不同水生生物的急性毒性 QSAR 模型进行预测（Asadollahi-Baboli，2013；Lyakurwa et al.，2014b；Moosus and Maran，2011；Roberts et al.，2013）。

在水生生物急性毒性 QSAR 模型中，将结构相似的化学品作为训练集建模是比较常见的。由于结构类似化学物质一般具有相同的毒性作用机制，易于提取结构特征信息，因此模型的预测准确度通常较高。但是基于同类化合物的模型覆盖化合物的种类单一，应用域有限。表 8-1 列出了几种基于类似化学分子结构建模的 QSAR 模型，涵盖了氯代苯、有机磷酸酯、多环芳烃等典型污染物。

当训练集中的化学品结构差异较大时，可以用统计学或机器学习算法来构建拟合度较好的模型。而且，模型训练集涵盖的化学结构特征较为丰富，相应模型的应用域也有所扩大。表 8-2 列出了部分基于结构差异较大的训练集的水生物种急性毒性预测 QSAR 模型。这些模型的数据集较大，但模型拟合效果（决定系数 R^2）普遍较低，有些模型所含的描述符较多。此外，一些 QSAR 模型借助了神经网络的算法，不易进行机理解释。

表 8-1 适用于同类化合物的 QSAR 模型

生物种属	化合物种类	*N*	*m*	R^2	参考文献
斑马鱼（*Danio rerio*）	三唑类	15	2	0.94	Ding et al.，2011
青鳉（*Medaka*）	丙烯酸酯	7	1	0.94	Furuhama et al.，2012
大型溞（*Daphnia magna*）	多环芳烃	14	2	0.82	Al-Fahemi，2012
大型溞（*Daphnia magna*）	有机磷酸酯	10	2	0.82	Zvinavashe et al.，2009
梨形四膜虫（*Tetrahymena pyrifomis* Ehrenberg）	芳香醛	58	4	0.89	Roy and Das，2010
藻类（*Nannochloropsis oculata*，*Dunaliella salina* var.，*Platymonas subcordiformis*，*Chlorella marine*，*Skeletonema costatum* Gneville）	卤代芳香族化合物	40	2	0.95	Zeng et al.，2011

注：*N* 为验证集化合物个数；*m* 为分子结构描述符个数；R^2 为回归系数。

表 8-2 适用于多种类化合物的 QSAR 模型

生物种属	毒性终点	建模方法	*n*	R^2	参考文献
黑头呆鱼（*Pimephales promelas*）	96 h LC_{50}	MLR GA-VSS	408	0.80	Pavan et al.，2006
黑头呆鱼（*Pimephales promelas*）	96 h LC_{50}	ANN	445	0.78	In et al.，2012
虹鳟鱼（*Oncorhynchus mykiss*）	96 h LC_{50}	GA ANN	222	0.81	Mazzatorta et al.，2005
大型溞（*Daphnia magna*）	96 h LC_{50}	PLS MLR	222	0.74	Kar and Roy，2010
大型溞（*Daphnia magna*）	48 h LC_{50}	MLR MLE	217	0.97	Tao et al.，2002
大型溞（*Daphnia magna*）	48 h LC_{50}	PNN	1000	0.85	Niculescu et al.，2008
梨形四膜虫（*Tetrahymena pyrifomis* Ehrenberg）	48 h IC_{50}	SVM	161	0.75	Panaye et al.，2006
梨形四膜虫（*Tetrahymena pyrifomis* Ehrenberg）	40 h IC_{50}	DTB	1160	0.91	Singh and Gupta，2014
藻类（*Scenedesmus obliquus*，*Chlorella pyrenoidosa*，*P. subcapitata*）	48 h EC_{50}	BPANN	655	0.93	Jin et al.，2014

注：LC_{50} 为半数致死浓度；EC_{50} 为半数效应浓度；IC_{50} 为半数抑制浓度；MLR 为多元线性回归；GA 为遗传算法；VSS 为变量子集选择；ANN 为人工神经网络；PLS 为偏最小二乘；MLE 为极大似然估计；PNN 为概率神经网络；SVM 为支持向量机；DTB 为决策树；BPANN 为反向传播人工神经网络；*n* 为训练集化合物个数；R^2 为回归系数。

以上模型主要根据化学品结构特征归类，未考虑化学品与生物受体间的 MoA。应先根据 MoA 对化学品进行分类，将具有相同 MoA 的化学品作为训练集，当预测集化合物的 MoA 与相应训练集一致时，就能够得到较好的预测结果。该方法在一定程度上体现了 OECD 对 QSAR 建模关于机理解释的要求。表 8-3 列出一些基于 MoA 类型的 QSAR 模型。

依据 Verhaar 等（1996）的 5 类 MoA［基线毒性化合物（第 1 类）、弱惰性化合物（第 2 类）、反应型化合物（第 3 类）、特殊作用型化合物（第 4 类）、无法分类的化合物（第 5 类）］，Lyakurwa 等（2014b）基于量子化学描述符和理论线性溶解能关系（TLSER）理论，构建了预测黑头呆鱼（*Pimephales promelas*）急性毒性

表 8-3　基于毒性作用模式的 QSAR 模型

生物种属终点	MoA	n	R^2	参考文献
黑头呆鱼（*Pimephales promelas*）96 h LC_{50}	非极性麻醉剂	96	0.90	Lyakurwa et al.，2014a
	急性麻醉剂	63	0.88	
	反应活性化合物	102	0.77	
	特殊反应化合物	5	—	
	不能被分类的化合物	247	0.70	
黑头呆鱼（*Pimephales promelas*）96 h LC_{50}	非极性麻醉剂	10	0.87	Bearden and Schultz，1997
	急性麻醉剂	31	0.77	
	弱酸呼吸解偶联剂	8	0.70	
	软亲电试剂	14	0.76	
	亲电试剂	11	0.84	
梨形四膜虫（*Tetrahymena pyrifomis* Ehrenberg）48 h IGC_{50}	非极性麻醉剂	10	0.99	Bearden and Schultz，1997
	急性麻醉剂	31	0.85	
	弱酸呼吸解偶联剂	8	0.94	
	软亲电试剂	14	0.78	
	亲电试剂	11	0.71	

注：LC_{50} 为半数致死浓度；IGC_{50} 为半数生长抑制浓度。

的 QSAR 模型。建模所用 646 种化学品对黑头呆鱼的 96 h 的 LC_{50} 值来自于 EPA 和哥伦比亚环境研究中心。采用 B3LYP/6-31+G（d,p）方法，计算了分子的最高占据分子轨道能（E_{HOMO}）、最低未占据分子轨道能（E_{LUMO}）、分子中氢原子最正部分原子电荷（q^+）、分子中原子的最负部分原子电荷（q^-）、McGowans 特征分子体积（V）、偶极矩（μ）等分子结构参数；采用 Dragon 计算 McGowan 特征分子体积 V。基于 TLSER 及增加电子受体-供体描述符的 E-TLSER 模型[式(8-1)、式(8-2)]，采用逐步多元线性回归来构建 QSAR 模型。

$$\text{TLSER：} -\log LC_{50} = aV + b\pi + cq^- + dq^+ + e\varepsilon_a + f\varepsilon_b + k \tag{8-1}$$

$$\text{E-TLSER：} -\log LC_{50} = aV + b\pi + cq^- + dq^+ + e\eta + f\omega + gI + h\mu + iA + k \tag{8-2}$$

式中，π 指极化率（α）与分子本征体积 V 的比值，$\pi=\alpha/V$；电离势 $I=-E_{HOMO}$；电子亲和势 $A=-E_{LUMO}$；化学硬度 $\eta=(E_{LUMO}-E_{HOMO})/2$；化学势 $\mu=(E_{LUMO}+E_{HOMO})/2$；亲电性指数 $\omega=\mu^2/2\eta$。

TLSER 和 E-TLSER 模型的调整决定系数 R^2_{adj}（0.707～0.903）和外部解释方差 Q^2_{Ext}（0.660～0.858）显示模型具有良好的拟合优度、稳健性和预测能力。其中 McGowans 特征分子体积 V 是模型中最重要的描述符。电子供体-受体的 E-TLSER 模型拥有与 TLSER 模型相媲美的急性毒性预测能力。由 E-TLSER 模型的毒性预

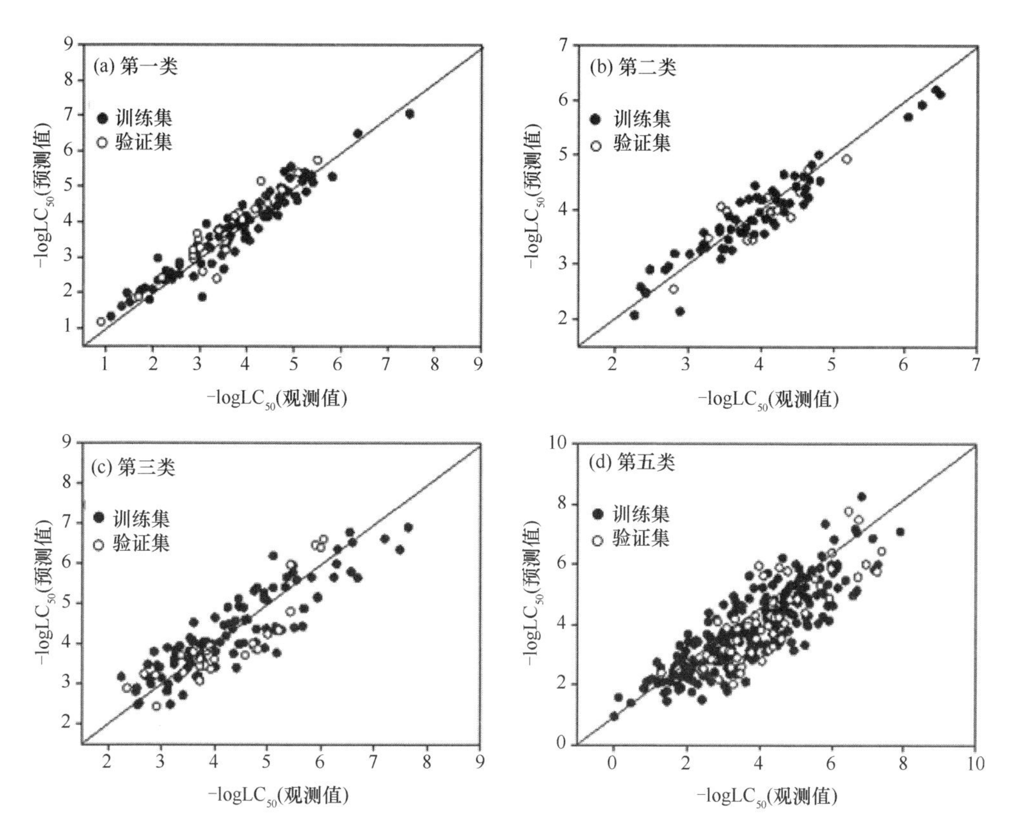

图 8-1 所有化合物的黑头呆鱼（*Pimephales promelas*）急性毒性试验值（$-\log LC_{50}$）与 E-TLSER 模型预测值的线性拟合图

测值和实验值的线性拟合图（图 8-1）可以看出，模型对 Verhaar 分类中的 1、2、3 类化合物的预测效果显著高于第 5 类（无法分类的化学品）。这也反映出准确识别 MoA 对改善 QSAR 模型预测效果的重要意义。

8.2 有机污染物的光致毒性效应与模拟预测

作为生物圈能量流动和物质循环的根源驱动力，太阳光不仅提供光合作用所需的光能，也能直接或间接对生物体产生毒害效应，即光毒性（phototoxicity）。在电磁波谱中，紫外线（ultraviolet，UV）的能量约占抵达地表太阳光总能量的 4%（Larson and Berenbaum，1988）。UV 被进一步划分为 UVA（320～400 nm）和 UVB（290～320 nm）等波段。核酸或蛋白质分子吸收波长较短、能量较高的 UVB 后，其结构功能发生变化，从而对生物体健康产生有害影响（如皮肤癌），这种现象属于直接光毒性。

太阳光还能与外源化学物质相互作用，间接对生物产生有害效应，即间接光毒性，本节统一使用光致毒性［亦称光诱导毒性（photo-induced toxicity）、光致增强毒性（photo-enhanced toxicity）、光激发毒性（photo-activated toxicity）］这一术语。

8.2.1 有机污染物的光致毒性效应机制

有机污染物的光致毒性具有光敏化（photo-sensitization）和光修饰（photo-modification）两种机制（Larson and Berenbaum，1988；Roberts et al.，2017；Wang et al.，2009b）。

光敏化机制中，化学物质本身是光敏化剂，在吸收光之后，敏化产生不稳定的化学分子、高能电子或活性氧物种（reactive oxygen species，ROS）（如单线态氧 $^1O_2$，超氧阴离子自由基 $O_2^{\cdot-}$，羟基自由基·OH），对生物大分子（如核酸、蛋白质等）造成损伤。在水生生态系统中，光敏化被认为是光致毒性最重要的作用机理。光敏化可分为Ⅰ、Ⅱ两种类型（Amar et al.，2015；Foote，1991）（图 8-2）。类型Ⅰ光敏化过程中，能量通过激发态电子直接转移到生物大分子。类型Ⅱ光敏化过程中，激发三线态分子传递能量给基态的 O_2，回到基态并产生单线态氧（$^1O_2$）。两种类型的光敏化均能产生 ROS 或自由基，这些 ROS 或自由基能与细胞组分反应，从而诱导生物体的氧化应激响应。

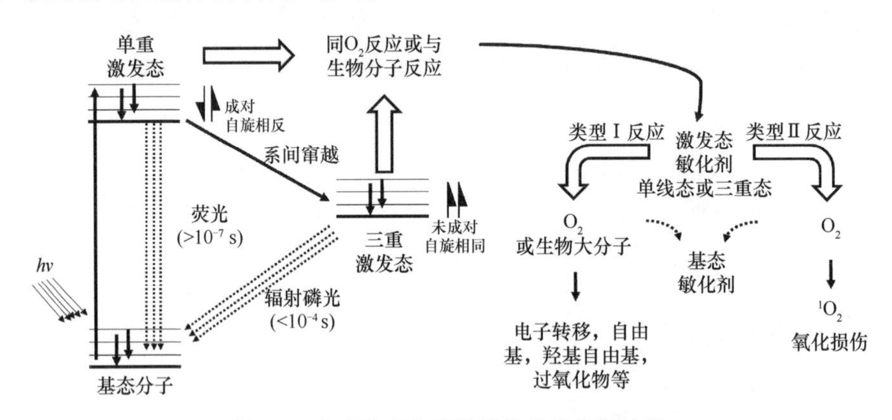

图 8-2 化合物产生光致毒性的光化学过程

光修饰机制中，化学物质经光化学反应可生成对生物体毒性更大的产物，相应的化学物质则具有光修饰毒性。例如，精噁唑禾草灵是一种有机农药，对大型溞（*Daphnia magna*）活动抑制的半数效应浓度 EC_{50}（48 h）为 14.3 μmol/L。光照条件下，精噁唑禾草灵光解产生噁唑酚，噁唑酚的毒性强于精噁唑禾草灵，其对大型溞活动抑制的 EC_{50}（48 h）为 6.0 μmol/L（王莹等，2009；林晶等，2009）。

Ankley 等（2010）指出光诱导产生能够损伤细胞成分的 $^{1}O_2$ 等 ROS，是光致毒性效应 AOPs 的分子起始事件（图 8-3）。该氧化损伤是非特异性的，生物体或组织会由于光活性污染物的分布、UV 光的渗透等条件的不同，表现出差异的氧化损伤程度。ROS 引发的氧化应激效应可能会导致后续的细胞死亡、器官衰竭、生物个体死亡、甚至种群密度的下降。

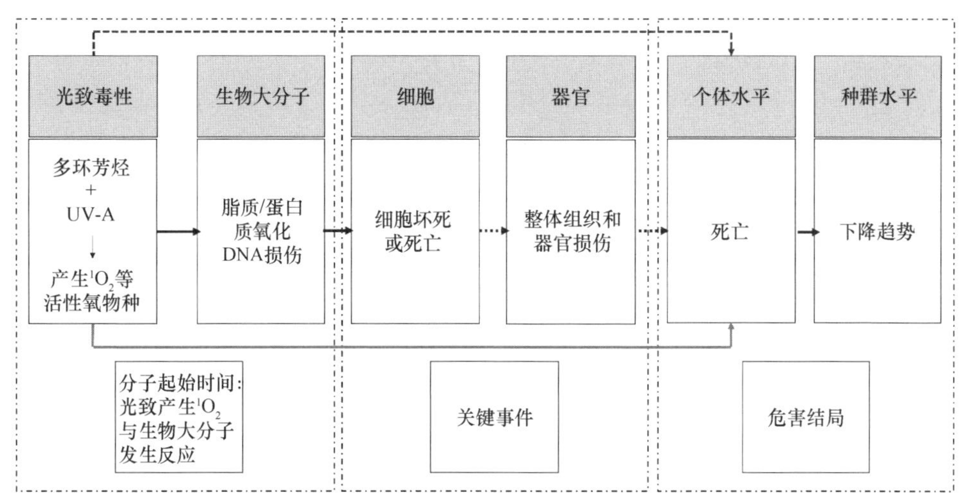

图 8-3 以多环芳烃为例阐释光致毒性有害结局通路［改编自文献（Ankley et al.，2010）］

由于只有近紫外（290～400 nm）和可见光（400～700 nm）波段的太阳光能够进入水体，因此环境水体中的化学物质只有在 290～700 nm 波长范围内有吸收才可能产生光致毒性。这类化学品的分子结构中通常具有共轭双键、苯环、亲电基团或在杂环原子上存在孤对电子。例如，多环芳烃（PAHs）分子结构中含有两个或两个以上的苯环，能够吸收紫外光（300～400 nm），其光致毒性受到广泛关注。非光照条件下，大多数 PAHs 没有水生生物急性毒性，然而太阳光照下，PAHs 对水生生物的毒性效应显著增加。PAHs 已被证实能够对发光菌（*Vibrio fischeri*）、浮萍（*Lemna gibba*）、斜生栅藻（*Scenedesmus obliquus*）、大型溞（*Daphnia magna*）、斑马鱼（*Danio rerio*）等水生生物产生光致毒性。尤其是身体透明度较高的生物（如大型溞、斑马鱼胚胎等），受到 PAHs 光致毒性危害的可能性更大。PAHs 对生物体光致毒性效应的大小与其在生物体组织的累积浓度及吸收的光子强度相关（Arfsten et al.，1996；Boese et al.，1998；Boese et al.，1997；Diamond et al.，2000；El-Alawi et al.，2001；Huang et al.，1995；Huang et al.，1996；Jeffries et al.，2013；

Lampi et al.，2006；Newsted and Giesy，1987；Oris and Giesy，1985；Petersen et al.，2008）。

已被证实具有光致毒性的污染物有（图 8-4）：PAHs，如蒽、芘、苯并[*a*]芘；有机农药，如赤藓红 B、*α*-三噻吩、1-苯基-1,3,5-庚三炔；有机染料，如蒽醌；药物及个人护理品（pharmaceuticals and personal care products，PPCPs），如喹诺酮类抗生素、四环素、磺胺类抗生素、紫外防晒剂等；重金属，如砷；纳米材料，如 C_{60}、纳米二氧化钛等（Kim et al.，2015；Larson and Berenbaum，1988；Li et al.，2012b；Nardi et al.，2011；Petersen et al.，2008；Ray et al.，2006；Veith et al.，1995；Weinstein and Garner，2008；Zhao et al.，2008；Zhao et al.，2009）。

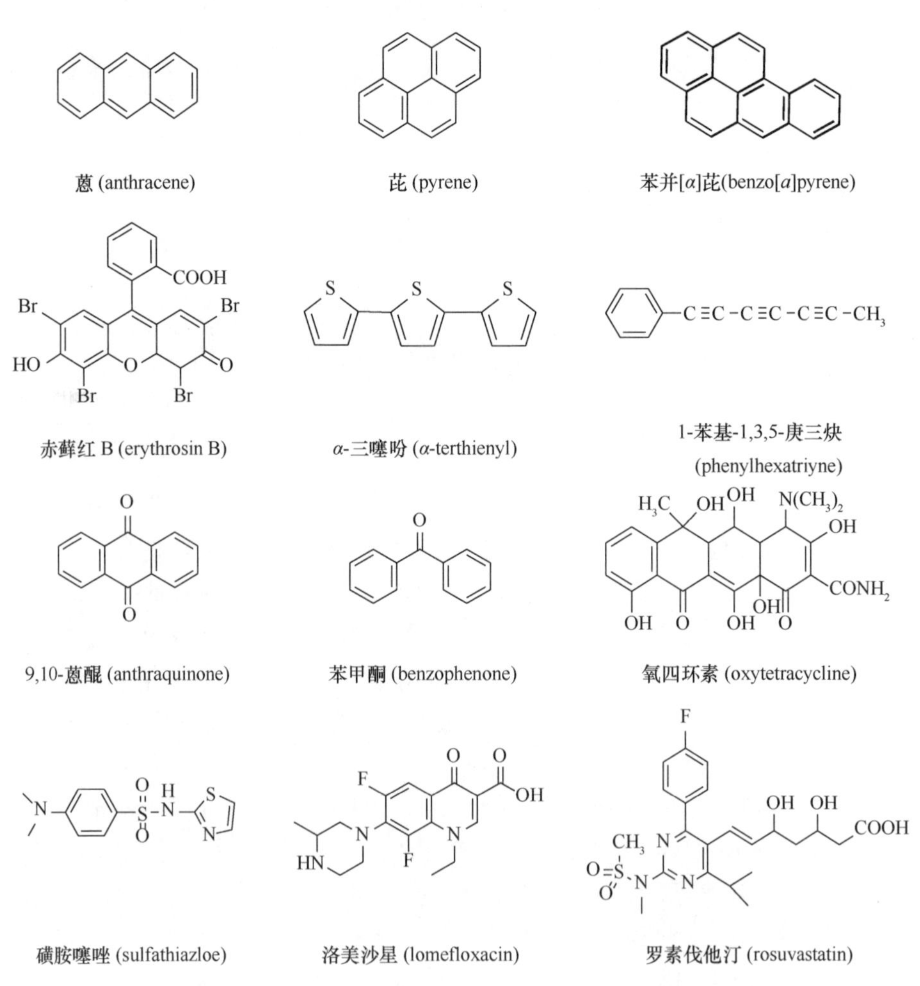

图 8-4 具有光致毒性的典型化学物质的分子结构

8.2.2　有机污染物的光致毒性试验方法

评价化学品光致毒性效应，通常采用室内模拟日光实验方法。人工自然光模拟装置一般采用氙灯或者汞灯作为发射光源，设置滤光片过滤掉 290 nm 波长以下的 UVB 部分。此外，许多研究者也采用 UV 灯管、荧光灯管或蓝黑灯管的组合来模拟自然光（Wang et al.，2009b）。

测定化学品光致毒性的实验测定主要借助 *in vivo* 和 *in vitro* 实验（Kim et al.，2015；OECD，2004）。*In vivo* 实验常以大鼠（*Rattus norvegicus*）、豚鼠（*Cavia fulgida*）等实验动物为测试对象。动物局部或全身暴露于化学品，UVA 光照 72 h，计算每只动物的平均红斑或者水肿得分来获得刺激指数，与无 UVA 条件的刺激指数之差即为光毒性指数。光毒性指数大于 0.6，表明该化学品具有光致毒性。除了哺乳动物，生态毒理学领域常采用大肠杆菌（*Escherichia coli*）、发光菌（*Vibrio fischeri*）、浮萍（*Lemna gibba*）、斜生栅藻（*Scenedesmus obliquus*）、大型溞（*Daphnia magna*）、斑马鱼（*Danio rerio*）等作为模式生物，以死亡率、发光抑制率、生长抑制率、活动抑制率等毒性指标来评价光致毒性效应。*In vivo* 实验能观测化学品光毒性过程中生物的病理学特征，但是该方法违背动物实验伦理准则，时间和财力花费也较大。

3T3 中性红吸收试验（3T3 NRU）是 OECD 推荐的评价化学品光致毒性的标准 *in vitro* 方法（OECD，2004）。选择鼠类胚胎的纤维细胞和中性红染料作参考，测定有/无光照条件下化学品对细胞活力影响的半数抑制浓度（IC_{50}），计算光刺激因子（photo irritation factor，PIF）或平均光影响效应（mean photo effect，MPE）。光刺激因子（PIF）指无光照条件与有光照条件下 IC_{50} 的比值［式（8-3）］。

$$\mathrm{PIF} = \frac{\mathrm{IC}_{50}(\mathrm{UV-})}{\mathrm{IC}_{50}(\mathrm{UV+})} \tag{8-3}$$

式中，UV–表示无光照条件，UV+表示光照条件。若 IC_{50} 无法获得，则绘制有/无光照条件下浓度-效应曲线（图 8-5），据此计算光影响效应（PE）。任意浓度的光影响效应（PE_c）定义为该浓度的响应效应（RE_c）与剂量效应（DE_c）的乘积［式（8-4）］。最后根据 PE 值计算平均光影响效应 MPE［式（8-7）］，通过 MPE 或者 PIF 值的大小来判别化合物光致毒性潜力。当 PIF＜2 或 MPE＜0.1 则认为化合物无光致毒性；2＜PIF＜5 或 0.1＜MPE＜0.15 则预测为很可能有光致毒性；PIF＞5 或 MPE＞0.15 则预测为有光致毒性。

$$\mathrm{PE}_c = \mathrm{RE}_c \times \mathrm{DE}_c \tag{8-4}$$

$$\mathrm{RE}_c = R_c(\mathrm{UV-}) - R_c(\mathrm{UV+}) \tag{8-5}$$

$$\mathrm{DE}_C=\left|\frac{C/C^*-1}{C/C^*+1}\right| \tag{8-6}$$

$$\mathrm{MPE}=\frac{\sum_{i=1}^{n}w_i\mathrm{PE}_{ci}}{\sum_{i=1}^{n}w_i} \tag{8-7}$$

式中，R_c（UV±）为有/无 UV 光照条件下，某浓度条件下响应效应值；C 为浓度值；C^*为等值浓度。例如，若有 UV 光照条件下，C = 0.16 时，产生的效应与无 UV 条件下 C = 0.4 时的效应相同，则 C^* = 0.16（图 8-5）。w_i 为权重因子，w_i = Max［R_i(UV+), R_i(UV−)］。例如当浓度为 0.4 时，响应效应 $\mathrm{RE}_{(c=0.4)}$= 66% − 11% = 0.55，剂量效应 $\mathrm{DE}_{(c=0.4)}$=（0.4/0.16 − 1）/（0.4/0.16 + 1）= 0.43，计算得到光影响效应 $\mathrm{PE}_{(c=0.4)}$= 0.24。

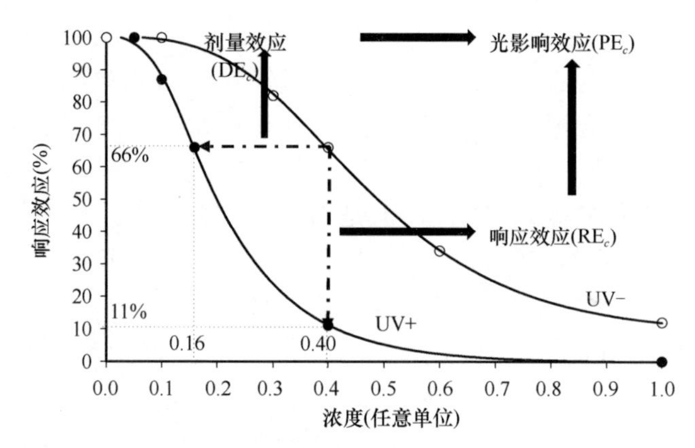

图 8-5　光影响效应的计算示意图［改编自文献（Kim et al.，2015）］

另一方面，ROS 在光致毒性机制中扮演了重要的角色。因此，测定化学品在光照条件下产生 ROS 的相对含量和空间分布有助于揭示氧化应激损伤的详细机制，表 8-4 总结了常用的用于测定 ROS 的化学探针。

生物体内 $^1O_2$ 寿命短暂，$^1O_2$ 的生成往往伴随有其他 ROS 的产生。Luo 等（2017）采用荧光探针 ATTA-Eu^{3+} [4'-(9-蒽基)-2,2':6',2"-联三吡啶-6,6"-二甲胺四乙酸-Eu^{3+}] 结合时间门控显微成像（ATTA-Eu^{3+} probe combined time-gated luminescence imaging，ATLI）技术，检测了大型溞（*Daphnia magna*）体内氟喹诺酮类抗生素和官能化石墨烯光致产生 $^1O_2$ 分布和时间变化。当体系中只含有探针溶液时，光照和暗条件下体系的荧光强度均不发生变化，表明探针本身不能光敏化产生 $^1O_2$；当体系中加入敏化剂玫瑰红或四种目标化合物时，荧光强度随时间显著增加；当体

表 8-4　常见的用于测定活性氧物种（$^1O_2$，$O_2^{\cdot-}$，·OH）的化学探针

探针化合物	类型	测定方法及优缺点	参考文献
单线态氧探针			
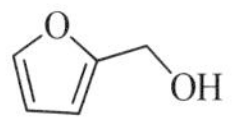 furfuryl alcohol（FFA，糠醇）	吸光度探针	测定原理及方法：通过液相色谱检测 FFA 的浓度来定量体系中产生的 $^1O_2$。检测条件：C_{18} 反相色谱柱，流动相比例为甲醇∶H_2O = 15∶85，流速 0.2 mL/min，紫外检测器，检测波长为 230 nm。 特点：可以同 $^1O_2$ 发生特异性反应，仅适用于测定水溶液体系中产生的 $^1O_2$	Haag et al.，1984
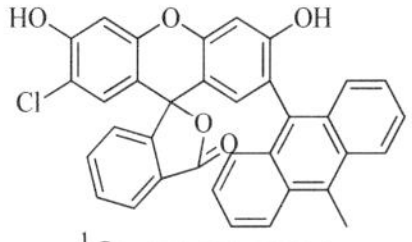 $^1O_2$ sensor green（SOSG）	荧光探针	测定原理及方法：SOSG 探针本身具有较弱的蓝色荧光，同 $^1O_2$ 反应后产生的荧光产物能够发出绿色的荧光。荧光检测条件：激发波长 504 nm，发射波长 525 nm。 特点：特异性较好，可以检测溶液体系中产生的 $^1O_2$，也可以检测细胞或组织中的 $^1O_2$	Ragas et al.，2009
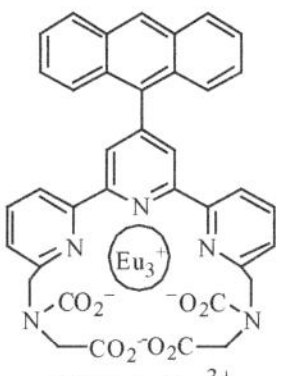 ATTA-Eu^{3+}	荧光探针	测定原理及方法：ATTA-Eu^{3+}是一种荧光有机配体螯合稀土金属的探针，可以同 $^1O_2$ 发生特异性反应产生内过氧化物 EP-ATTA-Eu^{3+}，ATTA-Eu^{3+}本身荧光较弱，而 EP-ATTA-Eu^{3+}能产生较强的荧光。荧光测定条件：激发波长 340 nm，发射波长 615 nm。 特点：高灵敏度、高选择性、低检测限的荧光探针。可测定活体生物体内光致产生的 $^1O_2$，结合时间门控显微镜技术可以扣除生物体的背景荧光	Luo et al.，2017
超氧阴离子探针			
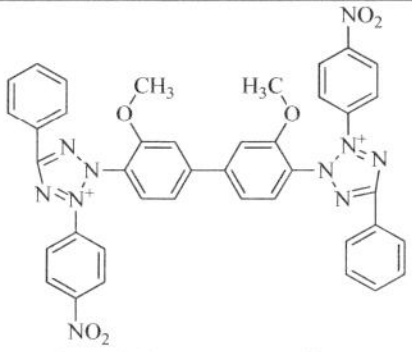 nitro blue tetrazolium（NBT，硝基四氮唑蓝）	吸光度探针	测定原理及方法：NBT 探针同 $O_2^{\cdot-}$进行特异性反应，被 $O_2^{\cdot-}$还原生成中间体自由基，发生歧化反应生成蓝色的甲臜。甲臜不溶于水，需提取并溶解到二甲基亚砜中，采用分光光度计检测。甲臜在二甲基亚砜最大吸收波长为 680 nm。 特点：适合定位 $O_2^{\cdot-}$的产生位点，但不适合定量研究 $O_2^{\cdot-}$	Bielski et al.，1980；Lee et al.，2007
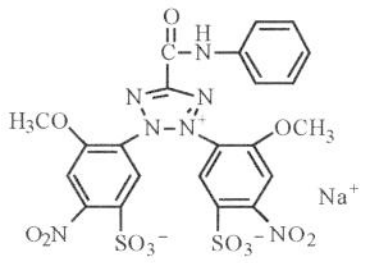 XTT sodium salt（XTT 钠盐）	吸光度探针	测定原理及方法：XTT 可以被 $O_2^{\cdot-}$还原为 XTT-甲臜。XTT-甲臜在 470 nm 处具有特征吸收峰，摩尔吸光系数 $\varepsilon_{(470\ nm)}$= 21.6 L/（mmol·cm）。通过测定 XTT-甲臜的吸光度可以定量 $O_2^{\cdot-}$。 特点：专一性强、水溶性好、抗自氧化性等优点，常用于检测水溶液体系中 $O_2^{\cdot-}$	Sutherland and Learmonth，1997
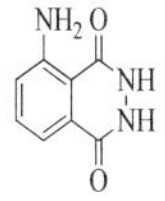 luminol（发光氨）	化学发光探针	测定原理与方法：Luminol 作为 $O_2^{\cdot-}$检测探针，采用连续流发光系统来检测光电信号来测定体系中产生的 $O_2^{\cdot-}$。 特点：比传统的探针具有更高的灵敏度，仅限于检测水溶液体系中产生的 $O_2^{\cdot-}$	Wang et al.，2014；Wang et al.，2017
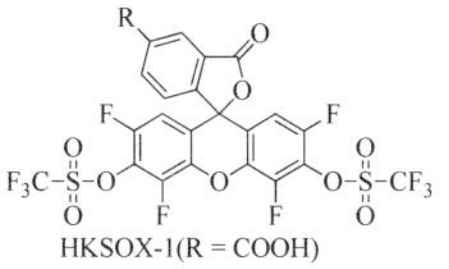 HKSOX-1(R = COOH) HKSOX-1r(R = CON($CH_2COOMe)_2$) HKSOX-1，HKSOX-1r	荧光探针	测定原理及方法：HKSOX-1/1r 探针同 $O_2^{\cdot-}$发生反应特异性反应，生成发绿色荧光的产物，可采用激光共聚焦显微镜、96 孔板计数器和流式细胞仪进行测定。荧光测试条件：激发波长 509 nm，发射波长 534 nm。 特点：主要用于检测生物体内（细胞、斑马鱼胚胎）的 $O_2^{\cdot-}$。具有高灵敏度，强选择性，不受细胞内其他成分如硫醇和 pH 影响	Hu et al.，2015

续表

探针化合物	类型	测定方法及优缺点	参考文献
羟基自由基探针			
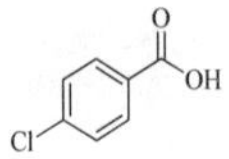 4-chlorobenzoic acid（4-氯苯甲酸）	吸光度探针	测试原理和方法：4-氯苯甲酸可以同·OH 特异性反应，通过测定探针化合物的损失可以间接测定·OH 浓度。4-氯苯甲酸液相测试条件：C_{18} 反相色谱柱（Xterra@MS C_{18}，5 μm，3.9 mm× 150 mm）；流动相：甲醇：H_2O = 55：45，检测波长 237 nm。特点：不易溶于水，配制时需要搅拌加热。仅适用于检测水溶液体系中产生的·OH	Li et al.，2012b；Zhang et al.，2013
benzene（苯）	吸光度探针	测试原理和方法：苯可以同·OH 反应生成苯酚，通过测定苯酚的产生可以定量·OH。特点：只适合用于水溶液体系中·OH 的检测，选择性不够强	Dong and Rosario-Ortiz，2012；Glover and Rosario-Ortiz，2013
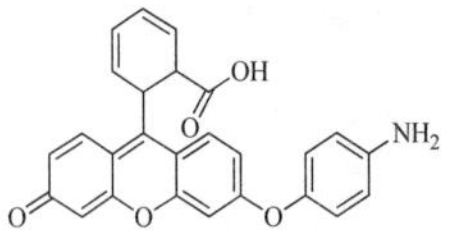 3′-(*p*-aminophenyl)fluorescein（APF，氨基苯基荧光素）	荧光探针	测试原理与方法：ARP 可以同·OH 发生反应，通过测定产物的荧光来确定体系中·OH 产生的量。荧光测定条件：激发/发射波长为 490 nm/515 nm。特点：常用于测定细胞内产生的·OH，但是该探针也可以同体系中其他活性氧物种如 H_2O_2 发生反应	Cohn et al.，2008
总 ROS 探针			
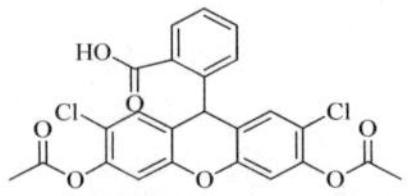 2′,7′-dichlorofluorescin diacetate（DCFH-DA，2′,7′-二氯荧光素二乙酸酯）	荧光探针	测试原理和方法：DCFH-DA 可以透过细胞膜，通过胞内酯酶水解去乙酰基，产生非荧光的 2′,7′-二氯荧光素（DCFH），H_2O_2 等 ROS 能够氧化 DCFH 为高荧光的 DCF，DCF 会进一步流出细胞，采用荧光分光光度计或流式细胞仪检测生成的绿色荧光的量，即 DCF 生成量，其与细胞内的 ROS 水平呈正比例关系。激发波长为 488nm，发射波长 525 nm。特点：该探针可以和多种 ROS 反应生成 DCF，可以测定细胞、组织、活体动物（大型溞、斑马鱼胚胎）内 ROS 水平，DCFH 探针需要避光使用	Koziol et al.，2005

系中只含目标化合物时，加入 $^1O_2$ 淬灭剂（L-组氨酸，叠氮化钠）可以使荧光强度明显降低（图 8-6）。由 ATTA-Eu^{3+}与定量 $^1O_2$ 反应生成的 EP-ATTA-Eu^{3+}浓度与荧光强度拟合曲线，可推断出大型溞体内洛美沙星、环丙沙星、氨基化石墨烯和羧基化石墨烯光照 1 h 产生的 $^1O_2$ 浓度范围分别为：0.5～4.8 μmol/L、0.7～4.0 μmol/L、0.9～3.8 μmol/L 和 0.7～2.0 μmol/L。

通过叠加明场图像和时间分辨荧光图像，可将大型溞体内 $^1O_2$ 的分布可视化。如图 8-7 所示，在大型溞鳃、胸肢、后腹部爪、肠道区域均出现了强烈的红色荧光信号。其中肠道末端处的 $^1O_2$ 荧光信号最为明显，可推断出光活性物质和探针主要积累在大型溞的肠道末端，使其成为 $^1O_2$ 较为集中的部位。可见，这种方法有助于揭示化学品的光致毒性作用机制，表征光活性物质在生物体内积累分布。除大型溞外，ATLI 技术也值得推广到其他透明生物体（如斑马鱼胚胎）的光致 $^1O_2$ 的检测。

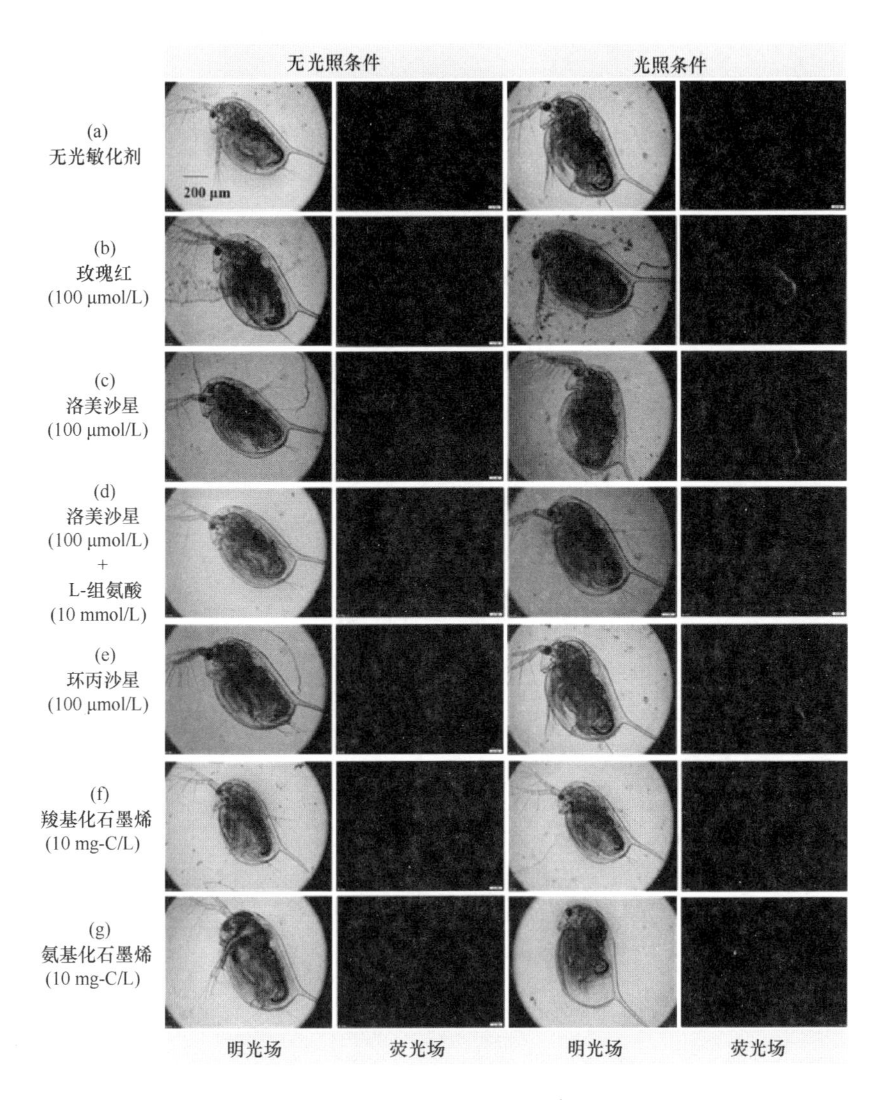

图 8-6　四种物质在大型溞（*Daphnia magna*）体内光致产生 $^1O_2$ 的荧光信号图像（Luo et al., 2017）

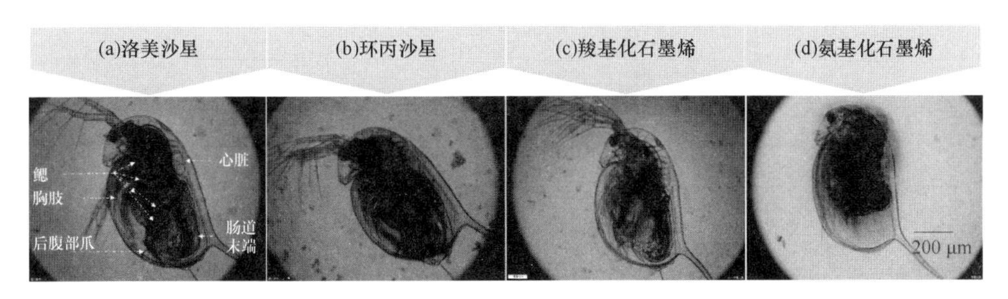

图 8-7　大型溞体内洛美沙星、环丙沙星、羧基化和氨基化石墨烯光致产生 $^1O_2$ 的分布

环状 DNA（质粒）的开环或闭合的定量检测，是另一种用于评估化学品光致毒性的 *in vitro* 方法（Kim et al.，2015）。光致毒性化学品经 UV 诱导后可引发 DNA 分子双链的断裂，断裂程度取决于化学品的浓度和 UV 光的强度。实验操作时，将质粒溶解在缓冲盐中，加入待测试化学品，混合后进行紫外光光照，然后样品经电泳分离，通过荧光技术定量 DNA 分子的断裂量，即可定量表征受试化学品的光致毒性。总体上，*in vitro* 难以考虑生物体代谢活性，不适用于疏水性较强的化学品，不能预测光基因毒性、光过敏性、光致癌性等具有活体特征的毒性终点（Kim et al.，2015）。

8.2.3 有机污染物光致毒性的模拟预测

化学品光致毒性的实验测定为构建光致毒性预测模型奠定了数据基础。针对 PAHs 及其衍生物、三联噻吩、蒽醌、金属纳米氧化物等，大量的化学品光致毒性 QSAR 模型得以发展（表 8-5）。模型生物涵盖发光菌（*Vibrio fischeri*）、浮萍（*Lemna gibba*）、斜生栅藻（*Scenedesmus obliquus*）、大型溞（*Daphnia magna*）等。

表 8-5 部分光致毒性 QSAR 模型

化合物 模式生物	建模 方法	QSAR 模型	参考文献
多环芳烃 浮萍 （*Lemna gibba*）	多元 线性 回归	IG = 1.30 + 0.09 logPSF + 0.20 logPMF IG：浮萍的生长抑制率（inhibition of growth）；PMF = f（k_m，T_{pm}），k_m：光修饰速率常数，T_{pm}：光修饰作用毒性；PSF = f（[C_L]，φ，J），[C_L]：浮萍体内累积 PAHs 的量，即浮萍叶子中的 PAHs 的浓度，如果不能获得此数据，用 K_{OW} 来代替，φ：PAHs 吸收光之后激发三线态的量子效率，J：模拟太阳光和 PAHs 的光谱吸收重叠部分的积分	Huang et al.，1997
多环芳烃 大型溞 （*Daphnia magna*）	多元 线性 回归	$\log EC_{50} = -24.599 - 8.910\ E_{HOMO} - 0.015\ M + 27.824\ S - 9.697\ \chi$ n =14；R^2 = 0.928；R^2_{adj} = 0.896；s = 0.405；F = 28.878；p_F = 3.8×10^{-5}；R^2_{cv} = 0.589 式中，M 为摩尔分子质量；E_{HUMO} 为最高占据分子轨道能量；s 为柔性指数；χ 为电负性	Al-Fahemi，2012
多环芳烃 斜生栅藻 （*Scenedesmus obliquus*）	多元 线性 回归	$\log EC_{50} = 4.903 - 1.1315\ E_{GAP} - 0.026\ MR - 1.838\ \chi$ n =12；R^2 = 0.921；R^2_{adj} = 0.892；s = 0.307；F = 31.256；p_F = 9.1×10^{-5}；R^2_{cv} = 0.801 式中，MR 为摩尔折射率；E_{GAP} 为分子轨道能级差；χ 为电负性	Al-Fahemi，2012
多环芳烃 大型溞 （*Daphnia magna*）	偏最 小二 乘	$-\log EC_{50} = 9.721 \times 10^{-3}\ \alpha - 9.017 \times 10^{-2}\ E^2_{GAP} - 1.335 \times 10^{-1}\ E^2_{T1} + 1.849\ VEA_{T1} - 9.976$ n = 14，A = 2，Q^2_{CUM} = 0.738，R^2 = 0.820，RMSE = 0.502，p <0.001 式中，α 为 PAHs 的平均分子极化率；$E_{GAP} = E_{LUMO} - E_{HUMO}$，其中 E_{LUMO} 为最低未占据分子轨道能，E_{HUMO} 为最高分子占据轨道能；E_{T1} 为最低激发三线态能量；$VEA_{T1} = VEA_{S0} - E_{T1}$，$VEA_{S0}$ 为基态单线态的垂直电子亲和能	Wang et al.，2009a
多环芳烃 斜生栅藻 （*Scenedesmus obliquus*）	偏最 小二 乘	$-\log EC_{50} = 6.396 \times 10^{-3}\ \alpha - 9.463 \times 10^{-2}\ E^2_{GAP} + 1.087 VEA_{T1} - 1.118 \times 10^{-1}\ E^2_{T1} - 4.443 \times 10^{-1}\ E_{T1} - 1.161 \times 10^{-1}\ E_{HOMO} - 5.819$ n = 12，A = 2，Q^2_{CUM} = 0.862，R^2 = 0.921，RMSE = 0.252，p <0.001 式中，α 为 PAHs 的平均分子极化率；$E_{GAP} = E_{LUMO} - E_{HUMO}$，其中 E_{LUMO} 为最低未占据分子轨道能，E_{HUMO} 为最高分子占据轨道能；E_{T1} 为最低激发三线态能量；$VEA_{T1} = VEA_{S0} - E_{T1}$，$VEA_{S0}$ 为基态单线态的垂直电子亲和能	Wang et al.，2009a

续表

化合物 模式生物	建模 方法	QSAR 模型	参考文献
蒽醌 大型溞 （*Daphnia magna*）	偏最小二乘	$-\log EC_{50} = 3.718 \times 10^{-2}\ \alpha - 1.209 \times 10^{-1}\ E_{T1} - 1.238 \times 10^{-2}\ E^2_{T1} + 4.299 \times 10^{-1}\ VEA_{T1} - 13.96$ $n = 10$，$A = 2$，$Q^2_{CUM} = 0.782$，$R^2 = 0.847$，$RMSE = 0.361$，$p < 0.001$ 式中，α 为 PAHs 的平均分子极化率；E_{T1} 为最低激发三线态能量；$VEA_{T1} = VEA_{S0} - E_{T1}$，$VEA_{S0}$ 为基态单线态的垂直电子亲和能	Wang et al.，2009b
纳米金属氧化物 大肠杆菌 （*E. coli*）	—	$-\log LC_{50} = -4.950 \log Cp + 45.023\ ALZLUMO + 18.185$ $n = 13$，$F = 20.51$，$R^2 = 0.0804$，$SD = 0.63$ 式中，LC_{50} 为半数致死浓度；Cp 为金属氧化物在 298.15 K 时的摩尔生成热；ALZLUMO 为金属纳米氧化物的 α 最低未占据轨道和 β 最低未占据轨道的能量平均值	Pathakoti et al.，2014

注：EC_{50} 表示半数效应浓度；n 代表化合物的个数，A 代表 PLS 主成分数，Q^2_{CUM} 代表所有 PLS 主成分所能解释因变量总方差的比例；R^2 代表拟合值和实测值的复相关系数，R^2_{adj} 代表调整后的相关系数；RMSE 代表均方根误差；s 表示预测值标准差；F 代表 Fisher 判据；p_F 表示 Fisher 统计量（F）的显著性；R^2_{cv} 为交叉验证系数；SD 表示标准偏差；p 为显著性水平。

光致毒性的大小与化合物的吸光能力密切相关。因此，描述光化学行为特性的描述符，如 E_{LUMO}、E_{HOMO} 和 E_{GAP} 可以提供相关的信息。Veith 等（1995）发展了 PAHs 对大型溞（*Daphnia magna*）光致毒性的 QSAR 模型，模型考虑了影响光致毒性的内在和外在因素。内因指化学品分子结构所决定的光吸收和在水溶液中的稳定性。外因指实验的暴露参数，包括光源能量、强度及化学物质的剂量。发现 PAHs 的前线分子轨道能量差 E_{GAP}（由半经验量子化学算法 AM1 计算）“窗口”落在 6.7～7.5 eV 之间时，PAHs 可以对大型溞表现出光致毒性（图 8-8）。

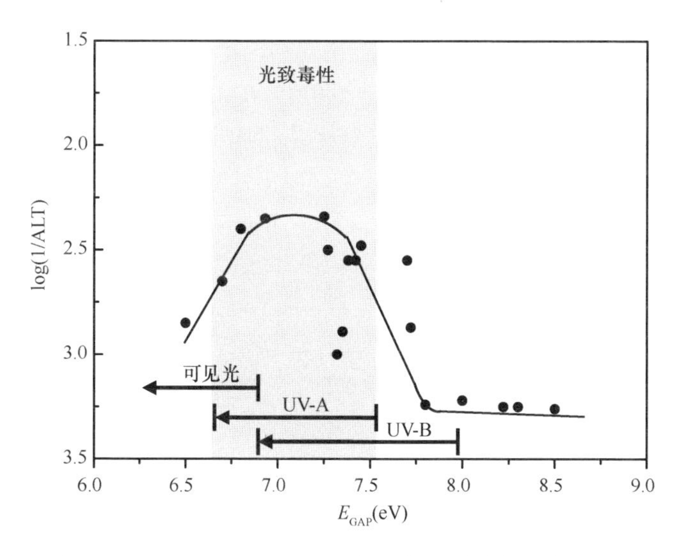

图 8-8　PAHs 的光致毒性与 $E_{GAP}(E_{LUMO} - E_{HOMO})$能级差之间的关系［ALT 表示半数效应致死时间，改编自文献（Veith et al.，1995）］

光致毒性主要存在光敏化和光修饰两个机制。Huang 等（1997）将光敏化因子（PSF）和光修饰因子（PMF）用于构建 PAHs 光致毒性 QSAR 模型，即基于 16 种 PAHs 在模拟日光条件下对浮萍（*Lemna gibba*）的生长抑制毒性，发现 PAHs 的光修饰速率常数和毒性之间有一定的相关性，而光敏化因子（PSF）和毒性之间存在较弱的相关关系。综合 PMF 和 PSF 的影响发现，毒性是光修饰和光敏化共同作用的结果，即 IG = 1.30 + 0.09 logPSF + 0.20 logPMF，其中：

$$\mathrm{PMF} = f\left(k_{\mathrm{m}},\ T_{\mathrm{pm}}\right) \tag{8-8}$$

$$\mathrm{PSF} = f\left([C_{\mathrm{L}}],\ \varphi,\ J\right) \tag{8-9}$$

式中，IG 是浮萍的生长抑制率；k_{m} 是光修饰速率常数；T_{pm} 是光修饰作用毒性；$[C_{\mathrm{L}}]$ 是浮萍叶子中的 PAHs 的浓度，如果不能获得此数据，可用 K_{OW} 来代替；φ 是 PAHs 吸收光之后激发三线态的量子效率；J 是模拟日光和 PAHs 的光谱吸收重叠部分积分。类似地，PMF 和 PSF 可用于预测 PAHs 对发光菌（*V. fischeri*）或大型溞（*D. magna*）的光致毒性（El-Alawi et al.，2002；Lampi et al.，2007）。

王莹（2009）基于光致毒性作用机理，选取能够表征化合物分配、光吸收和 ROS 产生等行为的分子结构描述符，建立了 PAHs 对大型溞（*D. magna*）和绿藻（*Scenedesmus vacuolatus*）的光致急性毒性的 QSAR 模型：

大型溞：$-\log\mathrm{EC}_{50} = 9.721\times10^{-3}\,\alpha - 9.017\times10^{-2}\,E^2_{\mathrm{GAP}} - 1.335\times10^{-1}\,E^2_{\mathrm{T1}} + 1.849\,\mathrm{VEA}_{\mathrm{T1}} - 9.976$

$n = 14$，$A = 2$，$Q^2_{\mathrm{CUM}} = 0.738$，$R^2 = 0.820$，RMSE = 0.502，$p<0.001$ （8-10）

绿藻：$-\log\mathrm{EC}_{50} = 6.396\times10^{-3}\,\alpha - 9.463\times10^{-2}\,E^2_{\mathrm{GAP}} + 1.087\mathrm{VEA}_{\mathrm{T1}} - 1.118\times10^{-1}\,E^2_{\mathrm{T1}} - 4.443\times10^{-1}\,E_{\mathrm{T1}} - 1.161\times10^{-1}\,E_{\mathrm{HOMO}} - 5.819$

$n = 12$，$A = 2$，$Q^2_{\mathrm{CUM}} = 0.862$，$R^2 = 0.921$，RMSE = 0.252，$p<0.001$ （8-11）

式中，α 表示平均分子极化率，影响 PAHs 水/生物脂肪分配比例；E_{GAP} 表示最低未占据空轨道和最高占据分子轨道能级差，与化合物的吸光能力相关；E_{T1} 表示最低激发三线态能量；$\mathrm{VEA}_{\mathrm{T1}}$ 表示最低激发三线态的垂直电子亲合能，表征了 $^3\mathrm{PAH}^*$ 产生 PAH 阴离子自由基的能力，E_{T1} 和 $\mathrm{VEA}_{\mathrm{T1}}$ 这两个分子结构描述符与化合物光致产生 ROS 相关；n 代表预测变量的数目；A 代表 PLS 主成分数；Q^2_{CUM} 代表所有 PLS 主成分所能解释因变量总方差的比例；R^2 代表拟合值和实测值的复相关系数；RMSE 代表均方根误差；p 为显著性水平。图 8-9 给出了 PAHs 光致毒性的实测值和预测值的拟合图。模型（8-10）和模型（8-11）的预测值与实测值都比较接近，具有较好的拟合效果和稳健性。值得指出的是，同样的描述符也适用于蒽醌类化合物的光致毒性预测（Wang et al.，2009b）。

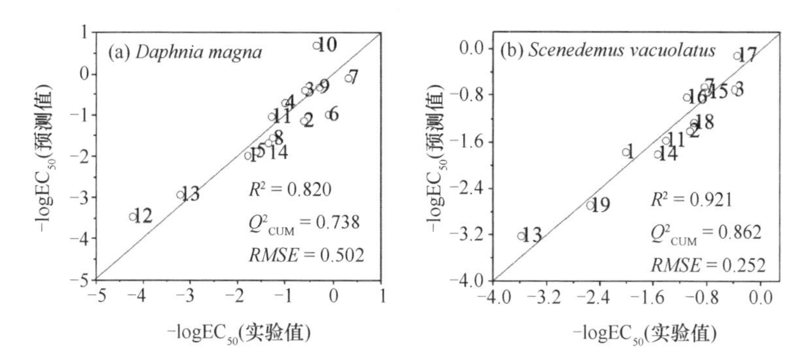

图 8-9 PAHs 分别对大型溞（a）和绿藻（b）的光致毒性（$\log EC_{50}$）的实验值和预测值
1. 蒽；2. 苯并[*a*]蒽；3. 苯并[*a*]芘；4. 苯并[*b*]蒽；5. 苯并[*b*]芴；6. 苯并[*e*]芘；7. 苯并[*g,h,i*]芘；8. 䓛；9. 二苯并[*a,h*]蒽 ；10. 二苯并[*a,i*]芘；11. 荧蒽；12. 芴；13. 菲；14. 芘；15. 苯并[*b*]荧蒽；16. 苯并[*k*]荧蒽；17. 茚并[1,2,3-*cd*]芘；18. 苯并[*g,h,i*]荧蒽；19. 2-苯基萘

此外，理论计算方法也可用于判断有机物能否在光照条件下产生 ROS。例如，Zhang 等（2010）采用 DFT 方法，计算了防晒剂 PBSA 通过能量和电子转移方式敏化溶解氧生成 $^1O_2$ 和 $O_2^{\cdot-}$的反应。通过理论计算得到的反应自由能推断该污染物能否产生 ROS，从而可用于判断其是否具有光致毒性潜力。

8.3 环境内分泌干扰效应的毒性通路与模拟预测

环境内分泌干扰物（又称为环境激素类化学品，endocrine disrupting chemicals，EDCs）引发的内分泌干扰效应已成为威胁人体和生态健康的重要因素。20 世纪 90 年代以来，欧美国家及部分国际组织纷纷出台法规政策，以加强对 EDCs 的管理；研发了测试方法，用于从商用化学品中筛选甄别潜在 EDCs。但是，在当前商用的 14 万多种人工合成化学品中，仅小部分（约 1400 种，https://endocrinedisruption.org/）具有内分泌干扰效应方面的相关信息，因此，发展化学品环境内分泌干扰效应的虚拟筛选方法显得十分必要。

根据化学品环境内分泌干扰效应相关的毒性作用通路，小分子与内分泌系统生物大分子的相互作用是激素分子介导产生生理功能，也是 EDCs 引发内分泌相关疾病和导致内分泌功能紊乱的重要分子基础。因而揭示 EDCs 与激素受体、功能蛋白的作用机制，有助于构建 EDCs 的虚拟筛选方法。本节在介绍内分泌干扰效应作用通路的基础上，重点介绍甲状腺素干扰效应和雌激素干扰效应相关的分子机制和预测模型。

8.3.1 有机污染物的内分泌干扰效应

1. 环境内分泌干扰物定义

内源激素（又称为荷尔蒙，hormone）是由生物体内特殊组织或腺体产生，直接分泌到体液中（若是动物，则指血液、淋巴液、脑脊液、肠液）的一种化学信号转导物质，它通过自身独特的化学结构、分泌物形式及在局部血液循环中的浓度来被靶细胞识别，从而引起特定生物效应。目前，已发现能分泌内源激素的人体组织、内分泌腺主要包括：下丘脑、垂体、松果腺、甲状腺、甲状旁腺、胸腺、肾上腺、心脏、肾脏、胃肠道、脂肪组织、胰岛、性腺等。这些组织及腺体可分泌 50 多种内源激素（王镜岩等，2002）。

在生物体的不同生命周期中，内源激素具有不可或缺的作用。激素产生正常生理功能的前提是机体具有功能完善的内分泌系统和正常的体内激素水平。流行病学调查表明，EDCs 的暴露会引起人体生殖障碍（如引起男性精子质量、数量下降及男性性功能障碍），影响女性卵泡发育及卵母细胞成熟从而影响卵巢功能及胚胎着床率、性别比例失衡、胎儿的出生缺陷如生殖器畸形、发育异常及发育障碍，导致甲状腺系统功能紊乱、中枢神经系统和脑发育异常、降低免疫力并且会诱发某些恶性肿瘤。

大量野外调查和实验研究也证实，EDCs 可对腹足类、鱼类、两栖类、爬行类、鸟类、哺乳类等野生动物的内分泌功能产生干扰作用，对其生殖和发育系统产生不良影响，导致性别反转或雌雄同体现象，致使种群繁衍能力衰竭，使野生动物的种类和数量下降，甚至濒临灭绝（Colborn et al.，1996；Diamanti-Kandarakis et al.，2009；Gore et al.，2015；IPCS/WHO，2002；UNEP/WHO，2013；时国庆等，2011）。这些能影响生物体内分泌系统发育和生理功能，影响激素体内平衡，进而引发内分泌相关疾病的人工合成化学品被称为 EDCs（Colborn et al.，1993）。

给 EDCs 下一个准确的定义对于潜在 EDCs 的筛选鉴别、相关政策法规的制定及实施等都具有重要意义。美国、欧盟及其成员国、世界卫生组织（WHO）等都对 EDCs 给出了各自的定义。这些定义实际上也反映了不同时期人们对内分泌干扰效应问题的认识。目前，比较公认的是 WHO 给出的关于 EDCs 的定义（IPCS/WHO，2002；UNEP/WHO，2013）：EDCs 是指“能改变机体内分泌功能，并对生物体、后代或种群产生不良影响的外源性物质或混合物”。

2. 内分泌干扰效应的作用机制

人体可分泌数十种激素，目前仅研究了 EDCs 对甲状腺素、雌激素、雄激素、孕激素、肾上腺素、前列腺素等几种激素的干扰效应，且大部分研究集中于甲状腺素、雌激素、雄激素系统，即下丘脑-垂体-甲状腺轴（HPT 轴）、下丘脑-垂体-性腺轴（HPG 轴）、下丘脑-垂体-肾上腺轴（HPA 轴）信号通路。根据流行病学调查、*in vivo* 和 *in vitro* 实验，EDCs 干扰内分泌信号通路的分子机制包括（Boas et al.，2006；Bushnell et al.，2010；Miller et al.，2009）：干扰下丘脑-垂体对甲状腺、性腺、肾上腺等内分泌腺体的调控过程；干扰内分泌腺合成、分泌激素，包括抑制腺体摄取原材料的蛋白、抑制合成酶活性、抑制激素活化酶活性；干扰激素转运，包括干扰激素在血液系统、细胞膜、血脑屏障、胎盘屏障等膜系统及细胞、脑脊液等组织内的转运；激活或抑制激素受体介导的信号转导；抑制机体激素代谢酶活性。图 8-10 显示了 EDCs 影响 HPT 轴信号系统的机制。

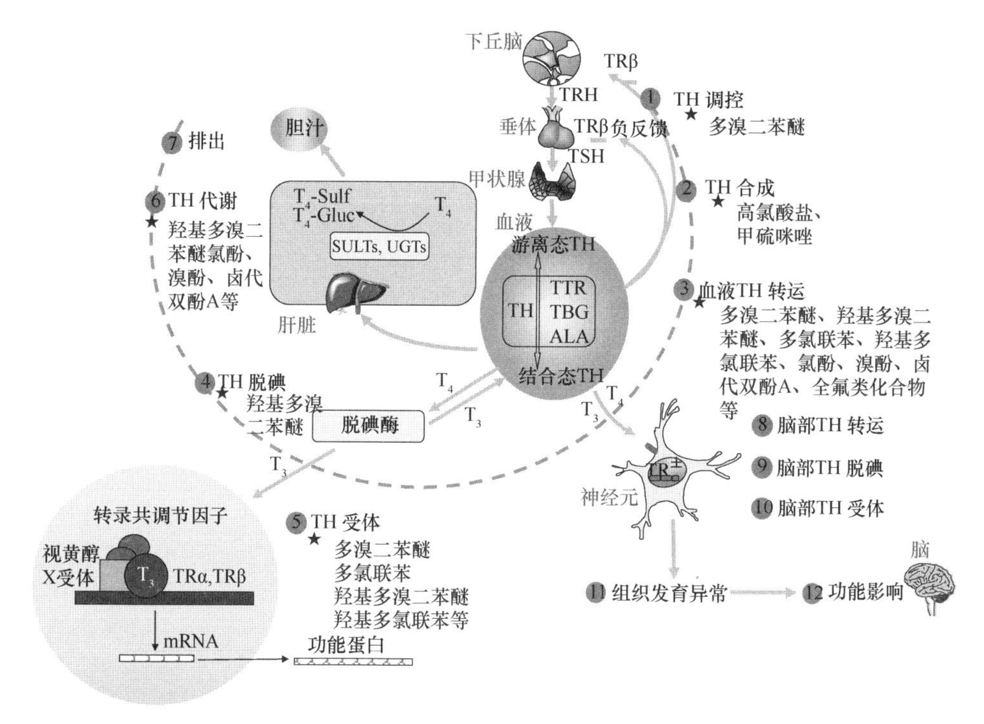

图 8-10　环境内分泌干扰物影响下丘脑-垂体-甲状腺轴信号系统的作用机制

ALA 是白蛋白；mRNA 是信使核糖核酸；SULTs 是磺基转移酶；T_3 是三碘甲状腺氨酸；T_4 是甲状腺素；T_4-Sulf 是硫酸化的甲状腺素；T_4-Gluc 是葡萄糖醛酸化的甲状腺素；TBG 是甲状腺素结合球蛋白；TH 是甲状腺素；TR 是甲状腺素受体；TRα 是甲状腺素受体 α；TRβ 是甲状腺素受体 β；TRH 是促甲状腺素释放激素；TSH 是促甲状腺素；TTR 是甲状腺素运载蛋白；UGTs 是葡萄糖醛酸转移酶

前已述及，小分子（配体）与生物大分子（受体）的相互作用，是 EDCs 引发内分泌相关疾病和内分泌功能紊乱的重要分子基础。这种相互作用是内分泌相关危害效应的“分子起始事件”（molecular initiating events，MIEs）。揭示外源化合物与内分泌系统相互作用的 MIEs，有助于构建环境内分泌干扰效应的“有害结局通路”，进而服务于 EDCs 的环境管理（Ankley et al.，2010；Wang et al.，2018；刘济宁等，2016）。图 8-11 和图 8-12 分别显示了芳香烃受体（AhR）和鱼类雌激素受体的 AOPs，其 MIEs 分别为芳香烃受体和雌激素受体的激活。

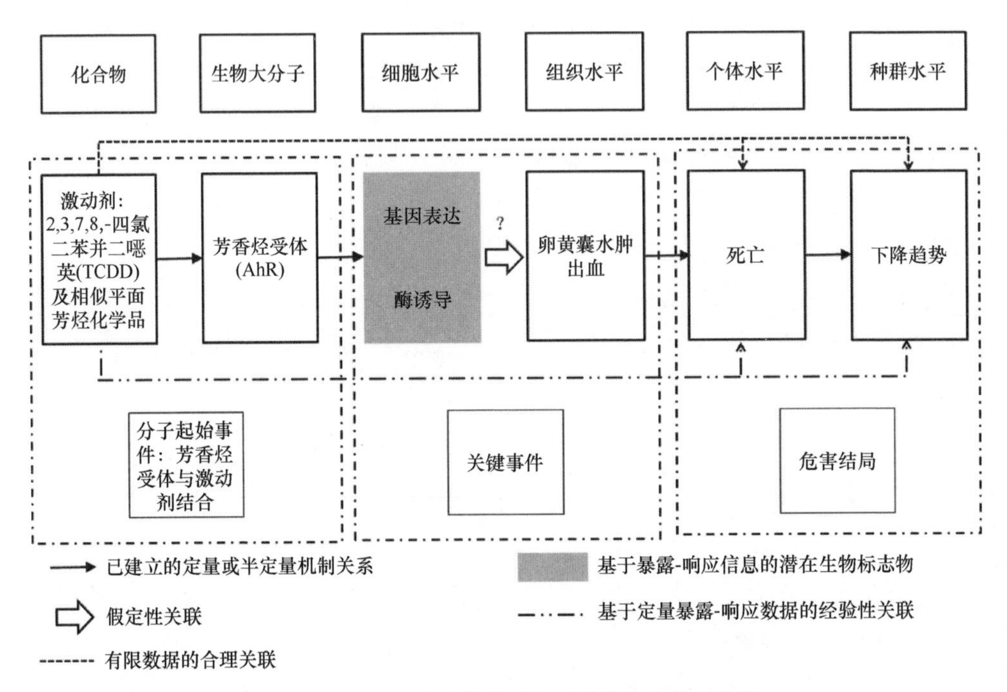

图 8-11　外源性化合物芳香烃受体的有害结局通路

配体在受体活性位点的结合构象，通常与配体的生理功能、配体-受体亲和力相关。基于此原则，一方面可通过分析 EDCs 分子在活性位点的结合构象和非键相互作用，揭示 EDCs 分子与生物大分子结合的关键结构因子，为构建 QSAR 模型等提供机理信息；另一方面可通过计算系列小分子与受体大分子的相互作用能，进而筛选潜在 EDCs。分子模拟是揭示生物大分子与 EDCs 相互作用机制及实现基于生物大分子的虚拟筛选的重要技术手段（Rabinowitz et al.，2008）。图 8-13 显示了分子模拟技术在环境内分泌干扰效应研究领域的主要应用。目前，在该领域使用的分子模拟技术包括分子对接和分子动力学模拟、量子化学方法、量子力学和分子力学耦合（QM/MM）的方法、同源建模等。

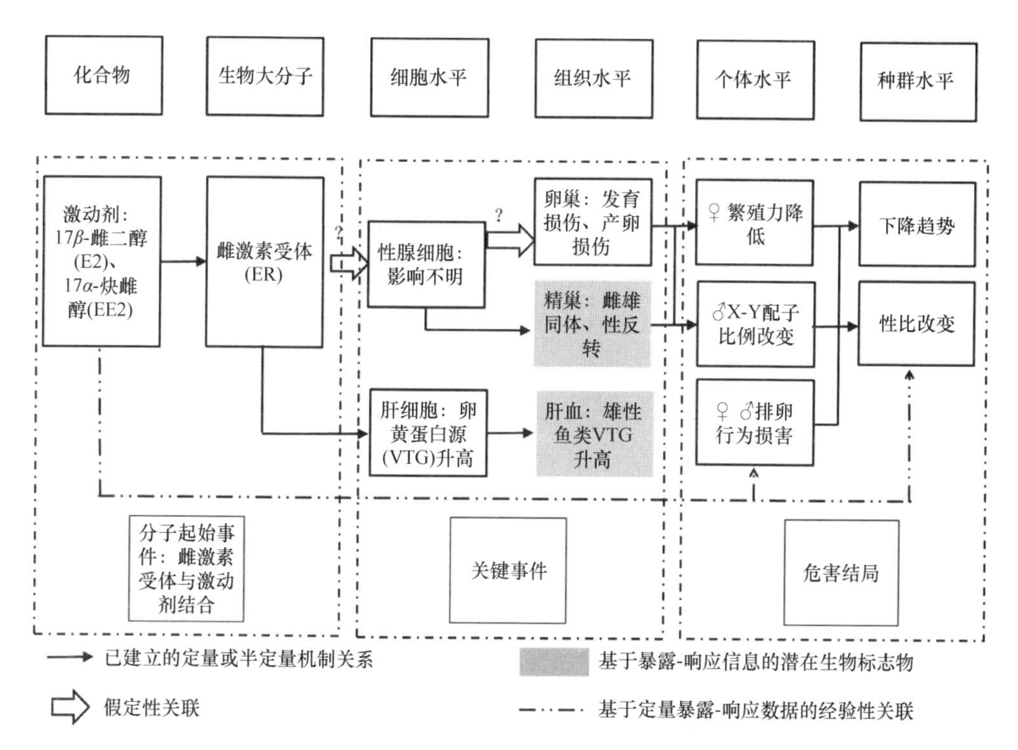

图 8-12　鱼类雌激素受体活化的有害结局通路

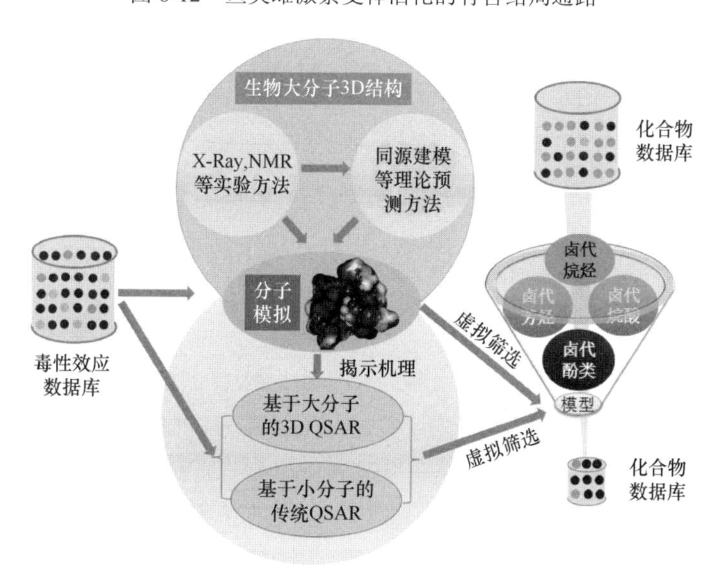

图 8-13　分子模拟技术在环境内分泌干扰效应模拟预测方面的应用途径

8.3.2 环境内分泌干扰效应的分子模拟步骤

研究 EDCs 与内分泌系统生物大分子的结合机制，以及构建潜在 EDCs 的虚拟筛选方法的前提，是获取 EDCs 与受体活性位点的结合复合物。由于现有蛋白质晶体数据库中晶体结构数量有限，远不能满足分子模拟研究的需要。因此，采用分子对接等技术，获取 EDCs 与目标大分子的结合构象是重要的手段。图 8-14 总结了进行环境激素分子模拟的一般流程。

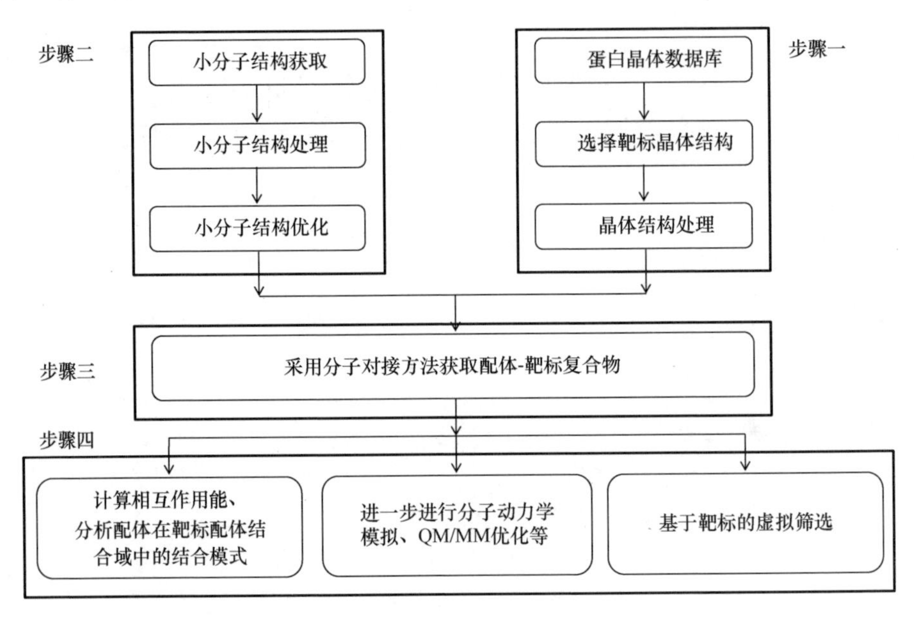

图 8-14 环境激素与受体蛋白相互作用的分子模拟流程图

分子模拟过程分为四步：①从晶体数据库选择合适的目标生物大分子晶体结构，或采用同源建模产生目标生物大分子结构，并采用适当的方法对其进行处理；②获取配体小分子的结构；③采用分子对接方法，获取 EDCs 在目标大分子配体结合空腔的结合构象；④基于结合构象，分析配体分子在生物大分子活性中心的结合模式和计算相互作用能，或进一步进行分子动力学模拟、QM/MM 计算、基于靶标的虚拟筛选等。下面介绍其中部分关键过程。

1. 生物大分子晶体结构选择原则

获取内分泌系统生物大分子的 3D 结构是进行分子模拟的前提。目前，主要有以下两类方法：从生物大分子晶体结构数据库查询，通过生物大分子氨基酸或核酸序列进行预测。其中，从晶体结构数据库选取是获取生物大分子结构的主要来源。然而，由于数据库中生物大分子晶体结构质量不一，存在靶结构分属不同物种、晶体结构中关键位置有突变的氨基酸残基等问题，需遵循科学的选择原则，才能确保模拟结果的科学性和准确性。Yang 等（2016a）提出了生物大分子晶体结构选择过程中需要考虑的六因素，即确定目标生物大分子所属物种、确定目标配体化合物作用机制类型、确定晶体结构中是否存在突变氨基酸残基、确定晶体结构中肽链的数量是否正确、确定晶体结构中所含配体与目标化合物的相似程度、确定晶体结构测定的 pH 条件。根据上述原则，从数据库的大量结构中选出符合条件的晶体结构。若存在 1 个以上符合要求的晶体结构，可进一步考虑结构的分辨率，优先选择分辨率较高的结构进行模拟。

2. 生物大分子三维结构处理

获取了生物大分子的 3D 结构后，需要对结构进行预处理，检查氨基酸名称是否正确及是否存在缺失的残基侧链。研究表明，化合物和生物大分子之间的相互作用存在形态依赖性，需要对氨基酸残基进行离子化处理。最后，需要定义配体-受体相互作用的活性位点。

3. 配体小分子处理

根据需要，在生理 pH 条件下，对可电离配体小分子进行离子化处理，并进行结构优化。

4. 内分泌干扰效应分子机制分析

分子模拟的重要目的之一就是进行机制分析。在内分泌干扰效应研究中，常见的分子机制包括：

（1）关键基团在配体结合空腔中的取向：通过分析关键基团在配体结合空腔中的取向，可以确定关键基团在小分子与大分子识别过程中的作用。例如，卤代酚类化合物是甲状腺激素的潜在干扰物，通过分析卤代酚分子在人甲状腺素运载蛋白（human transthyretin receptor，hTTR）活性位点的取向，发现卤代酚类化合物电离的羟基基团在 hTTR 配体结合空腔中具有优势取向，即指向结合空腔的入口方向，这与甲状腺素分子结构中羧基的取向相同（Yang et al.，2013）。

（2）非键作用力分析：常见的非键作用力有氢键、π作用（如 σ-π，阳离子-π，阴离子-π，π-π等）、疏水相互作用等（Li et al.，2010a；Yang et al.，2013；Yang et al.，2016b；Zhuang et al.，2014）。在小分子与内分泌系统生物大分子相互作用过程中，还存在其他非键作用力，如离子对相互作用、卤键相互作用等（杨先海，2014；杨先海等，2015）。此外，还可以分析氢键、卤键等非键相互作用在整个模拟过程中的形成率，以表征这类相互作用的稳定性（Yang et al.，2017b）。

（3）计算相互作用能：分子模拟软件一般将相互作用能进行分解计算。例如，在 AMBER 中，总结合自由能包括静电相互作用（E_{ele}）、范德瓦耳斯作用（E_{vdw}）和溶剂化能（E_{sol}）等。计算相互作用能后，可以分析相互作用能与内分泌干扰效应数据之间的相关性。同时，从总能量构成上，还可以分析对总能量贡献最主要的作用类型（Ding et al.，2017）。

（4）晶体结构分析：分析目标蛋白晶体结构中配体分子的结合模式和非键相互作用，也是分子模拟研究的重要部分。可在熟悉目标体系基础上，检验分子模拟结果的可靠性（Sakkiah et al.，2016）。例如，通过分析 76 个人雄激素受体（human androgen receptor，hAR）晶体结构中配体与 hAR 的非键相互作用，发现其中有 7 个残基参与形成了氢键：His 701 和 His 874，Leu 704，Asn 705，Gln 711，Arg 752，Thr 877。上述氨基酸氢键形成率大小顺序分别为：Asn 705（92.1%）＞Thr 877（55.3%）＞Arg 752（35.5%）＞Gln 711（25.0%）＞Leu 704（21.1%）＞His 874（2.63%）＞His 701（1.32 %）。说明在晶体结构中 Asn 705，Thr 877，Arg 752，Gln 711，Leu 704 五个残基形成的氢键最多。除氢键之外，11 个晶体配体与 hAR 残基形成了π-π作用。参与形成π-π 作用的残基主要是 Trp 741 和 Phe 764，形成率分别为 13.2%和 1.32%，表明 hAR 体系形成π作用的能力较弱。上述结果与分子模拟中揭示的双酚 A 类似物与 hAR 结合过程的主要非键相互作用类型一致（Yang et al.，2016b）。下面介绍甲状腺素和雌激素干扰效应方面模拟研究的案例。

8.3.3 甲状腺素干扰效应的计算模拟

1. 甲状腺素受体干扰效应的计算模拟

甲状腺素受体（thyroid hormone receptor，TR）有两个亚型，即 TRα 和 TRβ。在蛋白质晶体结构数据库中有 29 个 TR 晶体结构，分别为 9 个 TRα 结合激动剂结构、19 个 TRβ 结合激动剂结构和 1 个 TRβ 结合拮抗剂结构。通过结构分析，发现可与小分子配体形成氢键相互作用的 TRα 残基包括：Arg 228，Ser 277 和 His 381；而在 TRβ 中则为：Arg 282，Asn 331（TRβ 拮抗剂结构中为 Ser 331）和 His 435（图 8-15）。

Li 等（2010b）采用 *in vitro* 测试，结合计算模拟方法，研究了羟基多溴二苯醚（HO-PBDEs）干扰 TRβ 的分子机制。首先，基于酵母双杂交试验，检测了 18 种 HO-PBDEs 及 2 种 PBDEs（2,4,6-triBDE 和 2,3,4,5,6-pentaBDE）的甲状腺激素效应。然后采用分子对接，分析了 TRβ 与 18 种 HO-PBDEs 及 2 种 PBDEs 的相互作用。发现 TRβ 与 HO-PBDEs 之间可形成氢键、π-π、疏水相互作用。所形成的氢键有两种类型：一类是 HO-PBDEs 的羟基氧与 Arg 282 和 Ile 276 残基氨基氢之间形成的氢键；另一类是 HO-PBDEs 中羟基氢原子与 Leu 341 的羧基氧之间形成的氢键（图 8-16）。发现 HO-PBDEs 中芳环可与苯丙氨酸 272 和 455（Phe 272 和 Phe 455）残基中芳环形成 π-π 相互作用。此外，HO-PBDEs 和 TRβ 受体结合空腔周围的氨基酸残基（如组氨酸 242、色氨酸 214 和丙氨酸 291）间存在疏水相互作用。

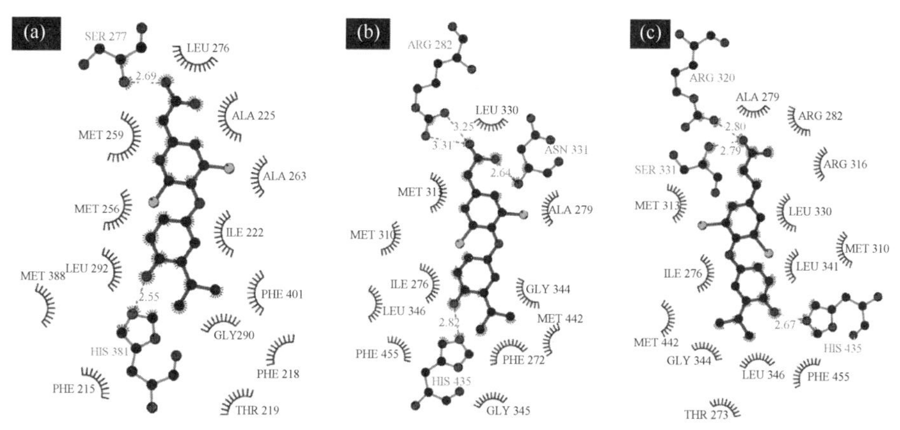

图 8-15 TRα（a）和 TRβ（b）分别结合激动剂［2-(3,5-二氯-4-(4-羟基-3-异丙基苯氧基)苯基)乙酸］、TRβ（c）结合拮抗剂［3,5-二溴-4-(3-异丙基-苯氧基)苯甲酸］时的相互作用模式

ALA 是丙氨酸；ARG 是精氨酸；ASN 是天冬酰胺；GLY 是甘氨酸；ILE 是异亮氨酸；LEU 是亮氨酸；MET 是甲硫氨酸；PHE 是苯丙氨酸；SER 是丝氨酸；THR 是苏氨酸

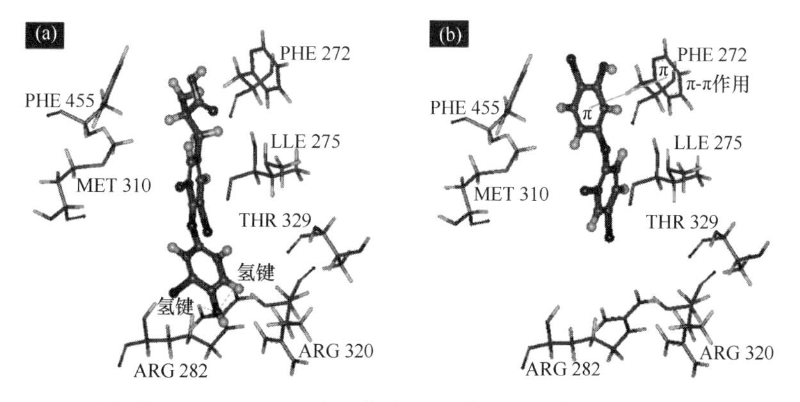

图 8-16 T_3（a）和 3′-HO-2,4,4′-三溴二苯醚（b）在 TRβ 活性位点（PDB ID：1NAX）的结合构象

ARG 是精氨酸；LLE 是异亮氨酸；MET 是甲硫氨酸；PHE 是苯丙氨酸；THR 是苏氨酸

分子对接结果表明，氢键、π-π、疏水相互作用是影响 HO-PBDEs 与 TRβ 相互作用的主要因素。因此，选取并计算了 12 个理论分子结构描述符，来表征上述相互作用。以 HO-PBDEs 诱导产生 20%最大效应时的浓度（REC_{20}）为毒性效应终点，采用偏最小二乘（PLS）算法，参照 OECD 关于 QSAR 建模导则来构建 QSAR 模型，得到的最优模型如下：

$$-\log REC_{20} = 57.3 + 0.801n_{Br} + 0.962\log K_{OW} - 49.5I_A + 2.84E_{LUMO} - 1.66\omega + 0.0326\mu^2 \quad (8\text{-}12)$$

式中，n_{Br} 是溴原子个数，$\log K_{OW}$ 是正辛醇/水分配系数，E_{LUMO} 是分子最低未占据轨道能，I_A 是基于谐振子模型的芳香性指数（harmonic oscillator model of aromaticity index），ω 是亲电性指数，μ^2 是偶极矩的平方。该模型具有较好的拟合优度（$R^2_{Train} = 0.91$，$RMSE_{Train} = 0.42$）和稳健性（$Q^2_{CUM} = 0.87$）。Q^2_{EXT} 和 $RMSE_{EXT}$ 分别为 0.50 和 0.73，说明模型具有较好的预测能力。可以看出，HO-PBDEs 结合 TRβ 的活性，随其分子中溴原子取代个数的增多而增强，Ren 等（2013）的实验结果进一步证实了这个预测。

2. 甲状腺素运载蛋白干扰效应的计算模拟

Weiss 等（2015）分析了 250 种人甲状腺素运载蛋白干扰物的分子结构，发现其中有 198 个化合物含卤素基团（79%），195 个化合物至少含一个芳香环（78%），106 个化合物含羟基（42%），88 个化合物同时含有上述三个基团。结合干扰效应分析，有 52 个化合物对 hTTR 的干扰效应强于甲状腺素（T_4），其中 48 个化合物分子结构中同时含有卤素、芳环和羟基，说明上述三个基团在与 hTTR 结合过程中具有重要贡献。

EDCs 中的羟基主要起到参与形成氢键的作用。例如，Cao 等（2010）和 Yang 等（2011）用分子对接研究了 HO-PBDEs 与 hTTR 的相互作用，发现 HO-PBDEs 的羟基可与 hTTR 的残基形成氢键。然而，含羟基（—OH）、羧基（—COOH）、磺酸基（—SO_3H）等基团的 EDCs，在生理 pH（人血浆～7.4）条件下可能电离。Yang 等（2013）通过分析卤代酚类化合物与 hTTR 的相互作用势（logRP），发现 logRP 与卤代酚类化合物 pK_a 存在显著的负相关关系（图 8-17），即具有较小 pK_a 值的化合物与 hTTR 的相互作用能力较强。由于 pK_a 值越小，在给定 pH 条件下化合物将存在更多阴离子形态，意味着取代酚类化合物阴离子形态与 hTTR 的相互作用强于其分子态。相互作用能的计算结果也表明，卤代酚类化合物的阴离子形态与 hTTR 的相互作用能的绝对值（$|E_{int}|$）高于相应分子形态与 hTTR 的 $|E_{int}|$ 值，证明阴离子形态和分子形态的卤代酚与 hTTR 具有不同的作用强度（图 8-18）。

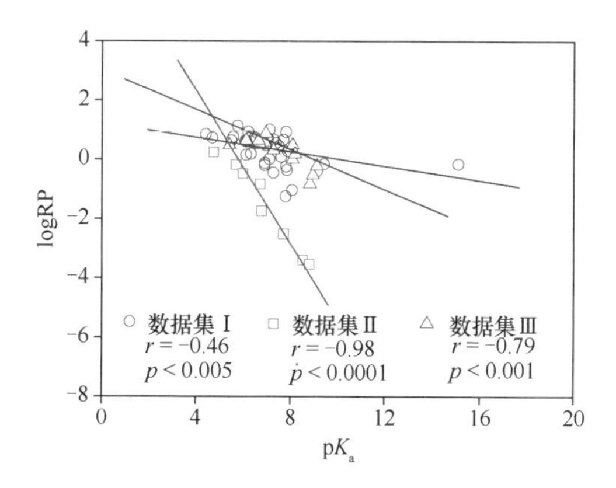

图 8-17 化合物 logRP 值与其 pK_a之间的相关关系（化合物 pK_a来源于 SPARC v4.6）

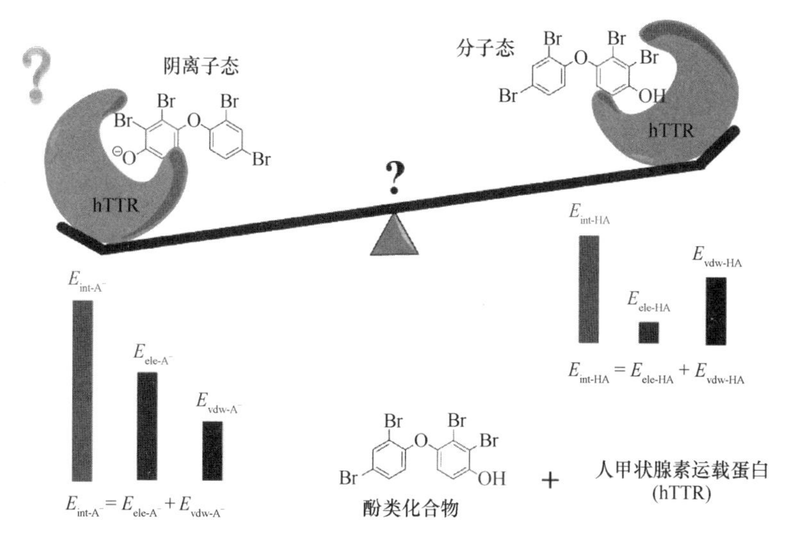

图 8-18 分子形态对酚类化合物与 hTTR 相互作用的影响示意图

非键相互作用分析表明，卤代酚类化合物的阴离子（—O^-）基团可与 hTTR 中赖氨酸（Lys15）残基的—NH_3^+形成静电相互作用，—O^-基团还可与 hTTR 中残基形成氢键。由于形成具有方向性的离子对（静电）、氢键等相互作用，导致卤代酚类化合物的—O^-基团在 hTTR 配体结合空腔中具有优势取向（图 8-19）。在全氟辛基羧酸（PFOA）、全氟辛基磺酸（PFOS）与 hTTR 相互作用的研究中，也发现 PFOA、PFOS 的阴离子基团具有相同的优势取向（图 8-20）。上述结果说明，研究 EDCs 的甲状腺素干扰效应时，需要考虑 EDCs 中羟基、羧基、磺酸基等基团离子化的影响。

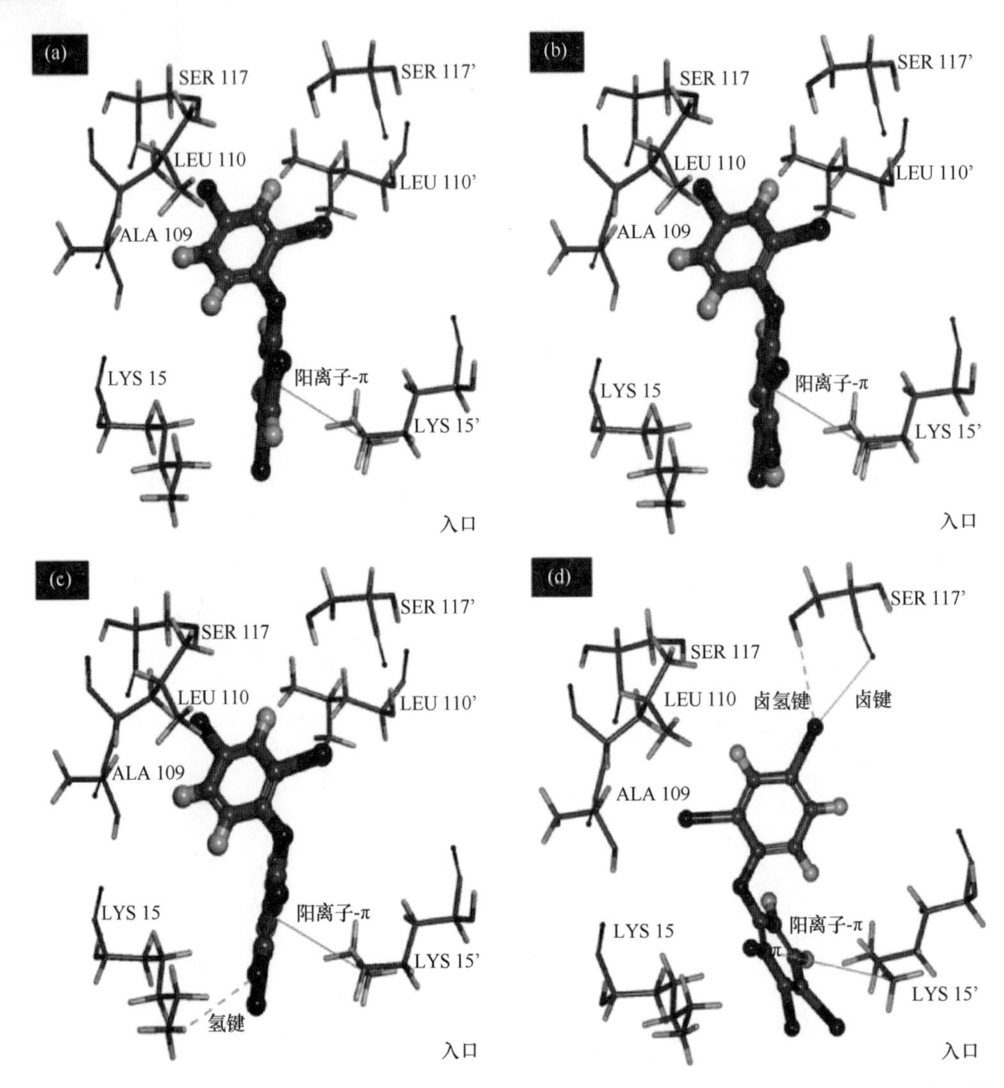

图 8-19 2,2′,4,4′-四溴二苯醚（a）、分子态（b）和阴离子形态（c）的 3-羟基-2,2′,4,4′-四溴二苯醚、阴离子形态的 2′-羟基-2,3′,4,4′-四溴二苯醚（d）在 hTTR 活性位点（PDB ID：1ICT）的结合构象

ALA 是丙氨酸；LYS 是赖氨酸；LEU 是亮氨酸；SER 是丝氨酸

EDCs 中芳环还可与 hTTR 的 Lys15 残基的—NH_3^+形成阳离子-π 相互作用，且 EDCs 解离后，可增强阳离子-π 相互作用。芳环结构的缺失会大大减弱 EDCs 分子与 hTTR 的亲和力。例如，全氟/多氟化合物（poly/perfluorocarbons，PFCs）分子结构中含有羧基和磺酸基基团，但由于 PFCs 的分子结构中缺乏芳环，不能与 hTTR 中 Lys15 残基形成阳离子-π 相互作用，这可能是导致 hTTR 与完全离子化的烷基

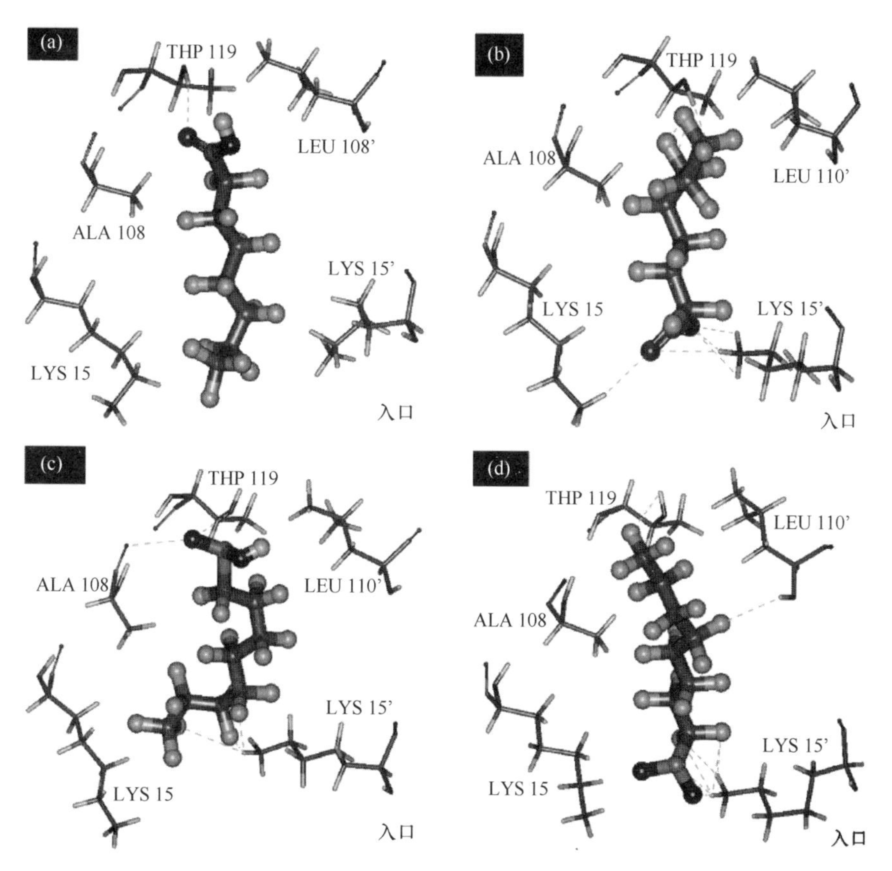

图 8-20　分子形态（a）和阴离子形态（b）的全氟辛基羧酸，分子形态（c）和阴离子形态（d）的全氟辛基磺酸在 hTTR 活性位点（PDB ID: 1ICT）的结合构象

ALA 是丙氨酸；LYS 是赖氨酸；LEU 是亮氨酸；SER 是丝氨酸

羧酸和磺酸的结合能力低于 hTTR 与卤代酚类化合物的结合能力的重要原因(Yang et al.，2017)。此外，EDCs 分子中的卤素基团，可通过卤键（主要是卤-氧键）和卤-氢键、诱导效应和疏水效应影响有机卤化合物与 hTTR 的相互作用（杨先海，2014)。卤键和卤-氢键的形成，增强了有机卤化合物与 hTTR 的相互作用。对可电离化合物，卤素基团可通过诱导效应影响化合物的 pK_a 值，进而影响其与 hTTR 的相互作用；疏水效应则是卤素基团影响 PBDEs 等不可电离化合物与 hTTR 相互作用的主要因素。

基于上述 EDCs 与 hTTR 的相互作用机制，选取合适的描述符构建 QSAR 模型。以卤代酚类物质为例，选取了 16 个分子描述符用于表征 hTTR 与卤代酚类化合物的相互作用：采用基于 pK_a 和 pH 调整的正辛醇/水分配系数（log$D$）、分子量（M_W）和卤素原子数（n_X）来表征疏水相互作用；选用 E_{HOMO}、E_{LUMO}、分子中最正氢原子电荷(qH^+)、分子中最负碳原子电荷(qC^-)和分子中最负氧原子电荷(qO^-)表征化合物与 hTTR 间的静电相互作用、电子供体-受体相互作用和氢键相互作用;采用I_A(基于谐振子模型的芳香性指数)表征π相互作用;使用非键相互作用能(E_{int})表征化合物在 hTTR 活性位点的结合能力;为了表征分子和离子形态对化合物与 hTTR 结合作用的影响,采用式(8-13)对 E_{HOMO}、E_{LUMO}、qC^-、qO^-和 E_{int}进行了形态修正,以获取 $E_{HOMO\text{-}adj}$、$E_{LUMO\text{-}adj}$、qC^-_{adj}、qO^-_{adj}和 $E_{int\text{-}adj}$。

$$X_{adj} = \delta_{HA} \cdot X_{HA} + \delta_{A^-} \cdot X_{A^-}$$

$$\delta_{HA} = \frac{[HA]}{[HA]+[A^-]} = \frac{1}{1+10^{pH-pK_a}}, \quad \delta_{A^-} = \frac{[A^-]}{[HA]+[A^-]} = \frac{10^{pH-pK_a}}{1+10^{pH-pK_a}} \quad (8\text{-}13)$$

式中,X_{HA} 和 X_{A^-} 分别是分子态和阴离子态的描述符;δ_{HA} 和 δ_{A^-} 分别是分子态和离子态的比例分数。QSAR 建模选取相对效应势(logRP)为活性终点,其定义为

$$\log RP = \log \frac{IC_{50,T_4}}{IC_{50,EDCs}} \quad (8\text{-}14)$$

式中,IC_{50,T_4} 和 $IC_{50,EDCs}$ 分别是 T_4 和 EDCs 的半数竞争效应浓度。采用 PLS 建模,得到最优模型为

$$\log RP = -4.37 \times 10^{-1} - 1.26 \times 10^{-1} pK_a - 3.16qO^-_{adj} + 1.84 \times 10^{-2} \log D \quad (8\text{-}15)$$

模型具有较好的拟合优度($R^2_{Train} = 0.86$,$RMSE_{Train} = 0.51$)和稳健性($Q^2_{CUM} = 0.84$)。R^2_{EXT}、Q^2_{EXT} 和 $RMSE_{EXT}$ 分别为 0.95、0.93 和 0.32,说明模型具有较好的预测能力。模型中 pK_a 系数为负值,说明 pK_a 值较小的化合物,其甲状腺激素干扰效应更强;qO^-_{adj} 表征了化合物与 hTTR 形成离子对相互作用的能力,其值越负,离子对相互作用越强,导致的干扰效应也越强。该模型表明,化合物的 pK_a 值可用于定量评估可电离化合物对 hTTR 的干扰效应,即对结构类似化合物,pK_a 值小的化合物对 hTTR 的作用能力强于 pK_a 值大的化合物。

根据上述作用机制分析,卤代苯甲酸及其衍生物、卤代苯磺酸及其衍生物对 hTTR 的干扰效应,应当高于取代类型相似的卤代酚类化合物。Grimm 等(2013)的实验研究证实了该推论,发现 5 个羟基多氯联苯(HO-PCBs)被磺基转移酶代谢转化为 PCBs 硫酸化物后,除 4′-HO-3,4-二氯联苯外,其余 4 个 HO-PCBs 的硫酸化代谢物对 hTTR 的干扰效应均强于其对应的母体。

8.3.4 雌激素干扰效应的模拟预测

雌激素受体(estrogen receptor,ER)有两个亚型,即 ERα 和 ERβ。在蛋白晶体结构数据库有约 100 个 ER 晶体结构。其中,约 92.4%属于人类,2.3%属于大鼠和小鼠。ERα 和 ERβ 分别由 595 和 530 个氨基酸构成。ERα 与 ERβ 在转录激活域

AF-1、DNA 结合区、绞链区、配体结合区的同源性分别为 13.0%、93.9%、24.4% 和 54.4%。这说明，ERα 与 ERβ 在配体结合区的同源性低于它们在 DNA 结合区的同源性。此外，ERα 与 ERβ 的配体结合空腔体积分别为 450 Å^3 和 390 Å^3，预示着 ERα 与 ERβ 的配体结合域结构存在差异，这可能是 EDCs 对 ERα 与 ERβ 存在不同敏感性的根本原因。值得注意的是，ERα/ERβ 在结合激动剂和拮抗剂时，结构中的螺旋 12 将发生明显的构象变化（Cao et al.，2017；Li et al.，2014）。

从图 8-21 可以看出，无论结合激动剂还是拮抗剂，ERα 配体结合域参与形成氢键的氨基酸为 Glu 353、Arg 394 和 His 524，而在 ERβ 配体结合域参与形成氢键的氨基酸为 Glu 305、Arg 346 和 His 475。说明在配体分子与 ERα/ERβ 结合过程中，这些保守的氢键具有重要作用。

李斐（2010）采用实验和计算模拟相结合的方法，研究了蒽醌类化合物与雌激素受体 ERα 的分子机制。首先，基于酵母双杂交试验体系，检测了 20 种蒽醌类化合物的雌激素效应。采用分子对接，模拟了 20 种蒽醌类化合物与 ERα 的相互作用。计算了配体-受体结合能（E_{bind}），发现在相对效应势（logRP）和 E_{bind} 间存在简单的线性关系，证明蒽醌类化合物与 ERα 结合是发挥雌激素效应的关键步骤。蒽醌类化合物分子与 ERα 间可以形成氢键：蒽醌类化合物分子的硝基氧原子与组氨酸残基 His 524 的咪唑环上的氢原子形成氢键；蒽醌类化合物分子的羟基氢原子与谷氨酸残基 Glu 353 上的羰基氧原子形成氢键。

基于上述机制，选取可表征化合物进入细胞的难易程度、蒽醌类化合物分子与受体 ERα 氢键和静电相互作用的相关描述符来构建 QSAR 模型。此外，由于化合物与受体结合是其发挥拟激素效应的前提，因此，还考虑了配体-受体结合能（E_{bind}）的影响。采用偏最小二乘回归（PLS）筛选相关描述符构建模型，最优模型为

$$\mathrm{logRP} = -8.08 + 4.51\pi_{\mathrm{I}} - 1.84 \times 10^{-2}E_{\mathrm{bind}} + 1.36 \times 10^{-2}\alpha - 6.70 \times 10^{-1}q^{-} - 6.82\,\bar{V}_s^{-} \tag{8-16}$$

式中，π_{I} 是表征偶极/极化性的参数；E_{bind} 是配体-受体结合能；α 是平均分子极化率；q^{-} 是分子中原子的最负净电荷；$\bar{V}_s^{-}$ 是分子表面上负静电势的平均值。该模型具有较好的拟合优度（$R^2_{\mathrm{Train}} = 0.85$，$\mathrm{RMSE}_{\mathrm{Train}} = 0.12$）和稳健性（$Q^2_{\mathrm{CUM}} = 0.73$）。$Q^2_{\mathrm{EXT}}$ 和 $\mathrm{RMSE}_{\mathrm{EXT}}$ 分别为 0.83 和 0.10，说明模型具有较好的预测能力。因此，基于分子模拟揭示的 EDCs 与激素受体大分子相互作用的机制，选取相关的描述符构建 QSAR 模型，有望实现对潜在 EDCs 的虚拟筛选。

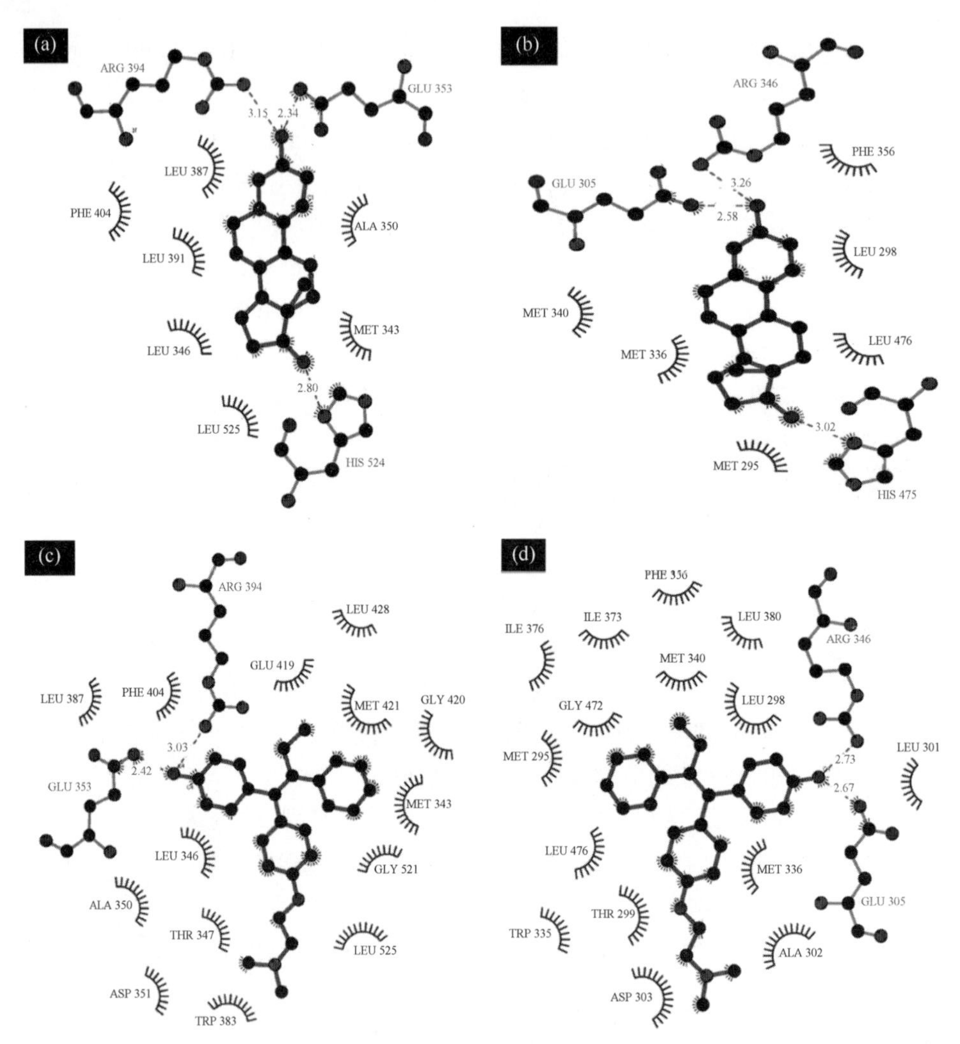

配体化学键；受体化学键；3.0 氢键；His 53 受体中参与形成疏水相互作用的残基；参与形成疏水相互左右的原子

图 8-21 ERα（a）和 ERβ（b）分别结合激动剂（雌二醇）、ERα（c）和 ERβ（d）分别结合拮抗剂（4-羟基他莫昔芬）示意图

除了上述模型，前人还构建了其他模型来预测甲状腺干扰效应、雌激素干扰效应等。表 8-6 总结了甲状腺素干扰效应相关的预测模型。在甲状腺素受体干扰效应方面，针对李斐（2010）测定的 HO-PBDEs 对 TRβ 干扰效应数据（$-\log REC_{20}$），Yu 等（2015）通过引入能量限制的供体电荷（energy-limited donor charge，QE_{occ}）和能量限制的受体电荷（energy-limited acceptor charge，QE_{vac}）参数，构建了一个新的 3 参数模型，该模型具有较好的拟合优度和稳健性，预测能力得到提高。

Li 等（2012a）应用比较分子相似性指数分析（comparative molecular similarity index analysis，CoMSIA）方法构建了模型，结果表明，干扰效应与立体场、静电场、氢键供体场、氢键受体场有关，且四种场对干扰效应的贡献率分别为 1.7%、44.8%、21.6%、31.6%，说明 HO-PBDEs 与 TRβ 的相互作用主要与静电和氢键相互作用相关。

表 8-6　预测化合物甲状腺素受体、转运蛋白、代谢酶干扰效应的（Q）SAR 模型

建模算法	模型表达式、预测变量及模型验证与表征结果	应用域	参考文献
	甲状腺素受体 TRβ		
多元线性回归（MLR）模型	$-\log REC_{20} = -1.60 \times 10 + 2.42 \times 10\ QE_{occc}$（−8.8eV，O）$+ 7.90 \times 10^{-1} \log K_{OW} + 2.61\ QE_{vac}$（3.8eV，H） $-\log REC_{20}$ 是化合物诱导产生 20%最大效应时的浓度 $\log K_{OW}$ 是正辛醇/水分配系数，QE_{occ}（−8.8eV，O）和 QE_{vac}（3.8eV，H）分别是分子中羟基氧原子和氢原子的电荷参数 n_{Train}（训练集化合物个数）= 13，Q^2（交叉验证系数）= 0.89，$RMSE_{Train}$（均方根误差）= 0.46， n_{EXT}（验证集化合物个数）= 5，Q^2_{EXT}（验证集外部可解释方差）= 0.85，$RMSE_{EXT}$ = 0.43 适用于 HO-PBDEs	是	Yu et al.，2015
比较分子相似性指数分析（CoMSIA）模型	$-\log REC_{20}$ 与立体场、静电场、氢键供体场、氢键受体场有关 $n_{Train} = 14$，$R^2_{Train} = 0.95$，$Q^2_{LOO} = 0.57$， $n_{EXT} = 4$，$R^2_{EXT} = 0.85$ 适用于 HO-PBDEs	否	Li et al.，2012a
	人甲状腺素运载蛋白 hTTR		
偏最小二乘法（PLS）回归模型	$\log RP = -9.07 + 4.08 \times 10\ qpmax + 3.93\ MATS6v$ $qpmax$ 是分子最正形式电荷，$MATS6v$（Moran autocorrelation of lag 6 weighted by van der Waals volume）是范德瓦耳斯体积加权的 Moran 自相关指数； $\log RP$ 是化合物与甲状腺素 T_4 竞争结合 hTTR 的相对效应势 $n_{Train} = 9$，R^2_{Train}（实测值与预测值的相关系数）= 0.96，Q^2_{LOO}（去一法交叉验证系数的平方）= 0.91，$RMSE_{Train} = 0.29$， $n_{EXT} = 8$，$R^2_{EXT} = 0.93$，$Q^2_{EXT} = 0.90$，$RMSE_{EXT} = 0.47$ 适用于 HO-PBDEs、PBDEs、四溴双酚 A（TBBPA）、2,4,6-三溴酚、六溴环十二烷（HBCDs）、四溴双酚 A 双（二溴丙基）醚（TBBPA-DBPE）	是	Papa et al.，2010
MLR 回归模型	$\log K = -1.6 \times 10^{-1} \log K^2_{OW} + 2.34 \log K_{OW}$ $n_{Train} = 14$，$R^2_{Train} = 0.88$ $\log K$ 是 HO-PBDEs 与 hTTR 的结合常数 适用于 HO-PBDEs	否	Cao et al.，2010
CoMSIA 模型	$\log RP$ 与立体场、静电场、疏水场、氢键供体场有关 $n_{Train} = 22$，$Q^2_{LOO} = 0.75$， $n_{EXT} = 6$，$R^2_{EXT} = 0.93$ 适用于 PBDEs，HO-PBDEs	否	Yang et al.，2011
基于 k 最邻近方法（kNN）的分类模型	模型涉及的分子描述符包括：分子结构中酚羟基个数（$nArOH$）和 Sanderson 电负性加权的位移值（$DISPe$，displacement value/weighted by Sanderson electronegativity） $n_{Train} = 20$，NER_{Train}（预测正确率）= 0.95，$S_{n\text{-}Train}$（敏感性）= 1，$S_{p\text{-}Train}$（特异性）= 0.87， $n_{EXT} = 9$，$NER_{EXT} = 0.89$，$S_{n\text{-}EXT} = 0.8$，$S_{p\text{-}EXT} = 1$ 适用于 2,4,6-三溴酚、HBCDs、HO-PBDEs、PBDEs、TBBPA、TBBPA-DBPE	是	Kovarich et al.，2011

续表

建模算法	模型表达式、预测变量及模型验证与表征结果	应用域	参考文献
基于 kNN 的分类模型	模型涉及的分子描述符包括：化合物平均分子量（AMW）和分子质量加权的杠杆自相关指数（*HATS6m*，leverage-weighted autocorrelation of lag 6 / weighted by mass） $n_{\text{Train}}=10$，$S_{\text{n-Train}}=1$，$S_{\text{p-Train}}=1$， $n_{\text{EXT}}=9$，$S_{\text{n-EXT}}=1$，$S_{\text{p-EXT}}=1$ 适用于全氟/多氟化合物（PFCs）	是	Kovarich et al.，2012
基于 kNN 的分类模型	模型涉及的分子描述符包括：*nArOH*，*HATS6m* 和 Br—Br 键在拓扑距离 3 上出现的频率（*F03[Br-Br]*，frequency of Br—Br at topological distance 3） $n_{\text{Train}}=37$，$\text{NER}_{\text{Train}}=0.84$，$S_{\text{n-Train}}=0.91$，$S_{\text{p-Train}}=0.79$， $n_{\text{EXT}}=16$，$\text{NER}_{\text{EXT}}=0.81$，$S_{\text{n-EXT}}=0.89$，$S_{\text{p-EXT}}=0.86$ 适用于 HBCDs、HO-PBDEs、PBDEs、PFCs、TBBPA、TBBPA-DBPE、2,4,6-三溴酚	是	Papa et al.，2013
PLS 回归模型	$\log RP=-4.69\times10^{-1}-3.19\,R5u+7.51\times10^{-1}\,F07[C\text{-}O]+1.58\,nArOH$ *R5u*（R autocorrelation of lag 5 / unweighted）是未加权的 *R* 自相关指数，*F07[C-O]*（Frequency of C—O at topological distance 7）是 C—O 键在拓扑距离 7 上出现的频率 $n_{\text{Train}}=23$，$R^2_{\text{Train}}=0.89$，$Q^2_{\text{LOO}}=0.81$，$\text{RMSE}_{\text{Train}}-0.42$， $n_{\text{EXT}}=9$，$\text{CCC}_{\text{index}}$（一致性相关系数）= 0.95，$Q^2_{\text{EXT}}=0.93$，$\text{RMSE}_{\text{EXT}}=0.34$ 适用于 HBCDs、HO-PBDEs、PBDEs、PFCs、TBBPA、TBBPA-DBPE、2,4,6-三溴酚	是	Papa et al.，2013
PLS 回归模型	$\log RP=-5.91+2.27\,HATS6m+8.98\times10^{-1}\,\delta_{A^-}-1.94\,qO^-_{\text{adj}}$ *HATS6m* 是分子质量加权的杠杆自相关指数，δ_{A^-}是化合物阴离子形态的存在分数，qO^-_{adj}是经电离形态修正的氧原子形式电荷 $n_{\text{Train}}=20$，$A=2$，$R^2_{\text{Train}}=0.93$，Q^2_{CUM}（模型所提取的所有 PLS 主成分所能解释的因变量总方差的比例）= 0.90，$\text{RMSE}_{\text{Train}}=0.26$，$p$（显著性水平）$<10^{-4}$，$n_{\text{EXT}}=9$，$R^2_{\text{EXT}}=0.67$，$Q^2_{\text{EXT}}=0.65$，$\text{RMSE}_{\text{EXT}}=0.87$ 适用于 PFCs	是	Yang et al.，2017
PLS 回归模型	$\log RP=-4.94+2.26\,HATS6m+8.45\times10^{-1}\,\delta_{A^-}+1.81\,E_{\text{HOMO-adj}}$ *HATS6m* 是分子质量加权的杠杆自相关指数，δ_{A^-}是化合物阴离子形态的存在分数，$E_{\text{HOMO-adj}}$是经电离形态修正的分子最高占据轨道能 $n_{\text{Train}}=20$，$A=2$，$R^2_{\text{Train}}=0.92$，$Q^2_{\text{CUM}}=0.90$，$\text{RMSE}_{\text{Train}}=0.28$，$p<10^{-4}$，$n_{\text{EXT}}=9$，$R^2_{\text{EXT}}=0.67$，$Q^2_{\text{EXT}}=0.65$，$\text{RMSE}_{\text{EXT}}=0.88$ 适用于 PFCs	是	Yang et al.，2017
	人甲状腺素结合球蛋白 hTBG		
MLR 模型	$\log K=-1.6\times10^{-1}\log K^2_{\text{OW}}+2.30\log K_{\text{OW}}$ $n_{\text{Train}}=14$，$R^2_{\text{Train}}=0.74$ *K* 是 HO-PBDEs 与 hTBG 的结合常数 适用于 HO-PBDEs	否	Cao et al. 2010

在甲状腺素转运蛋白干扰效应方面，Papa 等（2010，2013）和 Kovarich 等（2011，2012）计算了数百个 Dragon 描述符，采用 PLS 或 k 最邻近方法（kNN）构建了 QSAR 模型和分类模型。他们发现酚羟基个数（*nArOH*）、分子最正形式电荷（*qpmax*）等是重要的预测变量。Yang 等（2011）基于 PBDEs 和 HO-PBDEs 构建了能预测 hTTR 干扰效应的 CoMSIA 模型，该模型使用立体场、静电场、疏水场和氢键受体场作为预测变量。Cao 等（2010）采用 $\log K_{\text{OW}}$ 构建了非线性模型，用

于表征 HO-PBDEs 对 hTTR 和人甲状腺素结合球蛋白（hTBG）的干扰效应。

表 8-7 总结了雌激素干扰效应相关的预测模型。总体而言，激动剂的模型多于拮抗剂，ERα 的模型多于 ERβ 的模型；仅可获取四个物种相关的 ER 模型，即牛（*Bos taurus*）、大鼠（*Rattus norvegicus*）、小鼠（*Mus musculus*）、人类（*Homo sapiens*），且人 ER 的模型远多于其他三个物种；牛、大鼠、小鼠的模型全部是基于受体结合实验结果构建的。对于人 ERα 模型，有 8 个基于受体结合实验结果构建，剩余模型为基于其他测试结果构建，而对于人 ERβ，仅有 2 个基于受体结合实验结果构建的模型。仅有 1 个拮抗剂模型，且不知道 ER 亚型。

表 8-7 预测化合物雌激素受体干扰效应的（Q）SARs 模型

物种	指标	建模方法	模型表征结果	应用域	参考文献
牛雌激素受体（ER）	相对亲和势（logRBA）	比较分子力场分析法（CoMFA）	n_{Train}（训练集化合物的个数）= 53，Q^2_{Train}（交叉验证系数）= 0.610， R^2_{Train}（实测值与预测值的相关系数）= 0.970 适用于吲哚衍生物、异喹啉类化合物	否	Tong et al.，1997
人雌激素受体 α（ERα）	logRBA	CoMFA	n_{Train} = 27，m（描述符个数）= 4，Q^2_{Train} = 0.700， R^2_{Train} = 0.950 适用于甾醇类、合成雌激素、抗雌激素、植物雌激素、工业化学品	否	Tong et al.，1998
大鼠雌激素受体 β（ERβ）	logRBA	分子全息 QSAR 方法（HQSAR）	n_{Train} = 27，m = 5，Q^2_{Train} = 0.680， R^2_{Train} = 0.910 适用于甾醇类、合成雌激素、抗雌激素、植物雌激素、工业化学品	否	Tong et al.，1998
牛 ER	logRBA	CoMFA	n_{Train} = 47，m = 9，Q^2_{Train} = 0.610， R^2_{Train} = 0.970 适用于甾醇类、合成雌激素、抗雌激素、植物雌激素、工业化学品	否	Tong et al.，1998
大鼠 ERα	logRBA	CoMFA	n_{Train} = 130，m = 6，Q^2_{Train} = 0.655， R^2_{Train} = 0.908 n_{EXT}（验证集化合物的个数）= 44，Q^2_{EXT}（验证集外部可解释方差）= 0.710 适用于甾醇类、抗雌激素、烷基酚、联苯类、有机氯农药、酞酸酯、苯甲酮类、植物雌激素等	否	Shi et al.，2001
大鼠 ERα	RBA	构效关系（SAR）	n_{Train} = 145 适用于甾醇类、苯甲酮类、有机氯农药、烷基酚、联苯类、酞酸酯等	否	Fang et al.，2001
牛 ER	logRBA	k 近邻算法（kNN）	n_{Train} = 35，Q^2_{Train} = 0.730， R^2_{Train} = 0.860 n_{EXT} = 18，R^2_{EXT} = 0.910 适用于联苯类、酚类、甾醇类等	否	Asikainen et al.，2004
大鼠 ER	logRBA	kNN	n_{Train} = 84，Q^2_{Train} = 0.750， R^2_{Train} = 0.870 n_{EXT} = 66，R^2_{EXT} = 0.880 适用于联苯类、酚类、甾醇类等	否	Asikainen et al.，2004
小鼠 ER	logRBA	kNN	n_{Train} = 48，Q^2_{Train} = 0.770， R^2_{Train} = 0.880 n_{EXT} = 20，R^2_{EXT} = 0.890 适用于联苯类、酚类、甾醇类等	否	Asikainen et al.，2004

续表

物种	指标	建模方法	模型表征结果	应用域	参考文献
人 ERα	logRBA	*k*NN	$n_{Train}=39$，$Q^2_{Train}=0.790$，$R^2_{Train}=0.890$ $n_{EXT}=22$，$R^2_{EXT}=0.880$ 适用于联苯类、酚类、甾醇类等	否	Asikainen et al.，2004
人 ERβ	logRBA	*k*NN	$n_{Train}=39$，$Q^2_{Train}=0.690$，$R^2_{Train}=0.830$ $n_{EXT}=22$，$R^2_{EXT}=0.790$ 适用于联苯类、酚类、甾醇类等	否	Asikainen et al.，2004
大鼠 ER	logRBA	6 维定量结构活性关系（6D-QSAR）	$n_{Train}=88$，$R^2_{Train}=0.903$ $n_{EXT}=18$，$R^2_{EXT}=0.885$ 适用于甾醇类、泛酸类、苯甲酮类、有机氯农药、多氯联苯、烷基酚	否	Vedani et al.，2005
大鼠 ERα	logRBA	多元线性回归（MLR）	$n_{Train}=130$，$m=8$，$Q^2_{Train}=0.793$，$R^2_{Train}=0.824$ $n_{EXT}=35$，$Q^2_{EXT}=0.764$，$R^2_{EXT}=0.789$ 适用于甾醇类、合成雌激素、抗雌激素、植物雌激素、有机氯农药、酞酸酯、苯甲酮	是	Liu et al.，2006
大鼠 ER	logRBA	*k*NN	$n_{Train}=232$，$m=4$，CC_{Train}（预测无差错率）$=0.892$， $n_{EXT}=87$，$CC_{EXT}=0.839$ 适用于甾醇类、合成雌激素、抗雌激素、植物雌激素、有机氯农药、酞酸酯、苯甲酮	是	Liu et al.，2007
大鼠 ERα	logRBA	对向传播人工神经网络（CPANN）	$n_{Train}=131$，$m=5$，$R^2_{Train}=0.854$ $n_{EXT}=43$，$R^2_{EXT}=0.741$ 适用于甾醇类、合成雌激素、抗雌激素、植物雌激素、有机氯农药、酞酸酯、苯甲酮	否	Stojic et al.，2010
大鼠 ER	logRBA	MLR	$n_{Train}=128$，$m=8$，$Q^2_{Train}=0.778$，$R^2_{Train}=0.812$ $n_{EXT}=21$，$Q^2_{EXT}=0.790$，$R^2_{EXT}=0.811$ 适用于甾醇类、合成雌激素、抗雌激素、植物雌激素、有机氯农药、酞酸酯、苯甲酮	否	Li et al.，2010
			ER 激动剂模型		
人 ERα	相对效应势（logRP）	CoMFA	$n_{Train}=40$，$m=6$，$Q^2_{Train}=0.533$，$R^2_{Train}=0.960$ 适用于甾醇类、合成雌激素、抗雌激素、植物雌激素、烷基酚、有机氯农药、酞酸酯	否	Yu et al.，2002
人 ERα	相对基因激活势（RGA）	SAR	$n_{Train}=120$ 适用于双酚类、苯甲酮类、联苯、酚类	否	Schultz et al.，2002
人 ERα	半数效应浓度（$logEC_{50}$）	HQSAR	$n_{Train}=21$，$m=6$，$Q^2_{Train}=0.603$，$R^2_{Train}=0.955$ 适用于双酚 A 类似物	否	Coleman et al.，2003
人 ERα	EC_{50}	主成分分析（PC）	$n_{Train}=58$，$CC_{Train}=0.914$， $n_{EXT}=59$，$CC_{EXT}=0.831$ 适用于双酚类、苯甲酮类、双酚类、苯甲酮类、联苯类、酚类	否	Gallegos-Saliner et al.，2003
人 ERα	logRP	CoMFA	$n_{Train}=44$，$Q^2_{Train}=0.790$ 适用于甾醇类、合成雌激素、抗雌激素、植物雌激素、烷基酚、有机氯农药	否	Kovalishyn et al.，2007

续表

物种	指标	建模方法	模型表征结果	应用域	参考文献
人 ER	$-\log EC_{50}$	比较分子相似性指数分析（CoMSIA）	$n_{Train}=20$，$m=5$，$Q^2_{Train}=0.633$，$R^2_{Train}=0.940$ $n_{EXT}=6$，$Q^2_{EXT}=0.678$，$R^2_{EXT}=0.686$ 适用于多溴二苯醚及其同系物	否	Yang et al.，2010
人 ERα	logRP	偏最小二乘法（PLS）	$n_{Train}=25$，$m=6$，$Q^2_{Train}=0.897$，$R^2_{Train}=0.889$ $n_{EXT}=8$，$Q^2_{EXT}=0.775$ 适用于甾醇类、合成雌激素、植物雌激素、烷基酚、有机氯农药、酞酸酯	是	Li et al.，2009
人 ERα	logRP	PLS	$n_{Train}=15$，$m=5$，$Q^2_{Train}=0.730$，$R^2_{Train}=0.850$ $n_{EXT}=5$，$Q^2_{EXT}=0.830$ 适用于蒽醌类化合物	是	Li et al.，2010a
人 ER	$\log 1/EC_{50}$	PLS	$n_{Train}=8$，$m=1$，$Q^2_{Train}=0.950$，$R^2_{Train}=0.880$ 适用于溴代阻燃剂	是	Papa et al.，2010
人 ER	ER 激动活性	kNN	$n_{Train}=16$，$m=2$，$CC_{Train}=0.938$ $n_{EXT}=8$，$CC_{EXT}=1.00$ 适用于溴代阻燃剂	否	Kovarich et al.，2011
人 ER	logRP	MLR	$n_{Train}=19$，$m=2$，$Q^2_{Train}=0.868$，$R^2_{Train}=0.899$ $n_{EXT}=5$，$Q^2_{EXT}=0.810$，$R^2_{EXT}=0.921$ 适用于双酚 A 类似物	是	杨先海等，2016
ER 拮抗剂模型					
人 ER	ER 拮抗活性	kNN	$n_{Train}=16$，$m=2$，$CC_{Train}=0.875$， $n_{EXT}=8$，$CC_{EXT}=0.875$ 适用于溴代阻燃剂	否	Kovarich et al.，2011

对于 ER 模型涉及的化合物种类，主要包括类固醇类，合成雌激素，植物雌激素，外源性雌激素（如酚类、酞酸酯类、农药、苯甲酮类、多溴二苯醚及其衍生物），滴滴涕类有机氯农药，多氯联苯及其衍生物，蒽醌类等。

从表 8-7 可以看出，许多 ER 模型仅进行了内部验证，即模型拟合优度和稳健性表征，而未进行外部预测能力表征。此外，仅少部分模型进行了应用域表征。模型应用域表征的方法主要为基于距离的方法，如欧几里得距离法、Williams 法等。因此，目前许多 ER 模型并不满足 OECD 关于 QSAR 模型构建与验证的导则。需要进一步开展相关研究。此外，采用基于机理的建模方法针对 ER 构建的模型还较少。

参 考 文 献

李斐. 2010. 部分有机污染物雌激素效应和甲状腺激素效应的计算模拟与验证. 大连: 大连理工大学博士学位论文.

林晶. 2009. 精噁唑禾草灵和解草唑的水解、光解及对大型溞的急性毒性变化. 大连: 大连理工大学博士学位论文.
刘济宁, 王蕾, 党志超. 2016. 毒理学研究新方法: 有害结局路径 AOP 的基本内涵与研究进展. 北京: 中国环境出版社.
时国庆, 李栋, 卢晓珅, 王海鸥, 刘丽琴, 魏巍, 宣劲松. 2011. 环境内分泌干扰物质的健康影响与作用机制. 环境化学, 30(1): 211-223.
王镜岩, 朱圣康, 徐长法. 2002. 生物化学(第三版, 上册). 北京: 高等教育出版社.
王莹. 2009. 蒽醌类和多环芳烃类化合物对水生生物的急性光致毒性及 QSAR 研究. 大连: 大连理工大学博士学位论文.
王莹, 陈景文, 林晶, 蔡喜运. 2009. 精噁唑禾草灵和 1-氨基-2,4-二溴蒽醌光致毒性演变过程与机理. 环境科学研究, 22(7): 843-845.
杨先海. 2014. 可电离性卤代化合物与甲状腺素运载蛋白相互作用的计算模拟. 大连: 大连理工大学博士学位论文.
杨先海, 陈景文, 李斐. 2015. 化学品甲状腺干扰效应的计算毒理学研究进展. 科学通报, 60(19): 1761-1770.
杨先海, 刘会会, 杨倩, 刘济宁. 2016. 双酚 A 类似物雌激素干扰效应的定量结构-活性关系模型. 生态毒理学报, 11(4): 69-78.
Al-Fahemi J H. 2012. The use of quantum-chemical descriptors for predicting the photoinduced toxicity of PAHs. Journal of Molecular Modeling, 18(9): 4121-4129.
Amar S K, Goyal S, Mujtaba S F, Dwivedi A, Kushwaha H N, Verma A, Chopra D, Chaturvedi R K, Ray R S. 2015. Role of type I and type II reactions in DNA damage and activation of Caspase 3 via mitochondrial pathway induced by photosensitized benzophenone. Toxicology Letters, 235(2): 84-95.
Ankley G T, Bennett R S, Erickson R J, Hoff D J, Hornung M W, Johnson R D, Mount D R, Nichols J W, Russom C L, Schmieder P K, Serrrano J A, Tietge J E, Villeneuve D L. 2010. Adverse outcome pathways: A conceptual framework to support ecotoxicology research and risk assessment. Environmental Toxicology and Chemistry, 29(3): 730-741.
Arfsten D P, Schaeffer D J, Mulveny D C. 1996. The effects of near ultraviolet radiation on the toxic effects of polycyclic aromatic hydrocarbons in animals and plants: A review. Ecotoxicology and Environmental Safety, 33(1): 1-24.
Asadollahi-Baboli M. 2013. Aquatic toxicity assessment of esters towards the *Daphnia magna* through PCA-ANFIS. Bulletin of Environmental Contamination and Toxicology, 91(4): 450-454.
Asikainen A H, Ruuskanen J, Tuppurainen K A. 2004. Consensus *k*-NN QSAR: A versatile method for predicting the estrogenic activity of organic compounds *in silico*. A comparative study with five estrogen receptors and a large, diverse set of ligands. Environmental Science & Technology, 38(24): 6724-6729.
Barron M G. 1990. Bioconcentration. Environmental Science & Technology, 24(11): 1612-1618.
Bearden A P, Schultz T W. 1997. Structure-activity relationships for *Pimephales* and *Tetrahymena*: A mechanism of action approach. Environmental Toxicology and Chemistry, 16(6): 1311-1317.
Bielski B H J, Shiue G G, Bajuk S. 1980. Reduction of nitro blue tetrazolium by CO_2^- and O_2^- radicals. Journal of Physical Chemistry, 84(8): 830-833.
Boas M, Feldt-Rasmussen U, Skakkebaek N E, Main K M. 2006. Environmental chemicals and thyroid function. European Journal of Endocrinology, 154(5): 599-611.

Boese B L, Lamberson J O, Swartz R C, Ozretich R J. 1997. Photoinduced toxicity of fluoranthene to seven marine benthic crustaceans. Archives of Environmental Contamination and Toxicology, 32(4): 389-393.

Boese B L, Lamberson J O, Swartz R C, Ozretich R, Cole F. 1998. Photoinduced toxicity of PAHs and alkylated PAHs to a marine infaunal amphipod (*Rhepoxynius abronius*). Archives of Environmental Contamination and Toxicology, 34(3): 235-240.

Borenfreund E, Puerner J A. 1985. Toxicity determined *in vitro* by morphological alterations and neutral red absorption. Toxicology Letters, 24(2-3): 119-124.

Bushnell P J, Kavlock R J, Crofton K M, Weiss B, Rice D C. 2010. Behavioral toxicology in the 21st century: Challenges and opportunities for behavioral scientists summary of a symposium presented at the annual meeting of the Neurobehavioral Teratology Society, June, 2009. Neurotoxicology and Teratology, 32(3): 313-328.

Cao H M, Wang F B, Liang Y, Wang H L, Zhang A Q, Song M Y. 2017. Experimental and computational insights on the recognition mechanism between the estrogen receptor alpha with bisphenol compounds. Archives of Toxicology, 91(12): 3897-3912.

Cao J, Lin Y A, Guo L H, Zhang A Q, Wei Y, Yang Y. 2010. Structure-based investigation on the binding interaction of hydroxylated polybrominated diphenyl ethers with thyroxine transport proteins. Toxicology, 277(1-3): 20-28.

Cohn C A, Simon S R, Schoonen M A A. 2008. Comparison of fluorescence-based techniques for the quantification of particle-induced hydroxyl radicals. Particle and Fibre Toxicology, 5: 2-9.

Colborn T, Dumanoski D, Myers J P. 1996. Our Stolen Future. New York: Penguin Books USA Inc.

Colborn T, Vom Saal F S, Soto A M. 1993. Developmental effects of endocrine-disrupting chemicals in wildlife and humans. Environmental Health Perspectives, 101(5): 378-384.

Coleman K P, Toscano W A, Wiese T E. 2003. QSAR models of the in vitro estrogen activity of bisphenol a analogs. QSAR & Combinatorial Science, 22: 78-88.

Diamanti-Kandarakis E, Bourguignon J P, Giudice L C, Hauser R, Prins G S, Soto A M, Zoeller R T, Gore A C. 2009. Endocrine-disrupting chemicals: an endocrine society scientific statement. Endocrine Reviews, 30(4): 293-342.

Diamond S A, Mount D R, Burkhard L P, Ankley G T, Makynen E A, Leonard E N. 2000. Effect of irradiance spectra on the photoinduced toxicity of three polycyclic aromatic hydrocarbons. Environmental Toxicology and Chemistry, 19(5): 1389-1396.

Ding F, Guo J, Song W, Hu W, Li Z. 2011. Comparative quantitative structure-activity relationship (QSAR) study on acute toxicity of triazole fungicides to zebrafish. Chemistry and Ecology, 27(4): 359-368.

Ding K K, Kong X T, Wang J P, Lu L P, Zhou W F, Zhan T J, Zhang C L, Zhuang S L. 2017. Side chains of parabens modulate antiandrogenic activity: In vitro and molecular docking studies. Environmental Science & Technology, 51(11): 6452-6460.

Dong M M, Rosario-Ortiz F L. 2012. Photochemical formation of hydroxyl radical from effluent organic matter. Environmental Science & Technology, 46(7): 3788-3794.

El-Alawi Y S, Dixon D G, Greenberg B M. 2001. Effects of a pre-incubation period on the photoinduced toxicity of polycyclic aromatic hydrocarbons to the luminescent bacterium *Vibrio fischeri*. Environmental Toxicology, 16(3): 277-286.

El-Alawi Y S, Huang X D, Dixon D G, Greenberg B M. 2002. Quantitative structure-activity relationship for the photoinduced toxicity of polycyclic aromatic hydrocarbons to the luminescent bacteria *Vibrio fischeri*. Environmental Toxicology and Chemistry, 21(10): 2225-2232.

Enoch S J, Ellison C M, Schultz T W, Cronin M T D. 2011. A review of the electrophilic reaction chemistry involved in covalent protein binding relevant to toxicity. Critical Reviews in Toxicology, 41(9): 783-802.

EPA. 2002. Short-term Methods for Estimating the Chronic Toxicity of Effluents and Receiving Waters to Marine and Estuarine Organisms, 3rd ed. 1200 Pennsylvania Avenue, NW Washington, DC.

Fang H, Tong W, Shi L M, Blair R, Perkins R, Branham W, Hass B S, Xie Q, Dial S L, Moland C L, Sheehan D M. 2001. Structure-activity relationships for a large diverse set of natural, synthetic, and environmental estrogens. Chemical Research in Toxicology, 14(3): 280-294.

Foote C S. 1991. Definition of type-I and type-II photosensitized oxidation. Photochemistry and Photobiology, 54(5): 659.

Furuhama A, Aoki Y, Shiraishi H. 2012. Development of ecotoxicity QSAR models based on partial charge descriptors for acrylate and related compounds. SAR and QSAR in Environmental Research, 23(7-8): 731-749.

Gallegos-Saliner A, Amat L, Carbó-Dorca R, Schultz T W, Cronin M T. 2003. Molecular quantum similarity analysis of estrogenic activity. Journal of Chemical Information and Computer Sciences, 43(4): 1166-1176.

Glover C M, Rosario-Ortiz F L. 2013. Impact of halides on the photoproduction of reactive intermediates from organic matter. Environmental Science & Technology, 47(24): 13949-13956.

Gore A C, Chappell V A, Fenton S E, Flaws J A, Nadal A, Prins G S, Toppari J, Zoeller R T. 2015. EDC-2: The endocrine society's second scientific statement on endocrine-disrupting chemicals. Endocrine Reviews, 36(6): 1-150.

Grimm F A, Lehmler H J, He X R, Robertson L W, Duffel M W. 2013. Sulfated metabolites of polychlorinated biphenyls are high-affinity ligands for the thyroid hormone transport protein transthyretin. Environmental Health Perspectives, 121(6): 657-662.

Guyton K Z, Barone S Jr., Brown R C, Euling S Y, Jinot J, Makris S. 2008. Mode of action frameworks: A critical analysis. Journal of Toxicology and Environmental Health-Part B-Critical Reviews, 11(1): 16-31.

Haag W R, Hoigne J, Gassman E, Braun A M. 1984. Singlet oxygen in surface waters. 1. Furfuryl alcohol as a trapping agent. Chemosphere, 13(5-6): 631-640.

Hu J J, Wong N-K, Ye S, Chen X, Lu M-Y, Zhao A Q, Guo Y, Ma A C-H, Leung A Y-H, Shen J, Yang D. 2015. Fluorescent probe HKSOX-1 for imaging and detection of endogenous superoxide in live cells and *in vivo*. Journal of the American Chemical Society, 137(21): 6837-6843.

Huang X D, Dixon D G, Greenberg B M. 1995. Increased polycyclic aromatic hydrocarbon toxicity following their photomodification in natural sunlight - impacts on the duckweed *Lemna gibba* L. G-3. Ecotoxicology and Environmental Safety, 32(2): 194-200.

Huang X D, Krylov S N, Ren L S, McConkey B J, Dixon D G, Greenberg B M. 1997. Mechanistic quantitative structure-activity relationship model for the photoinduced toxicity of polycyclic aromatic hydrocarbons. 2. An empirical model for the toxicity of 16 polycyclic aromatic hydrocarbons to the duckweed *Lemna gibba* L. G-3. Environmental Toxicology and Chemistry, 16(11): 2296-2303.

Huang X D, Zeiler L F, Dixon D G, Greenberg B M. 1996. Photoinduced toxicity of PAHs to the foliar regions of *Brassica napus* (Canola) and *Cucumbis sativus* (Cucumber) in simulated solar radiation. Ecotoxicology and Environmental Safety, 35(2): 190-197.

In Y, Lee S K, Kim P J, No K T. 2012. Prediction of acute toxicity to fathead minnow by local model based QSAR and global QSAR approaches. Bulletin of the Korean Chemical Society, 33(2): 613-619.

IPCS/WHO. 2002. Global assessment of the state-of-the-science of endocrine disruptors. International Programme on Chemical Safety /World Health Organization (IPCS/WHO): Geneva.

Jeffries M K S, Claytor C, Stubblefield W, Pearson W H, Oris J T. 2013. Quantitative risk model for polycyclic aromatic hydrocarbon photoinduced toxicity in pacific herring following the Exxon Valdez oil spill. Environmental Science & Technology, 47(10): 5450-5458.

Jin X, Jin M, Sheng L. 2014. Three dimensional quantitative structure-toxicity relationship modeling and prediction of acute toxicity for organic contaminants to algae. Computers in Biology and Medicine, 51: 205-213.

Kar S, Roy K. 2010. QSAR modeling of toxicity of diverse organic chemicals to *Daphnia magna* using 2D and 3D descriptors. Journal of Hazardous Materials, 177(1-3): 344-351.

Kim K, Park H, Lim K-M. 2015. Phototoxicity: Its mechanism and animal alternative test methods. Toxicological Research, 31(2): 97-104.

Kovalishyn V V, Kholodovych V, Tetko I V, Welsh W J. 2007. Volume learning algorithm significantly improved PLS model for predicting the estrogenic activity of xenoestrogens. Journal of Molecular Graphics and Modelling, 26: 591-594.

Kovarich S, Papa E, Gramatica P. 2011. QSAR classification models for the prediction of endocrine disrupting activity of brominated flame retardants. Journal of Hazardous Materials, 190(1-3): 106-112.

Kovarich S, Papa E, Li J, Gramatica P. 2012. QSAR classification models for the screening of the endocrine-disrupting activity of perfluorinated compounds. SAR and QSAR in Environmental Research, 23(3-4): 207-220.

Koziol S, Zagulski M, Bilinski T A, Bartosz G. 2005. Antioxidants protect the yeast *Saccharomyces cerevisiae* against hypertonic stress. Free Radical Research, 39(4): 365-371.

Lampi M A, Gurska J, Huang X-D, Dixon D G, Greenberg B M. 2007. A predictive quantitative structure-activity relationship model for the photoinduced toxicity of polycyclic aromatic hydrocarbons to *Daphnia magna* with the use of factors for photosensitization and photomodification. Environmental Toxicology and Chemistry, 26(3): 406-415.

Lampi M A, Gurska J, McDonald K I C, Xie F, Huang X-D, Dixon D G, Greenberg B M. 2006. Photoinduced toxicity of polycyclic aromatic hydrocarbons to *Daphnia magna*: Ultraviolet-mediated effects and the toxicity of polycyclic aromatic hydrocarbon photoproducts. Environmental Toxicology and Chemistry, 25(4): 1079-1087.

Larson R A, Berenbaum M R. 1988. Environmental phototoxicity - solar ultraviolet-radiation affects the toxicity of natural and man-made chemicals. Environmental Science & Technology, 22(4): 354-360.

Lee J, Fortner J D, Hughes J B, Kim J-H. 2007. Photochemical production of reactive oxygen species by C_{60} in the aqueous phase during UV irradiation. Environmental Science & Technology, 41(7): 2529-2535.

Li F, Chen J W, Wang Z J, Li J, Qiao X L. 2009. Determination and prediction of xenoestrogens by recombinant yeast-based assay and QSAR. Chemosphere, 74: 1152-1157.

Li F, Li X, Shao J, Chi P, Chen J, Wang Z. 2010a. Estrogenic activity of anthraquinone derivatives: *In vitro* and *in silico* studies. Chemical Research in Toxicology, 23(8): 1349-1355.

Li F, Xie Q, Li X, Li N, Chi P, Chen J, Wang Z, Hao C. 2010b. Hormone activity of hydroxylated polybrominated diphenyl ethers on human thyroid receptor-β: *In vitro* and *in silico* investigations. Environmental Health Perspectives, 118(5): 602-606.

Li J, Gramatica P. 2010c. The importance of molecular structures, endpoints' values, and predictivity parameters in QSAR research: QSAR analysis of a series of estrogen receptor binders. Molecular Diversity, 14: 687-696.

Li J, Ma D, Lin Y, Fu J J, Zhang A Q. 2014. An exploration of the estrogen receptor transcription activity of capsaicin analogues via an integrated approach based on *in silico* prediction and *in vitro* assays. Toxicology Letters, 227(3): 179-188.

Li X L, Ye L, Wang X X, Wang X Z, Liu H L, Zhu Y L, Yu H X. 2012a. Combined 3D-QSAR, molecular docking and molecular dynamics study on thyroid hormone activity of hydroxylated polybrominated diphenyl ethers to thyroid receptors beta. Toxicology and Applied Pharmacology, 265(3): 300-307.

Li Y, Zhang W, Niu J, Chen Y. 2012b. Mechanism of photogenerated reactive oxygen species and correlation with the antibacterial properties of engineered metal-oxide nanoparticles. ACS Nano, 6(6): 5164-5173.

Liu H, Papa E, Gramatica P. 2006. QSAR prediction of estrogen activity for a large set of diverse chemicals under the guidance of OECD principles. Chemical Research in Toxicology, 19(11): 1540-1548.

Liu H, Papa E, Walker J D, Gramatica P. 2007. *In silico* screening of estrogen-like chemicals based on different nonlinear classification models. Journal of Molecular Graphics and Modelling, 26: 135-144.

Luo T, Chen J, Song B, Ma H, Fu Z, Peijnenburg W J G M. 2017. Time-gated luminescence imaging of singlet oxygen photoinduced by fluoroquinolones and functionalized graphenes in *Daphnia magna*. Aquatic Toxicology, 191: 105-112.

Lyakurwa F S, Yang X, Li X, Qiao X, Chen J. 2014b. Development of *in silico* models for predicting LSER molecular parameters and for acute toxicity prediction to fathead minnow (*Pimephales promelas*). Chemosphere, 108: 17-25.

Lyakurwa F, Yang X, Li X, Qiao X, Chen J. 2014a. Development and validation of theoretical linear solvation energy relationship models for toxicity prediction to fathead minnow (*Pimephales promelas*). Chemosphere, 96: 188-194.

Mazzatorta P, Smiesko M, Lo Piparo E, Benfenati E. 2005. QSAR model for predicting pesticide aquatic toxicity. Journal of Chemical Information and Modeling, 45(6): 1767-1774.

McCarty L S, Borgertt C J. 2017. Comment on "Mode of Action (MOA) assignment classifications for ecotoxicology: An evaluation of approaches". Environmental Science & Technology, 51(22): 13509-13510.

McCarty L S, Mackay D. 1993. Enhancing ecotoxicological modeling and assessment. Environmental Science & Technology, 27(9): 1719-1728.

Miller M D, Crofton K M, Rice D C, Zoeller R T. 2009. Thyroid-disrupting chemicals: interpreting upstream biomarkers of adverse outcomes. Environmental Health Perspectives, 117(7): 1033-1041.

Moosus M, Maran U. 2011. Quantitative structure-activity relationship analysis of acute toxicity of diverse chemicals to *Daphnia magna* with whole molecule descriptors. SAR and QSAR in

Environmental Research, 22(7-8): 757-774.

Nardi G, Lhiaubet-Vallet V, Leandro-Garcia P, Miranda M A. 2011. potential phototoxicity of rosuvastatin mediated by its dihydrophenanthrene-like photoproduct. Chemical Research in Toxicology, 24(10): 1779-1785.

Newsted J L, Giesy J P. 1987. Predictive models for photoinduced acute toxicity of polycyclic aromatic-hydrocarbons to *Daphnia-magna*, strauss (*cladocera*, *crustacea*). Environmental Toxicology and Chemistry, 6(6): 445-461.

Niculescu S P, Lewis M A, Tigner J. 2008. Probabilistic neural networks modeling of the 48-h LC_{50} acute toxicity endpoint to Daphnia magna. SAR and QSAR in Environmental Research, 19(7-8): 735-750.

OECD. 2004. OECD guidelines for the testing of chemicals. *In vitro* 3T3 NRU phototoxicity test. https://www.oecd-ilibrary.org/environment/test-no-432-in-vitro-3t3-nru-phototoxicity-test_9789264071162-en.

Oris J T, Giesy J P. 1985. The photoenhanced toxicity of anthracene to juvenile sunfish (*Lepomis* spp). Aquatic Toxicology, 6(2): 133-146.

Panaye A, Fan B T, Doucet J P, Yao X J, Zhang R S, Liu M C, Hu Z D. 2006. Quantitative structure-toxicity relationships (QSTRs): A comparative study of various non linear methods. General regression neural network, radial basis function neural network and support vector machine in predicting toxicity of nitro- and cyano- aromatics to *Tetrahymena pyriformis*. SAR and QSAR in Environmental Research, 17(1): 75-91.

Papa E, Kovarich S, Gramatica P. 2010. QSAR modeling and prediction of the endocrine-disrupting potencies of brominated flame retardants. Chemical Research in Toxicology, 23(5): 946-954.

Papa E, Kovarich S, Gramatica P. 2013. QSAR prediction of the competitive interaction of emerging halogenated pollutants with human transthyretin. SAR and QSAR in Environmental Research, 24(4): 599-615.

Pathakoti K, Huang M-J, Watts J D, He X, Hwang H-M. 2014. Using experimental data of *Escherichia coli* to develop a QSAR model for predicting the photo-induced cytotoxicity of metal oxide nanoparticles. Journal of Photochemistry and Photobiology B-Biology, 130: 234-240.

Pavan M, Netzeva T I, Worth A P. 2006. Validation of a QSAR model for acute toxicity. SAR and QSAR in Environmental Research, 17(2): 147-171.

Petersen D G, Reichenberg F, Dahllof I. 2008. Phototoxicity of pyrene affects benthic algae and bacteria from the arctic. Environmental Science & Technology, 42(4): 1371-1376.

Rabinowitz J R, Goldsmith M R, Little S B, Pasquinelli M A. 2008. Computational molecular modeling for evaluating the toxicity of environmental chemicals: Prioritizing bioassay requirements. Environmental Health Perspectives, 116(5): 573-577.

Ragas X, Jimenez-Banzo A, Sanchez-Garcia D, Batllori X, Nonell S. 2009. Singlet oxygen photosensitisation by the fluorescent probe Singlet Oxygen Sensor Green (R). Chemical Communications, (20): 2920-2922.

Ray R S, Agrawal N, Misra R B, Farooq M, Hans R K. 2006. Radiation-induced *in vitro* phototoxic potential of some fluoroquinolones. Drug and Chemical Toxicology, 29(1): 25-38.

Ren X M, Guo L H, Gao Y, Zhang B T, Wan B. 2013. Hydroxylated polybrominated diphenyl ethers exhibit different activities on thyroid hormone receptors depending on their degree of bromination. Toxicology and Applied Pharmacology, 268(3): 256-263.

Roberts A P, Alloy M M, Oris J T. 2017. Review of the photo-induced toxicity of environmental contaminants. Comparative Biochemistry and Physiology C-Toxicology & Pharmacology, 191: 160-167.

Roberts D W, Roberts J F, Hodges G, Gutsell S, Ward R S, Llewellyn C. 2013. Aquatic toxicity of cationic surfactants to *Daphnia magna*. Sar and Qsar in Environmental Research, 24(5): 683-693.

Roy K, Das R N. 2010. QSTR with extended topochemical atom (ETA) indices. 14. QSAR modeling of toxicity of aromatic aldehydes to *Tetrahymena pyriformis*. Journal of Hazardous Materials, 183(1-3): 913-922.

Russom C L, Bradbury S P, Broderius S J, Hammermeister D E, Drummond R A. 1997. Predicting modes of toxic action from chemical structure: Acute toxicity in the fathead minnow (*Pimephales promelas*). Environmental Toxicology and Chemistry, 16(5): 948-967.

Sakkiah S, Ng H W, Tong W, Hong H. 2016. Structures of androgen receptor bound with ligands: advancing understanding of biological functions and drug discovery. Expert Opinion on Therapeutic Targets, 20(10): 1267-1282.

Schultz T W, Bearden A P, Jaworska J S. 1996. A novel QSAR approach for estimating toxicity of phenols. SAR and QSAR in Environmental Research, 5(2): 99-112.

Schultz T W, Cronin M T D, Walker J D, Aptula A O. 2003. Quantitative structure-activity relationships (QSARs) in toxicology: A historical perspective. Journal of Molecular Structure: Theochem, 622(1-2): 1-22.

Schultz T W, Sinks G D, Cronin M T. 2002. Structure-activity relationships for gene activation oestrogenicity: Evaluation of a diverse set of aromatic chemicals. Environmental Toxicology, 17: 14-23.

Shi L M, Fang H, Tong W, Wu J, Perkins R, Blair R M, Branham W S, Dial S L, Moland C L, Sheehan D M. 2001. QSAR models using a large diverse set of estrogens. Journal of Chemical Information and Computer Sciences, 41(1): 186-195.

Stojić N, Erić S, Kuzmanovski I. 2010. Prediction of toxicity and data exploratory analysis of estrogen-active endocrine disruptors using counter-propagation artificial neural networks. Journal of Molecular Graphics and Modelling, 29: 450-460.

Singh K P, Gupta S. 2014. *In silico* prediction of toxicity of non-congeneric industrial chemicals using ensemble learning based modeling approaches. Toxicology and Applied Pharmacology, 275(3): 198-212.

Sutherland M W, Learmonth B A. 1997. The tetrazolium dyes MTS and XTT provide new quantitative assays for superoxide and superoxide dismutase. Free Radical Research, 27(3): 283-289.

Tao S, Xi X H, Xu F L, Li B G, Cao J, Dawson R. 2002. A fragment constant QSAR model for evaluating the EC_{50} values of organic chemicals to *Daphnia magna*. Environmental Pollution, 116(1): 57-64.

Tong W, Lowis D R, Perkins R, Chen Y, Welsh W J, Goddette D W, Heritage T W, Sheehan D M. 1998. Evaluation of quantitative structure-activity relationship methods for large-scale prediction of chemicals binding to the estrogen receptor. Journal of Chemical Information and Computer Sciences, 38(4): 669-677.

Tong W, Perkins R, Strelitz R, Collantes E R, Keenan S, Welsh W J, Branham W S, Sheehan D M. 1997. Quantitative structure-activity relationships (QSARs) for estrogen binding to the estrogen receptor: predictions across species. Environmental Health Perspectives, 105(10): 1116-1124.

UNEP/WHO. 2013. State of the science of endocrine disrupting chemicals. United Nations Environment Programme/World Health Organization (UNEP/WHO): Geneva.

Vedani A, Dobler M, Lill M A. 2005. Combining protein modeling and 6D-QSAR. Simulating the binding of structurally diverse ligands to the estrogen receptor. Journal of Medicinal Chemistry, 48(11): 3700-3703.

Veith G D, Mekenyan O G, Ankley G T, Call D J. 1995. QSAR evaluation of alpha-terthienyl phototoxicity. Environmental Science & Technology, 29(5): 1267-1272.

Verhaar H J M, Ramos E U, Hermens J L M. 1996. Classifying environmental pollutants. 2. Separation of class 1 (baseline toxicity) and class 2 ('polar narcosis') type compounds based on chemical descriptors. Journal of Chemometrics, 10(2): 149-162.

Verhaar H J M, Vanleeuwen C J, Hermens J L M. 1992. Classifying environmental-pollutants. 1. Structure-activity-relationships for prediction of aquatic toxicity. Chemosphere, 25(4): 471-491.

Wang D, Zhao L, Guo L-H, Zhang H. 2014. Online detection of reactive oxygen species in ultraviolet (UV)-irradiated nano-TiO_2 suspensions by continuous flow chemiluminescence. Analytical Chemistry, 86(21): 10535-10539.

Wang D, Zhao L, Ma H, Zhang H, Guo L-H. 2017. Quantitative analysis of reactive oxygen species photogenerated on metal oxide nanoparticles and their bacteria toxicity: The role of superoxide radicals. Environmental Science & Technology, 51(17): 10137-10145.

Wang Y, Chen J, Li F, Qin H, Qiao X, Hao C. 2009a. Modeling photoinduced toxicity of PAHs based on DFT-calculated descriptors. Chemosphere, 76(7): 999-1005.

Wang Y, Chen J, Lin J, Wang Z, Bian H, Cai X, Hao C. 2009b. Combined experimental and theoretical study on photoinduced toxicity of an anthraquinone dye intermediate to *Daphnia magna*. Environmental Toxicology and Chemistry, 28(4): 846-852.

Wang Y, Na G S, Zong H M, Ma X D, Yang X H, Mu J L, Wang L J, Lin Z S, Zhang Z F, Wang J Y, Zhao J S. 2018. Applying adverse outcome pathways and species sensitivity-weighted distribution to predicted-no-effect concentration derivation and quantitative ecological risk assessment for bisphenol A and 4-nonylphenol in aquatic environments: A case study on Tianjin City, China. Environmental Toxicology and Chemistry, 37(2): 551-562.

Weinstein J E, Garner T R. 2008. Piperonyl butoxide enhances the bioconcentration and photoinduced toxicity of fluoranthene and benzo a pyrene to larvae of the grass shrimp (*Palaemonetes pugio*). Aquatic Toxicology, 87(1): 28-36.

Weiss J M, Andersson P L, Zhang J, Simon E, Leonards P E G, Hamers T, Lamoree M H. 2015. Tracing thyroid hormone-disrupting compounds: Database compilation and structure-activity evaluation for an effect-directed analysis of sediment. Analytical and Bioanalytical Chemistry, 407(19): 5625-5634.

Yang W H, Shen S D, Mu L L, Yu H X. 2011. Structure-activity relationship study on the binding of PBDEs with thyroxine transport proteins. Environmental Toxicology and Chemistry, 30(11): 2431-2439.

Yang W, Liu X, Liu H, Wu Y, Giesy J P, Yu H. 2010. Molecular docking and comparative molecular similarity indices analysis of estrogenicity of polybrominated diphenyl ethers and their analogues. Environmental Toxicology and Chemistry, 29(3): 660-668.

Yang X H, Liu H H, Liu J B, Li F, Li X H, Shi L L, Chen J W. 2016a. Rational selection of the 3D structure of biomacromolecules for molecular docking studies on the mechanism of endocrine disruptor action. Chemical Research in Toxicology, 29(9): 1565-1570.

Yang X H, Liu H H, Yang Q, Liu J N, Chen J W, Shi L L. 2016b. Predicting anti-androgenic activity of bisphenols using molecular docking and quantitative structure-activity relationships.

Chemosphere, 163: 373-381.

Yang X, Lyakurwa F, Xie H, Chen J, Li X, Qiao X, Cai X. 2017. Different binding mechanisms of neutral and anionic poly-/perfluorinated chemicals to human transthyretin revealed by In silico models. Chemosphere, 182: 574-583.

Yang X, Xie H, Chen J, Li X. 2013. Anionic phenolic compounds bind stronger with transthyretin than their neutral forms: Nonnegligible mechanisms in virtual screening of endocrine disrupting chemicals. Chemical Research in Toxicology, 26(9): 1340-1347.

Yu H Y, Wondrousch D, Li F, Chen J R, Lin H J, Ji L. 2015. In silico investigation of the thyroid hormone activity of hydroxylated polybrominated diphenyl ethers. Chemical Research in Toxicology, 28(8): 1538-1545.

Yu S J, Keenan S M, Tong W, Welsh W J. 2002. Influence of the structural diversity of data sets on the statistical quality of three-dimensional quantitative structure-activity relationship (3D-QSAR) models: Predicting the estrogenic activity of xenoestrogens. Chemical Research in Toxicology, 15(10): 1229-1234.

Zeng M, Lin Z, Yin D, Zhang Y, Kong D. 2011. A K_{OW}-based QSAR model for predicting toxicity of halogenated benzenes to all algae regardless of species. Bulletin of Environmental Contamination and Toxicology, 86(6): 565-570.

Zhang S, Chen J, Qiao X, Ge L, Cai X, Na G. 2010. Quantum chemical investigation and experimental verification on the aquatic photochemistry of the sunscreen 2-phenylbenzimidazole-5-sulfonic acid. Environmental Science & Technology, 44(19): 7484-7490.

Zhang W, Li Y, Niu J, Chen Y. 2013. Photogeneration of reactive oxygen species on uncoated silver, gold, nickel, and silicon nanoparticles and their antibacterial effects. Langmuir, 29(15): 4647-4651.

Zhao B, He Y-Y, Bilski P J, Chignell C F. 2008. Pristine (C_{60}) and hydroxylated $C_{60}(OH)_{24}$ fullerene phototoxicity towards HaCaT keratinocytes: Type I *vs* type II mechanisms. Chemical Research in Toxicology, 21(5): 1056-1063.

Zhao B, He Y-Y, Chignell C F, Yin J-J, Andley U, Roberts J E. 2009. Difference in phototoxicity of cyclodextrin complexed fullerene $(gamma\text{-}CyD)_2/C_{60}$ and its aggregated derivatives toward human lens epithelial cells. Chemical Research in Toxicology, 22(4): 660-667.

Zhao Y H, Zhang X J, Wen Y, Sun F T, Guo Z, Qin W C, Qin H W, Xu J L, Sheng L X, Abraham M H. 2010. Toxicity of organic chemicals to *Tetrahymena pyriformis*: Effect of polarity and ionization on toxicity. Chemosphere, 79(1): 72-77.

Zhuang S L, Zhang C L, Liu W P. 2014. Atomic insights into distinct hormonal activities of bisphenol A analogues toward PPAR gamma and ER alpha receptors. Chemical Research in Toxicology, 27(10): 1769-1779.

Zvinavashe E, Du T, Griff T, van den Berg H H J, Soffers A E M F, Vervoort J, Murk A J, Rietjens I M C M. 2009. Quantitative structure-activity relationship modeling of the toxicity of organothiophosphate pesticides to *Daphnia magna* and *Cyprinus carpio*. Chemosphere, 75(11): 1531-1538.

附录　缩略语（英汉对照）

ABM　agent-based model，基于主体的模型
AMD　accelerated MD，加速分子动力学
ANN　artificial neural network，人工神经网络
AOPs　adverse outcome pathways，有害结局通路
BCF　bioconcentration factor，生物富集因子
BDE　bond dissociation energy，键解离能
BTBPE　1,2-bis(2,4,6-tribromophenoxy)ethane, 1,2-双(2,4,6-三溴苯氧基)乙烷
CBR　critical body residue，临界机体残留
CIP　ciprofloxacin，环丙沙星
CMB　chemical mass balance，化学质量平衡
CNDO　complete neglect of differential overlap，全略微分重叠
CNTs　carbon nanotubes，碳纳米管
CoMFA　comparative molecular field analysis，比较分子力场分析
CoMSIA　comparative molecular similarity index analysis，比较分子相似性指数分析
COSMO-RS　conductor-like screening model for real solvents，真实溶剂类导体屏蔽模型
CSBP　computational systems biology pathway，计算系统生物学通路
CV　collective variable，集合变量
CYPs　cytochrome P450 enzymes，细胞色素 P450 酶
DFT　density functional theory，密度泛函理论
DOC　dissolved organic carbon，溶解性有机碳
DOM　dissolved organic matter，溶解性有机质
EDCs　endocrine disrupting chemicals，内分泌干扰物
EHMO　extended Hückel molecular orbital，扩展的 HMO
ER　estrogen receptor，雌激素受体
ESDs　emission scenario documents，化学品释放场景文档
ESP　electrostatic potential，静电势

EVB	empirical valence bond，经验共价键
FA/MLR	factor analysis/multiple linear regression，因子分析/多元线性回归
FA-NNC	factor analysis with non-negative constraints，非负约束因子分析
FEP	free energy perturbation，自由能微扰
GGA	generalized gradient approximation，广义梯度近似
GIS	geographic information system，地理信息系统
GSBP	generalized solvent boundary potential，广义的溶剂边界势
GSTs	glutathione *S*-transferases，谷胱甘肽硫转移酶
GTO	Gauss type orbital，高斯型轨道
HAT	hydrogen atom transfer，氢原子转移
HCH	hexachlorocyclohexane，六氯环己烷
HMO	Hückel molecular orbital，Hückel 分子轨道
HOMO	highest occupied molecular orbital，最高占据分子轨道
HTS	high-throughput screening，“高通量”筛选
hTTR	human transthyretin receptor，人甲状腺素运载蛋白
IMOMM	integrated molecular orbital/molecular mechanics，集成分子轨道/分子力场方法
INDO	intermediate neglect of differential overlap，间略微分重叠
IRC	intrinsic reaction coordinate，内禀反应坐标
*k*NN	*k*-nearest neighbor，*k* 近邻算法
LDA	local-density approximation，局域密度近似
LFER	linear free energy relationship，线性自由能关系
LMO	leave-many-out，去多法
LOAs	low molecular-weight organic acids，低分子量有机酸
LOO	leave-one-out，去一法
LSER	linear solvation energy relationship，线性溶解能关系
LUMO	lowest unoccupied molecular orbital，最低未占据分子轨道
MCSCF	multiconfigurational self-consistent field，多组态自洽场
MD	molecular dynamics，分子动力学
MEA	monoethanolamine，乙醇胺
MIEs	molecular initiating events，分子起始事件
MINDO	modified intermediate neglect of differential overlap，改进的间略微分重叠
MM	molecular mechanics，分子力学

MNDO modified neglect of diatomic differential overlap，改进的忽略双原子微分重叠
MoA/MeA mode/mechanism of action，作用模式/机制
MOF metal-organic framework，金属有机骨架
MPE mean photo effect，平均光影响效应
MWCNTs multi-walled carbon nanotubes，多壁碳纳米管
NDDO neglect of diatomic differential overlap，忽略双原子微分重叠
NOEC no-observed-effect concentration，无可观测效应浓度
NOEL no-observed-effect level，无可观测效应水平
ODE ordinary differential equation，常微分方程
PABA 4-aminobenzoic acid，对氨基苯甲酸
PAHs polycyclic aromatic hydrocarbons，多环芳烃
PAPS 3′-phosphoadenosine-5′-phosphosulfate，3′-磷酸腺苷-5′-磷酰硫酸
PBC periodic boundary condition，周期性边界条件
PBDEs polybrominated diphenyl ethers，多溴二苯醚
PBSA 2-phenyl benzimidazole-5-sulfonic acid，2-苯基苯并咪唑-5-磺酸
PBTK physiologically based toxico kinetics，基于生理的毒代动力学
PCA principal component analysis，主成分分析法
PCBs polychlorinated biphenyls，多氯联苯
PCCC post combustion CO_2 capture，燃烧后捕捉 CO_2
PCM polarized continuum model，极化连续介质模型
PCR principal component regression，主成分回归
PFOS perfluorooctane sulfonate，全氟辛基磺酸
PIF photo irritation factor，光刺激因子
PLS partial least square，偏最小二乘
PME particle-mesh Ewald，粒子网格埃瓦尔德
PMF positive matrix factorization，正定矩阵因子分解
PMF potential of mean force，平均力势能
PNEC predicted no-effect concentation，预测无效应浓度
POPs persistent organic pollutants，持久性有机污染物
PPCPs pharmaceuticals and personal care products，药物及个人护理品
PPD polarized point dipole，极化点偶极矩
pp-LFER polyparameter LFER，多元（多参数）LFER
PTS persistent toxic substance，持久性有毒物质

QM	quantum mechanics，量子力学
QNAR	quantitative nanostructure-activity relationship，定量纳米结构活性关系
QSAR	quantitative structure-activity relationship，定量构效关系
RDF	radial distribution function，径向分布函数
REMD	replica exchange MD，副本交换分子动力学
RF	random forest，随机森林
ROC	receiver operating characteristic，受试者工作特征
ROS	reactive oxygen species，活性氧物种
SASA	solvent accessible surface area，溶剂可及表面积
SMD	steered MD，拉伸分子动力学
SOM	self organization map，自组织映射
STO	Slater type orbital，斯莱特型轨道
SULTs	sulfotransferases，磺基转移酶
SVHC	substance of very high concern，高关注物质
SVM	support vector machine，支持向量机
SVOCs	semi-volatile organic compounds，半挥发性有机物
SWCNTs	single-walled carbon nanotubes，单壁碳纳米管
TCPP	tris(chloropropyl)phosphate，磷酸三(2-氯丙基)酯
TDI	thermodynamic integration，热力学积分
ThOD	theoretical oxygen demand，理论需氧量
TLSER	theoretical linear solvation energy relationship，理论线性溶解能关系
TPhP	triphenyl phosphate，磷酸三苯酯
TPSTs	tyrosylprotein sulfotransferases，酪蛋白磺基转移酶
TR	thyroid hormone receptor，甲状腺素受体
TST	transition state theory，过渡态理论
VEP	variational electrostatic projection，变分静电投影
VIF	variance inflation factor，方差膨胀因子
VIP	variable importance in the projection，投影变量重要性
VOCs	volatile organic compounds，挥发性有机物
vPvB	very persistent and very bioaccumulative，高持久性和高生物蓄积性

索　　引

B

“白箱”模型　33
半数致死浓度　220
暴露　4
暴露科学　4
暴露评价　7
暴露组学　5
比较分子场分析方法　86

C

测试　24
持久性有机污染物　6
垂直电离能　144
垂直电子亲和势　144
从头算方法　45
粗粒化力场　57

D

单壁碳纳米管　120
单-三线态激发能　199
氮掺杂碳纳米管　122
等温等压系综　59
电离势　199
电偶极　52
电子自旋态　195
定量构效关系　81, 106
动力学同位素效应　197
毒性通路　23
毒性作用机制　220
毒性作用模式　220
多壁碳纳米管　120
多介质环境模型　19
多元线性回归　91, 111
多自旋态反应　196
多组态自洽场　47

F

反应型　221
芳基自由基偶联　204
非负约束因子分析　15
非极性麻醉型　221
非键作用　243
分子动力学模拟　60
分子轨道理论　43
分子结构描述符　82
分子力场　54
分子力学　49
分子起始事件　29, 239
分子碎片法　85
风险表征　8
风险管理　8
副本交换分子动力学模拟　60

G

干实验　22
高关注物质　5
“高内涵”测试　24
“高通量”筛选　24
谷胱甘肽硫转移酶　208
光刺激因子　229
光毒性指数　229
光降解　135
光解量子产率　136
光解速率常数　136
光敏化　226
光敏化因子　236
光吸收特征速率　157

光修饰 226
光修饰因子 236
光学衰减系数 157
光影响效应 229
光致毒性 225
广义梯度近似 47
（过冷）液体蒸气压 114

H

“黑箱”模型 86
化学品 2
化学品管理 8
化学势 18
化学物质 1
化学质量平衡模型 14
环境行为 17
环境化学 1
环境计算化学 12
环境内分泌干扰物 237
环境污染物 3
磺基转移酶 212
“灰箱”模型 86
活体（*in vivo*）动物实验 190

J

机理域 97
机械嵌入 67
基团贡献法 85
基团贡献模型 108
基线毒性 221
基于生理的毒代动力学模型 28
基于主体的模型 32
极化嵌入 67
极性麻醉型 221
计算毒理学 22
计算系统生物学通路模型 31
加和方案 65
加速分子动力学 60
甲状腺素受体 244
甲状腺素运载蛋白 246
价键理论 42
间接光解 135
键解离能 197
结构预警 85
结构域 97
近场模型 27
经验共价键方法 72
静电场嵌入 67
局域极小点 57
局域密度近似 47
巨正则系综 59
决策树 92
绝对主成分得分/多元线性回归分析 15

K

可极化力场 55
扣减方案 65

L

拉伸分子动力学模拟 61
酪蛋白磺基转移酶 212
理论线性溶解能关系 83
联合原子力场 57
两中心三电子键 174
量子化学 41
量子化学参数 137
伦纳德-琼斯（Lennard-Jones）相互作用势能 53
逻辑回归 92

M

蒙特卡罗模拟 62
密度泛函理论 47
描述符域 97

N

纳米材料 119
纳米结构活性关系 86
内分泌干扰物 6
内分泌干扰效应 237
内源激素 238

内坐标 56
能量最小化/极小化 56

O

偶极-偶极相互作用 52
耦合量子力学/分子力学 64

P

偏最小二乘 111
平均力势能 61

Q

羟基反弹 196
氢原子转移 196
去多法 93
去一法 94
全局极小点 57

R

人工神经网络 93
溶剂化自由能（ΔG）法 107
溶解性有机质 126

S

色散相互作用 53
生物富集因子 106, 116
生物降解 175
湿实验 20
势能函数 54
试管（*in vitro*）实验 191
受试者工作特征曲线 96
受体模型 13
双态反应 196
水解速率常数 161
水生毒性 219

T

特异性作用机制型 221
同源模型 34
土壤/沉积物吸附系数 118
土壤/有机碳吸附系数 106
团簇模型 193

W

外源化学品 188
微正则系综 59
无偏的动力学模拟 61

X

系综 59
细胞色素 P450 酶 188
线性溶解能关系 82
线性自由能关系 82
相互作用能 244
效应评价 8
虚拟器官 32
训练集 91

Y

验证集 91
一级或准一级反应动力学 136
乙醇胺 169
逸度 18
逸度容量 18
因子分析/多元线性回归 15
隐式溶剂模型 58
应激生态学 34
应用域 97
有害结局通路 29
有害效应 2
有限方阱函数 58
诱导偶极相互作用 52
源解析 13
远场模型 27

Z

增强采样方法 61
正定矩阵因子分解模型 16
正辛醇/空气分配系数 106, 107
正则系综 59
支持向量机 92
直接光解 135

重要性采样 63
主成分分析 92
自举法 94
自旋耦合价键理论 42
自由能微扰 71

其他

Abraham 描述符 108
ADME/T 28
ANN 93
Arrhenius 公式 161
Born-Oppenheimer 近似 45
CMR 物质 5
EDCs 6
Hammett 方程 81
IIAT 196
KIE 197
k 近邻算法 93
LFER 82
LFER 模型 108
LSER 82
MeA 220
MoA 220
MSR 196
NIH 转移 199
ONIOM 方法 66
P450 酶催化循环 191
PBT 物质 5
PCA 92
QNAR 87
ROC 曲线下面积 96
Schrödinger 方程 41
SVHC 5
SVM 92
TSR 196
vPvB 物质 5
Y 的随机性检验 94
Ⅰ相转化 188
Ⅱ相转化 189
“3R”原则 23

彩 色 图 表

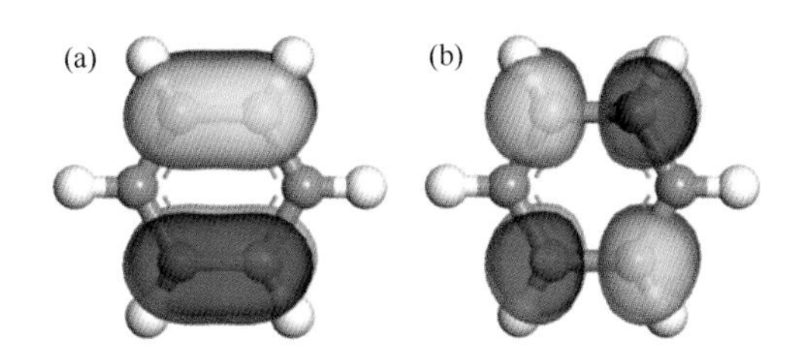

图 3-2 苯分子中（a）最高占据分子轨道和（b）最低未占据分子轨道

图中黄色和蓝色表示符号相反的波函数

表 5-5 水中苯与 N-SWCNTs 吸附体系的自然键轨道电荷分布、平衡距离 *d* 及前线分子轨道分析 [a]

	N-SWCNTs	吸附平衡体系			HOMO	LUMO
		NBO 电荷分布	Q_T（e）	*d*（Å）		
Y-1N-graph			0.008			
Y-2N-graph-Ⅱ			–0.002			
A-3N-graph-Ⅱ			0.004			
Y-1N-pyrid			0.004			
A-2N-pyrid			0.002			
A-3N-pyrid			–0.003			

a.自然键轨道（natural bond orbital，NBO）电荷分布图中，红色表示原子电荷密度较高（富电子）、绿色表示原子电荷密度较低（缺电子）。

Q_T 表示电荷转移数；HOMO 表示最高占据分子轨道；LUMO 表示最低未占据分子轨道（张馨元等，2015）。

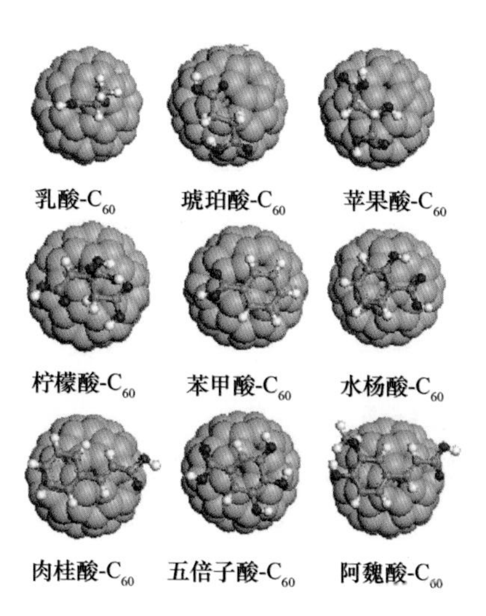

图 5-10　九种 LOAs 的吸附形态图（Sun et al.，2013）

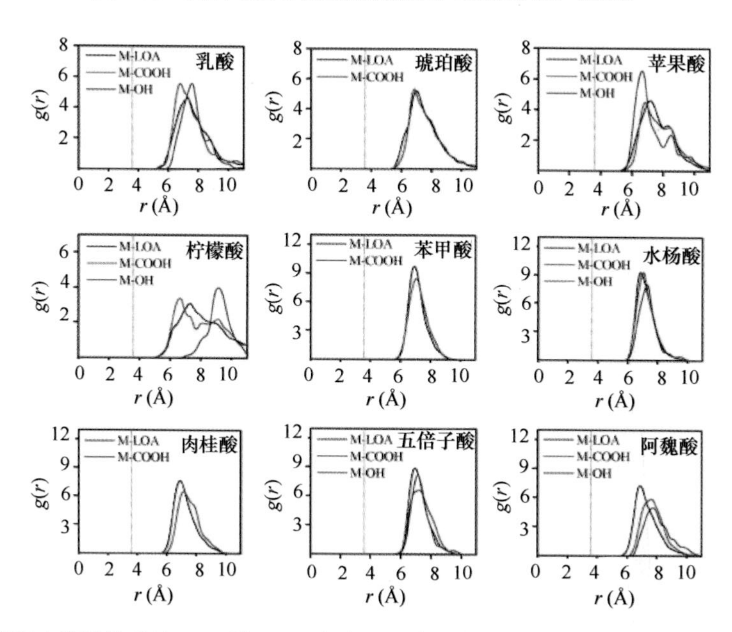

图 5-11　真空中模拟体系的 RDF 随 C_{60} 几何中心距离的变化图（r 是从几何中心到目标分子或基团的距离；M-LOA 代表 LOA 的 RDF；M-COOH 代表羧基基团的 RDF；M-OH 代表羟基基团的 RDF；在 $r = 3.56$ Å 处的蓝线代表 C_{60} 的半径）（Sun et al.，2013）

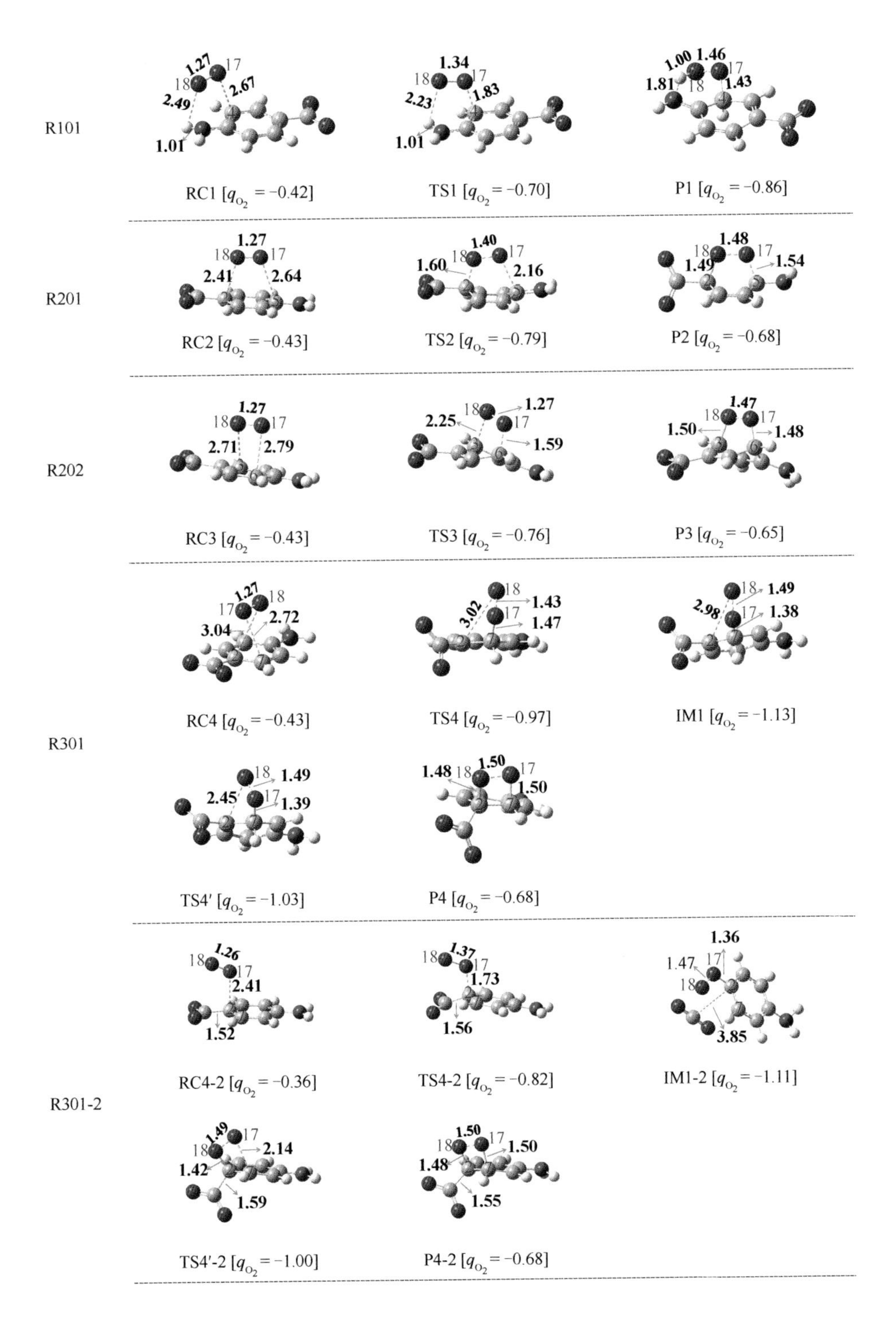

R101
RC1 [q_{O_2} = −0.42]
TS1 [q_{O_2} = −0.70]
P1 [q_{O_2} = −0.86]
R201
RC2 [q_{O_2} = −0.43]
TS2 [q_{O_2} = −0.79]
P2 [q_{O_2} = −0.68]
R202
RC3 [q_{O_2} = −0.43]
TS3 [q_{O_2} = −0.76]
P3 [q_{O_2} = −0.65]
R301
RC4 [q_{O_2} = −0.43]
TS4 [q_{O_2} = −0.97]
IM1 [q_{O_2} = −1.13]
TS4′ [q_{O_2} = −1.03]
P4 [q_{O_2} = −0.68]
R301-2
RC4-2 [q_{O_2} = −0.36]
TS4-2 [q_{O_2} = −0.82]
IM1-2 [q_{O_2} = −1.11]
TS4′-2 [q_{O_2} = −1.00]
P4-2 [q_{O_2} = −0.68]

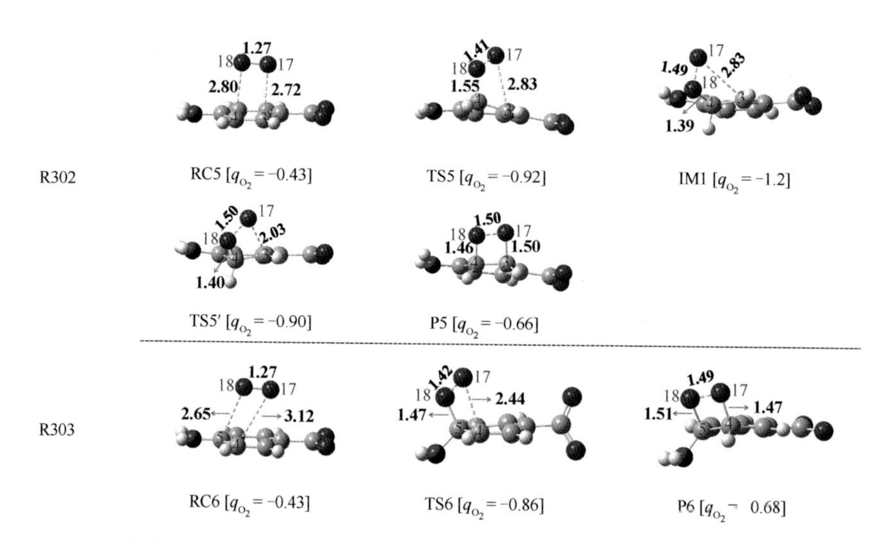

图 6-7　PABA 与 $^1O_2$ 反应的反应复合物（RC）、过渡态（TS）、中间体（IM）、产物（P）结构

深灰色原子：C；蓝色原子：N；红色原子：O；浅灰色原子：H；红色数字为原子编号；原子间距离单位为 Å；q_{O_2}：O_2 上的净电荷；反应前，$PABA^-$ 净电荷为−1，$^1O_2$ 为 0

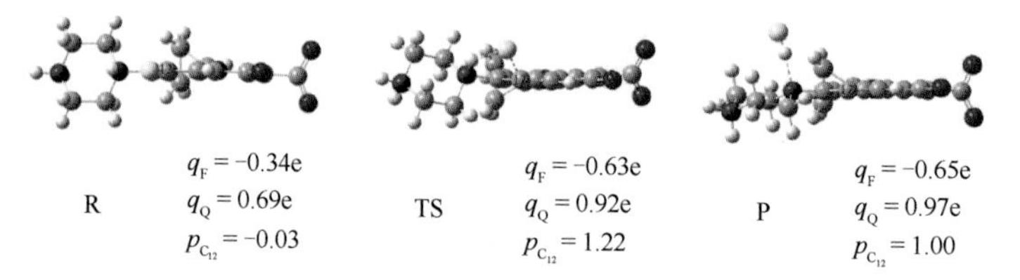

图 6-11　激发三重态 H_2ClP^+ 发生 C—F 键断裂的反应物（R）、过渡态（TS）和产物（P）结构

深灰色：C，蓝色：N，红色：O，浅灰色：H，亮蓝色：F；q_F 和 q_Q 分别为 F 原子和喹诺酮环上的净电荷，$\rho_{C_{12}}$ 为 C_{12} 上的原子自旋密度

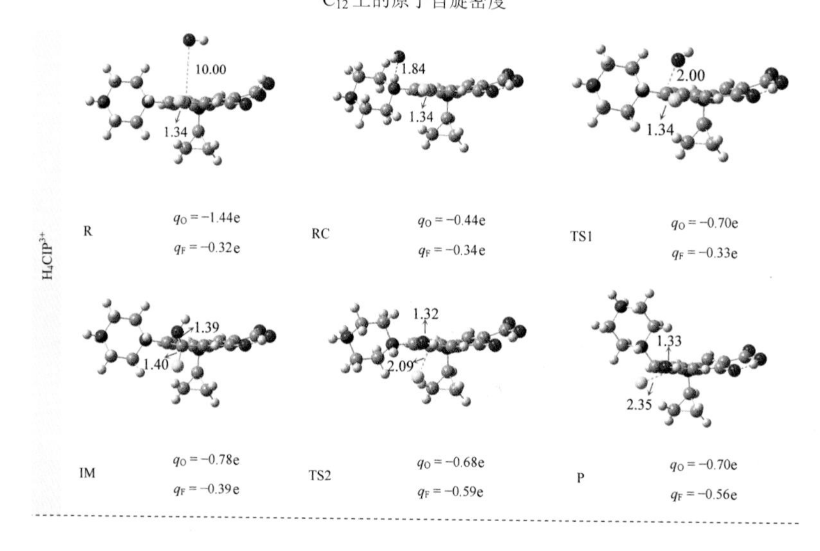

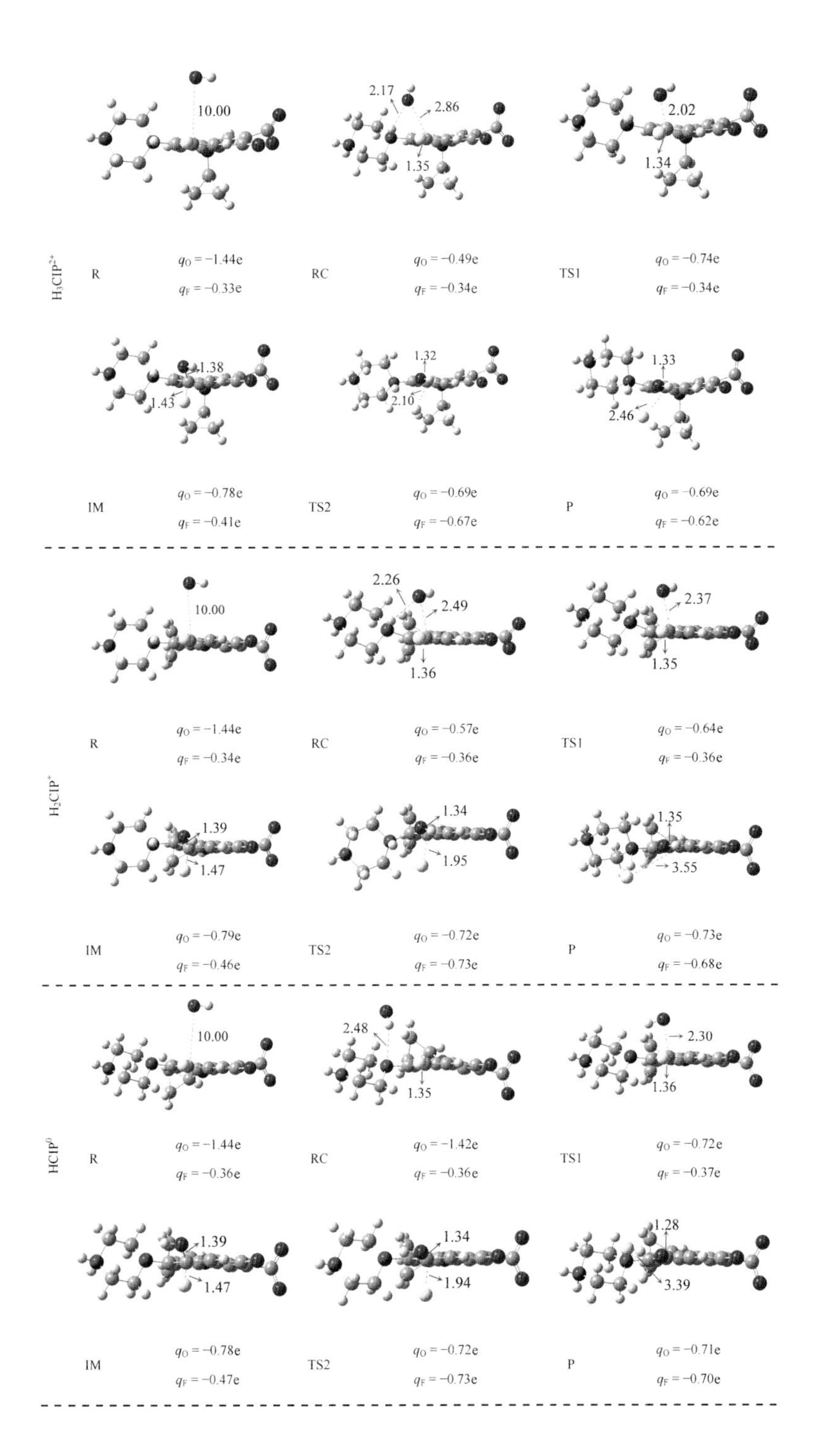

H_3CIP^{2+}
10.00
R
$q_O = -1.44e$
$q_F = -0.33e$
2.17
2.86
1.35
RC
$q_O = -0.49e$
$q_F = -0.34e$
2.02
1.34
TS1
$q_O = -0.74e$
$q_F = -0.34e$
1.38
1.43
IM
$q_O = -0.78e$
$q_F = -0.41e$
1.32
2.10
TS2
$q_O = -0.69e$
$q_F = -0.67e$
1.33
2.46
P
$q_O = -0.69e$
$q_F = -0.62e$
H_2CIP^{+}
10.00
R
$q_O = -1.44e$
$q_F = -0.34e$
2.26
2.49
1.36
RC
$q_O = -0.57e$
$q_F = -0.36e$
2.37
1.35
TS1
$q_O = -0.64e$
$q_F = -0.36e$
1.39
1.47
IM
$q_O = -0.79e$
$q_F = -0.46e$
1.34
1.95
TS2
$q_O = -0.72e$
$q_F = -0.73e$
1.35
3.55
P
$q_O = -0.73e$
$q_F = -0.68e$
$HCIP^{0}$
10.00
R
$q_O = -1.44e$
$q_F = -0.36e$
2.48
1.35
RC
$q_O = -1.42e$
$q_F = -0.36e$
2.30
1.36
TS1
$q_O = -0.72e$
$q_F = -0.37e$
1.39
1.47
IM
$q_O = -0.78e$
$q_F = -0.47e$
1.34
1.94
TS2
$q_O = -0.72e$
$q_F = -0.73e$
1.28
3.39
P
$q_O = -0.71e$
$q_F = -0.70e$

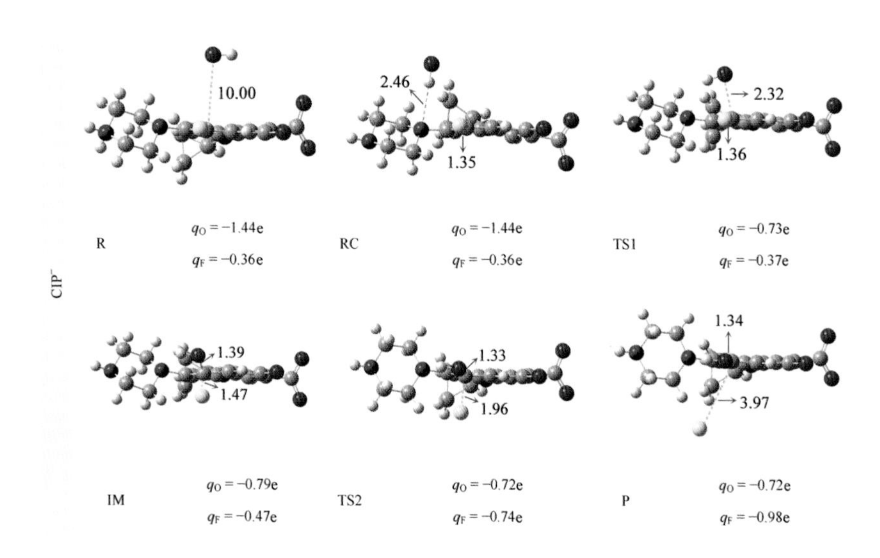

图 6-12 激发三重态 H_2CIP^+与基态 OH^-反应的反应物（R）、反应复合物（RC）、过渡态（TS）、中间体（IM）和产物（P）结构

深灰色：C，蓝色：N，红色：O，浅灰色：H，亮蓝色：F，键长单位为 Å，q_O 和 q_F 分别为 OH^-中 O 原子和 CIP 中 F 原子上的净电荷

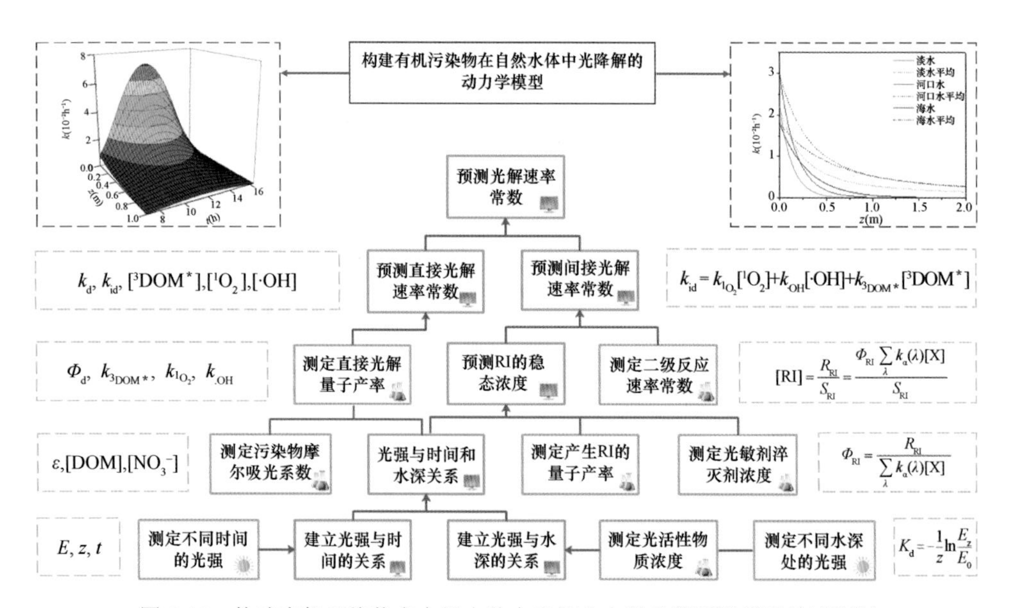

图 6-13 构建有机污染物在自然水体中光解动力学常数预测模型的流程图

蓝色、灰色和绿色实线框分别表示在野外、实验室和计算机开展的工作；红色虚线框中的图展示了模型预测结果；改编自文献（Zhou et al.，2018）

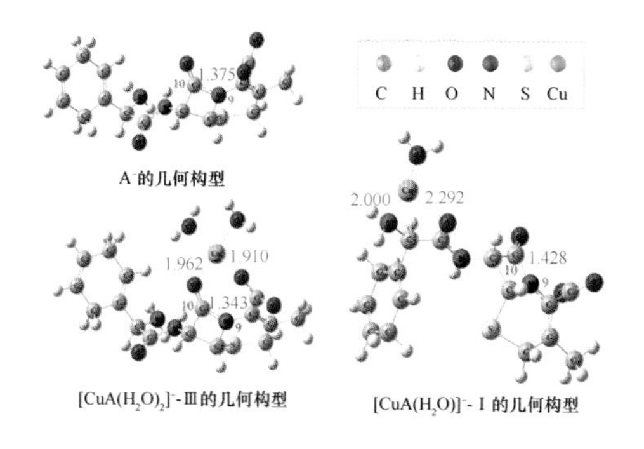

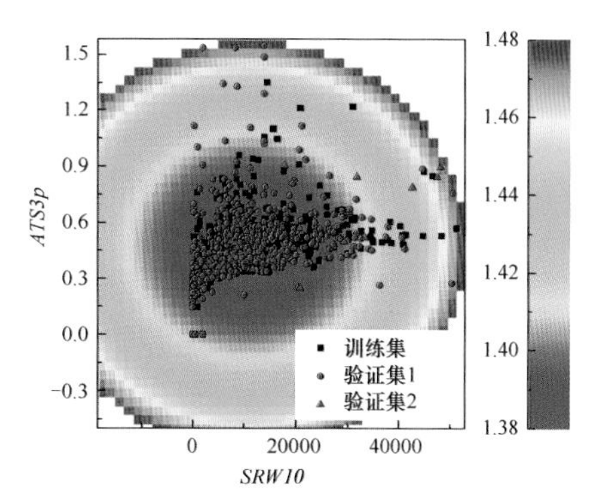

图 6-20　头孢拉定阴离子及其 Cu(Ⅱ)配合物的几何构型

图 6-33　基于欧几里得距离方法的模型应用域表征

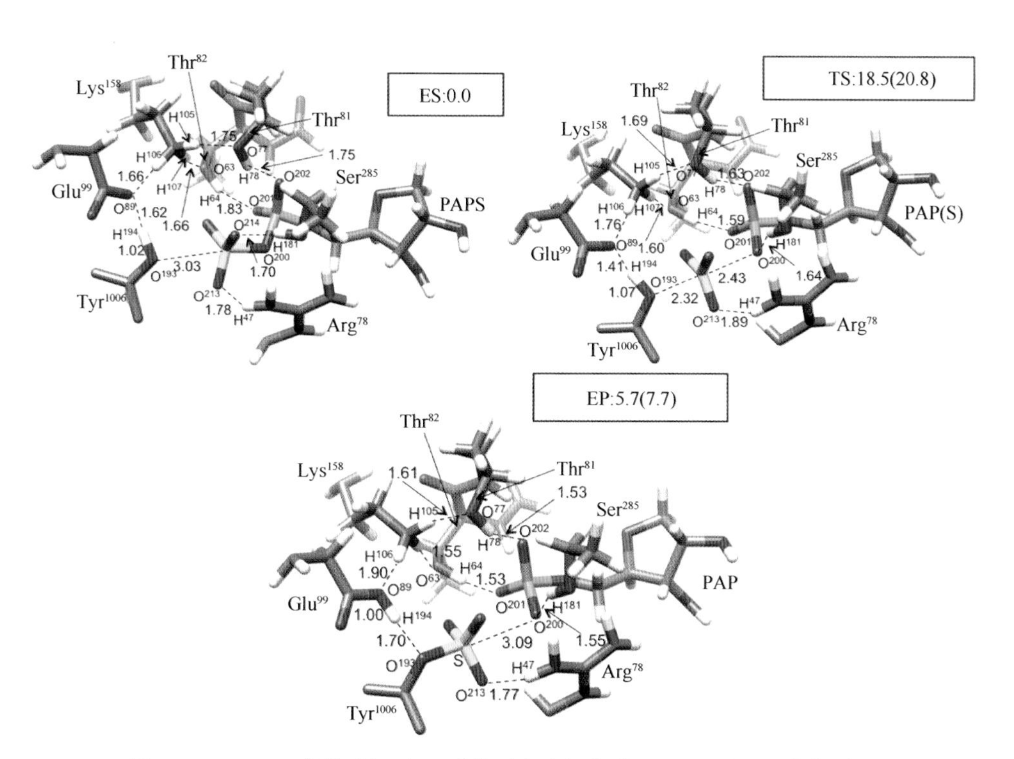

图 7-20　TPST-2 催化酪氨酸 *O*-磺化反应中间物种 ES、TS 和 EP 的构型图

能垒（kcal/mol）以 ES 为参考点（括号中为大基组水平计算值），键长单位为 Å，引自文献（Marforio et al.，2015）

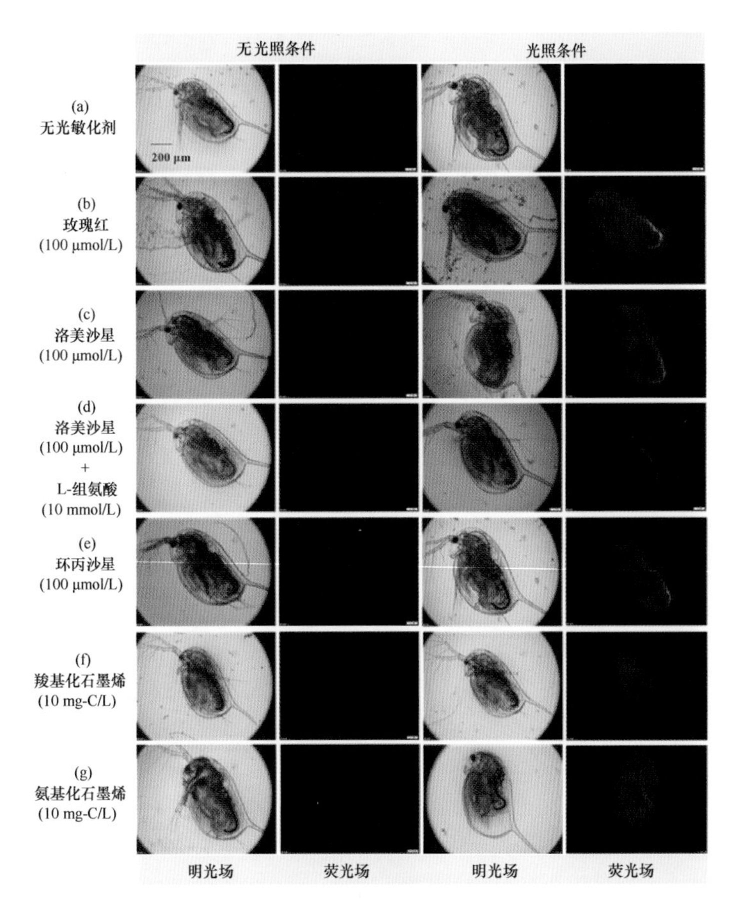

图 8-6 四种物质在大型溞(*Daphnia magna*)体内光致产生 $^{1}O_2$ 的荧光信号图像(Luo et al.，2017)

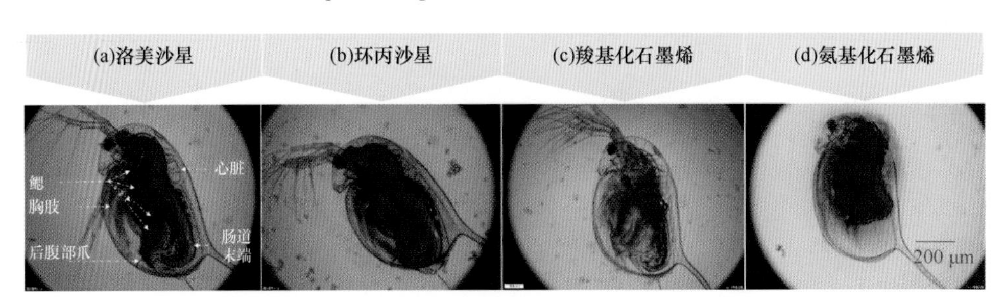

图 8-7 大型溞体内洛美沙星、环丙沙星、羧基化和氨基化石墨烯光致产生 $^{1}O_2$ 的分布